国際スパイ・ゾルゲの世界戦争と革命

РихарД Зорге

白井 久也 編著

社会評論社

国際スパイ・ゾルゲの世界戦争と革命＊目次

第Ⅱ部　リヒアルト・ゾルゲとその盟友たち

【資料篇】フェシュン、A・G編著『秘録　ゾルゲ事件――発掘された未公開文書』

凡例

一　リヒアルト・ゾルゲの人名表記については、リチャード・ゾルゲ（英語）、リハルト・ゾルゲ（ロシア語）、リヒャルト・ゾルゲ（ドイツ語）、リヒアルト・ゾルゲ（同）などいろいろな呼び方があるが、本書では日本で最も一般的に使われているリヒアルト・ゾルゲに統一した。
二　引用文は読みやすいよう、適宜、新字体に直した。
三　本文中の読みづらい固有名詞や人名、熟・単語などは、適宜、ルビを付して読みやすくした。
四　本文中ならびに、写真文中の人名表記に当たっては、すべて敬称を省略した。
五　ゾルゲが東京で造った独自の諜報組織の呼称は、ゾルゲの暗号名で、日本で一般に使われている英語表記に従って「ラムゼイ機関」と統一した。
六　フェシュン、A・G編著『秘録　ゾルゲ事件――発掘された未公開文書』を除くその他の論考は、読みやすくするため、適宜、中見出しを増やした。

まえがき

太平洋戦争開戦前夜の一九四一年一〇月、日本の特高警察によって摘発された「ゾルゲ事件」は、史上最大の国際スパイ事件である。

ゾルゲ事件の主犯リヒアルト・ゾルゲは、ソ連赤軍参謀本部諜報総局（ＧＲＵ）が日本に送り込んだ、腕利きの秘密諜報工作員。ゾルゲは日本の同盟国ドイツのフランクフルター・ツァイトゥンク紙東京特派員を装いながら、「ラムゼイ機関」と呼ばれる国際スパイ団を組織し、日本やドイツの国家機密を極秘に入手、摘発されるまで実に八年もの長きにわたって、ＧＲＵに通報し続けたのであった。

ゾルゲらとともに逮捕された日本人協力者の中に、南満州鉄道（満鉄）嘱託の尾崎秀実《おざきほつみ》がいたことは、日本の政界や言論界に大きな衝撃を与えた。尾崎はジャーナリスト出身の中国問題専門家。とりわけその緻密《ちみつ》な分析力と幅広い識見を買われて内閣嘱託となり、近衛文麿首相のブレーン役を務めた著名な人物である。その尾崎がゾルゲ諜報団の一味と発表され、まさに青天の霹靂《へきれき》のような強烈な驚きが日本国中を駆け巡った。

ゾルゲ事件に連座して逮捕された者は、現在、一般に判明しているだけでも三五人にのぼっている。このうち二〇人が起訴され、主犯のゾルゲと尾崎は死刑、一二人に無期懲役。一三人に一年六月から一五年の懲役の判決が下った。しかも、身柄拘留中の獄死者は五人を数え、無罪判決が下ったのはたった一人しかいなかった。

日本は国際スパイ事件として、有名なこのゾルゲ事件の研究が、世界中で最も盛んな国である。ゾルゲ事件が特高によって摘発された関係で、被疑者に対する警察官、検事、予審判事の尋問調書、ゾルゲや尾崎が獄中で書いた手記、裁判記録など厖大な事件関係記録や資料が残されていて、研究にとってはもってこいの環境なのだ。

しかし、これらの事件関係記録や資料はその一部を除いて、すべて特高調書が下敷きとなっており、研究すればするほど「特高の目線」で、事件の解剖をせざるを得ない欠点がある。ゾルゲ事件を摘発したのは特高なので、特高調書の価値を十分尊重せねばならないのは、もちろん今さら言うまでもない。でも、ゾルゲはGRUが日本に送り込んだソ連の秘密諜報工作員である。したがって、ソ連がどういう意図でゾルゲをスパイに任じ、ゾルゲがどんな機密情報をGRUに通報し、ソ連指導部がラムゼイ機関の日本における諜報活動をどう評価していたのか、これらの客観的資料を入手して検討を加えないことには、ゾルゲ事件の正しい評価はできない。

情報はそれ事態には、元来、あまり大きな価値はない。しかし、様々な脈絡の中で情報の意義を検討すれば、自《おの》ずとその価値が定まってくるものなのである。ゾルゲ事件について言えば、ゾルゲたちが命懸けで入手した特定の情報が、ソ連指導部やソ連軍にどのように利用され活用されたのか?換言すれば、ゾルゲ情報は第二次大戦の帰趨《きすう》にとってどんな役割を果したのかということが、最も大事な点であって、世界的な歴史的経過の中で、ゾルゲ情報の真の価値が検証されねばなるまい。

私が代表を務める日露歴史研究センターは、このような認識の下に、ロシアの研究者の協力を得て、ゾルゲ事件の日ロ共同研究を行う必要があることを痛感、数年前からそのための具体的な折衝や交流を積み重ねてきた。この成果は意外に早く実った。ロシア側が積極的に受けて立ってくれたからだ。

一九九八年十一月、東京で第一回ゾルゲ事件国際シンポジウムが開かれ、ロシアの研究者二名が出席して、ゾルゲの諜報活動を新しい視点で見直す報告を行って、会場を埋め尽した約三百人の聴衆に深い感銘を与えた。この二年後の二〇〇〇年九月に、今度はモスクワで、第二回ゾルゲ事件国際シンポジウムが開かれた。このときは私が団長となって、日本から総勢二十七人の代表団が参加、ゾルゲの諜報活動に果たした尾崎秀実の役割などについて報告した。その結果、ロシアの研究者は思いも寄らない知的刺激を受けたようであった。

こうして、過去二回開かれたゾルゲ事件国際シンポジウムのうち、第一回目は『ゾルゲはなぜ死刑にされたのか』というタイトルで、東京・シンポジウムの全討議記録に関連資料を加えて編集した本を、二〇〇〇年七月に社会評論社から刊行した。本書はまさにこの本の続編に当たるもので、第二回目のモスクワ・シンポジウムのパネリスト報告や日ロ両国の研究者の論文に、ゾルゲ並びにゾルゲ事件関連資料を加えて編集し、『国際スパイ・ゾルゲの世界戦争と革命』というタイトルで、同じ社会評論社から出版する運びとなった。

ゾルゲならびにゾルゲ事件関連書の日本国内での出版は、特高資料や裁判記録などを含めて、百数十点にのぼる。そのどれもが非常に貴重な文献だが、本書がこれらの本や資料と決定的に異なるのは、近年、ロシアで新しく発掘されたゾルゲならびにゾルゲ事件関連の原資料が多数、収録されていることであろう。

その中にはウラジーミル・トマロフスキー氏がパネリスト報告で言及、日本側の求めに応じて後日、提供してくれた日本の内務省警保局の「特高捜査員の褒賞上申用内部資料」がある。この資料はゾルゲ事件の摘発に活躍した特高捜査員に対する褒賞を上申する人名リストとその功績調書から成っており、ゾルゲ事件摘発の端緒が青柳喜久代の検挙から始まったことを記述。伊藤律の自供によってゾルゲ事件が摘発されたという俗説が、まったく根も葉もないデッチ上げであったことを証明する画期的なものである。その詳細については、社会運動資料センター代表の渡部富哉氏が解説を書いているので、これと合わせてお読みいただければ、この文書の資料的価値がいかに高いか、お分かりいただけるものと思う。

これとともに、本書のもう一つの大きな目玉は、アンドレイ・フェシュン氏の編著書『秘録　ゾルゲ事件――発掘された未公開文書』（一九一ページ）を翻訳して、その全文を資料編に収録していることである。その圧巻は何と言っても、ゾルゲがコミンテルン（共産主義インターナショナル）在勤中に部内関係者とやりとりした手紙と、ソ連秘密諜報工作員として東京からモスクワに送った暗号電報など合計一八六通が初めて解禁されて、一般の目に触れるようになったことであろう。とりわけゾルゲの暗号電報を一読すれば、ゾルゲが日本で諜報活動を行うに当たって、どんな問題に興味を持ち、その情報入手に力を注いだか、手に取るように分かるだけに、興味津々たるものがあり、ゾルゲの諜報活動やゾルゲ事件の解明に欠かせない第一級の歴史資料と言える。『ゾルゲはなぜ死刑にされたのか』でも、ゾルゲの暗号電報の日本語訳を載せているが、量的には本書の方が圧倒的に多い。ゾルゲの暗号電報の翻訳は、ゾルゲ事件研究者にとって、非常に有意義な資料となるに違いない。フェシュン氏が本書への収録を快諾された厚意に対して、深く感謝する次第である。

本書の制作・編集に当たっては、日露歴史研究センター事務局長の川田博史氏のほか、会員の来栖宗孝、渡部富哉、井上敏夫、村井征子、上里佑子の諸氏に、大変お世話になった。また、フェシュン氏の編著著の翻訳については、東京・代々木の「ミール・ロシア語研究所」（東一夫所長）所属の福田隆久、桑月鮮、徳田晃一、石田友香子、福原千恵子、柴田禎子の諸兄姉の協力を得た。ここにその氏名を列挙して、心からの謝意を表したい。

未曾有のデフレ経済下の出版不況にもかかわらず、本書が出版できたのは、社会評論社代表取締役の松田健二氏の英断による。その好意に対して、心からお礼を申し上げる次第である。最後になったが、今後も同社の健闘と発展をお祈りしたい。

二〇〇二年一一月

白井久也

第Ⅰ部

「昭和」をゆるがした
リヒアルト・ゾルゲと尾崎秀実

▲2000年9月25日、モスクワのロシア平和委員会本部ビル講堂で
開かれた第2回ゾルゲ事件国際シンポジウム。
中央の報告者は白井久也、左隣は渡部富哉。　写真提供＝川田博史

リヒアルト・ゾルゲの諜報活動と尾崎秀実の果たした役割

白井久也
（日露歴史研究センター代表）

ゾルゲの諜報活動の任務

赤軍参謀本部第四部所属のソ連諜報員リヒアルト・ゾルゲは、一九三三年九月六日に日本に着任、それから間もなくして諜報活動を始めた。

これに先立って、ゾルゲはモスクワで直属の上司である第四本部部長ヤン・カルロビチ・ベルジン大将から、日本で諜報活動を行うに当たって、次の諸点に重点を置くよう指示を受けた。

一　満州事変（一九三一年九月）以後の日本の対ソ政策の詳細を観察し、日本の対ソ攻撃計画の有無について、綿密な研究を行うこと。

二　日本陸軍の対ソ攻撃の可能性に関連して、陸軍ならびに航空部隊の改編や増強の状況について、正確な観察を行うこと。

三　ヒトラーの政権獲得（三三年一月）後、緊密化が予測される日本とドイツの二国関係を詳細に研究すること。

四　日本の対華政策について、絶えず情報を獲得すること。

五　日本の対英・対米政策を注視すること。

六　日本の対外政策決定に果たす軍部の役割を注視し、対内政策に及ぼす陸軍部内の動向、とくに青年将校一派の動きに注意を払うとともに、国内政策の一般動向を見守ること。

七　日本の重工業に関して絶えず情報を獲得し、とくに戦時経済の拡張の問題に留意すること。

ゾルゲはこのほかに、個人的に①日独同盟の締結、②日華事変（日中戦争）の勃発（三七年七月）とその推移、③日本と英米関係の崩壊、④第二次大戦および独ソ戦に対する日本の態度、⑤四一年夏の関東軍特種演習（関特演）などに強い関心を持ち、これらを諜報活動の対象に付け加えた。

日本はゾルゲが来日する二年前の一九三一年九月、関東軍の軍事謀略、満州事変によって、中国・東北地方を制圧、翌三二年三月に傀儡《かいらい》国家「満州国」を建国、同国を足場に大陸侵略政策を推進していた。日本のこうした急激な軍事膨張は、ソ満国境地帯に極度の軍事緊張をもたらし、ソ連の安全は著しく脅かされた。日本は果たして、ソ連を侵略するのか？こうした中で、日本軍部の軍事的な意図を探るのが、ゾルゲの対日諜報活動に課せられた最大の任務であった。

尾崎秀実への諜報協力要請

ゾルゲが日本で作った諜報組織は、ゾルゲの暗号名（ラムゼイ）を取って、「ラムゼイ機関」と名づけられた。その主たるメンバーは、ゾルゲを首領とし、ドイツ人通信技師マックス・クラウゼン、アバス通信（のちのフランス通信）記者で、クロアチア人のブランコ・ド・ブケリチ、ジャーナリスト出身で南満州鉄道（満鉄）嘱託の尾崎秀実《おざきほつみ》、沖縄生まれの画家で、米国共産党員の宮城与徳《みやぎよとく》らで構成され、このうち尾崎、宮城ら日本人メンバーはそれぞれ複数の日本人協力者を持っていた。

ゾルゲが日本で諜報活動を行うに当たって、最も頼りにしたのは、尾崎秀実であった。ゾルゲは三〇年一月から三二年十月まで、赤軍参謀本部所属のソ連諜報員として中国に派遣され、主に上海で諜報活動を行った。そのとき米国の女性ジャーナリストで、共産主義者のアグネス・スメドレーの紹介で、当時、朝日新聞上海特派員であった尾崎秀実と知り合った。

ゾルゲは初対面の尾崎に対して、国民党政府（南京政府）を中心とする中国の諸情勢と、日本の対華政策が中国でどのように実施されているか、日本の新聞記者として集められる限りの情報の提供を求めた。この時点で、尾崎はゾルゲの素性や地位について、何も知らされていなかった。だが、自分と同じ共産主義思想を持ったスメドレーが、「最も信用してよい人物」と太鼓判を押したので、何の疑いも持つことなく、ゾルゲのこの諜報協力の申し入れを快く受け入れたのであった。

尾崎は共産党員ではなかったが、共産主義イデオロギーの熱烈な信奉者であった。第一高等学校を経て東京帝国大学を卒業後、一年間大学院に残って、社会科学を研究した。大森義太郎経済学部助教授の「史的唯物論研究会」に入って、マルクスの『資本論』やレーニンの『帝国主義論』

『国家と革命』などを貪り読んで、深い感銘を受け、真正の共産主義者となった。尾崎が共産主義者としての自負を抱いていたことは、四二年七月六日の中村光三予審判事の尋問に対して、次のように供述したことによっても、裏付けることができる。

「私は共産主義者であります。私達の考えて居る処は、現在の階級的な対立を基礎とする資本主義体制を打破して、階級なき世界共産主義社会を実現することを理想と致して居ります」(『第二回予審判事訊問調書』)。

尾崎の上海勤務時代に日本の大陸侵略は満州事変(三一年九月)、並びにその四ヵ月後の上海事変(三二年一月)となって、火を噴いた。尾崎は満州事変が上海から遠隔地の満州(中国東北地方)で起きたため、楊柳青《ヤン・リュウチン》ら中国共産党関係者と相談ののち、上海週報記者で日支闘争同盟のメンバーである川合貞吉《かわいていきち》を現地に派遣して、情報収集に当たらせた。また、上海事変では尾崎自身が身の危険を顧みることなく、市街戦の砲煙の中を掻い潜って情報を集めた。ゾルゲは尾崎や川合が収集した様々な中国関連の情報を分析、独自の判断を加えて、モスクワに送った。満州事変や上海事変に関するゾルゲ情報が、赤軍参謀本部から極めて内容に富んだ、精度の優れた情報として高い評価を受けたことは、言うまでもない。

思想的絆で結ばれたゾルゲと尾崎

ソ連諜報員として日本に着任したゾルゲは、上海時代の諜報活動の体験を通して、尾崎秀実の協力が絶対に欠かせないと考えた。また、尾崎なら日本での諜報活動に献身的に協力してくれるに違いないという確信を持っていた。ゾルゲはコミンテルン(共産主義インターナショナル)の要請で、米国共産党から日本に派遣された宮城与徳に、尾崎秀実との邂逅《かいこう》のお膳立てを依頼。ゾルゲと尾崎はこうして三四年五月、奈良市の奈良公園で二年振りに再会を果たしたのであった。ゾルゲは「今度、日本で働くようになったから、ひとつ助けて欲しい」と尾崎の協力を求めた。ゾルゲは仕事の内容について、一言も触れなかった。ゾルゲから細かい説明を聞かなくても、それが諜報活動に対する協力要請であることは、尾崎にはよく分かっていた。尾崎とゾルゲは上海時代、コミンテルンが目指す世界革命の理想に燃え、ともにコミュニストの同志として、協力関係を持った過去があり、二人は思想的な固い絆でがっちり結ばれていた。二年振りの再会は、尾崎とゾルゲのこうした同志的な結合関係を瞬時にして甦らせた。尾崎はゾルゲに「分かった」と述べ、はっきり協力を約束したのであった。

日本の政権中枢に太い諜報パイプ

大阪朝日から東京朝日に転勤し、「東亜問題調査会」のメンバーとなって、中国問題を専門的に研究することになった尾崎は、ゾルゲが在日ドイツ大使館内で大使の信任を受け、諜報活動に便利な特殊な地位を獲得したのに並行して、言論界で次第に重きをなし、それを足場にして政権の中枢に、急ピッチで食い込んだ。そのきっかけとなったのは、三六年一二月一二日に突発した「西安事件」だった。中共軍討伐を督戦するため、西安へ飛んだ蔣介石《チャン・チエシー》が張学良《チャン・シュエリアン》指揮下の東北軍に監禁された事件である。日本の報道機関は蔣の生命の安否について、何ら信頼にたる報道をしなかった。だが、そうした中で尾崎だけはいち早く、翌一三日に蔣の生存を予言。「国共合作」を条件に、身柄を解放されるだろうとの大胆な見解を打ち出した。このとき蔣は、中国共産党代表として西安に派遣された周恩来《チョウ・エンライ》(のちの中国首相)と会談、従来の反共政策を捨てて、国民党軍が共産軍とともに抗日救国戦線を組むことに合意。やっと監禁を解かれて、一二月二六日無事、南京に生還した。これに加えて尾崎は、三六年から四一年までの五年間に、『嵐に立つ支那』『現代支那批判』『現代支那論』など、今日でも十分評価に耐え得る多数の優れた著作を次々と発表、中国問題専門家として言論界に不動の地位を確立したのであった。

三七年七月七日の盧溝橋《ろこうきょう》事件を契機に、拡大の一途をたどった「支那事変」(日中戦争)の処理は、この一ヵ月ほど前に発足したばかりの近衛文麿《このえふみまろ》内閣(第一次)にとって、最も重要な外交課題であった。尾崎は早速、宣戦布告なきこの戦争が、「世界的動乱へ発展する要素がある」ことを見抜き、青年宰相近衛公の登場は軍部の政治的圧力を抑えるための「最後の切り札」と考え、内閣書記官長風見章《かざみあきら》の要請に応じて、近衛内閣の内閣嘱託を引き受けた。尾崎は首相官邸の地下の一室にデスクを構え、書記官長室や秘書官室を自由に出入りし、必要に応じて近衛に直接進言できる身分になった。こうして、ゾルゲは尾崎を通じて、日本の政治の中枢に諜報の太いパイプを持つことになったのであった。

内閣嘱託としての尾崎の公務の中心は、支那事変処理に関する意見具申で、その主なものは次の五項目であった。

一　支那事変処理に関する意見。

二　支那事変処理の一方式としての対英工作の可能性に

ついての意見。
三　支那事変遂行の経過についての観測意見。
四　汪兆銘《ワン・チャオミン》（字《あざな》は精衛）工作についての意見。
五　国民再組織の一私案（政治新体制機構）の立案。
だが、第一次近衛内閣は、日独伊三国軍事同盟を巡る閣内の対立・抗争が原因で、三九年一月四日、総辞職に追い込まれてしまった。尾崎は内閣嘱託の職を解かれた。にもかかわらず、尾崎は引き続き近衛を取り巻くブレーン・トラストの間で、定期的に開かれていた「朝飯会」の主要メンバーに留まって、近衛に対して一定の影響力を保持したのであった。

「朝飯会」での諜報活動

「朝飯会」の最初の発案者は、近衛公の側近である牛場友彦、岸道三両秘書官とともに、尾崎もその一人であった。第一次近衛内閣の発足間もないころ、学者、ジャーナリスト、評論家の中から、政治、経済、外交問題に明るい人たちを集めて、食事をともにしながら意見や情報を得ることを考えついた。最初は夕食会だったが、皆が集まりやすいよう、のちに朝飯会に切り替えられた。

主な顔触れは、牛場、岸、尾崎のほか、近衛公側近の西園寺公一《さいおんじきんかず》、政治学者の蝋山政道《ろうやままさみち》、衆院議員の犬養健、ジャーナリストの佐々弘雄、笠信太郎《りゅうしんたろう》、松本重治、松方三郎らで、内閣書記官長の風見章もときどき顔を出した。朝飯会は毎月二回ぐらいずつ、第一次近衛内閣時代は首相官邸の牛場秘書官室で、近衛内閣辞職後は麹町の万平ホテルで、のちに駿河台の西園寺公爵邸で、さらに第二次近衛内閣時代は首相官邸の日本間で、合計数一〇回開かれた。

この朝飯会は、尾崎自身の述べるところによれば、「此等の人たちの話、態度、会合の雰囲気、話する言葉の端々から、日本の政治外交等に関する価値の多い情報を入手し得る」（『上申書（一）』）格好の諜報活動の場となった。

朝飯会のメンバーにとって、尾崎は言わば気心を許した無二の親友。話し合われる議題が、仮に国家機密に関わるものであっても、事さら隠し立てをする必要は何もなかった。問題によっては、逆に出席者全員が尾崎の持っている独自の情報や意見を聞きたがった。会合はいつも和気あいあいの雰囲気の中で行われた。こうして、朝飯会で一定の方向性が打ち出された結論は、書記官長風見や秘書官の牛場や岸を通じて、近衛首相に報告された。近衛首相もまた、特定の問題について、朝飯会の議題として取り上げさせて、その意見や結論を聞いて、実際の政策に反映させた。

こうした双方向の情報のやりとりを丹念に追っていけば、当時の日本がどこへ行こうとしているかが、手に取るように分かった。日本政治のトップ・シークレットに直に触れることができる朝飯会は、尾崎にとって何物にも替えがたい情報源であった。そのような尾崎を主力メンバーとして、抱えているラムゼイ機関は、日本で諜報活動を行うに当たって、まさに「鬼に金棒」の威力を得たようなものであった。

獄中の尾崎が心を痛めた苦しみ

もっとも、尾崎自身は朝飯会を舞台にした諜報活動について、信頼した友人たちを裏切ることになるため、いつも後ろめたい気持ちを持っていたことを特記しておかねばなるまい。とりわけ朝飯会のメンバーの中から、のちにゾルゲ事件に連座して、多大の迷惑をかけた人が多数出たからだ。西園寺と犬養は検挙・起訴され、犬養は無罪になったが、西園寺は有罪判決（懲役一年六月、執行猶予二年）を受けたことで、予定されていた爵位（公爵）の授与を棒に振ってしまった。風見や牛場は検挙を免れたものの、しばしば予審判事の取り調べを受けた。近衛公でさえも、予審判事の病床尋問を逃れることができなかった。後年、投獄されて聞いた、独房の厚い壁を伝わってくる友人たちのこうした辛い噂ほど、尾崎の心を痛めた苦しみはなかった。尾崎の次のような告白が、その心中を如実に物語っている。

「これ等の関係の人々は多く立派な社会的地位を持った人々であり、何より人間として私の苦しかった点は、これらの人々が全く全幅の信頼を私に傾けてゐたからこそ重大な国家の機密をも打ち明けて相談し意見を交換してくれたのであったことでした。つまり彼らと同じ立場から国家の危機をも憂へるものとして私の信頼してゐた人々でありました。私もこの点は日頃から心に疚（や）ましい点でありましたし、万一の場合なるべく迷惑をかけないやうに考え、余程注意したのであります。（略）しかしながら一網打尽的検挙と動かすべからざる証拠とによってかくの如き消極的考慮は全く無駄であることが明らかになりました。かくて私の親しくしていた善意の第三者に実に云うべからざる迷惑を続々及ぼすことになったのであります。この心苦しさはまことに言語に絶するものでありました」（『上申書（一）』）。

しかし、これらゾルゲ事件の被害者たちは、尾崎に対して一言も非難めいた発言をしたことはなかった。それどころか、西園寺は終生、尾崎に対して変わらぬ深い友情を持ち続け、尾崎が上告裁判のとき弁護士費用が払えないのを知ると、多額の資金援助を惜しまなかっただけではない。戦後、尾崎の死後に墓を建てる話が持ち上がると、自ら墓石に尾崎夫妻の姓名を揮毫《きごう》したほどだった。一方、犬養は戦後間もなくして、東京・駿河台の文化学院講堂で開かれた尾崎秀実記念講演会で壇上に立ち、尾崎を偲《しの》んで声涙ともに下る講演を行った。さらに、風見は尾崎の獄中記『愛情は降る星のごとく』（青木文庫）に跋文《ばつぶん》を寄せ、その中で尾崎の高潔な人柄を讃え、「その尾崎が、いまや、その気迫をあたりにふりまきつつ、こう然として絞首台にたったというすがたを、まぶたにうかべてみるとき、わたしのむねは、鬼神も泣けと、うずきだすのである」と述べて、尾崎の死を悼《いた》んだのであった。友人たちに心の底から愛された、尾崎の良き人柄を偲《しの》ぶエピソードと言えよう。

ナチス・ドイツの対ソ侵攻

やがて、新しい世界戦争の危機が、現実のものとなった。欧州ではナチス・ドイツがオーストリアを併合。続いてチェコスロバキアのズデーテン地方に進駐、やがて同国全土を制圧した。英仏伊の協調による「対独宥和《ゆうわ》政策」は完全な失敗に終わった。三九年九月一日、ドイツ軍は宣戦布告もなしに、大挙してポーランドへ侵攻、西半分を占領した。この二週間後、今度はソ連軍がポーランドに侵入、東半分を占領した。独ソ不可侵条約の秘密議定書に基づく、ポーランド分割であった。これに先立って九月三日、英仏両国はドイツに宣戦を布告、こうして、第二次大戦の幕が切って落とされた。

アジアでは日本の中国侵略の進行に伴って、とくに米国の対中援助が積極化し、日米間の溝が一段と深まった。ドイツではフランスの降伏直後から、対ソ戦争計画「バルバロッサ作戦」が練られ、英本土攻略に失敗したヒトラーは、ソ連の豊かな資源を獲得するため、対ソ攻撃の機会を密かにうかがっていた。同時に、日独伊三国同盟を楯に、ヒトラーは日独両国による対ソ同時攻撃を日本に呼び掛けた。このため、日米交渉で中国からの撤退を求められた日本は、米国の要求を容れて大陸から手を引くかそれとも米国と戦うか、岐路に立たされた。

こうした中で、ゾルゲと尾崎の関心は、日本が「北進」してソ連を攻撃するか、それとも「南進」して米英と戦うか、国策の方向をいかにして探知するかに絞られた。日ソ関係の推移、独ソ開戦の時期、日米交渉の経過を巡って、日本政治は果たしてどう動くのか？四一年に入ると、ゾルゲと尾崎の諜報活動の核心は、とくにこの三点に集中した。

やがて、ゾルゲは四一年春ごろから、ベルリンから東京にやってくる伝書使や特使がもたらすドイツ本国の情報によって、ドイツが東部国境に大規模な兵力を集中しつつあることを知った。とりわけ決定的な情報は、駐タイ国ドイツ公使館付武官として、赴任するため来日したショル大佐がもたらしたものであった。ショルはオット駐日大使に独ソ開戦に関する本国の極秘命令を伝えたあと、旧知のゾルゲに対して「ドイツは六月二〇日ごろソ連を攻撃する。延期されても二、三日の違いだ」と打ち明けた。ゾルゲは直ちにこの情報をモスクワに通報した。ドイツ軍が実際に対ソ攻撃の電撃作戦を開始したのは、このショル情報より二日遅れた六月二二日だった。だが、スターリンはこのゾルゲ情報を頭から無視。ソ連軍は独ソ戦の緒戦で、大敗北を喫してしまった。

日本は「北進」せずに「南進」する

独ソ開戦の報を受けて、日独伊三国同盟を結んでいる日本は、どう動くのか？関東軍は四一年七月七日、対ソ武力攻撃の準備の一環として、関特演を下命。七〇万の大軍をソ満国境に集結して、対ソ開戦の機会をうかがった。だが、ドイツ軍の対ソ侵攻のテンポが赤軍の頑強な抵抗によって著しく鈍ったため、日本は対ソ開戦を思い止まらざるを得なくなった。一時、北進するかに見えた日本軍は、七月二八日に一転して、南部仏印に進駐した。それは直ちに米英の対日全面禁輸を誘発。これによって、日本は石油など戦略資源獲得のため、南進が不可避となった。軍部は八月九日、対ソ戦の開始を断念して、対米英戦の準備に専念することを決定。日本はやがて、勝ち目のない太平洋戦争にのめり込んでゆくのであった。

「日本は北進せずに南進する」。ゾルゲに最初、この極秘情報をもたらしたのは、ほかならぬ尾崎秀実であった。尾崎は四一年六月下旬の段階で、日頃から、根気よく育ててきた情報ネットワークを通じて、七月二日の天皇臨席の「御前会議」で最終決定される「情勢の推移に伴う帝国国策要綱」の核となる、二つの構成要件に関する重要情報を入手した。その一つは六月一九日の大本営政府連絡会議で決まった独ソ戦に関する日本の「中立方針」であった。もう一つは、六月二三日の陸海軍首脳会議で決まった南部仏印進駐と、対ソ武力攻撃の大規模な兵力準備を同時に行う「南北統一作戦」であった。尾崎は前者を近衛首相の側近だった西園寺公一から、後者を朝日新聞東京本社政経部長・田中慎次郎から入手した。尾崎はこの二つの決定事項から、御前会議の「要綱」に関する最終決定は、ほぼ次のような内容になったのではないかと推察した。

「日本が七月二日御前会議に於いて南部仏印に進駐すると共に、独・ソに対しては中立を守るが、独・ソ戦の進展に伴うソ聯の内部動揺等起こり得べき如何なる事態にも応ぜらるる様、北方に対する態勢も整える。其の為には大動員を行ひ南部仏印及び満州国に増兵を行ふことを決定、一面対米交渉も継続すると云う重要国策を決定した」(『第十七回司法警察官訊問調書』)。

尾崎は御前会議が終わった二、三日後、西園寺に会った直後、この自分の判断をぶつけてみた。尾崎が入れた探りに対して、西園寺はとくに異論を唱えなかった。尾崎は西園寺の反応を見て、自分の推察した御前会議の決定事項の確認ができたと思い、自分の判断が正しかったことに自信を持った。尾崎は御前会議の四、五日後に訪ねてきた宮城与徳に、この内容を教える一方、ゾルゲの自宅を訪ねて、「日本は北進せずに南進する」という自分の総合的な判断を伝えた。ゾルゲが喜び勇んでこの情報をモスクワに通報したことは、言うまでもない。

赤軍参謀本部はこのゾルゲ情報に基づいて、「関東軍の対ソ侵攻はない」と判断。日本の侵略に備えて、ソ満国境に張り付けにしていた極東ソ連軍の兵力の一部を引き抜いて西送した。このおかげで、「赤軍はドイツ軍の包囲網を破って、モスクワ攻防戦で勝利を収めることができた」と言われている。ゾルゲの諜報活動で、尾崎秀実が果たした役割がいかに大きかったかを物語る客観的な証拠として、この事実は長く記憶されなければなるまい。

御前会議で決定した「帝国国策要綱」

では、七月二日の御前会議が正式に決定した「帝国国策要綱」とは、どのようなものであったのか、その内容を具体的に検証してみよう。

それによると、対南方施策については、「対英米戦準備を整へ、先づ『南方施策促進に関する件』に拠り、仏印及泰(たい)に対する諸方策を完遂し、以て南方進出の態勢を強化す。帝国は本号目的を達成の為対英米戦を辞せず」として、「南進」の方向を打ち出した。一方、対ソ連施策については、「独ソ戦に対しては三国枢軸の精神を基調とするも、暫く之に介入することなく、密かに対ソ武力的準備を整へ、自主的に対処す。独ソ戦争の推移、帝国の為極めて有利に進展せば、武力を行使して北方問題を解決し、北辺の安定を確保す」と述べ、「北進」は当面模様眺めの態度を取ることになった。

この「帝国国策要綱」の内容は、表現こそ違うが、尾崎が西園寺と田中から得た情報をもとに、推察した上述の御前会議の決定事項とまったく同じである。尾崎は「帝国国策要綱」に盛り込まれた日本の「南進」決定（南部仏印進駐）と「北進」の見送り（独ソ戦の推移を見ての対ソ攻撃の決定）をどんぴしゃりと予測しているからだ。もっとも、この情報源となった西園寺と田中が尾崎に教えた、大本営政府連絡会議と陸海軍首脳会議の決定事項に関する情報は、もともとほんのヒントにしか過ぎなかった。だが、尾崎自身には戦争指導に関する軍部や政府の基本的な考え方について、日頃から基礎的な知識や豊富なデータの蓄積があったため、一を聞いて十を知る式にちょっとしたヒントがあれば、その全体像を難なく組み立てることができた。それは尾崎が長年ジャーナリストとして分析力、構想力、判断力などを磨いてきた結果身についた特技と言え、尾崎の尾崎たる所以である。これが尾崎の凄いところであった。尾崎のような優れた人材を諜報活動に使ったことが、ラムゼイ機関が日本で成功する最大の要素となったと言えよう。

尾崎の諜報協力に感謝するゾルゲ

ゾルゲは自分の諜報活動の中で、尾崎が果たした役割を高く評価、感謝の気持ちを込めて、次のように言っている。

「尾崎はりっぱな教育を受けた人物であった。知識は該博、判断は確かで、彼自身稀に見る情報の供給源であった。そのため、彼と話をしたり、議論をしたりすると非常に得るところがあった。私は、或る問題ないし将来の情勢に関する彼の個人的な意見を、極めて貴重な情報としてモスクワへ送ったこともしばしばあった。問題が非常に難しかったり、あまりにも日本特有のものだったりして、自分の判断に完全な自信が持てないような場合は、私は彼の判断にたよった。私の仕事の根本にふれる最後的な重大決定を下すにあたって、彼に相談したことも二度や三度はあった。そういうわけで、尾崎は私の仕事になくてはならない人物であり、また情報の直接な供給源と考えるべき人物であった。私は彼に負うところが非常に大きかった」（『獄中手記』）。

尾崎がゾルゲの諜報活動協力の要請を拒むことなく二つ返事で引き受け、わが身の危険を顧みることなく献身的努力をしたのは、コミュニストとして「日本革命」の夢に燃え、諜報活動にすべてを賭けたからにほかならない。特別高等警察（特高）の厳しい監視の網が張られた戦前・戦中の天皇制国家・日本では、諜報活動は発覚すれば国賊として即、死刑を免れない危険な道に通じていた。それにもかかわらず自分が信ずる共産主義イデオロギーに殉《じゅん》じた尾崎は、ゾルゲ同様に真に勇気のある人物であった。

「東亜協同体」樹立の道

盧溝橋周辺で放たれた一発の銃声に、端を発した支那事変（日中戦争）が拡大して行く過程で、日本国内では中国侵略の大義名分として「東亜新秩序」や「東亜協同体」の理念が、声高に叫ばれ始めた。日本が国家の体質から侵略性を払拭《ふっしょく》し、帝国主義国家から民主主義国家へ生まれ変わり、中国と相互に主権を尊重、互恵平等の原則に基づき、善隣・協力の関係を築きあげ、そうした基本的な枠組みをアジアの他の諸国との間に広げて行くならば、これらの理念は中国ばかりではなく、アジアの諸国民からもきっと歓迎されたに違いない。

だが、日本が唱えた「東亜新秩序」とか「東亜協同体」の実体は、「八紘一宇《はっこういちう》」（全世界を一つの家にするという意味）の名の下に、中国を武力侵略し、朝鮮と台湾を植民地支配し、それをさらに周辺諸国に押し広げて、アジアに軍事的な覇権を確立することにほかならなかった。武漢《ぶかん》陥落直後に近衛内閣が発した、「東亜新秩序」建設の声明（一九三八年一一月三日）は、国民政府が抗日政策を放棄し「東亜新秩序」に協力すれば、これを拒否するものではないが、国民政府が抗日容共政策を続ける限り、断じて矛《ほこ》を収めないと恫喝《どうかつ》、かえって蔣介石の反発を買って、国民政府軍の抵抗を強めたばかりではない。英米との妥協の道を最終的に閉ざして、日中戦争の泥沼化を促進する大きなきっかけを作ってしまった。

この点、尾崎が考えた「東亜協同体」とは、「東亜協同体の理念とその成立の客観的基礎」（「中央公論」一九三九年一月号）の中で、「果して『東亜協同体』論が東亜の苦悶の解放者たり得るか否かは終局に於いて支那の所謂『先憂後楽《せんゆうこうらく》』の士の協力を得て民権問題の解決策たり得るか、及び日本国内の改革が実行せられて『協同体論』への理解支持が国民によって与へられるか否かの事実にかかってゐるのである」と述べているように、その中味はあくまでも中国の民衆が国内の支配階級と帝国主義列強の圧力をはねかえして、半封建的・半植民地的国家構造を打破し、国内改革を果たした日本の民衆と手を携えて、東亜協同体を作ることにある。当局の厳しい検閲の網の目を掻い潜って、尾崎がここで主張しようとしたのは、中国民衆の革命的なエネルギーの高まりを日本国民にしっかり認識させ、日中両国民が共同で新しい協同体をアジアに打ち立てることであった。尾崎のこの構想は、一九三九年の段階では、まだ十分に練り上げられたものにはなっていなかったが、太平洋戦争が始まり、日中両国を取り巻く国際関係が大きく変化する中で、新しい思索が付け加えられ、「日本革命」の展望を織り込んで、一段と精緻《せいち》なものに転化して行った。

尾崎の見果てぬ「日本革命」の夢

尾崎は太平洋戦争の始まった四ヵ月後の四二年三月、検事局の求めに応じて、獄中でコミュニストとして「革命についてどう考えてきたか」その真情を吐露する手記を書いた。それは「尾崎秀実ノ革命ノ展望等ニ関スル供述」と題して、小冊子（B６版、全文二三ページ）にまとめられ、戦中は㊙文書として配布先は検事局など関係当局に限定された。そのうちの一部が戦後、検事総長を務めた井本台吉宅に保存されていることが分り、数年前にゾルゲ事件の研究者、渡部富哉《わたべとみや》氏が遺族の了解を得て公表、その全容が初めて一般に判明した。

それによると、尾崎はまず「第二次世界戦争ハ、必ラズヤ世界変革ニ到達スルモノト信ズル」との主張に立ち、「コノ第二次世界戦争ノ過程ヲ通ジテ世界共産主義革命ガ完全ニ成就シナイ迄モ決定的ナ段階ニ達スルコトヲ確信スルモノデアリマス」とコミュニストとしての信念を述べている。その理由は、①世界帝国主義相互間の闘争は、結局相互の極端なる破壊を惹起し、彼等自体の現有社会経済体制を崩壊せしめるに至る、②ソ連がドイツに対して終局の勝利を収めることを確信しており、その結果、ドイツがいち早く内部変革の影響をこうむる、③植民地、半植民地がこの戦争の過程を通じて自己解放を遂げ、ある民族は共産主義的方向に進む。少くとも支那に対しては、こうして現実の期待をかけることができる——などによる。

尾崎はこうした認識の下に、太平洋戦争についても、日本は南方で一時的に米英両国に勝っても、戦争自体が長期化するため、本来、貧弱な経済力に加え、支那事変での消耗がこたえて、最終的には破局に向わざるを得ないと判断。こうした中で、日本が進むべき唯一の方向は、「ソ聯ト提携シコレガ援助ヲ受ケテ日本社会経済ノ根本的立テ直シヲ行ヒ、社会主義国家トシテノ日本ヲ確乎トシテ築キ上ゲルコトデナケレバナラナイノデアリマス」と、明確な「日本革命」の展望を述べている。

ソ連の援助に強い期待を表明

しかし、革命は決して他力本願でできるものではない。もちろんそんなことは尾崎もよく知っていた。にもかかわらず、尾崎はなぜソ連の援助をあてにするのか?天皇制国家の日本では共産党の徹底した弾圧が行われ、その結果「日本自体ノプロレタリアートノ政治的力量モ経験モ残念ナガラ浅ク而モ充分ナ自ラノ党的組織ヲ持タナイ」状況に追い込まれたからにほかならない。そこで尾崎はとくにこの点を踏まえて、「英米帝国主義トノ敵対関係ノ中デ日本ガカカル転換ヲ遂ゲル為メニハ特ニソ聯ノ援助ヲ必要トスルデアリマセウ」と述べ、「日本革命」の過程でのソ連の援助に強い期待を表明したのであった。

尾崎が目指す東亜協同体建設の道は、もちろん「日本革命」のみで成就したとは言えない。中国の動向も極めて重要である。尾崎によれば、中国は日本の侵略に対抗して、「国共合作」によって抗日統一戦線を組んで戦っているが、日本軍を中国本土から撃退する過程で、中国革命によって中国は半封建的・半植民地国家を脱却して、社会主義国家に転化する見通しが強い。そこで尾崎は、「中国共産党ガ完全ナヘゲモニーヲ握ッタ上デノ支那ト資本主義機構ヲ脱却シタ日本トソ聯トノ三者ガ緊密ナ提携ヲ遂ゲルコトガ理想的デアリマス」と、日中ソ三国の提携と連帯による東亜協同体造りの地ならしの必要を強調、「以上ノ三民族ノ結合ヲ中核トシテ先ズ東亜諸民族ノ民族共同体ノ確立ヲ目指ス」ことを提唱している。

ただし、アジア諸国はそれぞれ国家体制や発展段階が異なり、民族、宗教、文化は必ずしも一様ではない。このことは尾崎自身もよく分かっており「東亜ニハ現在多クノ植民地、半植民地ヲ包括シテオルノデコノ立遅レタ諸国ヲ直ニ社会主義国家トシテ結合スルコトヲ考ヘルノハ実際的デハアリマセヌ」と釘をさし、各国の国情に応じて、政治・社会体制の変革を進める必要を説いている。

こうして、尾崎が描く将来の東亜協同体構想はなかなか雄大で、「日ソ支三民族国家ノ緊密友好ナル提携ヲ中核トシテ更ニ英・米・仏・蘭等カラ解放サレタ印度、ビルマ、タイ、蘭印、フイリッピン等ノ諸民族ヲ各々一個ノ共同体トシテ前述ノ三中核体ト政治的、経済的、文化的ニ密接ナル提携ニ入ル」ことを予想。それ以外にも、蒙古、朝鮮、満州などの各民族共同体の参加が考えられていた。

民族主義思想と共産主義イデオロギー

尾崎は自分自身について、共産主義者、国際主義者であると同時に、民族主義者であると規定しているが、東亜新秩序社会の構想に示された尾崎の民族主義思想はもともと共産主義イデオロギーと矛盾するものではない。しかも、アジア諸民族の友好、協力、独立、発展などは、当時の共産主義者の多くが、だれも考えたり、口にしなかった概念で、この点を一つ取っても尾崎の「日本革命」を前提とした東亜新秩序社会の構想は、極めて先駆的かつユニークな考え方だったと言えよう。

戦後世界の現実は、尾崎の構想が実現を見たものもあるし、単なる夢物語で終わったものもある。それが人間の思考現象である以上、理想と現実が完全にマッチすることはありえない。しかし、今から半世紀以上前の天皇制国家・日本に、尾崎のようなコミュニストが存在して、同じコミュニストのゾルゲと二人三脚を組んだ諜報活動の中で「日本革命」の夢を追い求め、自らの命を完全燃焼した事実があったことを、われわれは決して忘れてはなるまい。

［資料］

ゾルゲ事件被告判決一覧表

リヒアルト・ゾルゲ
　死刑、一九四四年一一月七日、執行。
ブランコ・ド・ブケリチ
　無期懲役、一九四五年一月一三日、獄死。
マックス・クラウゼン
　無期懲役、一九四五年一〇月九日、釈放。
アンナ・クラウゼン
　懲役三年、一九四五年一〇月七日、釈放。
尾崎秀実（おざき・ほつみ）
　死刑、一九四四年一一月七日、執行。
宮城与徳（みやぎ・よとく）
　未決勾留中、一九四三年八月二日、獄死。
小代好信（おだい・よしのぶ）
　懲役一五年、一九四五年一〇月八日、釈放。
田口右源太（たぐち・うげんた）
　懲役一三年、一九四五年一〇月六日、釈放。
水野　成（みずの・しげる）
　懲役一三年、一九四五年三月二二日、獄死。
山名正実（やまな・まさみ）
　懲役一二年、一九四五年一〇月七日、釈放。
船越寿雄（ふなこし・ひさお）
　懲役一〇年、一九四五年二月二七日、獄死。
川合貞吉（かわい・ていきち）

懲役一〇年、一九四五年一〇月一〇日、釈放。
河村好雄（かわむら・よしお）
未決勾留中、一九四二年一二月一五日、獄死。
九津見房子（くつみ・ふさこ）
懲役八年、一九四五年一〇月八日、釈放。
秋山幸治（あきやま・こうじ）
懲役七年、一九四五年一〇月一〇日、釈放。
北林トモ（きたばやし・トモ）
懲役五年、一九四五年一月服役中に危篤となり、仮釈放直後の二月九日、病死。
菊池八郎（きくち・はちろう）
懲役二年、釈放日不明。
安田徳太郎（やすだ・とくたろう）
懲役二年、執行猶予五年。
西園寺公一（さいおんじ・きんかず）
懲役一年六月、執行猶予二年。
犬養　健（いぬかい・けん）
無罪。

尾崎秀実を軸としたゾルゲ事件と中共諜報団事件

彼らは侵略戦争に反対し中国革命の勝利のために闘った

渡部富哉
（社会運動資料センター代表）

1　中共諜報団事件とはどんな事件だったのか

ゾルゲ事件（一九四一年一〇月）の八カ月後に起こった中共諜報団事件（一九四二年六月一六日、中西功、西里竜夫が検挙、六月二九日、警視庁に留置）は尾崎秀実を軸として両者は、密接に結びつき、相互に関連しています。これまでこの中共諜報団事件をゾルゲ事件と関連してとらえ、研究した論文はありませんでした。この二つの諜報団事件は別々の事件として扱われ、中共諜報団事件はゾルゲ事件の陰に隠れていました。この二つの事件をそれぞれ独自の諜報団事件としてとらえていては、ゾルゲ事件の真相に迫ることはできないと思います。

ゾルゲ事件とは違って中共諜報団事件の場合には、その中心人物である中西功、西里竜夫の二人を裁いた公判の第一日目が日本帝国主義の敗戦当日の、一九四五年八月一五日で、中西は裁判所で、天皇の「終戦の放送」を聞きました。死刑を求刑されましたが、日本の敗戦によって、「死一等を減じられて」、無期懲役の判決が下りました。だが、連合国軍最高司令官総司令部（ＧＨＱ）の政治犯釈放令によって釈放され、戦後の民主主義運動の中で日本共産党員選出の国会議員となり、のち神奈川県委員長として活躍しました。また西里竜夫は熊本県委員長となって民主改革を推進しました。彼らの回想録は残されていて、特に中西功は事件の関連についてかなり積極的に記録を残しています。

一方、彼らを検挙して取り調べた日本の防諜組織・特高（特別高等警察）の資料も戦後復刻され、閲覧が可能になりました。

一九九六年七月には中西功を直接取り調べた特高・光永《みつなが》源槌《げんつい》警部補が保存していた、『中西功訊問調書』が復刻、出版（亜紀書房　五〇〇ページ）されました。つづいて一九九八年に東京で行われた第一回ゾルゲ事件国際シンポジウムの開催を前にして、私は光永源槌の遺族から、「中西功訊問調書」とそれに付属する「中共対日諜報団主要諜報」その他の関連資料を寄贈され、ゾルゲがモスクワに通報した情報と中西たちの情報の比較、検討が初めて可能になりました。また、西里竜夫や中共情報科の三人の供述調書の所在も明らかとなりました。

中共諜報団事件を全面的に検討するには、中国側の資料と関係者の証言が必要ですが、中国側の中心的人物の王学文、潘漢年らの評価がいまだ定まらず、資料の公開が遅れているのが問題です。それにもかかわらず、これまでに公開された日本側のこれらの資料をもとにして、この相互に絡み合ったこの二つの諜報団事件について、今回のシンポジウムで「ゾルゲとその盟友たち」という統一テーマにふさわしい報告が可能になりました。

まず、この二つの諜報団事件について権力側の資料はどのように見ているか、「中共諜報団事件取り調べ状況」(「特高月報」)について、検証してみましょう。

そこには「昭和一七(一九四二)年六月二九日、警視庁において検挙を開始せる中国対日諜報団は支那大陸において、我が作戦地域に設置せられたる中国共産党の諜報機関にして、さきに検挙せる国際諜報団事件とは不即不離の関係にあり、その活動範囲は中支、北支、蒙彊にわたる広範のもの」と記載されています。

また特高光永源槌が保管していた謄写版刷りの「中西功訊問調書」の表紙には「昭和一七年　ゾルゲ事件」と書かれ、背表紙には「ゾルゲ事件中国編」と書いてあります。これで分かるように、権力側は中共諜報団事件をゾルゲ事件の一側面と見ていたのです。この事件を担当した検事はゾルゲ事件の担当と同じ吉河光貞であり、中国に検挙のために派遣された特高刑事も同じ特高一課の捜査員であったことが、この事実を何よりも雄弁に物語っています。

では、「国際共産党諜報団事件(ゾルゲ事件)と〝不即不離〟の関係にあった」とは、具体的にどのような関係のことを言うのか。それを解明するのが、本日の私の報告の内容です。

中共諜報団事件の日本側の関係者のほとんどは、当時、上海にあった東亜同文書院の出身者と、当時上海で特派員活動をしていて尾崎秀実《おざきほつみ》の交際範囲の知識人たちでした。一九二八年に朝日新聞上海支局に赴任した尾崎は、東亜同文書院の学生に社会科学研究会のチューター(個人指導の教師)としてマルクス主義の手ほどきした関係から、この学生たちを通して中共の特科(情報科)の組織者や、アグネス・スメドレーたちとの人間関係ができていきました。

東亜同文書院とはどんな性格の学校だったのかというと、公爵近衛篤麿《このえあつまろ》の提唱により一九〇〇年に創立されました。でも、実際は「国際協調」と「日支親善」を看板に日本帝国主義の大陸進出に不可欠な人材養成と同時に、日本の大陸進出に必要な経済調査のための幹部養成が目的でした。対ロシアとの関係で、これに類似している学校にハルビン学院があります。

当時の名目上の院長（校長）は近衛文磨（篤磨の長男、公爵、のち内閣総理大臣）でした。この学校は全国の都道府県から頭脳明晰な学生を、授業料免除の給費生として受け入れていました。当時、四年制で一クラス一五〇名、全学で六〇〇人。中華部もあり、少数ながら中国人学生もいて、全員が寮生活で、当時、日本で唯一、軍事教練のない学校でした。

東亜同文書院の学生活動家は共産主義者へ

一九二八年五月、西里竜夫は東亜同文書院で最初の社会科学研究会を作り、一九三〇年三月、中共党員王学文（一九二〇年に来日、二一年に京都大学に留学、河上肇のもとでマルクス主義経済学を学ぶ。日本語訳に『経済学方法論』青木文庫がある。中共江西省情報科の責任者）の指導下で、上海の日本人新聞記者と東亜同文書院の学生で「中国問題研究会」（三〇人くらい）が組織されました。当時は世界恐慌（一九二九年）に続いて農業恐慌が起こり、「大学は出たけれど」就職がままらない失業時代でした。

このメンバーの顔ぶれをみますと、ここに参加した人は多くが後の中共諜報団事件とゾルゲ事件の関係者として検挙されています。

学生時代に社会科学を研究し、マルクス主義者となった尾崎秀実はウィットフォーゲル著『目覚めつつある支那』を読んで感動し、上海の朝日新聞支局勤務を希望し、上海への赴任は一九二八年末です。この年の三月に日本共産党に対する戦前最大の全国一斉検挙がありました。尾崎に入党を勧めていた学友冬野猛夫（東大時代に学生運動で退学処分となり、労働組合評議会の書記となる）もこの事件で検挙され、獄死しています。

一九三〇年一月にはゾルゲが上海に上陸し、同年、一〇月にスメドレーの紹介で尾崎秀実はゾルゲと運命的な出会いをしています。

一九三〇年初め、東亜同文書院の学生安斎庫治《あんざいくらじ》らが学内左翼雑誌「図南学報」の発行を計画して尾崎秀実にその指導を依頼し、それが契機となって尾崎が学生時代に学んだブハーリンの「史的唯物論」の研究会が生まれ、彼らと尾崎の関係の源流がここに生じたのです。のちにゾルゲ事件で検挙され、獄死した水野成の警察調書によると「尾崎秀実の指導を受け一九三〇年一月ごろ共産主義を信奉するに至った」とあります。その影響がここに見られます。

当時の東亜同文書院の学生の思想的な目覚めを語るにはどうしても、その時代背景として、中国革命の状況を説明しなければなりません。

蒋介石の上海クーデター

一九二七年四月には蒋介石は上海クーデターによって、上海労働者の武装解除と共産党員の逮捕、処刑に踏み切り、国共合作は崩壊し、周恩来、朱徳、賀竜たちは南昌で、続いて張太雷の指導で広州で蜂起し、張が戦死したのちに毛沢東が江西省の根拠地井岡山に立てこもって中国革命の火種を守っていました。当時の中共の指導は李立三の極左路線が中共内部に浸透し、その誤りは訂正されず、より大きく誤った王明路線に代わりました。

その後三〇年代初期、中国共産党と国民党の合作による北伐戦争に呼応して上海の労働者は武装蜂起しています。東亜同文書院の学生は、こうした情勢の中におかれたのです。中西や西里の同級生の関という中国人は軍閥孫伝芳の邸宅に爆弾を投げ込んで逮捕され、学校からほど近い有名な竜華の刑場で銃殺されそうになりました。学生も学校側も必死になって助命嘆願運動を展開して、関君を救出することができました。

このとき「助命嘆願運動の先頭にたった先生はクリスチャンで有名な坂本義孝教授で声涙ともに下る必死の説得で中国当局を動かした」と中西功は『中国革命の嵐の中で』に書いています。かつて東京大学で教鞭を取った国際政治学者坂本義和教授のお父さんです。

また他の中国人の学生は、「いま民族が危急存亡というときに、ペンを握っていてよいのか」と日本人学生に打ち明けて、中国民族革命の渦中に飛び込んでいき、そのまま消息を絶った者もいました。西里の回想には、蒋介石軍に処刑された労働者の首が電柱にさらされているのを見に行ったという記述があります。

学生たちは、「何のために学問をするのか」、「人は何のために生きるのか」という人生の根本問題に直面し、中国社会が抱えている深刻な問題と日本帝国主義の侵略という現実の板挟みになって、自分たちが置かれている立場から何をなすべきかを模索し、研究会に結集してきたのです。

上海の研究会組織に日本人の知識人が結集する客観的な条件が揃っていたのです。

上海の共産党組織は何回も蒋介石政府によって弾圧にさらされ、壊滅状態になり、わずかに労働運動や大衆運動と切り離された極秘の情報組織（特科）だけがかろうじて生き残り、中国共産党政治局の特殊ルートと直結していました。その主なメンバーは王学文、朱鏡我、陽翰生、田漢、潘漢年たちでした。同文書院の左翼学生はこの組織によって指導されたのです。

尾崎は一九二九年末に上海の国際書店主ワイデマイヤーからスメドレーを紹介され、上海のパレスホテルのロビーで会いました。尾崎秀実はのちの上申書で、「深く顧みれば、私がアグネス・スメドレー女史やゾルゲに会ったことは、私にとってまさに宿命的であったと言える。私の狭い道を決定したのは結局これらの人との邂逅《かいこう》であった」と書いています。

尾崎は警察の調書とは違って、「日本人のジャーナリストによってスメドレーを紹介された」と『女一人大地をゆく』（酣燈社、一九五一年復刻版）の序文のなかで書いています。

尾崎がゾルゲに会ったのはその翌年、一九三〇年一〇月ころです。二人の出会いに重要な舞台まわしの役割を演じたのは、米国共産党から尾崎とゾルゲを引き合わせるために派遣された鬼頭銀一です。鬼頭とは一体何者なのか。尾崎秀実の鬼頭銀一に対する供述は二転三転しています。ゾルゲの手記でも鬼頭については不正確で、本当のことは書いてありません。

検事調書によると、上海におけるゾルゲ諜報団の日本人側の構成は、尾崎秀実、鬼頭銀一、川合貞吉、水野成、山上正義、船越寿雄となっています。

尾崎とゾルゲを引き合わせるために、鬼頭を米国共産党が派遣したとなると、尾崎をいつ、誰によってコミンテルン（共産主義インターナショナル）がマークしたのか、スメドレーの役割は何だったのか、その計画はいつごろ出来上がったのかなど、興味ある疑問が出てきます。これらは全く明らかにはなっておりません。

鬼頭は単に尾崎とゾルゲを結びつけるだけが任務だったのではなく、ゾルゲのアシスタントとして上海で活動していますから、その役割はたぶんゾルゲ事件の宮城与徳と同じ性格のものだったのではないでしょうか。つまり鬼頭は宮城与徳の前任者ということになります。

ゾルゲはなぜ中国に派遣されたのか

ゾルゲは逮捕されたのち、二つの手記を書きのこしています。その中でゾルゲは「極東に行くことになった経緯」を次のように書いています。

「一九二〇年前半までは、革命的労働運動およびソ連の政策にとって興味のある活動舞台はヨーロッパとアメリカの一部に限られていた。極東へは大した注意は向けられていなかった。中国革命の発展とともにコミンテルンおよびソビエト連邦は次第にその目をこの新しい地域に向けることになったが、それでも経験をつんだ有能な士は多かれ少なかれ、全てヨーロッパおよびアメリカに興味を持っていた。中国革命、そしてその後に起こった日本の満州に対する動きが世界的に大きな影響力をもつ、重要事件であることを感じていた政治的観測者はほんの少ししかいなかった。ましてや極東の事態に全面的に打ち込んでいこうという決心のつく者は極めて僅かしかいなかった」

そしてゾルゲは、「私がこの仕事を引き受けようと決心したのは、一つには私の気質にも合うように思ったからだ」と言い、「極東の事態が必然的にヨーロッパの強国およびアメリカに甚大な反響を巻き起こし、現在の勢力均衡に根本的変化をもたらすかも知れないと考えたからだ」と述べ、さらに彼は、「過去数カ月の出来事で、この考えの正しかったことが証明された」と書いています。

ゾルゲの上海滞在中に満州事変（三一年九月一八日）が起こり、のちに日中両国は全面戦争に入っていきますから、ゾルゲのこの分析はまったく正しかったといえます。ゾルゲは上海に派遣されるにあたって、

①南京政府の次第に強化されつつあった社会的、政治的分析

②日本およびソビエトに対する南京政府の外交政策の研究

③中国における列国の軍事力の研究

④中国の農業、工業の発達の状況の調査

など九項目の任務を与えられましたが、ゾルゲが注目したのは、人民のどんな階級が南京政府を支持しているのか、労働者と農民は南京政府に対して唯々諾々《いいだくだく》として従うのかという、ドイツ革命を体験しているゾルゲにとっては当然の問題でしたが、第五次にわたる江西省の共産党の革命勢力（根拠地）に対する包囲殲滅攻撃がくりかえされていた時期ですから、これに関する情報を積極的に収集してモスクワに送っています。それと満州事変によってソ満国境の緊張の増大から、日本帝国主義の進路を見きわめる必要性

が生まれ、ハルビン、上海の諜報組織の再組織が課題になってきたのでしょう。

ゾルゲの極東派遣は、「ベルジンからの指令によるもの」という受動的なものではなく、もっと積極的なゾルゲの意思が働いていたことが確認できます。尾崎秀実もアグネス・スメドレーも東亜同文書院の学生たちも、最大の関心事は、なによりも当面差し迫った中国革命の防衛と、日本帝国主義の中国侵略に対して闘うことでした。ドイツ革命の敗北後、中国は世界革命の焦点になっていたのです。

ユリウス・マーダー著『ドクター・ゾルゲ報告』（邦訳『ゾルゲ事件の真相』植田敏郎訳　朝日ソノラマ刊）は、ゾルゲの当時の活動は、ドイツの軍事顧問団長のフォン・ゼークトや蔣介石軍の中から軍事情報を入手し、即刻、革命軍に伝えることにあったとし、ゾルゲの具体的な情報活動について記録しています。

それによると「蔣介石の指導する部隊が紅軍を攻撃し、殲滅するために江西省で極秘に結集したが、紅軍部隊は当時砲兵隊の火の圧延機を巧みに避けて、この計画が失敗したことに蔣介石軍は驚いた」ことや、「蔣介石軍が五〇〇機の軍用機を中国の紅軍に投入したが、ゾルゲ・グループは飛行機を爆破して革命根拠地への爆撃を阻止したこと」、「一九三一年三月だけで短時間に二万丁の銃が分捕られ、すぐに蔣介石の側に向けられた。一体、どこからゾルゲ・グループはそんな貴重な武器を調達できたか、今日でも明らかにされていない。そして蔣介石の憲兵は当時、武器紛失を解明するために徹底的に取り組んだ。厳しい監視にもかかわらず上海港では陸揚げのさいに何度も何度も舶来の武器が箱ごと消えてしまった」などと、具体的に、リアルにゾルゲの活動を記録しています。スメドレーや尾崎秀実たちは、中国革命の防衛のために尽力し、協力しました。当時上海にはこのほか、ハロルド・アイザックス、エドガー・スノウ、ニム・ウエールズ、ギュンター・シュタイン、ルート・ベルナーらの進歩的なジャーナリストが集まり、中国革命に協力していました。

組織再建し、中国各地に散った同文書院の学生

東亜同文書院は創立三〇周年に近衛文麿院長を迎えて、盛大な記念行事を計画しました。このとき学生側は「支給品制度の廃止」、「学生消費組合を作れ」など「四大要求」をまとめて、学内闘争に入りました。学校側の会計の不透明を突いたものでした。これによって二〇名が退学処分となり、これに対し三〇年一二月、学生は全学ストライキで

対抗しました。折から上海に寄港した日本海軍練習艦隊の士官候補生たちが東亜同文書院を見学する機会をとらえて、左翼学生たちが反戦ビラを配付しました。

これによってかねて動向を注目していた日本の憲兵と領事館警察は、三〇余名を検挙し、日本に強制送還しました。（三〇年一二月二七日、「上海日本人共産党事件」）

この闘争の主体となった「日支闘争同盟」はこの事件で自然消滅し、首謀者は退学の上、日本送還となり、検挙を免れた者は中国各地に逃亡し、同志は四散しました。このとき学外の尾崎は、途切れた連絡網の再建に奔走し、検挙された学生の救援、逃亡した学生たちの連絡の労をとっています。

この闘争で水野成は停学処分を受けましたが、水野は中共の上海情報科の楊柳青と連絡して、学外から左翼運動を指導し、弾圧による出血が多かったにもかかわらず組織はすぐに再建され、東亜同文書院の共産主義青年団の組織は二八名を擁するに至りました。当時の学生運動としては、これは瞠目《どうもく》すべきことです。

こうした中で、水野成は楊柳青から鬼頭銀一を紹介され、三一年七月からはじまった蒋介石軍の共産軍に対する第三次包囲殲滅作戦に対して、鬼頭から中国革命を援助するため共産軍討伐の南京政府軍の動静を調査するように依頼されました。水野はこれを了承し、鬼頭を通じて三一年五月にゾルゲと会っています。

水野はのちに東京でもゾルゲと会って、ゾルゲの諜報活動に積極的に協力しています。水野のこの面での情報活動は他の者と比べると極めて早かった、と中西は書いています。

ゾルゲは「手記」の中で水野について、「私を水野に紹介したのは尾崎である。しかし、私が水野に会ったのは数回にすぎない。私は彼からスパイというよりはむしろ学者といった印象を得た。日本では料理屋で一度会った」と書いていますが、中西によるとこのゾルゲの手記は、「ゾルゲが水野をかばいだてしている印象を受けた」とあります。

水野は尾崎の良き相談相手であり、懐刀でもあったのです。それは彼の判決を見ればゾルゲ・グループのなかでの彼の地位がよくわかります。川合貞吉という人も上海時代から尾崎・ゾルゲのグループに属していましたが、川合の判決は懲役一〇年でしたが、水野は懲役一三年の判決を受けています。残念ながらこれまで水野が独身のまま獄死したこともあって、水野に対する記録や資料はまったく見当たりません。

ゾルゲも尾崎の供述も、鬼頭銀一についてはふれないようにしている跡がうかがえるといえます。事実、上海で水野をゾルゲに紹介したのは尾崎ではなく、鬼頭です。水野と鬼頭との関係はこれまで伝えられているより深かったのでしょう。

日本に強制送還された東亜同文書院の活動家たちは日本で非合法の共産主義運動にそれぞれ加わり、再び警察の弾圧にさらされ、また中国社会に舞い戻り、中国共産党に入党し、中共との連絡を回復して活動を続けました。

日本人共産主義者にたいする中共の方針

中西はそのころ、「日本人共産主義者の任務は第一に諜報活動。第二に対日本軍兵士工作。第三に中国共産主義者に対する理論的啓蒙活動である」との意見を王学文を通じて上申しています。事実、のちに日本兵に対する宣伝ビラ工作に、西里竜夫たち日本人共産主義者は参加しています。

関東軍は一九三一年九月一八日、柳条湖で満鉄線を爆破して満州事変を起こし、日本帝国主義の中国侵略がやがて全面戦争に発展する情勢になり、かっての同文書院の同志たちは中国社会で、満鉄や軍の付属機関などでそれぞれ重要な社会的地位につくようになってきたのです。

対日諜報活動について中共中央から一九三一年八月、「在支日本人共産主義者を諜報活動に組織せよ」との指令が出ました。この指令に基づいて「中共江蘇省委員王学文と反帝同盟の責任者楊柳青は、川合貞吉、手島博俊、水野成、中西功、坂巻隆、日高為雄らを選抜して『対日諜報員訓練組織』を形成した」と、特高の「取り調べ状況」は書いています。彼らはすべて尾崎研究会のメンバーです。

ついでに記録しておきますが、この楊柳青という人物は、日本共産党書記長の渡辺政之輔を上海から台湾の基隆経由で帰国の手配をした、当時の日本共産党の最高幹部たちとは関係の深い人で、のちに蒋介石の特務に逮捕され、台湾に護送されたあとで、獄死しています。

さらに重要なことは、この時期に、だれが中共諜報団もしくはゾルゲ諜報団の組織員になるか、中共情報科によって東亜同文書院同窓生の選別が行われたことです。中西は尾崎とつねに連携を伴っていましたが。この二つの諜報組織に振り分けが行われた東亜同文書院同窓生の横の連絡は途絶えてしまって、その後の活動については、これまでの警察訊問調書には出ていません。のちに検挙された西里竜夫は、特高から安斎庫治（ゾルゲ事件で検挙）と中共諜報団事件の関係について供述を迫られ、一カ月にわたって残酷な拷問にかけられました。西里は当時、安斎がどんな活動をしていたのか知らなかったと書いています。特高からいくら追求されても、実際に知らないことは供述できなかったのでしょう。当時、安斎は満鉄調査部包頭支社にいて、日本軍が擁立した蒙古の徳王（蒙古政務委員会委員長）の顧問をしていました。安斎も尾崎が中国に来たときに密かに会っていますし、安斎のこれに関する回想も残されています。（「安斎庫治聞き書」社会運動資料センター所蔵）

中共の諜報訓練を受けた水野成、川合貞吉は、尾崎秀実に引き継がれ、ゾルゲやスメドレーにも会っています。

川合貞吉によると、「蘇州河沿いの街頭で連絡し、スメドレーの車に同乗し、ゾルゲの待っている南京路の広東料理屋に着いた。スメドレーのあとに尾崎が続いた。四人が一室に会すると私はゾルゲから華北および満州事変の調査を行い、関東軍の動向について情報を送るように頼まれた。こうして私は三一年一〇月から三二年三月まで三回にわたって満州、上海間を往復し、ゾルゲに情報を提供した」（「ゾルゲとその同志たち」）と書いています。

この情景は劇団民芸が公演した、木下順二の創作劇「オットーと呼ばれる日本人」に登場します。革命と動乱の中国で、それぞれ国籍が違うこの四人が一堂に顔を揃えるのは、絵になったのでしょう。北京でこの会談が行われた一年後、ゾルゲは一九三二年一一月一二日、ウラジオストクを経由してモスクワに帰り、尾崎は一九三三年の元日の朝、北京を出発し、天津経由で帰国しています。こうして中国における情報活動は、尾崎とスメドレーによって維持され、継続されたのです。

尾崎とゾルゲがそれぞれ帰国したのちに、ゾルゲの後任のパウルに尾崎の代わりとして紹介されることになる船越寿雄（連合通信漢口、天津支局長）は、このころ川合の勧誘によってゾルゲの組織に加入しています。

尾崎はスメドレーと結んで対中国工作を継続

これまでのゾルゲ事件関係の文献では、尾崎は上海でゾルゲと別れて日本に帰国したことで、上海を中心とした尾崎の情報活動は船越に引き継がれ、スメドレーとの関係も中断され、中国の情報科との関係も切れて、尾崎は束の間《つかのま》の平穏な生活に戻り、ゾルゲの日本派遣で二人の関係は再び始まったように書かれています。しかし、それは中共諜報団事件の関係資料をみると、事実経過は全く違っています。尾崎はもっとしぶとく、積極的に中国革命の運命に深く刺さっていました。

尾崎が朝日新聞上海支局から大阪本社に転勤になり、日本に帰国（三二年二月）したとき、同じ船に上海事変のために日本に帰国する中西功がひそかに乗船していました。（中西功著『中国革命の嵐の中で』）もちろん、偶然ではありません。二人は誰も知らないこの船の中で、これからの中国大陸を中心にした嵐のような活動について、心を開いて話し合いました。ゾルゲの依頼で華北の情勢などを調べに行った川合は、三二年七月に上海に戻ってきましたが、スメドレーやゾルゲとの連絡が切れてしまい、尾崎にその対応策を求めました。そこで尾崎は三二年の年末休暇を利用して、スメドレーと連絡し、北京でスメドレー、尾崎、川合の三人と中共情報科員が会合をもち、満州事変後、日本の勢力が北支に影響を及ぼしているから、今後の活動は北支を中心にする必要があるという見地に立って、北支で日本人による中共の諜報活動組織を作る計画を協議しています。

こうして中国における情報活動は尾崎とスメドレーによって継続されますが、スメドレーがどのような立場で、どのように中共情報科と連絡しながら活動していたのかは、日本の資料にはありませんから、私たちは知ることはできませんが、ロシアで発行されている「今日の日本」誌（一九九二年一一月号）のユー・グリゴリエフ「リヒアルト・ゾルゲの運命に見る『コミンテルンの風景』」によると、「アグネス・スメドレーは上海におけるコミンテルン代表の任務を隠すため『チャイナ・トゥディ』の編集部の仕事をアメリカ共産党から与えられていた」と書いています。

最近（二〇〇〇年四月）、日本で翻訳、刊行された、『アメリカ共産党とコミンテルン』（ロシア現代史文書保管・研究センター所蔵の資料による　五月書房刊）によっても、その事実は裏付けられています。この本の訳者の渡辺雅男一橋大学教授は、「あとがき」で、上海時代にゾルゲと一緒に活動したゲルハルト・アイスラーに関連して、次のように書いています。

「アイスラーは亡命中のアメリカでは終始反ファシズムの左翼ジャーナリストであったとして、彼を擁護する人たちにたいして、それはアイスラーの表の顔だけに幻惑された謬説にすぎない。裏の顔を直視しないこうしたナイーブな議論こそ、一見すると『異端審問』の迫害から彼を擁護する主張のようでありながら、その実、彼の政治的闘いを闇に葬り去ることで、彼の果たした歴史的役割を見失わせ、かえって『異端審問』の時代をベールで覆うことになりかねない」と。これはまさにアグネス・スメドレーに対しても言えることだろうと思います。アイスラーも当時、上海でゾルゲと一緒に、中国革命のために活動していたことが『ドクター・ゾルゲ報告』の中に出てきます。

尾崎秀実の指導で中共諜報団組織が発足

東亜同文書院の学生を中心にした共産主義者たちは、中国や日本で、弾圧に見舞われながら、実践の鉄火の中で鍛えられ、たくましく成長していきました。中西功、西里竜夫、水野成たちは日本に帰国後も、非合法の日本共産党の活動に参加して再び逮捕され、三～四年の懲役刑を受けましたが再起しています。

中西は一九三三年二月、尾崎から電報で「すぐ来い」と連絡を受け、大阪朝日新聞社で尾崎と会いました。そのとき尾崎は中西に上海の連絡の仕事を頼みました。しばらくして中西は、これから上海に行くという人を尾崎から紹介されています。中西の仕事はその人と尾崎の間を連絡するものだったのです。明らかに三二年末のスメドレー、川合、中共情報科たちの会談の延長線上に中西の任務があったと言えるでしょう。すでに日本に帰国する船中で打ち合わせ済みのものだったのでしょう。しかもそのとき尾崎秀実の後を継いで、ゾルゲの後任のパウルと船越寿雄が連絡をとって活動を続けている時でした。

「その人は今でも健在」と中西は書いていますが、その人の名は明かしていませんから想像もできませんが、この経緯からすると尾崎はもうひとつ、これまで明かされていない尾崎と中国を結ぶ別のルートを持っていたことになります。中西はその後、大原社会問題研究所に勤務したことは知られていますが、その研究所の勤務は実はこの活動のためだった、と中西は書いています。(『中国革命の嵐の中で』)

一九三三年春、スメドレーと尾崎の連絡は革命と反革命の熾烈な闘争のなかで組織は弾圧、分断され、一時途絶えます。スメドレーは一九三三年には『中国の運命』を執筆し、続いて一九三四年には『中国紅軍は進軍する』を書いていますから、その経緯からすると多分、スメドレーは中共の革命根拠地に入っていたのでしょう。

上海で会うべき相手が検挙され、尾崎とスメドレーの関係した組織も崩壊し、混乱の中で尾崎の工作は挫折しています。

中西は一九三三年秋、尾崎の紹介で南満州鉄道(満鉄)に就職して、満州と日本の連絡網を作るように依頼され、満鉄本社資料課(大連)に配属されました。尾崎自身ものちに満鉄調査部の高級嘱託となり、ノモンハン事変や関東軍特種演習（関特演）、日本の石油の備蓄の状況、ソ満国境の兵備状況などの重要な情報をこの満鉄調査部と、尾崎自身の現地調査によって、入手しておりました。

尾崎はこの日本最大の調査機関に、自分が同文書院の研究会で育てた中西を配置したのです。尾崎の紹介で満鉄に入った中西は、次々に同文書院時代の同志を満鉄調査部に入れて組織化していきました。その時期はまさに蔣介石軍が中華ソビエトに対する第五次包囲作戦を開始した時期（一九三三年一〇月）で、中国革命の息の根がとめられるか、それとも生き延びられるかという瀬戸際で、絶体絶命のがけっぷちにたたされていた時期だったのです。毛沢東が江西省の井岡山にたてこもって、やがて歴史的な長征に出発するという中国近代史の屈折点の時期にあたっていました。

それはゾルゲが横浜港に上陸（一九三三年九月六日）する時期でもあったのです。

したがって尾崎の活動はこれまで伝えられているよりははるかに積極的に中国革命にかかわり、その関係が継続されていたことが分かります。これまでしばしば書かれてきたように、尾崎はゾルゲと上海で分かれて日本に帰国し、しばらく安堵した静穏の日々が続いたなどというのは、表向きの話だったのです。

中西は、ゾルゲと尾崎が奈良公園で再会したちょうどそのころ、一九三四年五月、尾崎の密命を帯びて満鉄本社に赴任しました。中国共産党の「万里長征」の大移動が行われるのは一九三四年一〇月のことで、蔣介石治世下の都市では共産党組織は壊滅状態になっており、かろうじて情報科の組織だけが生き残って、中共中央と連絡を取っていました。

そのころ中西は中共の上海情報科の責任者王学文と会い、中国共産党に入党し、困難と闘いながら、王学文指導の情報活動の組織化は西里竜夫と中西の二人の協力で次第に進んでいきました。

特高資料によると「一九三五年、西里の中共諜報団参加をもって、団として組織化され」と表現し、翌一九三六年、中西の参加で「活発化」したと表現しています。（「中共諜報団事件取り調べ状況」）

しかし、この場合でも記録によると、中西たちの組織と川合、水野、船越たちの組織の間で横の交流は見られません。以後もこれまでの資料では、連絡は絶たれたままになっています。

毛沢東が中国紅軍の長征終了宣言をするのは、一九三五年一一月七日のことです。その年の八月一日、中共は有名な「抗日民族統一戦線宣言」、いわゆる「八・一宣言」を発表し、中国の歴史は大きく展開していきました。

一九三五年一二月九日、北京の学生一万余名が「日本帝国主義打倒・内戦停止・一致抗日」を要求して大デモストレーションを行い、上海にもその運動は飛び火し、抗州、天津、南京の学生が立ち上がりました。この頃、周恩来と張学良は日本帝国主義の華北侵略に反対するための非公然の接触が始まっています。この工作には上海の中共情報科の責任者だった潘漢年（一九三七年～三八年中共上海弁事処の責任者で、のちの上海副市長）も加わっています。

日本帝国主義との全面戦争が始まって情報活動は重要、不可欠な任務となり、中西たちの組織化と活動は緊急を増してきました。その間の事情を特高資料は次のように書いています。

「一九三七年一一月、中共課報団北京支部の確立」「一九三八年五月、ここに本課報団上海支部は名実ともに確立され、一九三八年一〇月、南京支部が確立」される。（「取り調べ状況」による）

尾崎秀実の後ろ楯で中西は組織と理論の指導者に

一九三七年七月七日に始まった日中戦争（蘆溝橋事件）は、またたくまに拡大して、その年の一二月一三日、日本軍は上海に続いて首都南京を占領し、日本海軍は全中国の沿岸封鎖を宣言、一九三八年五月一九日、徐州が陥落、一〇月二五日、武漢を占領しました。

第一次近衛内閣は一九三八年、和平交渉を打ち切り、「国民政府を相手にせず」と声明を発表しましたが、もとより軍にも政府にも事態の収拾に自信があったわけではありません。日本は蒋介石はすぐに手を挙げるだろうと甘く見ていました。日清戦争以来、中国人にたいして「チャンコロ」などと侮蔑的な呼び方にみられるように、日本軍部の伝統的な傲慢な態度の現れでした。

ところが中国は占領されても、首都を奥地に移し、最後は重慶に立て籠って戦《いくさ》を続けました。中国側の抵抗戦線は拡大する一方で、日本軍が占領したのは点と線だけで、戦線が拡大するにつれ、占領は出来てもその点と線すら維持することは、日本の国力をもってしては容易ならざることを、軍部も次第に認めざるを得なくなってきました。戦争は泥沼化（長期戦）の様相を見せてきたのでした。

こうした中で、戦争をどう収拾したらよいのか、日本の軍部は見当がつかなくなってしまいました。ノモンハンでソ連、モンゴル軍と戦闘状態に入った日本軍は、第二三師団(師団長小松原道太郎)が全滅するという潰滅的な打撃をうけて(一九三九年五~八月)、停戦を余儀なくされました。一方、日独伊三国防共協定を結んでいたドイツのヒトラーが、突如、独ソ不可侵条約を結ぶ予期せぬ事態を迎えて、ソ連を仮想敵国としていた日本の政府と軍部は面目を失ない、政治家も軍部も情勢を見通す力もないことを暴露したため、平沼内閣は「ヨーロッパの情勢は複雑怪奇」という有名な言葉を残して、総辞職(一九三九年八月二八日)。こうして、そのわずか四日後には第二次世界大戦が始まったのでした。

こうした中で、日本が一番知りたい問題は、中国の抗戦力がどの程度あるのかという問題です。「支那抗戦力調査」は、この時期に満鉄調査部が総合調査として取り組んだ野心的なプロジェクトでした。

一九三八年に中西功はようやく満鉄の職員待遇となり、彼がこの満鉄の総合調査の目玉ともいえる調査委員会の主導権をにぎって短期間のうちにこの調査を完成させたのです。そこには恐らく満鉄の高級嘱託だった尾崎の尽力があっただろうと言われています。尾崎もまたこの調査委員会に委員として参画しています。

この報告は一九四〇年一〇月から一二月までに一〇分冊として刊行され、日本に送付されたものは僅かに五〇組で、陸海軍と政府機関に提出された極秘扱いのものです。

中西や尾崎は支那派遣軍総司令部の情報嘱託でもあったので、軍関係の信頼を得て、軍の情報は豊富に得ることができました。中西が資料収集のために作った特別調査室には、中共の情報科員を嘱託として雇い入れ、中共側の情報も集めさせ、また中国各地に散った東亜同文書院出身の同志たちから、中国の戦時体制の情報を収集しました。

事実、この調査にあたって、中西ら調査員たちは毛沢東の『持久戦論』(一九三八年五月発表)を研究していたことが知られています。

「支那抗戦力調査報告」の要旨は、中西とともに主要な報告者であり、企画の立案者であった具島兼三郎(戦後、九州大学教授。のちに長崎大学学長)によると、次のようなものでした。

①中国は高度な資本主義国家のように、経済の中心地が失われると国全体の経済が麻痺するというものではない。

②中国の沿岸地帯に資本主義が発達しても、全国の経済がその中に有機的に組み込まれるわけではなく、広大な農村は沿岸地帯の資本主義とは一応無関係に生きつづけ、沿岸地帯が日本軍に占領されてもそれなりに生きていく力を持っている。

③問題はそこから抗戦力を引き出すために、どのような政治が行われるかである。人民の積極性を発揮させるために人民に有利に社会の仕組みを変える必要があり、それを成しうる政治が必要である。中国でこうした路線を推進しているのは中国共産党であり、国民党はこれに消極的である。

④問題は抗戦の主導力が共産党、国民党のどちらの手に握られるかだが、戦局の推移につれて抗戦力の主導権は漸次、国民党から共産党の手に移りつつある。

⑤このような勢力が抗日の主力として登場するかぎり、中国は今後とも抗戦を継続することが可能となる。

⑥農村経済を主体とする限り近代兵器を作りだすことはできない。したがって外国からの援助は重要であるが、それがなければ抗戦できないというものでない。

⑦日本は兵站線《へいたんせん》の関係から奥地までの進撃はできない。日本が進撃できるのは一定の線だけである。

⑧戦争は「持久戦」となり、軍事的に解決の目途がたたなくなる。解決はどうしても政治的手段にならざるをえない。

これは一言に言えば、武力制圧は不可能であり、政治解決しか道はないというもので、そのためには、「中国からの日本軍の撤退」しか残された道はないと結論しています。

（具島兼三郎著『奔流――私の歩いた道』）

「泥沼化した日中戦争は、政治解決によって収拾を図るべきだ」という提言が、当時の日本最大の調査機関である満鉄調査部の総力を挙げた総合調査の結果として出された意義は、極めて大きいものと思われます。

「支那抗戦力調査報告」が軍部に与えた衝撃

ゾルゲ事件研究家の石堂清倫によると、ゾルゲは一九三九年一月の秘密電報で、「日本陸軍は三つに分裂している」と、次のように述べています。

①占領を満州にとどめる勢力。

②華北占領までは必要と考える勢力。

③中国全土の占領を主張する勢力。

中西たちが嘱託となったのは、この②の勢力を代表する支那派遣軍総司令部でした。（「ゾルゲ事件研究」第六号）

中西は南京総軍司令部の報告会で、以上の要旨を詳細に報告し、「事態を軍事的に収拾することは困難で、政治的解決の道しかない」ことを丁寧に説きました。

続いて具島は、中国抗戦力の中で外国援助の持つ意味について、二時間にわたって報告しました。

「支那は外国からの援助がなければ抗戦できないか。そんなことはない。農村の生産関係を農民に有利に改革し、改革された生産関係を守るために農民を動員する中国共産党式の方法がとられるならば、抗戦は依然として可能である。外国の援助さえ断てば抗戦が止むなどと短絡的に考えてはならない」

中西たちの報告が終ると、司会者が質問を受け付けました。だが、会場は水を打ったように静かになって、出席者はお互いに顔を見合わせ、誰も質問する者はいなかったという異様な情景が現出したのでありました。

「支那抗戦力調査報告」はその後、新京（現在の長春）の関東軍司令部、北京の北支派遣軍総司令部、東京の陸軍省、参謀本部、海軍省、内閣の各省、企画院、東亜研究所などで極秘に報告されましたが、この結論は参謀本部内に深刻な影響を与えました。

太平洋戦争が始まる直前、アメリカのハル国務長官は、日本にたいして最後通牒「ハルノート」を突きつけました。そのなかに日本軍の「中国からの撤退」を求める要求がありました。もちろん、政府はこれを拒否し、日米両国が戦争に突入するきっかけとなりました。日本軍の「中国からの撤退」は軍部が絶対に受け入れることができない基本矛盾です。満鉄調査部の結論がいかに軍部に衝撃を与えたか、この一事をもっても知ることができるでしょう。

この調査報告にまとめられた、「中国の抗戦力の評価」は、武力一辺倒による中国大陸の制覇が無理であることを軍当局に理解させ、和平工作によって日中戦争を早期に終結させるのが狙いでした。ところが、軍部が実際に取った方針は、支那抗戦力を支えている海外からの軍事援助を絶つこと、即ち南方からの「援蒋ルート」を絶つべく、南進に踏み切る根拠を与える結果となってしまいました。

中西は一躍、時代のホープとなり、参謀本部内での発言力と影響力は増大し、彼は日本のジャーナリズムに華々しく登場し、沢山の論文を発表しましたが、それは表の顔に過ぎませんでした。軍内部の反対勢力と防諜組織は虎視眈々《こしたんたん》と中西たちに狙いを定め、特に日本共産党再建運動の京浜グループ事件（一九三八年九月）に絡んだ中西三兄弟（篤、三洋、おくれて五洲）の逮捕以後、中西自身の身柄も安全ではなくなったのでした。

中西が東京の参謀本部で一九四〇年七月、「支那抗戦力調査」を報告した帰り、中西を検挙するために特高は逮捕状を用意しましたが、会議が終わると翌朝すぐ、軍の飛行機で中国に戻ったため検挙できなかった」(『死の壁をとおして』岩波新書)と後に中西は書いています。

「支那抗戦力調査報告」はもちろん極秘扱いでしたが、それは中西、尾崎が主導したものですから、その主な内容は当然二人の手からゾルゲにも中共情報科にも、渡っています。

日本の軍事動向が最大の関心事になっていたときですから、この情報は中国共産党にとっても極めて重要な意味を持ったはずです。毛沢東は早速、「日本が北進すれば、中国革命はより一層困難になり、南進すれば有利」と分析しました。毛沢東が予想した通り、対ソ攻撃をやめて南部仏印に進駐した日本は米英と開戦、最終的に太平洋戦争に敗北して、中国革命に道を開くきっかけを作ってしまいました。中西たちがまとめた支那抗戦力調査の結果を無視したことによる「日本軍国主義」の哀れな末路でした。

中共諜報団事件とゾルゲ事件の相関関係

これまでみてきたように、中西功と尾崎秀実との関係は歴史的にも個人的にも深くて、長い歴史がありました。中西が中共側の情報活動をやるようになった直接の経緯も、これまで説明してきたように尾崎は深く関係しています。

一九三九年夏、満州の視察旅行から帰ったばかりの尾崎は、これにつづいて一九四〇年三月に上海で行われた「支那抗戦力調査委員会」の第一回報告会に参加し、一九四〇年九月の満州協和会大会に出席し、すぐその年の一二月、「支那抗戦力調査報告会」に参加しています。

中西功の回想によると、「支那抗戦力調査委員会の第三回目の報告会を上海で行ったが、そのとき尾崎も東京から参加した。このとき尾崎とかなり長い時間話し合った。『もう君は東京にきてはいけないよ。警視庁が君をマークしている。その上にぼくの身辺も最近どうも変なんだ。もう会えないかもしれないね。それで、とにかくお互いに連絡しあう方法をきめておこう。ぼくがきみに知らせる場合は』と、電報による暗号をとりきめたうえ、『しかしわれわれはすでに大きな仕事をしたよ。もう天下の大勢はきまっている。あとは命のあるかぎり働くだけだ』尾崎はこう言ったあと老酒《らおちゅう》で乾杯した」とあります。

これについて一つだけ補足しますと、中西と尾崎の間で、万一の場合に備えて暗号の連絡方法の打ち合わせができていました。中国で最近刊行された『太平洋戦争の警報』（方知達、梁燕、陳三白共著）によると、「一九四一年一一月、中西のところに『西に向かって走れ』という電報が届きます」。「西」とは延安のことです。尾崎と万一のときの暗号で、「危険、逃げろ」の意味です。その電報が届いたのは、ゾルゲ事件の摘発ののちのことですから、誰が中西に電報を打ったのか中西本人にもわからず、現在も謎のままです。

中西が上部にそれを伝えると、中共情報科の指導部は中西に、「東京に行って調査せよ」と指令します。中西が東京につくとすでにゾルゲ事件の検挙の直後で、ゾルゲ・尾崎グループは一網打尽になったことを知り、直ちに中共情報科に「尾崎逮捕」を連絡しました。それは一九四一年一一月下旬のことです。

中西の著作によると、「四一年一〇月二六日付けの朝日新聞に『東條英機首相と島田繁太郎海軍大臣が伊勢神宮に参拝した』という記事をみて、中西は日米開戦の迫ったことを察知した」（『中国革命の嵐のなかで』）とあり、「支那抗戦力調査」などで顔なじみだった参謀本部の将校たちから、「四一年一二月八日日本の真珠湾攻撃」の情報を入手し、中西は早速、この極秘情報を中共情報科に送りました。中国共産党史研究室によると、「潘漢年は日本軍の真珠湾攻撃についても、奇襲作戦を予想する情報を毛沢東に送っていた」（読売新聞刊『二〇世紀どんな時代だったのか』）とありますが、この読売新聞の記者は、中西らの中共諜報団の活動については知るよしもなかったので、「真珠湾攻撃の情報が直接漏れるはずはなく、断片的情報をつなぎあわせて、総合的に判断して、党中央に報告したものではないか」というコメントがついています。

毛沢東は「この情報団の功績は絶大である」と高く称賛し、蒋介石に対して、「わが方の情報によれば——」（『太平洋戦争の警報』）という形で伝えたと書いています。日本の真珠湾攻撃の情報が中共へ伝達されたことは果たして事実だったのか、あるいはフィクションなのか、これまで必ずしも明確ではありませんでした。しかし、前述した「中共対日諜報団主要提報」によると、「一九四一年（昭和一六年）一一月ころ、中西功より得た情報、その他を斟酌《しんしゃく》して、日本対米英戦の見通しについて、李徳生、陳一峰に提報す」として、「日本の見解では米国軍艦の建造計画が一九四六年に完成する。軍艦の建造のスピードはものすごく早い。しかがって、それ以前でなければ日本は絶対に勝算はないから、戦争を始めるには現在がその時期だと言われている」とあります。

また、西里は中共側が、「日米が開戦するなら、日本は直ちに米国の強大な軍備と経済力の前に屈伏するだろう」と主張したのに対して、「日本の軍備、特に海軍力を過小評価することは危険である」ことを説明し、「開戦の暁には、緒戦において日本が勝つことは科学上当然なことだ。ただし、日本の石油の貯蔵量から短期決戦はさけられない」と説明しています。

歴史的経緯からみて、中共側の視点よりも中西、西里らの情報と分析のほうが正確だったことは明らかてす。中西の真珠湾攻撃の情報の有無については、まだ明確な資料的な裏付けはありませんが、これがフィクションではなく、事実であった可能性は極めて高いことが、この資料で裏付けられたと思います。

情報提供の具体的な内容の検討

では二つの諜報事件の相互に絡み合った、具体的な「情報提報」の内容について検討してみましょう。中共諜報団事件には満鉄調査部員六名が参加していました。特高資料の「中共諜報団事件取り調べ状況」によると、尾崎らと中共諜報団事件との関係について次のように記しています。

「中西は、尾崎・水野がコミンテルンに対し、尾崎・水野らは中西が中共に対し、各々活動分野を異にしながらも、共同の目的達成のために同質の任務を持って活動しつつある情（事情）を明確に知りて以来、両者の間は一層緊密化し、相互情報の交換に努めてきた」とあります。

みすず書房刊の『現代史資料・ゾルゲ事件』（全四巻）には、特高関係のゾルゲ事件関係資料が網羅されています。その中で諜報団がどんな情報を提報したのかについて、「時期」、「諜報要旨」、「探知収集先ならびにその方法」、「提供先」などが一覧表になっています。ゾルゲ事件で検挙された体験をもつ宮西義雄は、「尾崎秀実の死刑を宣告した判決文によると、犯罪事実として挙げられている諜報件数五二件の内、満鉄からの情報がかかわっているものが二一件（ゾルゲに提供した調査報告書類は除く）で、約四〇％を占めている」（『満鉄調査部と尾崎秀実』亜紀書房）と書いています。

前記のゾルゲ事件関係の資料によると、尾崎秀実、ゾルゲ、宮城与徳関係には、中西功からの情報提供の記録はありません。これはゾルゲ事件の取り調べが一段落し、「事件の概要」について、記事解禁のあとに中共諜報団事件に波及したという時間的な関係によるものです。だが、「中共諜報団事件取り調べ状況」の「中西功　諜報概要」には、

「広東攻略の決定について」(一九三八年九月、東京出張中、尾崎秀実より)

「日本の国内情勢について」(一九四〇年三月、尾崎秀実より聴取)

「日本の抗戦力について」(一九四〇年一二月、東京出張の際、尾崎秀実より)

「日本の大本営で広東攻略が決定、近く上陸作戦が行われる」(尾崎より)

などが、尾崎秀実からの情報として具体的に挙げられています。このほかにも満鉄を情報源とする重要な情報は沢山ありますから、尾崎からと明記できないものもあるだろうし、尾崎からの情報をもとにして総合判断した情報もあったでしょう。特に「日本の抗戦力について」とされる情報の内容は、中国共産党にとって貴重なものだったはずです。それは具体的には、

①日本の船舶不足の問題
②船舶建造能力
③鉄鋼生産の計画
④石炭問題
⑤蘭印に対する石油輸入の状況
⑥日本の石油保有量

などで、詳細に記録されています。

このほかにも中西の「手記」には、「尾崎秀実に提供した情報要旨一覧表」、つまりゾルゲに渡った情報の一覧表があり、七ページにわたって具体的に掲載されています。中西は尾崎との個別の会談で日本の政治、経済の深刻な矛盾や混乱の情報を得て、これを中共側に提供しています。

12　事件の結末は死屍累々の墓碑銘

次に中共諜報団事件で第一次検挙者がその後たどった運命について略記すると、以下の通りです。

西里　竜夫　三八歳　同盟通信記者、中央電訊社南京総社　死刑求刑、日本の敗戦で釈放
中西　　功　三四歳　満鉄上海事務所調査室　死刑求刑、日本の敗戦後、無期懲役、のちに釈放
尾崎庄太郎　三八歳　満鉄北支経済調査所　懲役一〇年
白井　行幸　三四歳　満鉄北支経済調査所　一九四四年三月二七日危篤、執行停止、保釈直後死去。
新庄　憲光　三二歳　満鉄張家口経済調査所　獄死

浜津　良勝　三三歳　錦州市公署行政股長　獄死
津金　常知　三七歳　満鉄上海事務所調査室

以上のうち、東亜同文書院の学生でなかった者は、津金常知だけです。検挙は引き続き第二次検挙もありましたが、そのまとまった記録は現在まだ見当たりません。だが、前述の『警視庁史』（昭和前編）によると、ゾルゲ事件（中共諜報団事件を含む）で検挙された者は昭和一七年六月までに三〇〇余名にのぼるとあります。

このほか尾崎が上海で育てた研究者、学生のうち、ゾルゲ事件関係者は、次の五人です。

水野　成　坂本記念会館編纂係　懲役一三年、一九四五年三月二二日、獄死
船越寿雄　連合通信漢口、天津支局長、懲役一〇年　一九四五年二月二七日獄死
河村好雄　満州日日新聞上海支局長、一九四二年一二月二二日、拷問により獄死
川合貞吉　懲役一〇年、敗戦により釈放
安斎庫治　満鉄張家口（包頭）支社　検挙後釈放、満鉄事件に併合されのち釈放

これに尾崎秀実、ゾルゲのように死刑を執行された者やブケリチ（四五年一月一三日、獄死）、北林トモ（四五年二月七日、危篤で執行停止保釈直後の同月九日に死去）、宮城与徳（四三年八月二日、獄死）などを加えますと、この事件の獄死者の数は、まさに死屍累々《ししるいるい》という悲惨な結果をもたらしました。「ゾルゲとその盟友たち」というタイトルのシンポジウムで、日本側の報告の終わりに、彼らの無念な最後を報告し、彼らを追悼したいと思います。

中共側の検挙者のうち、中共諜報団の責任者である李徳生の警察訊問調書（みすず書房『現代史資料』）が現存しています。その供述は日本の検察側では到底知ることができない中共情報科の内実を具体的に、詳細に供述したうえ、李徳生は、「私の行為は大東亜民族の利益を害する行為であり、その罪は万死に値する中国共産党の工作であった」と謝罪し、さらに「万一、貴国（日本）の広大無辺なる徳と検察各位のご同情を得ることが出来たならば、私はきっと一切のものを犠牲にして、大東亜聖戦のために益のある多くの働きをして自分の今犯した罪を償いたいと思います」と述べて、日本の権力に助命を嘆願をしています。

石堂清倫は戦後、一九四九年初夏、大連から最後の引き揚げ船が出航するしばらく前、この人物に会った経緯を次のように書いています。

「彼は北京から大連に来たのでしょう。氏名は名乗らな

いが、ぜひ会ってもらいたいと言うので、私がでかけて、その人物と会いました。彼は自分が中西の組織の責任者であること。中西と西里竜夫が中国革命に一命をささげてくれたことに、中国の党は最大の感謝をしていること、中西情報はきわめて質が高く、すべて延安に達し、毛沢東主席も大いに〝嘉賞〟されたこと、組織の決定として、中西同志を是非中国に招きたいので、帰国後、彼にその旨を伝達してもらいたいこと。以上が先方の希望でした。中西と会見して、このような風貌の人物と大連で会ったことを話したところ、それは諜報団の責任者李徳生であるということでした」（二〇〇〇年八月三一日付、渡部宛書簡）

前述の『太平洋戦争の警報』によると、「一九四三年、戦局は転換し、支那派遣軍総司令官の岡村寧次は共産側と話し合うため、獄中にある中共の高官を探し、李徳森（李徳生）が釈放になる。李は新四軍が日本の投降を話し合うため南京に代表を送る橋渡しをする」とあります。

一方、李徳生の部下だった中共上海連絡員の程和生（二九歳、満鉄嘱託）は逮捕され、連行されるトラックから手錠のまま飛び下りて凄絶な自殺を遂げています。

「中共情報科のもう一人の人物、汪敬遠は東京に移送されますが、彼の母は日本人で、その女性が汪兆銘夫人と親しい友人であり、夫人の息子のとりもどしを懇願します。汪は南京政府主席です。警視庁は南京政府の了解なしに中国人を検挙したことになり、汪政権を無視したことが公然化することは日本政府にとってもマイナスとなるので、こっそり関係中国人はすべて南京政府に引渡し、南京の監獄に入れられます。

ゾルゲ事件と中共諜報団事件の相違点

戦争の末期に日本軍は重慶政府と外交交渉により終戦を計画しますが、しかるべきツテがないのです。南京監獄内の在監者を調べ、汪敬遠に着目し、重慶との交渉を打診、汪は承諾する条件として、団長李徳生（『太平洋戦争の警報』では李徳森にしてありますが、中西は李徳生と言っており、調書もそうなっている）、陳一峰ら中国人はすべて解放されたのでした」（この経緯は上記の著作に記述してある。石堂清倫よりの書簡。重光葵《しげみつまもる》大使から外務省宛栈密電信（暗号）第一二四七号が外交資料館に保管されている。）

スターリンは日本陸軍省のゾルゲの身柄の交換交渉を三回とも拒絶し、ゾルゲと尾崎を絞首台に送ったのにたいして、中共諜報団事件では李徳生ら三名（汪敬遠、陳一峰）

の中共情報科の責任者が、命を全うして帰国できたことは、この二つの諜報事件の際立った相違点でもあります。

中西の訊問調書によると、「中西たちの中共内の位置」について、「毛沢東が私どもの活動に非常に関心を持っていること」などから見て、「吾々は中共中央執行委員会政治局に所属し、吾々の情報活動は中共の対日判断の、最高決定に参画しているものと考えておりました」と中西は供述している。

戦後、石堂清倫によってもたらされた李徳生の証言と併せてみて、この信頼関係は事実だったと思われる。これもゾルゲとスターリンの場合と比べて、大きな相違点でしょう。

終わりに　中西功のゾルゲ回想

「ゾルゲとその盟友たち」というシンポジウムですから、ゾルゲの最後について中西の証言を紹介しておきましょう。

中西は東京拘置所で、ゾルゲ事件とは事件が違うので、接触の機会があり、ゾルゲを比較的近くで観察し、次のような回想を残しております。

「一九四四年春か夏ころ、ゾルゲとは房が近かったので毎日、顔を合わせた。ゾルゲの房は舎の中央の看守の机の真前にあり、それから二、三房へだてて私の房がありました。事件が違うので一日一回の運動に出るときもよく顔を合わせた。私たちは運動のあと帰って房に入るとき、ドアを開けたまま、入口に立っていつも会釈を交わした。あるとき彼は一方の手で喉仏（のどぼとけ）のところをつかみながら、他方の手で親指と他の指を小刻みにはばたいて見せ、『私の命、みじかい、みじかい』と笑いながら言いました。

私と同様にゾルゲも外のニュースに飢えていたので、私は出来るかぎり彼にニュースを提供しました。あるときソ連軍がワルシャワに突入したという情報が入ったのでさっそくその日の運動のとき、降りる階段の中途でゾルゲを待ち受け、それを知らせました。彼はすっかり興奮して『ワルソー』と小さく叫びながら、小さい運動場を走り回っていました。このときの情報は正確なものではなく、ワルシャワに接近しながらもすぐに撤退したようです。

私はゾルゲの態度から学んだ。ゾルゲには暗さがなく、悲壮感もなく、朗らかで活気がみちているのは、彼が『闘っており』獄外にあったときと同様に最後の勝利を確信して、最後まで闘っているからだと思いました。

一一月七日、その朝、看守の机のまわりに足音が乱れ、ただならぬ気配が流れているのでハッと思い、ドアの小さい『のぞき窓』を楊枝ふうのものでこじあけて見守っている前を、数人の看守に付き添われてゾルゲが通っていきました。獄舎の出入口には格子があり、大きなカギがあるのだが、その格子戸がしまり、カギの音がガチャガチャと鳴りました。それが私たちとゾルゲの最後の別れでした。ゾルゲはその出入口で『みなさんさようなら』と日本語で挨拶をしたそうです」（中西功著『死の壁の中から』・岩波新書）

ゾルゲの死刑執行に立ち会った市島成一東京拘置所所長は、「ゾルゲは死刑執行の前に、世界の〝共産党万歳〟と一言、そういって刑に服した。従容としておりました」（雑誌「法曹」七〇、三月号）という証言を書き残しています。中共諜報団事件もゾルゲ事件も沢山の犠牲者がでました。しかし、彼らは中国革命の勝利のために、自らの青春と生死をかけて闘ったのです。中西功と尾崎秀実たちの間にあった「共同の目的のため」とは、日本軍国主義を打倒し、日本とソ連との戦争を阻止し、中国に対する日本の侵略戦争を終わらせることにあったのです。

［付記］中共情報科の潘漢年や王学文が、その後たどった悲惨な運命や、伊藤律の供述がゾルゲ事件の端緒だとされ、伊藤律がスパイとして日本共産党から除名され、二七年間の獄中生活を経て帰国した事実は、このテーマに非常に関連していますが、今回のシンポジウムの主題は「ゾルゲとその盟友たち」ですので、言及を保留しました。また、「ゾルゲ事件の端緒」をめぐっての問題点は、報告の分量が多くなりますので、質問があれば回答することにします。今回の中共諜報団事件の報告は、これまで知られておりませんので、私の報告に多くの質問があろうかと思います。どうぞ遠慮なく質問、意見をお寄せください。本報告の調査に当たって、石堂清倫氏、『太平洋戦争の警報』の抄訳などに協力してくれた盛宏氏、潘漢年の調査では中国新聞社の楊国光氏の協力を得ました。ここに記してお礼の言葉にかえます。

英警察、一九三〇年代に「ソ連スパイ」と断定

米国立公文書館（アーカイブス）資料に見るゾルゲの実像

名越健郎
（時事通信社外信部次長）

情報の死角

ゾルゲ事件は戦後、日本や旧ソ連で膨大な研究がなされ、冷戦後もソ連公文書がモスクワで解禁となるなど、ほぼ解剖され尽くした感がある。しかし、「死角」があるとすれば、米国だろう。ワシントン郊外にある国立公文書館には、まだ公表されていないゾルゲ事件関連文書が眠っている。

筆者は通信社記者として一九九六年から二〇〇〇年までワシントンに駐在したが、この間、車を飛ばして公文書館にほぼ毎週出かけた。ゾルゲ関係の資料も調査した結果、三〇年代のゾルゲの上海時代の活動や戦後の連合国軍最高司令官総司令部（GHQ）によるゾルゲ事件調査、関係者への尋問記録などを入手し、報道することができた。GHQもゾルゲ事件に関心を示して調査し、その時使った資料が関係機関から国立公文書館に移され、保管されていたのである。本稿では、筆者が公文書館でコピーした文書を基に、ゾルゲ事件の知られざる側面を紹介したい。

GHQでゾルゲ事件に強い関心を示したのは、マッカーサー最高司令官の腹心だったG2（情報第二部）のウィロビー少将だった。GHQ内部には、「ストロング・ジャパン派」と「ウィーク・ジャパン派」の角逐があり、同少将は日本の軍事力や国力を強化し、日本を米国の同盟国としたい「ストロング・ジャパン」派の代表格。GHQは占領当初、戦犯の逮捕や拘束中の共産党員釈放など日本民主化を重視したが、東西冷戦の深まりの中で、次第に反共政策を優先するようになる。その過程でウィロビー少将はゾルゲ事件に着目し、G2に調査を命じた。米国内での「赤狩り」やシベリア抑留者の日本帰還が進む中で、ソ連のスパイ活動を暴くという目的があった。

G2傘下の第441防諜部隊（CIC）が中心になった調査チームは、日本の司法省刑事局が作成した膨大な文書

を押収し、翻訳したほか、関係者を探して尋問や事情聴取を行った。その結果、G2は四八年初めまでに、①ゾルゲ諜報事件の記録②司法省刑事局編集外事関係年鑑の抜粋③ゾルゲ・スパイ・リング―極東における国際諜報活動の研究―という三つの報告書を作成し、ワシントンに送った。

これらのゾルゲ事件報告書は、四九年二月に陸軍省から公表され、内外で大きな反響を呼んだ。米国の著名なジャーナリストでゾルゲと親交のあったアグネス・スメドレーは、報告書でソ連のスパイとされ、猛反発した。日本国内では、日本共産党幹部の伊藤律が北林トモの名を特高警察に漏らしたことが、ゾルゲ事件発覚の端緒だったと初めて公表され、共産党が否定するなど衝撃を与えた。しかし、報告は日本の戦時中の調査結果をほぼ踏襲したもので、GHQ独自の分析や調査内容は盛り込まれていなかった。報告自体が共産主義の脅威を吹聴する宣伝に利用され、その後GHQの調査も打ち切られた模様だ。(註　スメドレーの抗議により、米国務省はのちにこの報告を撤回した)

米国のゾルゲ研究では、GHQ戦史室長だった戦史家のゴードン・ブランゲ氏が日本での調査を基に、八二年に「ターゲット・トーキョー―ゾルゲ・スパイ団物語」(邦訳『ゾルゲ・東京を狙え―上下』原書房)が知られるが、ブランゲ氏はGHQ時代にはゾルゲ事件調査に加わっていなかった。GHQが集めた資料や情報はまだ本格的な分析が加えられていないのだ。

GHQのゾルゲ文書はワシントンの国立公文書館に移され、現在は九四年に開設されたメリーランド州カレッジパークの国立公文書館別館に保存されている。「アーカイブ2」と呼ばれる別館には、米政府機関の文書数一〇億点が保管されており、まさに「二〇世紀は米国の世紀」(クリントン前大統領)だったことが実感できるだろう。日本からもかなりの研究者がここを訪れて調査しているほか、国会図書館のスタッフがGHQ統治時代の文書のマイクロフィルム化を進めている。

ただ、公文書館でゾルゲ資料が一括して閲覧できるわけではない。それらは山のようなGHQコーナーの一角に埋もれていたり、G2の日本人監視記録の中に散らばっており、散逸しているのが実態である。筆者は公文書館のリサーチャーの協力を得て、約一千ページ程度の文書にアクセスできたが、それらはまだ氷山の一角かもしれない。資料の多くは日本の裁判記録などの英文翻訳であり、日本でも公表されている。また筆者の場合、ゾルゲ文書は他の多くの関心事項の一部であり、それも限られた時間での興味本位の発掘だった。この点をお断りした上で、米機密文書から得られたゾルゲ事件の新事実を紹介しよう。

ゾルゲの上海時代

アーカイブ2には、「上海市警察記録一八九四―一九四九年」という一風変わった文書約一二〇箱が保管されている。国共内戦の激化で、共産党軍が上海を攻略する直前の四九年、新設されたばかりの米中央情報局（ＣＩＡ）が上海から持ち去った文書で、それはＣＩＡの手柄とされている。その中に、上海市警察当局が作成した「ゾルゲ・ファイル」が含まれている。

ゾルゲは東京着任前の一九三〇―三三年、ソ連赤軍参謀本部諜報総局（ＧＲＵ）のスパイとして上海に駐在。この間、左翼ジャーナリスト、アグネス・スメドレーと親交を結び、彼女の紹介で、朝日新聞上海特派員、尾崎秀実と運命的な出会いを果たすことはよく知られている。ゾルゲは逮捕後の獄中手記で、「わたしの興味の中心は中国にあった。欧州よりアジアに行きたいと考えており、赤軍情報部も承諾した」と述べ、上海では、南京政府の動向や日本の対中政策、上海共同租界の調査が主要任務だったと告白している。

当時の上海は「魔都」と呼ばれ、国際経済都市として繁栄、各国列強の情報員が暗躍する国際スパイ都市だった。アヘン戦争後の上海港の開放で、英、米、仏、日など列強の共同租界が市内中心部にあり、第二次大戦終結まで中国の警察権力が及ばない外国人居留地だった。ゾルゲも共同租界内に居住して活動したが、実はその動向は、共同租界の警察によって監視されていたのである。当時、共同租界は「工部局」と呼ばれる各国の常設機関が管理しており、警察部門は英国が担当していた。

英警察が作成した約百ページのゾルゲ・ファイルによれば、英警察がゾルゲをソ連のスパイではないかと疑い始めたのは、上海赴任から約二年を経た三二年一月ごろだったようだ。ゾルゲをマークした「Ｄ・Ｓ・Ｉ・エベレスト」と名乗る防諜担当の刑事が、同年一月一〇日付で作成した英文の報告はこう記載している。

「信頼できる筋から、上海に居住しているリヒアルト・ゾルゲと名乗るドイツ人は、コミンテルン（国際共産党）のメンバーだという秘密情報を入手した。ゾルゲは中国北部から上海入りし、一月までワンカショー・ガーデンの一階23号室に居住。アパートを出るのをほとんど目撃されておらず、常にタイプライターに向かっているか、彼をよく訪ねる複数のドイツ人とチェスをしている。電話が頻繁にかかり、他人の盗聴を恐れている。年齢は三五歳くらいで、身長五フィート九インチ。中肉でひげをきちんと剃り、ドイツ語と英語に堪能。現在の住所は調査中」

この報告を受けて、同警察のビグノリス大尉は三二年四月、「ゾルゲの厳重な監視は、必ず興味深い結果を生む」と監視強化を指示。ゾルゲの写真や筆跡を部下に配布した。以下、ゾルゲ・ファイルから共同租界警察の内偵を追ってみよう。

「共産党のエージェントとみられるゾルゲは上海到着後、アンカー・ホテル、ＹＭＣＡホテルなどを転々とし、しばらく足跡を消した。その後キャピタル・ビル、ワンカショー・ガーデンを経て、三一年一二月一五日、レミ通りのレミ・アパート9号室に移った。オートバイを購入し、その登録番号は２１２３。フランス租界警察の交通部から入手した写真を再生し、郵便局で入手した筆跡のコピーを添付する」（年月日不詳）

「ゾルゲの現住所はラファイエット通りのブラックストーン・アパート。ゾルゲが中央郵便局に設置する私書箱をゾルゲとみられる外国人が開け、手紙や新聞を持ち去った。尾行すると、彼は南京街を歩き、オリエンタル・カフェに入り、その後ハイヤーで去っていった。私書箱の監視を続ける」（三二年八月一〇日）

「ソ連共産党のエージェントとみられるゾルゲの監視を、フランス租界の警察に頼んだが、仏警察はまだゾルゲの活動を掌握できていない」（三二年八月二九日）

「ゾルゲは一八九七年生まれのジャーナリスト。ドイツ人。博士号取得。三〇年一月一〇日、マルセイユから上海に到着。未確認情報によれば、彼はコミンテルンのメンバーで、三一年一二月、上海におけるコミンテルンの重要エージェントと接触した」（三二年一〇月）

「ゾルゲはほとんど毎日、中央郵便局を訪ね、私書箱から手紙類を持ち帰っている。私書箱は１０６２号。彼の動向をこの数日、厳重に監視する必要がある」（三二年一一月）

「三三年一月初め、ゾルゲは奉天（現在の瀋陽）と大連に向かった。日本の中国政策に関する本を書くためらしい」（年月日不詳）

「中央郵便局の監視はこれまでのところ、成果なし。本日付で監視を中止する。われわれの情報では、ゾルゲは広東に向かい、当分上海には戻ってこないようだ」（三二年八月三一日）

あまり知られていないゾルゲの上海時代の活動の一端が示されている。ゾルゲは三三年一月に上海での任務を終えてモスクワに戻り、GRUでの訓練を経て、三三年九月、ドイツ、米国を経由して横浜に上陸した。共同租界の英警察はゾルゲが上海を去ったあとも内偵を続け、ゾルゲをソ連のスパイとほぼ断定した模様だ。英警察が三三年五月二〇日付で作成した「上海におけるソ連スパイ・リスト」には、一三人の名前が記載され、ゾルゲやアグネス・スメドレーも挙げられている。共産主義勢力の膨張に神経を使った英当局は、上海へのソ連スパイ網の浸透を警戒していたのである。しかし、ゾルゲを直接尋問することは避けた。

ちなみに、三三年五月一八日付で作成されたスメドレーに関する英警察の報告書にはこう書かれている。

「一八九二年生まれの米国人。二九年ベルリンから上海に入り、モスクワも訪問している。ドイツ紙特派員。コミンテルン極東支部で活動し、共産主義ドクトリンを極東に広める任務を持つ。モスクワのコミンテルン執行委員会から直接命令を受け、ソ連共産党とは表向き関係を持たない。労働者の組織化や共産党細胞の構築が任務。英、独、仏語を操り、ドイツと米国の二つのパスポートを持つ。三〇年二月、共同租界警察による共産主義運動鎮圧を伝えた彼女の記事が、ソ連紙イズベスチヤに転載されて、われわれの関心を呼んだ。上海の共産主義者と頻繁に接触している」

ゾルゲは手記で、「上海に到着したとき、協力者はスメドレーしかいなかった。私は上海でグループをまとめ、特に中国人協力者を選ぶのに、彼女の援助を求めた。彼女を上海グループの中核メンバーとして利用した」と書いている。しかし、英警察は尾崎秀実についてはノーマークだったようだ。尾崎の名は監視記録には一切なかったし、一三人のスパイリストにも、尾崎を含め日本人は含まれていない。尾崎は二八—三二年に朝日新聞上海支局長として赴任、中国専門家として評論活動が注目されていた。

ゾルゲにとって、上海はスパイ活動の原点である。ゾルゲが日本での活動を希望する契機も、ソ連軍情報部がゾルゲを評価して日本派遣を承認するのも、上海での活動にあった。情報提供者や協力者を網の目のように配して情報を上げさせ、最後の分析、報告は自ら決断する手法も上海で実施した。上海でのゾルゲの三年間はもっと研究されていい。

それにしても、ゾルゲを「ソ連のスパイ」といち早く見破った英警察は、八年間もゾルゲの正体を見抜けなかった日本の警察に比べ、情報能力が圧倒的に上回っていたといえよう。今日、CIAと比肩するMI5（防諜）、MI6（対外情報）を持つ英国の情報能力の素地がそこにある。

これらの文書から、英国など連合国側はゾルゲの日本でのスパイ活動を察知していたのではないかという仮説が出てくる。ゾルゲは東京で派手に立ち回っていただけに、連合国側の大使館は上海の共同租界警察の情報に基づいて、ソ連のスパイとマークしていた可能性があるのだ。そのことを示す文書は公表されていないが、米英がゾルゲをソ連のスパイと知っていた場合、それを利用した情報工作を密かに行っていたことも考えられよう。

ゾルゲをスパイと指摘した「ゾルゲ・ファイル」を含む共同租界警察の文書はその後、日本軍の手中に入った。日本軍は三〇年代後半から上海事変を通じて上海への支配権を強め、共同租界の警察権も確保、これらの文書も日本の管理下に置かれた。しかし、日本がゾルゲ・ファイルをチェックした形跡は一切なかった。英文の文書だったにせよ、共同租界を掌握した日本が英警察の残した記録に目を通していれば、ゾルゲは容易に摘発できたはずである。今日も指摘される日本の情報収集能力の欠如は、ゾルゲ・ファイルの取り扱いにも示されていた。

日独枢軸に亀裂

筆者が国立公文書館で入手した文書で目新しいと思われるのは、GHQがゾルゲ事件関係者に対して行った尋問記録だった。連合軍の占領開始時点で、ゾルゲや尾崎はすでに処刑されており、軍事情報を担当していた画家の宮城与徳も病死。クロアチア人の記者ブランコ・ド・ブケリチも網走刑務所で獄死していた。ゾルゲ機関の主要メンバーで生き残っていたのは、無線技師のマックス・クラウゼンとその妻、アンナ・クラウゼンだけで、GHQの調査活動にも限界があった。

ただ、ゾルゲが食い込んだ在日ドイツ大使館幹部は生存しており、GHQはこれら幹部を探し出して尋問している。これらの記録から、ゾルゲ事件が日独枢軸関係を冷却化させ、両国の外交接触を制限させたという事実が判明した。ゾルゲが最大の情報源としたドイツ大使館をめぐる状況から探ってみよう。

ゾルゲ事件発覚後、ドイツ大使館で処理を担当したゲシュタポ大佐のマイジンガー警察担当参事官は四六年五月二五日、G2の尋問でゾルゲ事件についてこう証言している。

「私が四一年五月に着任したとき、ゾルゲはすでに名誉を確立した特派員だった。私も社交の場などで何度か会った。同年一〇月一六日、ゾルゲが日本の警察に逮捕されたとの報告は、東京のドイツ人社会を仰天させた。ゾルゲがオット大使の親密な友人であることを皆知っていたからだ。彼が逮捕されたとき、私は上海に出張しており、すぐ大使から呼び戻された。大使は私に、事件を詳しく調べ、ゾルゲの釈放を勝ち取るため全力を尽くすよう命じた。

私は内務省で入江警察局長、川村外事課長と面会したが、『ゾルゲは司法省の命令で逮捕されたので、警察は情報を提供できない』と言われた。日本に来てまだ数カ月しかたたず、人脈もなく、釈放を求めても無駄だった。大使はベルリンと協議せず、日本政府の個人的友人を通じて釈放を働きかけたが、うまくいかなかった。やがて、日本側は大使とゾルゲの面会を許可した。拘置所で大使が、『何かしてほしいことはないか』と尋ねると、ゾルゲは、『何もありません。これまでのことに感謝します。もう会えることはないでしょう』と答えた。

大使はドイツ政府に連絡し、ゾルゲの過去を調べるよう求めた。日本側からも『ゾルゲの告白』と題する文書が送られてきたが、内容は不完全だった。ベルリンからは、ゾルゲは共産党員で、モスクワに何度も行っているとの報告が届いた。ゾルゲはドイツ要人の紹介状を駆使して、大使館に接近したことも判明した。ゾルゲは大使夫妻とは極めて親しく、大使がベルリンに送る公電を書いたこともある。ゾルゲは大使館のリッツマン海軍武官とも親しく、武官はゾルゲに海軍の作戦計画など軍事機密を教えていた。

私はヨコヤマと名乗るゾルゲ事件の日本政府代表者と接触するようになったが、『ゾルゲ事件は日独関係に深い亀裂をもたらした。ゾルゲがソ連国籍と判明すれば、一定の解消が可能だ』と何度か言われた。ドイツ政府が日本側の要求でオット大使を更迭したのは、四二年一二月だった。オット大使は本省から北京に向かうよう命じられた。

私はその後数年間、大使館でゾルゲ事件の処理にあたったが、日本側は、①ゾルゲは特派員の仕事よりも、酒に溺れていた②ゾルゲは多くの日本人女性と関係を持っていた③日本の警察は四一年までゾルゲに何ら疑いを持たなかった④ドイツ大使館だけでなく、近衛内閣中枢にも接近していた⑤ゾルゲが独ソ開戦日を知らせたことへのモスクワからの感謝電は、日本側も傍受した──と述べていた。

事件後、日本政府は重要事項は大使館を経由せず、ベルリンで直接ドイツ政府と交渉するようになった。日独関係はゾルゲ事件で目に見えて打撃を受け、反外国人のプロパガンダが日本国内で強まっていった」

イバール・リスナーの証言

ゾルゲ事件が日独関係に不信感を生んだ経緯が示されている。ドイツ軍最高司令部情報部の要員でドイツ大使館に勤務していたイバール・リスナーも四六年二月一九日、G2の尋問でこう述べている。

「ゾルゲはオット夫妻の最大の親友で、極めて複雑な性格の持ち主だった。ゾルゲが何のために闘っていたか知るのは難しい。彼が熱心なソ連共産党員なら、オット大使が政治的な飛躍を目指すことをあれほど支援したとは驚きだ。彼は毎朝五時に起きて、ドイツや世界のニュースをチェックし、大使館でタイプを打って報告に仕上げ、大使の私邸で朝食を共にした。彼は大使が関心を持つすべての情報をソ連に送るのと同様の正確さで提供していた。ゾルゲは『日本はやがて英米、それにソ連と戦争し、叩きのめされるだろう』と確信していた。

オット大使とマイジンガー参事官は全力でゾルゲを釈放しようと日本側に働きかけた。二人は情報を捏造《ねつぞう》し、『ゾルゲの逮捕は日本警察の誤認』とする報告をベルリンに送った。日本側は最後には、二人に愛想を尽かしていた。在京ドイツ人はゾルゲの話題を公にすることを避け、裏でこそこそ話し合った。オット大使の立場は苦しくなった。日独関係全体が困難になり、危うくなってきた。日本政府は大使更迭を要請し、ヒトラーが遂に天皇に親書を送り、更迭を伝えた」

二つの証言が、「日独関係に亀裂が生じた」「関係全体が危うくなった」と指摘するように、ゾルゲ事件が日独同盟関係に予想以上の打撃を与えていたことが分かる。証言にあるように、ゾルゲ事件摘発後、日本はドイツ大使館との外交接触を制限し、重要な交渉はベルリンで行い、オット大使の召還を要求、在日ドイツ大使館を信用しなくなった模様だ。もともとユーラシア大陸を挟んだ日独の軍事的連携は困難だったが、ゾルゲ事件が大戦中の日独の連携を一段と複雑化させたといえよう。ゾルゲは自ら逮捕されることによって、日独関係にくさびを打つというスターリンから与えられたもう一つの使命も達成したと言えるかもしれない。

リスナーの証言は、四一年六月の独ソ開戦後、ドイツ側が日本にウラジオストク攻撃を迫っていたことも明らかにしている。

「独ソ戦争が勃発したあと、松岡洋右外相はドイツ大使館でオット大使と何度も会談し、日独両軍がソ連を挟撃する構想、とりわけ、日本陸海軍がドイツ軍とともに、ウラジオストクを攻撃する計画を話し合った。しかし、スターリンに親愛の情を持っていた松岡はオットに不快感を抱いていた。スターリンは四月に松岡と会談した際、ドイツについて真実を伝えず、彼を欺いていた。ウラジオストク攻略構想は、太平洋での戦闘を重視した日本軍部や近衛首相らによって却下された。松岡が外相の座を追われたのもそれが原因の一つだ」

ドイツが独ソ開戦後、ソ連挟撃を日本側に持ちかけていたことは知られていないが、開戦直後はドイツ軍が欧州戦線で破竹の勢いだっただけに、実現していれば、スターリンは窮地に追い込まれただろう。この構想が最終的につぶれたのは、四一年一〇月のゾルゲ事件発覚で、日本がドイツへの不信感を強めたためかもしれない。とすれば、ゾルゲはここでも自らの逮捕と引き換えに、祖国・ソ連を救ったとみなすこともできる。

クラウゼン夫妻に対する尋問

ＧＨＱがゾルゲ事件の調査で注目したのは、ゾルゲ機関に対するソ連の後方支援体制や、ソ連からの指揮系統、無線暗号表などだった。ソ連がゾルゲ機関をどう操ったかを知ることは、冷戦時代の米ソ諜報戦で貴重な情報となる。国立公文書館には、ゾルゲが情報を送った暗号表のコピーも残されていた。

無線による情報伝達を担当した無線技師のマックス・クラウゼンは、青写真複写機の製造販売会社を経営。ソ連からの資金の受領も、クラウゼンが担当した。ゾルゲとともに逮捕されたクラウゼンは、裁判で無期懲役刑を言い渡され、秋田県の刑務所に収容されるが、日本の敗戦で釈放された。ゾルゲ機関で終戦まで生き延びたのは、クラウゼンとその妻アンナだけだった。ＧＨＱはクラウゼンを探し出し、身柄を拘束して尋問を行っている。Ｇ２の防諜部隊が四五年一二月五日付で作成したクラウゼンの尋問記録から

――。

「クラウゼンはモスクワからフランス、米国を経由し、オーストラリアやカナダの偽パスポートを使って三五年一一月に横浜に上陸した。スパイ網での彼の任務は、機密メッセージの送受信、伝書使（クーリエ）を通じた情報の受け渡しだった」と証言した。

ソ連からの資金は、海外から日本の銀行への送金、ソ連人クーリエの接触による二つの経路で行われ、接触は通常、上海でなされた。銀行送金の場合、まずクラウゼンが無線でウラジオストクに必要額を知らせると、しばらくして世界各地のソ連エージェントが東京のクラウゼンの会社名義の口座に金を振り込んだ。米国からが最も多く、ロサンゼルスやサンフランシスコの銀行、ニューヨークのチェースが多用された。額は二、一七六ドル、といった具合に、商品の支払いと見せかけるため、不規則な額が多かったという。彼は送金に疑いをもたれないよう、海外とも小規模な取引を行った。送金者の名前は仮名であり、実際に誰が振り込んだかクラウゼンは知らなかった。

クラウゼンと妻はしばしば、モスクワからのエージェントと会うため、上海に行き、金を受領すると、上海香港銀行に預金し、そこから送金させた。この資金受け渡し方法は、裁判でも公表されていない。

クラウゼンはゾルゲについて、『古い革命一家出身で、祖父はカール・マルクスの友人。第一次大戦で負傷したというのは創作で、実際にはロシア革命後の内戦で負傷している。情報活動では、ゾルゲがドイツ大使館で小型カメラを使って重要文書を撮影。わたしが引き伸ばした。ゾルゲは服役中のリリー・アベグ（ドイツ紙特派員）と親しく、ゾルゲ機関を日本の警察に密告したのはアベグの可能性が強いとわれわれは見ている』と述べた。

クラウゼンは釈放後、在日ソ連大使館の当局者と定期的に会っている。ソ連側はクラウゼンに、ゾルゲ機関の生存者や彼らとのコンタクトについてしきりに尋ねているらしい。クラウゼンはモスクワに戻り、残りの報酬の受領と情報少佐の肩書きを受けることを期待している。ゾルゲ機関はモスクワの軍情報部の直接の指揮下で活動し、在日ソ連大使館とはほとんど接点がなかった。

クラウゼンによると、「ゾルゲはドイツ大使館のベネケル元武官と親しく、武官も反ナチストなので、ゾルゲを信頼していた。ゾルゲは出張時などに大事なスーツケースを必ず武官に託しており、その中にゾルゲの著作など重要文書が入っているはずだ。ゾルゲは逮捕前にもスーツケースを武官に預けていたという。当部隊としても、スーツケースの行方に全力を尽くす」

クラウゼンはこの尋問で、「ドイツ統計年鑑」を使って暗号を作成したこと、ソ連側の受信はウラジオストクで行われたこと、および送受信の方法や暗号技術について、G2側に詳しく証言している。これらは彼が日本の検察に話した内容と重複するが、クラウゼンがリリー・アベグ密告説を考えていたことやゾルゲのスーツケースについては、これまで知られていなかった。アベグはゾルゲ逮捕後、後任としてフランクフルター・ツァイトゥンク紙の東京特派員を勤めた。ロバート・ワイマント氏の『スターリンのスパイ』（邦訳名『ゾルゲ─引き裂かれたスパイ』）によると、「アベグはうぬぼれが強く、自慢ばかりする不安定な人物で、ゾルゲ逮捕後、ゾルゲに汚名を着せる発言を繰り返した」という。GHQの文書では、ゾルゲが武官に託したとされるスーツケースが、その後GHQによって回収された形跡はない。

クラウゼンはその後ソ連に帰国するが、「少佐の肩書き」どころか、スターリン体制下で反革命容疑で逮捕され、獄中生活を送った。釈放後も東独に移り、しばらく身を隠した。六四年のゾルゲの名誉回復とともに「大祖国戦争功労者」として叙勲されるものの、七九年に死ぬまで失意の生活を送った。ゾルゲ事件関係者で、幸せな生涯を送った人は少ない。

クラウゼンは複写機の商売が成功して次第にスパイ活動に嫌気がさし、ゾルゲの電報もかなりボツにして送信しなかったという。上海でソ連のエージェントと接触することも少なく、むしろ妻のアンナ・クラウゼンが単身で上海を訪れていたことも分かった。G2が四五年一一月二七日に同夫人と行った尋問記録も公文書館に残っていた。

「私（アンナ）はゾルゲ機関で夫とともに活動し、ゾルゲのメッセージをソ連のエージェントに届けに一人で上海によく行った。三六年から四〇年までは毎年冬に行った。私に接触するエージェントは二人いて、一人はアレクスと名乗った。上海では、約束の時間にパレス・ホテルのロビーで、私が黄色いバッグと白い手袋を持ってソファーに座り、エージェントは緑のネクタイをして葉巻をくわえながら近づく段取りになっていた。合言葉は『シュトラウスを知っていますか』『イエス』『では、ベートーベンは』『イエス』だった。そのあと、路上に止めてあるエージェントの車に移り、私はゾルゲが撮った日本の軍事施設のフィルムやメッセージを渡した。どんなメッセージなのかは知らない。ゾルゲへのメッセージは口頭で受け、帰国後伝えた。ゾルゲが働いた機関は軍事組織と聞いているが、名称は知らなかった。私と夫は会社を開くための資金をソ連から受けたが、金のためには働いていない。定期的に送金があるわけではなく、グループ全体で受けた額は計二万ドル程度だと思う」

尋問したG2の担当官は、「夫人の情報は限られている。夫人が証言を拒否しているわけではなく、ソ連の情報活動の慣例は、仲間内でも何事も知らせないことにあるようだ」とコメントしている。それにしても、昔のスパイ映画さながらの合言葉といい、服装といい、ソ連のスパイ活動には滑稽な仰々しさがつきまとう。

日米共産党との関係は未解明

ゾルゲ事件で必ずしも解明されていない謎の一つは、ゾルゲ機関と日本共産党や米国共産党の関係だろう。実は、GHQはゾルゲ機関と日本共産党の関係についても調査したが、結局、協力関係はないと結論付けた。G2防諜部隊の報告書（日付不詳）はこう書いている。

「ゾルゲ機関は日本共産党と一切、活動面の協力関係はなかった。唯一の接触は、ゾルゲ機関の下級メンバーの一部が共産党員だったことだ。ゾルゲはモスクワから、日本共産党が混乱するのを防ぐため、日共とは距離を置くよう指示されていた」

この報告は、ゾルゲの逮捕後の証言とも一致する。一方、画家の宮城与徳をゾルゲに協力させるため日本に送り込んだ米国共産党とゾルゲ機関に関する文書は、発見できなかった。おそらく、GHQや米軍関連のセクションではなく、米国共産党関係の文書の中に紛れ込んでいるのだろう。先に述べたように、ゾルゲ資料は散逸しており、米国立公文書館はあまりに巨大である。ゾルゲ事件の残る謎を解く手がかりは、米公文書館にあるかもしれない。

ゾルゲの『新帝国主義論』とタールハイマーの『序文』に関する一考察

諜報活動に身を転じたレーニン主義者ゾルゲの時代背景

大熊利夫
（著述業）

はじめに

ゾルゲの『新ドイツ帝国主義論』（一九二八年刊）は、モスクワで出版された。当初、ドイツ共産党（KPD）の指導者アウグスト・タールハイマーの序文があったが、のちにベルリンで刊行されたドイツ語版では省かれている。日本でも一九二九（昭和四）年にゾンテルというペンネームで、ドイツ語版を底本とする『新帝国主義論』（帝国主義叢書）が不破倫三（実名は益田豊彦）訳で出版された。第二次大戦後は、『二つの危機と政治』（御茶の水書房）のなかで、勝部元と北村喜義がドイツ語版から訳出している。

勝部はこの本のなかで「タールハイマーの序文は、ベルリン刊行のドイツ語版には省かれている。コミンテルン（共産主義インターナショナル）で失脚したタールハイマーはこのころドイツに帰国しKPDからも除名されている」としか触れていないが、石堂清倫は、われわれの勉強会で「なぜドイツ語版では序文が省かれたのかを、よく考えてみる必要がある」と強調し、このことについてこう書き残している。

「しかし、事はたんなる序文の有無にとどまらない。そこにはゾルゲの運命にかかわる言外の意味があったと思われる。タールハイマーは共産主義インターナショナル綱領草案の執筆者として知られる理論家であり、ブランドラーとならぶドイツ共産党指導者であったが、一九二三年一〇月のドイツ革命失敗の責任を問われ、いわゆる党内右派のレッテルをはられ、指導部を逐われていたが、コミンテルンの誤った左転換のなかで完全に失脚して、ゾルゲの本が出版されるころドイツ本国に帰っている。タールハイマー序文は理論家ゾルゲにとり思いもよらない不吉な、しかも理論外の評価となって重くのしかかったのであろう」（『国際スパイ　ゾルゲの真実』角川書店）

このほかには関連した論考も見当らないので、本稿ではとくに石堂清倫が言っている「ゾルゲの運命にかかわる重大な意味」について、いくつか考えてみたい。

そこで、まずはドイツ語版で削除されたタールハイマーの序文そのものを訳出して、その要点をまとめてみよう。次に、この序文そのものの問題点は、どこにあるのか考察することにする。多分、ファシズム論が問題となるだろう。

さらに、タールハイマーのファシズム論は、コミンテルン指導部とは相容れないものであったことを論証する。しかも、ドイツ共産党の「一〇月行動」の失敗の責任者の一人であるタールハイマーに、なぜ序文を書かせたのか?

翻って考えると、ゾルゲは『新ドイツ帝国主義論』をどのような意図で書いたのであろうかということになる。これらのことを総合すると、コミンテルン指導部にとってゾルゲを理論分野に留めておく必要がなくなったし、ゾルゲ自身もまたドイツ共産党とコミンテルンに魅力を感じなくなっていたに違いない。

しかし、共産主義者としての生きざまを最後まで持ち続けたいという意志のなかで、ゾルゲが最終的に選んだ道が諜報活動のコースだった、と結論づけることができるのではなかろうか。

『序文』で何が語られたのか

どの本の序文もそうであるように、タールハイマーも『新ドイツ帝国主義論』の序文の中でゾルゲの帝国主義論の分析を高く評価しており、その冒頭で次のように述べている。

タールハイマーによると、ゾルゲは戦後のドイツがいち早く最新の帝国主義に移行した事実に着目。それがさらに発展する可能性のあることを指摘したうえで、純粋の独占段階に立ち至っているため、すでに停滞と腐敗が現れていると分析しており、ゾルゲのこの観点は正しいという立場をとっている。停滞と腐敗は、第一次大戦前はもちろんのこと、戦後も漸進的ではあるが、疑いもなく現れており、ゾルゲはこのことを豊富な事例を引いて論証したのであった。

タールハイマーはゾルゲのこの指摘を踏まえたうえで、戦前と戦後のドイツ帝国主義を比較して、次のように言っている。

「ドイツ、オーストリアの帝国主義の敗北と、ロシアが帝国主義列強から離脱した結果、世界の帝国主義にとって市場は戦前より一層狭くなった。これはなによりも戦後のアメリカの巨大な発展のために生じたものである。

こうしたなかでのソビエト・ロシアの社会主義政府確立の成功の意義は、大きい。これによって戦後の帝国主義の退廃的傾向は、一層強まった。

こうしたなかでの植民地解放闘争の拡大は、帝国主義指導者たちに不可避的な終末を予測させている。帝国主義指導者たちはこの過程を引き延ばしたり、塞《せ》き止める試みに甘んじており、以前のような国家の復興などを考えなくなっており、ゾルゲは、敗北、中断、妥協などの浮き沈みがあるにもかかわらず、植民地解放の発展が戦後の特徴であることを明らかにしている。

新ドイツ帝国主義の経済的基礎

著者は、新ドイツ帝国主義の特殊な経済的基礎を見出だし、完全な根拠をもってドイツにおいて戦前、戦後に資本主義的独占が存在したこと、新しく、特殊なドイツ資本の集中が戦後の方が、戦前よりももっと速やかに到達したことを正しく理解している。戦前のドイツの典型的な形はカルテルとシンジケートであるが、現在の典型は、素朴な集中としてのトラストである。これはまだ異常な支配には至っていないが、経済においてはすでに支配的意義を獲得した。

トラスト形式での資本の巨像は、たとえばドイツの鉄鋼と化学トラストのように、現代のドイツ資本主義の帝国主義的形式を現している。もちろん、独占は戦前、戦後も存在したが、戦後はより広範な規模と最高の形で現れている」

ここでは、タールハイマーは、資本の輸入と資本の輸出について、著者ゾルゲの考えを紹介しながら、「現代のドイツは、資本の輸入はまだ資本の輸出を超過しているが、著者はこの状況を正しく評価していない」と指摘したうえで、「資本主義の一つが他を犠牲にして一時的な拡大の可能性はありうる」が、帝国主義戦線の全般的上昇はもうないと断定。つまり一般的に帝国主義戦線は低下しているし、同様に確実に動揺していると自説を述べているが、問題点はむしろ序文の終章にあると見てよかろう。タールハイマーは、『序文』という形を借りて、みずからのファシズム論を次のように展開している。

「新しいドイツ帝国主義の国内政治上の傾向を具体的に理解するには、なによりもまず、ドイツではイタリア・ファシズムをとりあげるには及ばないことを理解する必要がある」として、ゾルゲのファシズム論の出発点を次のように評価する。

「著者は、この差異（ドイツとイタリアの）を指摘して、次のように述べている『古いイタリアのファシスト運動とドイツの一九二三年のファシスト運動の強みは、まさに次の点にあった。すなわち、小ブルジョア階級の目には、ファシズムが金融資本から独立した、諸政党を超越した、しかも、革命的傾向を持った、全く新しい運動であるかのように見えたことである。したがって、ファシズムのいわゆる英雄時代が終了してしまった現在、イタリア・ファシズムの金融資本への移行によって生じた重大な危機は、ドイツにおいてはファシスト運動の出発点となるように思われる』」（前掲書二八〇ページ）

ここから、タールハイマーのファシズム論が始まる。以下は、その触《さわ》りである。

「イタリア・ファシズムは、ルイ・ナポレオン・ボナパルティズムと共通点がある。（ほかの点では両者の差異はきわめて大きいのであるが）この場合、ブルジョアジーは、冒険主義者とその徒党を利するために権力を断念し、かれらの助力によって労働者階級と小ブルジョアジー中の反抗層を屈従させるために、冒険主義者らに従属する。イタリア・ファシズム体制のもとでは、ブルジョアジーもやはり支配はするが統治はしない。ムッソリーニ体制の内容は、主として金融資本に左右されるが、——この場合人民大衆の全般的福祉綱領は、ルイ・ナポレオンの場合のように、大衆運動の先頭に立って権力を勝ち取る手段にすぎない——権力の実現と国の統治はその手中にないのである。この形態の差異には本質的意味がある」

彼の言わんとするところは、ナポレオンの勝利がそうだったように、ファシズムの勝利はプロレタリア革命の凱旋への芽を含んでおり、ドイツでファシズムが勝利しても、決して確かなものではない。一時的に労働者階級が無力化しても労働者の闘争が活発化し、社会民主主義の毒素による麻痺から目覚めれば、ファシズムは逃げ出すに違いない。

こうして、小ブルジョア大衆もプロレタリアの陣営に参加してくるから、ドイツ共産党の任務は社会民主党の破産を促進することである。小ブルジョアジーが抱いていた民主主義への幻想を打ち砕いたものこそ、社会民主主義であり、ワイマール共和国を支えた社会民主党が否定的成果しかあげられなかったことこそ、ファシズムの真の源であるというのが、彼の持論だった。タールハイマーは一九二三年の『インテルナツィオナーレ』（ドイツ共産党理論機関誌）でファシズムについてすでに、このように論じていたのである。

さらに彼は「ドイツ・ファシズムは、小ブルジョアジーが救済の道を求めようとしてルイ・ボナパルトのごとく、階級と国家を越えて漂う独立した調停者の役割を演じようとしている」と論じた。

このころにタールハイマーが主張した、ファシズムのボナパルティズム論はまだ未熟だったが、「階級均衡論」の立場からボナパルテイズム・ファシズム論を唱えていた人物には、トロツキーやオーストリアのオットー・バウアーがいた。

ところで、もう少しゾルゲの『新帝国主義論』の『序文』で問題になりそうな部分をみてみよう。いささか長い引用になるが、「一〇月行動」に関わるところで、彼はこういっている。

「一九二三年には、ヒトラーとルーデンドルフ指導下の〝国民組織〟が、自力によって、大ブルジョアジーの意に反して自己の綱領を実現しようとした企ては、周知のように惨敗に帰した。（注 ミュンヘン一揆）大ブルジョアジーは、民主共和国の地盤に留まることを選んだのである。このことは、大ブルジョアジーが、一九二三年の革命的動揺を一掃するに当たって、社会民主党の協力をとりつけることを保証し、労働者階級を粉砕するのに役立った。

これに反して、ヒトラーとルーデンドルフの支持を求めたとしたら、危うく全労働者階級の出撃を招くところであったろう。そのうえ、ドイツに『国民的独裁』を設立すれば、フランスの強硬な抗議を引き起こし、したがってフランス・ブルジョアジーと妥協を図る障害ともなったろう。『国民的独裁』が存在すると、アメリカの資金を受け取ることも、もはや不可能と思われた。

だから、今日のドイツ・ファシズムは、主として大ブルジョアジー、金融資本の手中にあるのだ。ファシズムは、大ブルジョアジーに直接従属し、共和の旗のもとに動いている。もしドイツのブルジョアジーがファシスト的統治方法に訴えるとしたら、それは支配するだけではなく、国を直接に管理することになろう。この点でイタリアとの差異は極めて大であり、ドイツの現実の現象に〝ファシズム〟の用語を転用するのは、恐らく正しくなさそうである」

このことから、タールハイマーとコミンテルン指導部の間には、ファシズムの成立過程と状況把握に差違があり、そのことがファシズムの概念そのものの認識の違いとなったであろうことが、当然、推測されたはずだ。

コミンテルンの第四回大会から第六回大会に至るファシズムの討論を見れば、そのことがよく分かる。また、これが統一戦線論の展開となるとより実践的問題となり、第七回大会に至ってディミトロフ・テーゼが金科玉条とされる要因となったのであった。

そこで、ファシズム論の認識について、トリアッティの『ファシズムに関する講義』を取り上げてみたい。この講義は一九三五年にモスクワのレーニン学校で行われたものである。彼はその七年前の二八年に、『ファシズムについて』という論文を『コミュニスト・インターナショナル』誌に発表しており、論旨はまったく同じである。

この講義で、トリアッティはファシズムについて、「一九三二年、ドイツでは、共産党の周辺においても、若干の少数派が、ファシズムは大ブルジョアを凌駕し、小ブルジョアの独裁を樹立したと言明した。これは間違った言明であり、ここから誤まった政治方向が引き出されるのは不可避であった」とし、もうひとつの定義として、「ボナパルティズムとしてファシズムを語るのを聞いたときには、十分注意していただきたい」と、トロツキー主義を槍玉にあげている。ボナパルティズム論を唱えるトロツキー派は、「ファシズムをブルジョア独裁と定義することへの不承認である」ときめつける。トロツキー派は『ブリュメールの一八日』などマルクス、エンゲルスのいくつかの言明から引き出しているが、マルクス、エンゲルスの分析は、資本主義の発展期であった当時としては正しかったとしても、帝国主義時代の今日、もし機械的に適用すれば誤りになることは、今さら言うまでもない。トリアッティは、こう言っている。

「なぜファシズムが、ブルジョアジーの公然たる独裁が、今日まさにこの時期に樹立されたのか？　諸君は解答を、レーニン自身のなかに見出だされるはずである。帝国主義についてのその著作のなかに解答をもとめなければならない。帝国主義を知らずしてファシズムの実体を知ることはできない」（『トリアッティ選集　第一巻』、諏訪玲子訳）

コミンテルンのファシズム論

前節のトリアッティの講義をみても、「一体ファシズムとはなにものであるのか」は、よく分からないだろう。レーニンの帝国主義論を読めと言われても、すぐに分かるとも思われない。

そこでコミンテルンのファシズム論を振り返って、ファシズムについて積極的な発言をしたクララ・ツェトキン、カール・ラデック、アウグスト・タールハイマー、アントニオ・グラムシ、エルコリ・トリアッティ、ボルディーガ、ジノビエフ、トロツキーらの見解を以下にざっと見てみよう。

これらの人物の発言をうけて、コミンテルンは、第五回大会に『ファシズムについての決議』を採択した。この決議ではファシズムを「ブルジァジーによってつくり出されたブルジョアジーの道具」程度の発想だった。しかも統一戦線論については一貫性がなく、バラバラである。「社会民主主義は反ファシズム闘争においては、ファシズムに反対して闘争しているプロレタリアートの信頼にたる同盟者では決してありえない」といったり、「反ファシズム闘争にさいして、全勤労者層の統一戦線の実現に努力すること」という注釈なしには理解できない文言が含まれていた。少なくともイタリアではファシズムにたいして、決定的ともいえる時期だっただけに、この決議が討論抜きで承認されていることをみても、甘い態度であったと言えるだろう。

コミンテルンの「左への転換」

この大会は、コミンテルンの「左への転換」と言われるものだけに、ファシズム認識、反ファシズム闘争方針に大きく影響したと言わなければならない。第五回大会から打ち出された「党のボリシェビキ化」「細胞活動を基礎におく」「下からの統一戦線」「一枚岩の党、中央集権的組織」などは、レーニンの教えに従ったものであり、「ルクセンブルク主義」「トロツキー主義」を一掃して、「レーニ主義の党」を国際的に展開するというものだった。

これに対して、「イタリア共産党行動綱領」の反ファシズム闘争の方向は、第五回大会の方向とは部分的なずれがあった。これには改良主義的勢力との中間的妥協の余地を残し、「反動のあらゆる形態を、すべてファシズムと呼ぶ傾向をいましめ、そうした立場から適切な政治的、戦術的立場に立つことは不可能になる」として、ファシズムそのものの中に複雑な多様性を認めた。したがって、ファシズムを単に「資本主義の道具」というように単純化せずに、小ブルジョアジーの運動としてのファシズムを考慮にいれるべきなのだ。この方向は、ジノビエフらコミンテルン指導部とは、相容れないものがあった。

一方、ボナパルティズム論の側はどうであったか。コミンテルンによるトロツキー断罪は、「ファシズムを美化し、仮面をつけさせることによって、社会民主主義が、〝より小さな悪〟の政策（ヒトラーよりはブリューニング、パーペン、シュライヒャーの方がまだましだとして、これを容認する政策）を展開する試み」という政治的批判が主なものである。

　トロツキー自身のまとまった「ボナパルティズム論」というものは残されていないが、要約すればほぼ次のようになるだろう。

「ファシズムは、ただ単なる弾圧や、暴力、警察テロなどの制度ではない。ブルジョア社会のなかにあるすべてのプロレタリア的民主主義の要素を根絶する特殊な国家的制度である。それは、ただプロレタリアートの前衛を打破するばかりにあるだけでなく、すべての階級を、強制された細分化状態のなかに維持してゆくことでもある。そのためには、もっとも革命的労働者層の、肉体的破壊だけでは不十分である。すべての独立した、自由な組織を破壊し、プロレタリアートのあらゆる支点を無に帰せしめ、さらに、社会主義と労働組合の、四分の三世紀にわたる仕事の成果を粉砕してしまわなくてはならない」「プロレタリアートに対する公然たる内戦の体制である」

　これに対して、ボナパルティズムは、相拮抗する二つの陣営に対して、「国内平和」「内乱の回避」を強要する政治体制であり、共産党やその他の労働者組織は、「国内平和」「内乱の回避」に必要な限りその行動が抑圧される、一時的に活動を禁止されることはあっても、それ以上根こそぎに破壊され、解体されることにはならない。そこがファシズムとの質的な相違であるというわけだ。一口で言えば、ファシズムはプロレタリアートに対する内戦の体制であるという認識であった。したがって、トロツキーによれば、コミンテルンは、ファシズムを過少評価しているというのである。一方、タールハイマーに対しては、ファシズムを過大評価しているとし、これが両者の論争になるのである。

　最後に、グラムシをとりあげなければならない。彼は、ボナパルティズムとは言わずに「カエサル主義」と言っていた。タールハイマーは、ボナパルティズムとファシズムの共通点とその違いを指摘しているが、そこからの切り込みが足りない。

　これに対してグラムシは、「カエサル主義は、闘争する諸勢力が、破局的なしかたで均衡する、つまり闘争をつづけても共倒れになるより解決のしようがないかたちで均衡しているそのような情勢を表現しているものだ」「進歩勢力Aが反動勢力Bとたたかうとき、AがBに勝つ、あるいはBがAに勝つ、という場合だけでなく、AもBも勝たないで互いに消耗してしまい、第三勢力Cが外部から介入して、AとBを服従させる、という場合もある。イタリアでは、ロレンツォ・イル・マニフィコの死後、まさにこのことが起こった」という。

ここまでは、タールハイマーとさほどの違いはないが、グラムシは、さらに「進歩的カエサル主義」と「反動的カエサル主義」があり、カエサル主義の介入が、進歩的勢力を助けるときは「進歩的カエサル主義」であり、反動的勢力を助けるときは「反動的カエサル主義」であるとし、それぞれの具体的歴史から構成され、社会学的図式からではないと断わる。「進歩的カエサル主義」とは、ナポレオン一世がその例であり、ナポレオン三世とビスマルクを「反動的カエサル主義」の例としてあげている。カエサル主義については、「基本的階級の主要な(社会学的――経済的および技術的――経済的の、二つのちがった種類の)諸派と、ヘゲモニーの影響に指導され、従う副次的勢力との関係を調べなければならない」という。

この観点に立って、社会民主主義勢力と農村の小ブルジョア層を獲得して、多数派をめざそうとするものであったから、第五回大会の「左寄り」路線から、レーニンのいわゆる「日和見主義演説」で指示された路線への回帰であると言えよう。

また、社会民主主義を主要打撃の方向としていたグループにとっては、第五回大会の決定違反とも映ったであろう。

こうした中で、トリアッティは、「リヨン・テーゼ」以来、中間派からグラムシ理論と共同歩調をとるようになった。

ともかく、グラムシが論じた「現代のカエサル主義」について、コミンテルン側は興味がなかったことは事実であるが、彼の「階級均衡論」は、ファシズムとボナパルティズムの共通点と相違点を掘り下げ、統一戦線をどのように組むべきかという実践的課題を前進させるものであった。

すでに指摘したことだが、第五回大会は「ファシズムに関する決議」の討論はさせず、グラムシが率いたイタリア代表団の発言は聞けずに終わったのである。

それにもかかわらず、アゴスティは、「ファシズムについての討議と、それについて第三回総会で採択された決議は、第三インターナショナルの成果のうちでもっとも実りのある契機の一つである」(『コミンテルン史』石堂清倫訳)と評価している。この決議によると、ブルジョアジーに勝利したファシズムは、イタリアだけではなく、国際的な性格を持つものであるとし、プロレタリアートにとって異常に危険で恐るべき敵であること、単に軍事的分野だけで妥当できるものではなく、イデオロギー的および政治的に撃破されなければならない。なぜなら、それは大衆の利益を擁護するかのような外観を示していたから、政治的浮浪者や幻滅を感じていた人々を巻き込んだ大衆運動に発展した。この見方は、クララ・ツェトキンがコミンテルンへ持ち込んだものであり、第五回大会の決議はそれらを踏まえ大会で討論抜きで「プロレタリアートにたいして大ブルジョアジーが行使する闘争用具」であるとし、その用具の一つがファシズムであり、もう一つが社会民主主義でり、両者は相等しいと規定したのが、コミンテルンの基本姿勢にほかならなかった。そして、それ以上のものでもそれ以下のものでもなかった。

苦悩するゾルゲ

ゾルゲが『新帝国主義論』を書いた時代背景については、勝部元が『二つの危機と政治』の中の「ゾルケ理解のために」でまとめているから、それにゆずることにする。が、これまでに点検してきたファシズム論を踏まえたうえで、私はもう一度、なぜゾルゲがこの本を書いたのか、なぜタールハイマーに『序文』を書かせたのかを糸口にして、苦悩するゾルゲの姿について考えてみようと思う。

タールハイマーがその中で言及したファシズム論の素描をみて分かるように、一九二四年~二八年の資本主義の相対的安定期におけるファシズムについてのコミンテルンの分析の不安定さを、ゾルゲは身にしみて感じていたと思われる。第五回大会のジノビエフ報告も、決して確信に満ちたものではないからである。また「ファシズムに関する決議」も、闘争の一般化を十分説得的に述べたとは思わなかったはずである。一九二六年に書いた『ドイツ共産党の立場と統一戦線戦術』の中で、ゾルゲはレーニン的統一戦線戦術とはかくかくのものだといっているが、フィシャー、ローゼンベルクなどの強硬なドイツ共産党指導部の「攻勢的指導」は覆らず、かぎりなく動揺を繰り返すのである。ゾルゲはコミンテルン本部にいたから、当然のことながらジノビエフ路線の統一戦線論、社会民主主義批判を踏まえての論調にならざるをえなかった。レーニン亡きあとの国際共産主義運動の持つ矛盾が、そのまま現れているのだ。

ゾルゲはこの本の序論で、帝国主義からのソ連防衛、反帝国主義のドイツ・プロレタリアートの一層の緊密化のために書いたと言っているが、第三回大会でレーニンが渾身《こんしん》の力を振り絞って演説した「より日和見主義になれ、社会民主主義を敵視するな」という呼び掛けにもかかわらず、改良主義と平和主義者を反戦、反ファシズム闘争にとって有害勢力ときめつけた。明らかにジノビエフ路線に遠慮をして、レーニン的統一戦線論を小出しに書いているのである。

理論家のゾルゲにとって、そのことが分からぬはずがない。タールハイマーが『新帝国主義論』に寄せた『序文』についても、彼が「一〇月行動」の失敗の責任者であり、それゆえにドイツ共産党を追われて、コミンテルンへ召還されたこと、ファシズム論ではボナパルティズム論を提唱していることなど、すべて承知していたはずである。これらのことを踏まえても、ゾルゲはなおかつドイツ帝国主義の復活を認識することの重要性と緊急性が差し迫っていることを訴えなければならなかったのである。

高度に発達した資本主義国が、敗戦後のドイツで再び独占を形成しながら、帝国主義的な復活を遂げつつあるというゾルゲの分析は、彼がなみなみならぬ能力の持ち主であることを証明している。されば、ドイツ共産党はいちはやくこのような認識に立って、反ファシズム闘争を組まなければならなかった。にもかかわらず、ドイツ共産党は左右入り乱れての理論闘争を繰り返していた。このためドイツ共産党が帝国主義の復活を確認したのは、ゾルゲよりずっと後のことであった。

党から追放されたタールハイマー

ところで、タールハイマーは、「一〇月の敗北」(二三年)の責任を追及されて、ドイツの党から解任されたが、第五回大会ではブハーリンとともにコミンテルンの綱領について報告した。しかし、第五回と第七回のコミンテルン拡大執行委員会総会で再度、批判された。ゾルゲの『新帝国主義論』は二八年にモスクワで刊行されているが、同年五月にドイツに帰国しているタールハイマーらKPD右派に反対する公開文書がコミンテルンから送られ、その結果、党から追放されてしまった。

だから、そういう人物に『序文』を書いてもらって出版するということは、かなりの勇気を必要とする行動であったはずだ。そのことを承知の上でゾルゲが敢えてそれを実行したのは、いったいなぜなのか?

ここで考えられることは、三つある。

第一は、当時のレベルでタールハイマーは第一級の論客であること。『序文』の中にあるファシズム論はかねがね彼が言っていたことであり、当時、これをしのぐほどのファシズム論はなかった。したがって、帝国主義の認識にとって重要な指摘といえる。

第二は、タールハイマーを右派として非難する傾向があるが、彼は一九二一年の「三月行動」（レーニンは愚行といった）を正当化し、ドイツ共産党議長パウル・レビを排除する「攻勢派理論」を定式化し、ブランドラーとともにドイツの党を率いた指導者であった。とくに、ローザ・ルクセンブルクの『資本蓄積論』をはじめとして、ルクセンブルク理論に共鳴するところが多かった。この点を見落としてはなるまい。

第三は、タールハイマーは第五回大会で、ブハーリンとともに綱領草案の報告をしており、理論家としての存在を確認できた。

それにもかかわらず、タールハイマーはコミンテルンから非難され、ドイツの党から追放されるとともに、彼の『序文』は、ドイツ語版の『新帝国主義論』から削除されてしまった。

こうした動きは、理論戦線の問題ではなく、極めて政治的であることをゾルゲが感じとらないはずはない。案の定、『新帝国主義論』が刊行される前年の二七年に、ゾルゲはスウェーデンとデンマークへ、オルグに行かされた。

これは、マヌイリスキーの指示だと言われている。このマヌイリスキーは、ゾルゲをドイツ共産党からモスクワへ呼び寄せた人物である。マヌイリスキーは幹部要員（カードル）発掘に特別鋭く臭いを嗅ぎ分ける人物だと言われていた。第二次大戦後、ソ連代表団に加わり、各種の国連の会議にも出席したりしたが、一九四三年のコミンテルン解散後、ウクライナ社会主義共和国の外務次官になった。

ともかく、ゾルゲがバルト海の諸国へオルグとして派遣された段階で、理論家としてのゾルゲはコミンテルンにとって必要としなくなったと言わなければならないだろう。ゾルゲがそのことを分からぬはずもない。

ゾルゲは二八年の第六回大会には、本部側の一員として出席していたが、公式の会議に姿をみせたのはこれが最後であった。そして、年末には、またデンマークとノルウェーへオルグに派遣された。とくに第二次大戦後まで尾を引くけれども、当時のノルウェー共産党は厄介な問題を抱えていた。そのころ、ノルウェーの党は、ペデル・フルボトンが書記長で党を率いていたが、コミンテルンとモスクワは、フルボトンらをトロツキスト、のちにはチトー主義者呼ばわりをしたのである。明らかに党は分裂の危機にあった。結果的にモスクワの支援を得ていたエーミル・ローブリェンらの多数派に、フルボトンらは追放された。

こした中でのオルグ活動は、決して一個人の能力や手腕で片付くものではないことは明らかである。理論活動の分野で最早不要になったゾルゲを、コミンテルンは困難なオルグ活動に回したのである。

本来ならば、ゾルゲは『新帝国主義論』をひっさげて、ドイツへ行って反帝国主義闘争を呼び掛けたかったはずである。彼の本は、学術的な研究書ではなく、実践的指導書であったからだ。にもかかわらず、コミンテルンは、彼をスカンジナビアのオルグに出したのであるから、ゾルゲの苦悩はいかばかりであったろうか。

もっとも、レーニン主義者として生きる道を諜報活動に捧げたことで、ゾルゲの名は不朽のものになった。だが、果して「もって瞑《めい》すべし」と言えるかどうか、「甚だしく疑問」と言わざるを得ない。

日本人にとって「昭和」はいかなる時代か

新作映画「スパイ・ゾルゲ」を語る

篠田正浩
（映画監督）

わが国を代表するベテラン映画監督篠田正浩氏は、二〇〇一年一一月七日、東京・日比谷の東宝本社で記者会見し、太平洋戦争開戦前夜の日本を大きく揺さぶった国際スパイ事件を描く「スパイ・ゾルゲ」の製作発表を行った。

この新作の主人公となるリヒアルト・ゾルゲの映画化は、同監督の長年の悲願で、脚本は一二稿も重ねるほどの熱の入れ方。製作の意図について、「私は映画作家として、あの昭和という時代をドラマに再現することによって、現代人に新しい感情を獲得してもらいたい」と語った。

同監督によると、ゾルゲは単なるスパイというよりも、むしろジャーナリスト。日本が軍国主義路線を突っ走って、大陸侵略にのめりこむきっかけとなった「二・二六事件」の本質を、正確な取材と冷徹な分析によって、見事に解剖した。少年時代「軍国少年」として育った同監督にとって、自分とはまったく異なった目で日本の現実を見詰めたゾルゲの存在は、まさに驚きであった。ゾルゲの目を借りて観察すれば、「昭和とはいかなる時代であったか」、その真相に迫ることができるはずだというのが、同監督の立場だ。

ゾルゲたちが活躍する戦前の東京風景などは、「八〇〇カットに及ぶ」コンピューター・グラフィック（CG）を駆使して、再現する。〇二年二月から撮影に入り、同年末に完成、〇三年六月に公開を予定している。配給は東宝が行う。

以下は、このときの記者会見で行われた篠田監督のプレゼンテーション（意見表明）と、その後の記者団との一問一答をまとめたものである。（白井久也）

司会　皆さん、お早うようございます。これから映画「スパイ・ゾルゲ」の製作発表の記者会見を行います。篠田正浩監督からのメッセージ、それから「ゾルゲ事件の概略」なども一応ご用意しましたので、それらをご参考にして下さい。

最初に、今度の映画のドイツ側の共同プロデューサー、マンフレッド・ドルニオク氏のメッセージをご披露させていただきます。篠田監督がドイツの協力を得て撮った「舞姫」という映画の共同プロデューサーです。この方からビデオで、メッセージが寄せられていますので、それをまずご覧いただいて、そのあとで篠田監督、スーパーバイザーの原さん、プロデューサーの鯉渕さんから、それぞれお話しを聞くことにしたいと思います。

なお、きょうの製作発表に関しましては、映画のもろもろのスキーム、スタッフやキャストが固まる前の監督の思いのたけを皆さんに聞いていただきたいので、監督は少々長目のお話しをされるかと思いますが、ご静聴をお願いします。そのあとでどんな質問でもお受けされるので、ご質問いただければ幸いです。では、最初に四分ほどのビデオをご覧下さい。


マンフレッド・ドルニオク氏のメッセージ（ビデオより）

まず初めに、本日の製作発表記者会見に出席できなかったことを、お詫びしたい。

私は日本という国とドイツとの文化関係について長い間、興味を抱いてきた。今回の映画のテーマは、日本とドイツだけではなく、世界中の人々の興味を呼び起こすことになるであろう。一九八九年に、篠田監督と一緒に「舞姫」を作ったときから、お互いにゾルゲを映画化できないかと話し合ってきた。なぜなら、ゾルゲは二〇世紀最高、最大のスパイだからだ。

海外マーケットにおいても、ゾルゲ事件は二〇世紀最大のスパイ事件であろう。この映画を撮れば、第二次世界大戦にゾルゲがもたらした影響の大きさが分かる。そして、第二次世界大戦は、二一世紀に最も影響を及ぼしている大事件である。今という時代こそ、「スパイ・ゾルゲ」は世界中の人々にとって、大変示唆に富むエキサイティングな作品になるだろう。篠田監督は今、生きている監督たちの中で、最も優れた監督の一人である。そんな監督とまた一緒に、仕事を続けることができるのは、とても光栄である。彼はきっと、第二次世界大戦を経験した人たちにとって、歴史的に正しく信頼感のある、かつエキサイティングな映画にしてくれるだろう。

私はこれからの撮影準備のため、明日上海に行って、中国の映画関係者と話を進めてくる。撮影するヨーロッパ各国、中国、ロシア、そして関係各国でも、この映画の世界公開の可能性や、この映画自体のテーマが面白いということで支援してくれている。そして、日本での撮影に、とくに期待している。さらに関係各国との話し合いの内容を、次の機会にお話しできると思う。それは、皆様にとってもとても興味深いものとなるだろう。

本日は、製作発表の記者会見にたくさんの方々がきていただいて、どうもありがとう。

司会　それではこのあと、篠田監督たちからお話しを聞くことにいたしましょう。では監督、どうぞ。

切腹覚悟した「皇国少年」

篠田正浩　「スパイ・ゾルゲ」の映画を何としても撮りたいと思ったのは、私は自分が生まれて育った「昭和」を、この映画を通じて考えたいと思ったからです。近松門左衛門らの時代物映画（「心中天網島」など）を作りながら、私は自分が、今、どうして「昭和というあのような時代に遭遇したのか」と、自らへの問いかけから、逃れることができませんでした。この「謎」の出発点は、今、振り返ると、日本が戦争に敗れた昭和二〇年八月一五日以前に、さかのぼらざるを得ません。

実は、戦争中私は子供心にずっと、「日本の国は神州で、天皇陛下のために死ななければいけない」と、自分に言い聞かせた「皇国少年」として生きてきました。だから、これまでも「パールハーバー（真珠湾）」は私にとっては、私の誇りの歴史そのものであったのです。それが突然、敗戦によってひっくり返って、戦後民主主義の登場となりました。子供心に、価値観の大きな転換を経験したわけです。私の優れた友人たちは、やがてフルブライト基金でアメリカに次々と留学しました。アメリカ文化が堰《せき》を切ったように私の目の前に刺激的な形で、現れました。こうして、ジャズやスイングや様々なアメリカ音楽・文化が、私の心を把えたのです。

八月一五日と少年三部作

篠田　その魅力的なアメリカに直面したのが、戦争に負けて、戦争がなくなって、もはや軍国少年ではなくなった私です。八月一五日の敗戦を契機に、日本人に君臨し、信仰の対象であった神々を失った戦後を、私はずっと生きてきました。このような精神遍歴を体験した少年の心を、映画でどう描こうかと考えたとき、脚本家の田村孟さんと組んで、「瀬戸内少年野球団」をつくる決意がついたのです。この映画は私にとって、自分の八月一五日以降の少年体験を個人史として、どう受け止めていくのかという物語です。阿久悠さんの原作も含めて「少年時代」「瀬戸内ムーンライトセレナーデ」「瀬戸内少年野球団」という少年三部作映画の誕生となりました。こうして、私は「八月一五日とは何だったのか」を問い詰めてきたのですが、その後も私自身の八月一五日は何かということが、ずっと私の心の中に沈殿して、残り続けてきたのですね。

多分、私は「瀬戸内少年野球団」を作ったときから、ゾルゲのことを考え始めたのだと思います。では、「なんでゾルゲなのか?」。今、みなさんの目の前で、タリバンやたくさんのイスラムの伝統が、アングロサクソンの文化や文明に対して物凄い敵意を抱いて、それを倒そうとしている。それは私たち日本人が、アングロサクソンに敵意を抱いて闘った、あの少年期の「昭和時代」を彷彿《ほうふつ》とさせるものなのです。この戦争を、彼らは「ジハード」といいますが、私たちも「聖戦」と呼びました。戦争中、この近く(会見は東宝本社で)にあった日本劇場に、大きな垂れ幕がぶら下がっていて、「撃ちてし止まん」のスローガンとともに敵に向かって突撃する兵士の姿が描かれていました。現代の「ジハード」と称して、闘っているあのアフガンのタリバンの少年兵を見たとき、私の心の中に起ったことを、思い出します。私にとって、私の少年期の昭和というものが、どんな時代だったのかということを。まあ少年期というものはファンタスティックなものですが、それをもっとリアルに把え直すには、どうしたらいいか、と思いつめていくうちにゾルゲが私が少年期を過ごした昭和時代を問い詰める格好の素材だったことに気づいたのです。

ゾルゲは一般的に、日本の国家機密を盗んだ国際スパイと思われていますが、事柄はそれほど単純なものではありません。ゾルゲはスパイの教育らしい教育を受けたことはないのです。彼は生っ粋のコミュニストでした。その彼がジャーナリストを装いながら、「スパイの密使」として、日本にやってきたのは、なぜか?当時の国際情勢はアジアにおける欧米の侵略、日本の軍国主義の台頭、そして、彼の父の祖国ドイツ帝国の崩壊とナチスのヒトラーの出現……。ゾルゲはすさまじいファシズムの時代を体験したわけですね。日本軍国主義は果たして、労働者たちの理想社会であるソ連を攻めるのか。それとも、中国でアメリカと対峙するのか。未曾有の政治的分岐点に立たされた日本政府と日本軍部の意中を探るのが、ソ連のゾルゲ対日派遣の狙いでした。そこで彼は日本を揺るがした二・二六事件からパールハーバー前夜まで、政治、外交、軍事、経済など日本に関するデータを徹底的に調べあげようとしたのです。

ゾルゲと二・二六事件

篠田　昭和の初めに、少年時代を送った私たちは、神の国・日本の皇国少年として命を捨てるよう教育され、そう決心したのです。ところが、日本にやってきたゾルゲは、天皇制をいただく日本の国家構造をジャーナリストの立場から冷静に分析したのです。今でいうジハードを決意したわれわれ日本の皇国少年とはまるで違った目で、ゾルゲは日本の現実を見詰めていたのです。私は何よりもこのことに新鮮な驚きを感じて、勉強を始めたのです。中でも心を奪われたのはゾルゲの二・二六事件の分析です。

一九三六年二月二六日未明、皇道派青年将校二十人に率いられた日本陸軍の下士官、兵士一四〇〇人が決起して、首相官邸、内大臣私邸、侍従長官邸、蔵相私邸、教育総監私邸などを襲い、斎藤実内大臣、高橋是清蔵相、渡辺錠太郎教育総監らを殺害、鈴木貫太郎侍従長に重傷を負わせたほか、警視庁や朝日新聞社などを占拠しました。二・二六事件です。ゾルゲはこの直後、この事件を題材にして「東京における軍隊の反乱」という論文を書きました。ゾルゲはこれを東京からのレポートとして、ドイツで発行されている「地政学雑誌」（ゲオポリティーク）に掲載してもらいました。ドイツばかりか、ソ連をはじめ世界各国に大きな反響を呼びました。戦後、この論文の日本語訳が出て、それを読んで私はびっくりしました。

ゾルゲの認識は日本における農村経済の崩壊と、都市におけるサラリーマンの困窮化、つまり国民経済の完全な失墜が、二・二六事件を引き起こしたという指摘でありました。とりわけその農村経済に対する分析の素晴らしさは大変なもので、私は舌を巻きました。あの時代に、こんなことをちゃんと洞察することができたのは、彼がスパイだったからではありません。ジャーナリストの目で、日本の現状を鋭く分析しているからです。

昭和については、沢山の回顧録が残っています。昭和天皇の回顧録は、大変興味をそそられるものです。元首相近衛文麿の手記も、面白い。そして、内大臣を務めた「木戸幸一日記」、杉山元陸軍参謀総長の「杉山メモ」など、極めて豊富であります。後世の歴史家はこれらの書物を客観的に分析し、「昭和というのは、どういう時代だったか」と研究を重ねております。しかし、「昭和という時代」の解剖は、一筋縄ではいきません。国民作家として人気のあったあの司馬遼太郎でさえも、「昭和は、私は書かない」といって、歴史小説の対象としては明治までしか書かなかったのです。

ゾルゲを助けた尾崎秀実

篠田　私は近年にようやく昭和という時代に対して、映画作家として本格的に取り組まねばならないと決意を固めました。もちろん、私はだいそれた気持ちはないけれども、映画作家として昭和を描かないで、果たして私の使命や役割は終ってしまっていいのだろうかと、思い詰めた気分に追い立てられてきたのが、現状であります。そして、そのアプローチとしてゾルゲの目から見た昭和ならば、ひょっとすると、一番客観的かつ極めて正確に、「日本の運命」というものが反映されたのではないかと考えたのです。そのゾルゲをサポートしたのが、朝日新聞出身のジャーナリスト、尾崎秀実というあの当時に傑出した知識人でした。彼は新聞社を足場に築いた豊富な人脈を通じて、あらゆる情報に一番隣接した位置にいた人物です。しかも、学識が豊かで、ジャーナリストとして磨き抜かれた感覚を持ち、だからこそ彼の分析を含めて、昭和という時代を確実かつ正確に復元できるドラマがあったに違いないと、私は考えました。

もちろん、登場する人物を全部、俳優が演ずるということは、それだけで、全てが虚構化することが避けられません。本来なら、ニュースリールや本を読めばいいわけですけれども、私は映画作家として、あの昭和という時代をドラマに再現することによって、現代人に新しい感情を獲得してもらいたいと、思っています。人間は感情の動物です。だから、歴史というものは、その時代を体験した人間こそが、その歴史を知っていると、みんな思い込んでおります。私は「瀬戸内少年野球団」という映画を作ったときに、阿久悠さんと一緒に仕事をしました。阿久悠さんが終戦を迎えたのは小学校三年生のときでした。私は中学三年生でして、終戦の前に学校で切腹のやり方を教わっていました。アメリカ軍が日本の本土へ上陸してきても、絶対に捕虜になってはいけない。お前たちは天皇陛下の赤子《せきし》であるから、潔く腹を切って陛下にお詫びせよ……と切腹の仕方を教わったのです。だから、日本がアメリカ軍に占領された八月一五日以降も、私の心境は、とても悲劇的なものだったのです。だって、そうでしょう。腹を切らずにおめおめと生き残っていたのですから……。こんな恥ずかしいことはないと思い込んでいたからです。

ところが阿久さんの「瀬戸内少年野球団」を読みますと ね、同じ八月一五日以降でも、そこには私とはまったく異なった世界が、広がっていたのです。戦後、阿久さんが淡路島で見たのは、島内ところ狭しと疾駆する米軍の四輪駆動のジープでした。びっくりして後を追っていくと、乗っていた兵士がキャンディをばらまく。子どもたちはそれを拾って、食べる。少年の口の中で「ハーシー」という名のチョコレートが甘く溶ける。初めて味わう、アメリカの文化の香り。「これはパラダイスだ」。少年たちは心の底から、そう思ったのです。私にとって悲劇的な歴史が、一方では「パラダイス」になっている。歴史のこのマルチフェイス（多面的な顔）というものを、私はどう表現すべきか?。阿久さんと話し合ったとき、私は率直に言って、困惑しました。私にとって悲劇的だったことが、一方では大変、希望に燃えた新しい時代の始まりだったのですから……。

「これが歴史か」と言う、私にとっては大変痛切な思いを阿久さんと分かち合って以来、昭和という時代認識を一体どうやって人々の心の中に新しい感情として基本的な形で植え込むことができるのか。もちろん、もし私が自分の少年時代の感情の赴くままに、その延長線上にいたとしたら、私は完全に極右の「皇国老人」になっていたでしょう。でも、それも一つの歴史体験だ、と思います。現に、靖国神社参拝についても様々な考え方がある。それほどに、昭和という時代は「一括してこうだ」とは断言できない、複雑怪奇な要素があったことを強調しておきたいと思います。

自己崩壊したコミュニズム

篠田　私はことし、七〇歳を迎えまして、映画作家として少なくとも今まで自分が作ってきた映画に対して、また少なくとも日本あるいは日本人に対して、できるだけ公平に対処しようと思ってきました。自分の中に唯一、道徳的な気分があるとすれば、それは人間を公平に見る、日本以外の国に生きる人間も公平に見ることが、私にとっての戦後体験によって、たどりついた私の考えなのです。

私はゾルゲも尾崎も、公平な考えの持ち主だったと見ております。だから、彼らは希望に燃えてコミュニストの思想に殉じたのだと、思います。でも、コミュニズムは、スターリニズムや、毛沢東の文化大革命や血塗られた粛清のジレンマによって、自己崩壊を起こした歴史であります。私はこの現実をしっかりと踏まえて、私自身精一杯、私自身の信じる自分の公平さに従って、この時代を映像によって再現してみたいのです。八月一五日の体験が、私と阿久悠さんで違っていたように、多分皆さんも私と違った考えを持っているかもしれません。それはそれで良いと思う。私は私なりにみなさんに、昭和というのはどういう時代であったのか。また、東京ってどういう風景だったかをゾルゲ・尾崎の背後に回って描きたいのです。

生涯、最後の映画製作

篠田　私はこの仕事を最後に、映画作家としての決着をつけたいと考えております。この一〇年間、私は「スパイ・ゾルゲ」の脚本を温め、それが今、第一二稿目になります。私のドイツ側の協力者は、この間にいろいろな注文をつけてきました。様々な人たちが、いろいろな意見を言いました。脚本は当然、書き直さざるを得ませんでした。そういうことに対しても、私は精一杯公平に対処してきたつもりです。

執筆に当たって、私は一番最初に、尾崎秀実を主人公にした映画を作るつもりでした。木下順二さんの「オットーと呼ばれる日本人」という芝居が、最初に私たちに衝撃を与えました。黒沢明さんが「わが青春に悔いなし」という映画を撮って、罪もないのに、教壇を追われる大学教授の人生を描きました。私の友だちの岸恵子さんのご主人であったイブ・シャンピ監督は、ゾルゲについて本格的な映画を作りました。吉村公三郎さんはゾルゲをモデルにしたスパイ映画を作る企画を立てました。

世界一の日本のゾルゲ事件研究

篠田　ゾルゲをめぐる研究は、今、広く深く世界で進行しつつあります。私が映画を作っている間に、また新しい資料が発掘されて、私の考えるゾルゲとは違った実像が浮かび上がってくるかもしれません。でも少なくとも、日本におけるゾルゲ研究は、今、世界でトップの水準にあると思います。私の周辺に素晴らしい研究家がいて、このたびの映画製作に当たって、教えられることが多々ありました。これまで埋もれていたソ連時代の資料が新しく発掘されて、ロシアでもゾルゲ研究が深化しつつあります。ゾルゲ研究の最新の成果を取り入れたこの映画は、そういうことからしても、世界の情報社会に大きな影響を与えるものと、私は確信しています。

私は最初に、尾崎とゾルゲという二人のコミュニストの生き様を主題に据えることによって、アメリカ人が、反共国家のアメリカ社会が、この映画の受け入れを拒絶するかと思っていました。ところが、アメリカの私のエージェント（代理業者）たちは、二〇世紀のあの「戦争の時代に、日本軍国主義とファシズムに敢然と闘った、そんな人間がいたのか」と感動して、「きっとそれは素晴らしい映画ができるぞ」と、大変なバックアップをしていただいております。

立ちはだかる製作費と技術の壁

篠田　私の目の前に、今、最大の壁として立ちはだかっているのは、この映画の予算と製作の技術問題です。製作費は総額二〇億円かかりますが、あと二億円を残して、資金を集めることができました。残りは日本の銀行か、ベンチャービジネスか、あるいは政府が出してくれると助かるのですが、新しい時代を見据えた映画製作にお金を出してもらえる期待は現在、全く打ち砕かれました。日本は凄く保守的ですね。不足の分は二億円です。みなさんどこかでお金を出してもらえないか、探して下さい。

もう一つの難関は、とっくに失われてしまった昭和の都市や町を、どうやって映画で再現するかという問題です。コンピューターグラフィック（CG）を基にして製作した「ファイナル・ファンタジー」という映画は、生の人間が出なかったことが原因で、壮絶な興行の失敗を招いてしまいました。私は同業者として、心が痛む思いでした。ゲームソフトが自由自在に動き回る非情な世界であったために、ヒューマン・メッセージを送り損ねたのではないかなと、思います。やっぱり人間は、人間の問題を、人間の口から聞きたいという切実なる願いを持っているということを、私は「ファイナル・ファンタジー」を見て痛感しました。

特撮技術の大いなる活用

篠田　しかし、今日の人間の文明は、われわれ人間のものっていない遺伝子まで、今や操作できる時代です。映像のコンピューターグラフィックも、あらゆる世界を自分の手で作ることができる素晴らしい技術だと思います。私はゾルゲの映画でこの特撮技術（ＳＦＸ）を主体としたものを作ろうと思っているわけではありません。未来映画としてのサイエンスファンタジー物の製作に絶対欠かせないＳＦＸは、過去の歴史的な画面を再現するのに、大変、有効な映画技術であるということを、私はあるときから考えてきました。私が撮った中で、その最初の実験が「写楽」でした。写楽は江戸時代に人気があった浮世絵師。浮世絵に描かれた江戸の世界の再現ができるかどうかが、作品の決め手となる映画でした。皆さんはテレビで、水戸黄門や大岡越前守が出てくる時代劇をご覧になっていて、あれが全部東映・京都の映画村の時代劇スタジオで撮ったものだということは、よくご存じだと思います。だが、私をして言わしていただければ、最初からあれだけの空間で収めるのではなく、私たちの想像の翼をもっともっと広げて、本物そっくりの江戸の町をリアルに表現してみたいと考えて、写楽という浮世絵師の物語を通じて、私は浮世絵に画かれた江戸の世界の再現を試みたのです。フィルムをコンピューターの中に転化して、そこからデータを完全に「0」と「1」にして合成したら、フィルムは劣化しないという優れた技術があります。それは浮世絵が、絵師、彫師、刷師という三者の技術の組み合わせ（アッセンブリ）によってできあがっているように、そしてトヨタ、ホンダ、ニッサンという自動車メーカーが何万というパーツを寸分の狂いもなく配列して、自動車を組み立てる技術と共通するところがあります。今日の映画製作の最先端を行くSFX――。それを私は今度の映画でやりたいと思っています。

その前哨戦が前回撮った「梟《ふくろう》の城」でした。豊臣秀吉暗殺の命を受けた忍者が闇の中、忍び込む場面は、セットを作ることができなくて、CGの世界に領域を大きく繰り広げて、画面をどこまでリアルに作るかに、腐心する体験をしました。もう七年前になりますが、最初の「写楽」では一本で一〇カットしか、デジタル合成はできなかった。それが「梟の城」になると、一四〇カットも撮れるようになったのです。今度のゾルゲの映画では、多分八〇〇カットはいくでしょう。

産学協同による映画製作

これから気の遠くなるようなデジタル合成の素材集めです。今回の撮影はこの新しいデジタル合成の技術を完成するためのワークステーションが必要になって、そのために、私の母校である早稲田大学が全面的にバックアップしてくれることになりました。早稲田大学本体のキャンパスと本庄（埼玉県）の二個所に設けることになりました。ここに最新のスーパーコンピューターを設置して、アメリカに負けないデジタル合成によって、昭和初期の東京の街を再現します。

昭和八年の数寄屋橋の前を通る電車、それにはゾルゲも乗っています。日劇や朝日新聞社を横目に見ながら、尾張町（銀座四丁目）の交差点に電車が停まるや否や、ゾルゲが降りてきます。服部時計店の時計塔が鳴らす時報を聞きながら、新橋に向かって銀ブラを始める場面です。このシーンの撮影から、私たちは始めようと思っています。

篠田　われわれの製作本部は、早稲田実業高校が転出した跡地にできた新しいビジネス・タウンの中に設置しました。是非、いらして下さい。ここは大学と映画産業の一番新しい部門が提携・協力して事業を進める新しい「産学協同」のモデルとなるもので、私はこの映画製作プロジェクトを若い学生諸君や若い才能に、全部開放しようと思っています。早稲田の学生たちには、大学内で私たちのスタッフと一緒に学びながら働いて、映画製作の最新技術を習得してもらうつもりです。それは新しい大学の出発にもなるのではないかと……。そういうプロジェクトに、このゾルゲが参加したということも、私には大変嬉しいことです。今、私はしきりに早稲田、早稲田といっておりますが、このワークステーションに入るのは早稲田の学生でなくてもよいというのが、私の考え方です。日本の近隣諸国は言うまでもなく、すべてのアジア諸国から学生たちがこのステーションに来て映画づくりを学んでほしい。私はこの映画を最後に、映画監督としての仕事を終えようと思っていますけれども、私の映画への献身（デボーション）は、これからも続けるつもりでいます——。ということで、私の発言は終わります。（拍手）

ゾルゲ映画製作決断の決め手

司会　それでは原さんの方からも、お願いします。

原正人（製作統括）　座ったままで、失礼します。今の篠田さんの話を聞いて、心を動かさない奴は、映画人ではないと思います。私の今の心境は、確信犯ゾルゲに口説かれた尾崎の心境です。（笑い）篠田さんとは何回か仕事を一緒にやったのですが、とにかくこの熱っぽい情熱と勉強家に口説かれたら……。ぼくは何度も逃げました、正直言って……。これだけの大作をプロデュースするのは……。私もちょっと、体が弱いものですから。

映画の撮影は上海、ベルリン、チェコ、ポーランドへ行って、第二次世界大戦のころを再現するという話で、スケールも大きい。とても私のプロデューサーとしての能力を超えているから、「勘弁してよ」と最初はお断りしました。しかし、さんざん頼まれて友人、親友、同期の戦友として、側面から援助しましょうということで、相談に乗ってきたのですが、篠田さんの強烈な情熱に心を動かされまして、お手伝いすることになりました。実際には、プロデューサーとしてという話だったのですが、私の考えているプロデユーサーというのは、まず企画を立て、リスクを張って、資金を集めて、それを実現していかねばなりません。しかし、今度の映画の場合、そういう意味での本当のプロデューサーは、篠田正浩ただ一人であります。従って、私の立場は、アドバイザーという形で参加するつもりが、だんだん深みにはまってしまいました。篠田さんのパッションとエネルギー、そしてロマン。映画はロマンとビジネスですが、まずロマンありきで、ビジネスももちろん必要とは言え、不可能に近いロマンをどうやって現実化していくかが、実はプロデューサーの腕の見せ所だと、今まで考えていました。大島渚は「戦場のメリークリスマス」の企画を五年も六年も持ち歩いていました。私はそれを実現させる手伝いもしました。黒沢明の「乱」もそうでした。「写楽」に至っては、フランキー堺が二〇年か三〇年持って歩いたっていうのだから、凄く難しい企画だったのでしょう。それがフランキーと篠田さんが出会うことによって実現して、私もプロデューサーとして参加しました。そういう意味で今改めてこのプロジェクトについて、ぼくの最終的決断の切り札となったのは、ジョン・レノンの「イマージン」の歌でした。篠田さんが自分でジョン・レノンの未亡人オノ・ヨーコさんにお会いになって「イマージン」使用のOKをとってこられましたけれど、この中にある「想像してごらんよ。国境のないみんな自由で…」というあの歌のフレーズに、人間の見果てぬロマンがある。おそらくゾルゲも尾崎も、ある理想を持って何かをなそうとしたんでしょう。

失敗すれば死刑台を覚悟

原　しかし、理想を実現するためには、どうしても力が必要です。つまり力の論理——。これは日常的には組織であったり、政治体制であったり、いろんな状況があるわけです。その力を利用しない限り、理想は実現しない。しかし、力というものは、それ自身である種のというか、体質を持っています。どこかで理想を裏切る。そして、尾崎もゾルゲも死刑台に消えるわけですが……。篠田さんと私の関係は、皆さんのバックアップによってこの映画が成功すればロマンは生き、失敗すれば死刑台に消える（笑い）ということになっておりますが、いずれにしても私は、マーケッティングの側面をバックアップします。篠田さんが、私に要請したのは、多分そういうムードメーカーとしてのキャンペーンといいましょうか。東宝の石田敏彦社長や高井英幸専務の決断によって、東宝がよくゾルゲの映画製作に乗ってくれたなと、感謝しております。これは決して楽《らく》な企画ではありません。

時代はどんどん「サムシング・ニュー」（新しい何か）「サムシング・ディファレント」（違う何か）を求めているのだと思います。ハリウッドもそろそろマンネリだし、各国で自分の国の映画がトップになる時代が始まりました。日本では、アニメーション映画「千と千尋の神隠し」が断とつ中の断とつですね。ぼくは劇映画の世界でも、必ずありうるというふうに、信じています。お隣の韓国で、この間シンポジウムがありましたが、あの国は今、やたらと元気でね。若いプロデューサー二人が、熱弁を振るいました。「ハリウッドは目じゃない」と。映画を作る楽しみを熱っぽく語っていました。もちろん、政府もバックアップしています。そのあと私が主催して、フランスのプロデューサーのワークショップ（研究集会）方式のシステムについて、セミナーをやったのですが、そのときのフランスのプロデューサーが「プロデューサーの役割、そしてプロデューサーがどうやって企画を立ち上げ、資金を集めていくか、作品のクォリティ（質）をいかに維持しながら闘っていくか」の困難さ、可能性について話しました。去年はフランス映画が自国マーケットの五〇パーセントをついに越えたそうです。かって三〇パーセントを切って疲弊していたフランスの映画界ですが、この成功をヨーロッパ各国に分けてやろうというプロデューサーのワークショップです。この企画を立てたのは、私の会社アスミックエースです。世界各国の情報交換をしながら、どうやってマーケッティングに乗せていくかということを、皆で一緒になってワークショップを通じて勉強して、映画を作っていこうという運動です。

『同期の桜』の思いで成功を実現

原　おそらくこの映画を篠田さんが悪戦苦闘しながら、自分のリスクで、自分のお金で、自分の顔と足で歩いてやっているのを間近に見まして、もしここで心を動かさなければ男ではないと、同期の桜としてはどうしてもこれを実現させ、なんとしても成功させたいという思いで、参加しております。篠田さんがおしゃっているように日本においては企画を出すのがいかに大変か、資金集めがいかに大変か、さらにマーケットに乗せて観客に届けるまでがいかに大変かということを、プロデューサーという立場で、あるいは会社経営という立場で、常に悩み苦しんでやって参りましたけれども、今が一番のタイミングだというふうに感じています。それはおそらく、われわれ昭和一けた世代が、何かを残せるとすれば、篠田さんの考えておられるテクニカルな面で新しいトライをしていくことでしょう。今までご一緒した映画でも、篠田さんはデジタルカメラとか技術革新を映像の表現の中にどんどん大胆にとり入れながら、実践するのを目の当たりしまして非常に勉強になりました。それを全部支えているのは、隣にいる鯉渕君です。

篠田さんがこんなに苦心しているのに、若い監督たちは皆んな小さい映画や等身大の企画しかできない。今は映画が大きなスライス（薄切り）で多くの観客に向けてやっていく時代だと思います。そのためのマーケッティングであり、その部分を篠田さんから期待されているのだと思います。今日は東宝の石田社長もいらっしゃっています。石田さん、ありがとうございます。石田さんと篠田さんと私は、早稲田大学の同級生です。そういう意味で、われわれ昭和一けた世代が残せるとすれば、映画のスクリーンであり、この映画を成功させることが、次の段階の突破口になると、私は信じております。そのためには、マスコミの皆さんに応援していただきたい。俳優、女優さんも来ないのに、こんなにたくさん集まって下さって、ありがとうございます。

（拍手）

二〇〇二年末完成、二〇〇三年公開

司会　それではお配りした資料の一番最後に製作のスケジュールがありますが、それについて製作の方から簡単に説明していただきましょう。では、プロデューサーの鯉渕さん、よろしくお願いします。

鯉渕優（プロデューサー）　二〇〇三年の公開を目指して、今日がスタートラインになります。二〇〇一年、今年の頭から準備を進行しています。製作は来年の一月から始めたいと思っています。前半の六月ぐらいまでを撮影に当てたい。二・二六事件の雪のシーンから始めます。北海道の雪のシーンを皮切りに、日本中至るところへロケに行きます。国内ロケが終わると、上海ロケ。引き続きベルリン・ロケでは、戦前の在日ドイツ大使館を中心とした撮影を考えています。ベルリン周辺のロケ、それを夏までに終えて、編集作業に入ります。年末完成を目指して進めていきます。二〇〇三年、東宝系の映画館で公開の予定です。簡単ですが、以上撮影スケジュールを説明いたしました。

早大で映画製作技術を指導

司会　たまたまですが、今日の一一月七日はゾルゲと尾崎が絞首刑になった命日で、その日に製作発表となりました。では、皆さんからの質疑をお願いします。

問い（女性）　早稲田大学との協力ということですがもう一回、整理してお話し願います。

篠田　私は七〇歳になり、早稲田大学のカリキュラムを指導する立場にはありません。教授会に参加したわけではないし、大学は私に特命教授、ユニバーシティ・プロフェッサーという肩書を与えてくれまして、向こう一〇年間、大学で新しい映像分野の教育に携わることになりました。私にとって「教室」というものはまずないものと考えています。撮影する現場あるいはワークステーションで随時、学生のためにカリキュラムを作ればいいなと思っています。現在はまだ、そのための学生を選抜しているわけではありませんが、いつの間にか集まってくればいいと……。

従来の大学というと非常にアカデミックで、試験があってというものですが、それとは違う形を考えています。私は文学部の出身ですが、目の前にあるのは理工系の機械ばかりなんですね。映画というのは理工学部の技術に、文学部のソフトウェアを組み合わせて作るものだと思います。大学というアカデミズムの建前では、文学部は文学、理工学部は科学という世界しかないのですが、その垣根を取り払ったカテゴリーを見つけないと、大学それ自身も死んでしまうといった状態です。だから、これからどうするかということは、これから毎日見つけていきます。私にとっても大学にとっても、初めての体験です。

埼玉県・本庄に映像拠点

篠田　私は吉田満さんの書いた『戦艦大和ノ最後』を映画に撮りたいと思っています。これを私が撮るのは八〇歳になってしまいますから、早稲田大学の映画技術で撮れればと思っています。そのためのプロジェクト。新しい映像表現と古典的な戦艦の沈没がどうやって結合できるか。それに対応できる大学のシステムができるかどうか、これから始まるところです。今言えることは、とにかく大学の中に映画作成のプロダクションが設置されたという事実です。これに対して大学がどうアクセスしてきて、われわれもそれにどうアクセスするかということです。すでに埼玉県の本庄あるいは川口に、さまざまな映像拠点が設けられました。私は昔、東京工大のキャンパスで学生たちの作業をちょっと見に行って、そのあまりの設備の貧弱さに驚いたことがあります。東京工大がこんなでは、早稲田は……と。大学の設備というのは、悲惨極まりないと、私は思っております。その前に、シリコンバレーやカリフォルニア大学バークレー校やスタンフォード大学などで、私は新しい映画技術の開発を体験できるシステムを見ています。こんなことでは日本は滅んでしまうと、愛国的な意味でも大学に感想を伝えています。

撮影所はもちろん、東宝の砧《きぬた》撮影所を使いたい。大学では本庄の方にステーションがあるので、そちらの方にきていただければ……。撮影現場だけでなく「ポスト・プロダクション」の仕事を是非、見に来て下さい。そのことによって、若い才能がどんどんこの仕事に参加してくれることを願っています。是非、若い人たちの関心を集めたいと思っています。本庄には昔、早稲田の予科がありました、そこのキャンパスに映像の大学院が設置されます。そこで仕事を始めます。

問い（男性）　聞き違いだと失礼ですが、先ほど映画監督を終えようと思うと言われたようですが、どういう意味ですか。

篠田　ぼくは今七〇歳。来年、撮影を終えて、キャンペーンで動き回るときは七三歳になって、もうエネルギーを全部使い果たすのではないかと思います。いつも映画を撮り終わると、次の山が見えてきます。その山を登ると、また次の山が見えるという具合ですが、今度はゾルゲという山を越えるとどうも、その次には茫漠とした平野しかない。次の山が見えそうにないのです。というより、見たくないのかもしれません。今は、これで映画監督が全《まっと》うできるという喜びの方が大きい。そんなに悲劇的にとらないで下さい。引退というよりも、そのあとのポスト・プロダクションの学生に、映画を教えなくてはならないという大きな使命がありますから。少なくとも私の経験したことは……。もっと言いますと、私は昔、撮影所にいまして、初めて磁気テープを見たのです。東京通信機工業という会社が持ってきました。それまでは映画の音というものは、全部フィルムに入っていて、現像で音を出していた。それがやがてテープに変わった。それを売り込みにきたのが、今のソニーの前身の東通工という会社で、盛田昭夫さんたちが撮影所に器材を持ち込んできた時代を知っています。私は最初のアナログフィルム時代から、アナログ録音時代から、デジタル録音の時代まで、あらゆる映画のテクノロジーをすべて体験することができました。

デジタル・カメラで映画撮り

篠田　多分、今度の仕事は、全部フィルムを使わないデジタル撮影で、私としては最初の仕事になると思います。

今度は徹底したデジタルでやり、フィルムとデジタルとの違いを、自分なりに納得して極めてみたいと思っています。テレビの映像というのは、画素から成っています。映像の画面を成り立たせる画素が五〇万あります。皆さんが持っておられるデジタルカメラは、二〇〇万画素。ハイビジョンは二〇〇万画素です。ということは、ピクセル（画素）で分解すると、今のコンピューターで二〇〇万画素になります。フィルムは分解すると、多分二〇〇〇万画素にも三〇〇〇万画素にも組み立てられる。でも人間の目の能力では、そんな分解は不可能ですから、二〇〇〇万画素のフィルムをコンピューターにいれます。そのデジタルが二〇〇〇万画素で計算できるということは、フレームがビデオテープと同じだったのです。でも、デジタルカメラには、大きな欠陥があります。私は宮川一夫さんや鈴木達夫さんといった素晴らしいカメラマンと、一緒に仕事して来ました。彼らが撮ったその素晴らしいアナログ映像を、デジタルカメラで作れるかどうか、そのテストを目下、重ねているのですが、それが成功できなかったら、またフィルムに戻るしかないと…。でも、今のハード技術で、ハイビジョンの映像になると、映画館でみるよりももっと鮮明な映像ができます。そのためにも、私はデジタル映像を絶対に成功させたい。昨年秋、アメリカのキャメラ会社の副社長が訪ねてきて、日本のハイビジョンのカメラと接合したら、素晴らしい映像ができるのではないかと、言われた。それを是非、ゾルゲの映画にも使ってほしいと。そして、この技術は若い人に覚えてもらいたい。

ゾルゲの家は日本研究書の山

篠田　次に本題のゾルゲになぜ、私がのめりこんだか……。彼は物凄い女たらしです。日本で二〇人以上の女と関係している、日本の特高に、女のことには絶対触れないと約束させたうえで、自分が日本でスパイした一部を話したというエピソードがあるほどです。言ってみればゾルゲはスパイでありながら、オートバイを乗り回し、物凄いドランカー（酒飲み）で、酔っ払い運転の日々なのです。それでとうとうアメリカ大使館の横の坂上で、秘密書類がくくりつけてあったかもしれないオートバイが転倒して、顔面にひどい傷を負って、手術が終わったときは相貌《そうぼう》がまるで変わってしまう。私は「このことは一体何なのか」と考え込みました。スパイだったらそれこそ「忍びの者」なのですから、出来るだけ人目につかないようにして、ひっそりとしていそうなものなのに、ゾルゲは実に堂々とドイツのジャーナリストとして、またドイツ大使館におけるナチス党員として、オブザーバーとして、駐日ドイツ大使オットの助言をしている。社交界でもひときわ目立つタイプの男だったそうですが、そういう人物がなぜスパイだったのか?スパイというより、彼は「日本研究」の魅力にとりつかれたのではないか。

彼は東京・麻布の長坂町三〇番地の自宅で逮捕されたが、そこから百数十メートルしか離れていないところに鳥居坂警察署があった。それにもかかわらず、ゆうゆうと居を構えて、日本を観察していた。私は、彼はミイラ取りがミイラになったのではないかと思う。日本をスパイしている内に日本文化に惹かれた。彼の住んでいた家の中には、何百冊という日本研究書があった。多分、今、残っていれば凄い稀覯本《きこうぼん》で、英語で書かれたあらゆる日本研究の専門書があったはず。今、それがどこにあるかわかりませんが…。そういう意味で、私は、ゾルゲはスパイであるよりは、文化人類学の研究者であったと思います。そして、何よりもこの映画でやりたいと思ったのは、次のようなことです。

敗戦の前年にゾルゲと尾崎は処刑

篠田　一〇年前の湾岸戦争で、CNNの記者がバクダットから放送した。多分、彼はアメリカ国籍。ジャーナリストは国家に奉仕するのか、それとも歴史的事実に奉仕するのか。この選択が現在のジャーナリズムに求められていると思います。それは多分、ゾルゲも尾崎もあの時代のナショナリティ、つまり自分が属する民族性と無縁ではあり得ません。人間でありながら、自分の見たものを正確に伝えようとするジャーナリズムが、国籍を超えてしまったのです。これからのジャーナリストは時代の灯台でなければと思います。これからのジャーナリストとして何を見るか、何を伝えるか。国家という政治の次元にとどまっていては、もう世界が容赦しないと思う。世界の民衆は正確な情報を毎日テレビで求めている。CNNの記者がバクダットで、アメリカが攻撃するのをアメリカ人が報道するという、極めて今日的な本当の意味でのグロバリゼーションが、あんなに具体的に突き付けられたことはないと思う。その最初の体験者が、尾崎とゾルゲだったと思うのです。だから彼らはスパイというカテゴリーでくくれない人間でした。ゾルゲは一九三三年、昭和八年に日本にきて同一六年まで、八年間東京で暮らした。昔の八年間は今の二〇年分ぐらいに相当すると思う。そして獄中でまた数年を数え、敗戦の前年の昭和一九年一一月七日に、ゾルゲと尾崎は処刑された。私はゾルゲがスパイであったというよりも、一人の自由な人間としての、ジャーナリストとしての正確な取材と分析に、命を賭けたと見たい。

問い（男性）　遅れてきましたので、発表されたかどうか分かりませんが、配役はどうなっているんでしょうか。ゾルゲはドイツ人とロシア人の混血ですが、映画ではドイツ人の俳優がドイツ語で演じるのでしょうか。篠田さんの奥さんの岩下志麻さんは、どんな配役に起用されるのでしょうか。「スパイ・ゾルゲ」というタイトルは決定したのでしょうか。

近衛公爵夫人に岩下志麻を起用

篠田　ぼくは最初、映画のタイトルは「ゾルゲ」だけでいこうとしたのですが、「スパイ・ゾルゲ」に決めました。「ロンドンタイムス」東京支局長ロバート・ワイマントという方が『引き裂かれたスパイ・ゾルゲ』という本を出しています。スパイというのはだいたい国家のエゴイズムで使い捨てられたり、裏切られたりするスパイの哀れさがありますが、それは実は「梟の城」をやりましたときにインサイダーがどのような運命をたどるか、私の中では連続していて、それで、タイトルは「スパイ・ゾルゲ」と腹を決めました。

キャスティングはまだ発表しておりません。来週からニューヨークへ行ってオーディションをやってきます。そのあとでイタリアにも飛んで、ある俳優に会う予定です。その次はロンドン。今月末にはベルリンでまたオーディションです。ゾルゲは写真などで見て、初めはユダヤ人かと思いました。でもユダヤ人がナチスの党員になれるはずがない。ゾルゲと同時代に日本にやってきた、ハンブルクの新聞記者でシーブルクという記者が、ゾルゲに会ったときの印象をこう、語っている。「彼はドイツ人であるよりはモンゴル人の特徴を持っている」と。私は考えました。

たとえばレーニンは、東洋人の血が入っている。ロシア革命が残酷だったのは、タタール人の血が入っているのではないかと言われるほど、北方アジア人はヨーロッパ大陸へ進出してヨーロッパ人をレイプしてその血が混じって、レーニンの顔にも東洋人の血が混じっている。で、ユル・ブリンナーみたいな特徴のある人が、ゾルゲに近いのではないかと思ったりしました。ゾルゲはなぜ東洋人のような顔をしているのか？父親はカスピ海沿岸の現在のアゼルバイジャン共和国の首都バクーで石油技師をしていて、現地に住むロシア婦人と結婚した。母親はロシア人だが、出身はコーカサス。コーカサスにはシルクロードの昔から近世にかけて、アジア人やアラブ人が混住していた。だからゾルゲの肉体にはゲルマンの血以外に沢山の混血があった。ゾルゲの写真を毎日眺めているのですが、こういう相貌をした俳優がいなくて弱っています。父親がドイツ人、母親がロシア人という血縁が、彼のインターナショナルな性格を作ったと思います。三〇代から四〇代にかけた俳優の中から、このような人をこれから探しにいきます。すでに何人かの候補者はいます。

尾崎秀実については、有力な候補者を決めていますが、今発表すると次の記者会見のハイライトがなくなってしまいますので、今日はちょっと勘弁して下さい。ゾルゲの日本人妻石井花子については一からオーディションを始めなければならないということで、俳優はまだ五里霧中ですが、岩下志麻には近衛文麿公爵夫人をやってもらうつもりです。

問い（女性）　岩下志麻さんは是非メーキングをやりたいとおっしゃっていたんですが…。

篠田　そんなことを言っていましたか。あの人は本当はお医者さんになりたかった人なのですね。だから、女優さんになっても、他の仕事がしたいと言ってましたが、私の見るところあの人には女優以外の才能は全くない。（笑い）

エキゾチック性の克服が課題

問い（男性）　脚本の執筆に当たって苦心されたことは？

篠田　脚本は第一稿から、全く変わっているし、ちっとも変わっていないし……。初めは、尾崎が上海でゾルゲと会うところから書き始めました。ところがその後、ドイツ側で資金を出すからゾルゲを主役とする話にしてくれと書き直しを求められたのです。私とパートナーシップを組んだアメリカ人も、ゾルゲが主役の映画が見たい、題名もゾルゲじゃないかと言った。私はアグネス・スメドレーというアメリカの女性ジャーナリストを間に入れて、ゾルゲと尾崎との三角関係を描こうとも思った。

しかし、たまたまそのころ渡部富哉という伊藤律の研究家が『偽りの烙印』という本を出したのを読むと、私どもが考えていたゾルゲ事件の日本側のストーリーがまるで認識不足と誤謬《ごびゅう》を犯していると気づきました。それまでに伊藤律が裏切り者であると言われて、尾崎秀実の異母弟尾崎秀樹さんがその状況証拠を書いていたので、それが私の脚本の筋立てにとって一番中心を占めていた。ところが、渡部さんの新しい研究で、つまり伊藤律逮捕以前に日本の司法当局がゾルゲを調べ上げていたということが判明した。

そこで、私の脚本からはそれまで定番だった人々が、一切排除されたのです。
こうして、第八稿ぐらいからゾルゲを中心にとりあげるというシナリオに変わったのです。ゾルゲはたくさん本や論文を書いているので、それらを読めば彼の思想とか考え方は分かるが、外国人の人間性を私自身が肉体化するのに相当な時間がかかった。その間なかなか執筆が進まず、やっと一二稿に至ってようやくゾルゲが描けそうになって製作に踏み切れたわけです。ゾルゲはなかなか複雑な人物で、多方面から見ないとその人の深層はなかなか描けない。私は彼とは一〇年間起居を共にして一番隣接したところにいますが、ドイツ文化とかドイツ人のメンタリティというのは、私にとってはやはりエキゾチックです。このエキゾチック性をどうやって克服するかが、課題です。

司会 監督の話はなかなか終わりませんが、来年また記者会見を開きますので、その節はよろしくお願いします。これで製作発表の記者会見を終わらせていただきます。どうもありがとうございました。

◆

篠田正浩監督が二〇〇二年四月四日に、東京都内のホテルで記者会見したときに、発表した新作映画「スパイ・ゾルゲ」の主な配役は次の通り。

▼リヒアルト・ゾルゲ　イアン・グレン▼尾崎秀実　本木雅弘▼宮城与徳　永沢俊矢▼吉河光貞　椎名桔平▼三宅華子（石井花子）　葉月里緒奈▼山崎淑子　小雪▼特高Y上川隆也▼尾崎英子　夏川結衣▼近衛夫人　岩下志麻。

リヒアルト・ゾルゲを演じるイアン・グレンは、英国のエディンバラ出身の中堅舞台俳優。「ハムレット」「マクベス」などシェクスピア劇が当たり役で、所属劇団を背負って立つ中心人物となった。近年は映画にも進出して、近作の「トゥームレイダー」の敵役は、評判になった。

篠田監督はゾルゲ役を求めて、ロンドン、ニューヨーク、サンフランシスコ、ウイーン、ベルリンを探し回ったが、不発に終った。だが、偶然、インターネットのホームページで、ゾルゲそっくりの写真を見つけて「これだ」と心に決めて、出演を依頼して、快諾を得た。

イアン・グレンにとって、篠田監督もゾルゲも初めての出会いだったが、記者会見で「世界有数の映画監督である篠田さんと仕事ができるとあって、喜んで出演をお引受けした」と、あらまし次のように語った。

「台本を読んで、ゾルゲのストーリー、ゾルゲの力強さに感動した。自分の信念のために命を賭けた人々を演じるのに、嘘があってはならないと、身が引き締まる思いがする。日本で仕事ができ、新しい文化とめぐりあえることも、私にとっては大きな魅力だ。三ヶ月後の撮影を大変、楽しみにしている」

一方、日本人協力者として、ゾルゲの諜報活動を背後で支えた南満州鉄道（満鉄）嘱託、尾崎秀実を演じる本木雅弘も、やる気満々。一時は「目の前の大きなブラックホールに飛び込めるかどうか不安があった」が、出演を最終的に引き受ける段階で、「篠田監督と尾崎の役柄について数時間徹底的に話し合って、得心がいった」ようで、記者会見では流暢な英語の挨拶で自信のほどをのぞかせた。

近衛首相夫人役で夫、篠田監督の最後の作品を飾る岩下志麻は、「私の台詞《せりふ》はたった一言ですが、妻として心から成功を祈っています」と大張り切り。出演の合い間に自分でビデオカメラを回して、メモリアルビデオを作ることになった。

（白井久也）

特高捜査員に対する褒賞上申のための内務省警保局内部資料

二〇〇〇年九月二五日、モスクワで第二回ゾルゲ事件日ロ・シンポジウムが開かれ、ロシアの著名な研究者トマロフスキー、ウラジーミル・イワノビチ氏が「ゾルゲ博士の現象　真実と虚構」と題するパネリスト報告を行った。

ゾルゲの諜報活動は、ゾルゲの日本着任時から特高によって監視が始まったという衝撃的な内容であった。この報告を裏付ける資料として、同氏が使ったのは、ロシアの公文書館に保管されている、ゾルゲ事件を摘発した特高捜査員に対する、褒賞上申に関する警保局の内部資料であった。

日本側はこの警保局の内部資料の重要性に着目し、シンポジウムの席で、同氏に提供を求めたところ、同氏は快諾して、日本代表団が帰国する当日、そのコピーを手渡してくれた。この特高捜査員の褒賞上申に関する警保局の内部資料は、ロシア語原文（B５判）で四二ページあり、ゾルゲ事件の摘発と被疑者の取り調べに当たった特高第一課第二係長、宮下弘警部ら一〇人の略歴ならびに捜査活動を記録した功績調書と、褒賞上申対象者の人名リスト（特高一課関係一〇人、外事課関係四一人）から成っている。

一読して、日本語で書かれた警保局の内部資料をロシア語に翻訳して作ったものであることが分かった。一部に事実誤認や誤記があるが、内容は極めて豊富で、ロシアのゾルゲ事件研究が高い水準にあることを示している。上申人名リストには一〇人の氏名が書かれておりながら、この中に板倉幸寿の名前はなく、にもかかわらず経歴や捜査活動の記録がある。また上申書には不可欠な上申月日の記載もないなど、上申書としては不備な点がある。さらに、この人たちに対する褒賞上申がそのまま決定されたか否かは不明であり、これが公表された記録はこれまでのところ見当たらない。

しかし、ゾルゲ事件関連の特高捜査員の褒賞上申で、これだけまとまった警保局の内部資料は、今のところ日本では公にされていない。その意味で、資料的な価値は高く、極めて重要である。今後も引き続いてこの資料の日本語原文のコピーの入手に努めるつもりであるが、とりあえずその全文をここに訳出することにした。その際、ゾルゲ事件研究者の渡部富哉氏の協力を得て、明らかな事実誤認や誤記と思われるものは訂正した。また、不十分な表記や記述は適宜、補足・削除したことをお断りしておきたい。日本のゾルゲ事件研究者は是非、この特高資料を活用して、今後のゾルゲ事件研究に、役立てていただきたい。

（白井久也）

特高捜査員の褒賞上申について

特高部長
警保局長

警察官職員表彰規則の規定に基づき、特高職員録Ⅰ、Ⅱに記載されている人々を表彰該当者として、推挙します。

彼らの功績は、次の点に現れております。すなわち彼らは共通の表彰とメダルを授与される人々とともに、反日スパイ活動を行った国際共産党組織の重要な犯人に対して、不屈の精神を発揮して、徹底した捜査を行い、一九四〇年六月二七日に摘発を始め、一九四一年九月二七日から一九四二年六月八日までに逮捕を行いました。

この事件は、犯罪構成が甚だ複雑なだけではなく、公式の判断によれば、極めて困難であったということができま

職員録　No. Ⅰ（特高課員）

	姓名	官　職	現在の職務	功労賞の有無	上級上司の意見
1	宮下　弘	警　部	特高二課一係長	あ　り	特別表彰
2	高橋与助	警　部	特高一課	な　し	功績メダル
3	高木　昇	警　部	警衛課警衛係長	な　し	功績メダル
4	小俣　健	警部補	特高一課	な　し	功績メダル
5	柘植準平	警部補	特高一課	あ　り	特別表彰
6	伊藤猛虎	警部補	特高一課	あ　り	特別表彰
7	酒井　保	巡　査	特高一課	な　し	功績メダル
8	川崎清次	警　部	特高一課	な　し	特別表彰
9	河野　啓	警部補	特高一課	な　し	特別表彰
10	依田　哲	巡　査	特高一課	な　し	特別表彰

す。

特別高等警察部第一課第二係長　警部　宮下　弘

一九二〇年一一月三〇日、警視庁巡査を拝命。一九二五年二月一七日、巡査部長に昇進。一九二九年二月、警部補に任官。尾久警察署に移る。一九三六年七月一〇日、特高第二課警部となる。一九四〇年五月一一日、特高第一課勤務の第二係長に任官。現在に至る。

一九二九年五月三一日から、同庁総監官房特別高等課、特別高等係に勤務、共産主義運動並びに宗教活動の分野で特高の業務を指揮、そのために何回も表彰を受けた。一九三三年一二月二八日には特別表彰。一九三四年一二月一八日、功労賞メダルと特別表彰を受けた。一九三五年六月六日には全警察職員の模範として表彰された。一九四一年五月一一日、彼のみが特高二課第一係長の職にあるとき表彰されたのは、一九三九年以来逮捕を免れてきた、日本共産党中央委員会再建運動の参加者を三回にわたって逮捕して、共産主義運動を壊滅させた大きな努力によるものである。

当時、彼は周到に、かつ、然るべく事件の捜査を行い、組織を暴いて一掃するために努力した。一九四一年から四二年にかけて、逮捕者は全部で七九一人にのぼった。彼は然るべき指令を出して、そのような多数の被疑者の取り調べを指揮した。概して、彼は大東亜戦争の開始に先立って、大きな仕事を成し遂げ、そのお蔭で共産党再建に関する中央組織は壊滅に追い込まれてしまった。

スパイ事件の捜査に当たっては、各人が別個に事件に取組み、全面的な指揮が行われ、そのお蔭で輝かしい成果を収めた。次のような側面について言及するのが、不可欠のように思われる。彼は常に自分の部下の養成に励み、彼らによい助言を行った。その一例を以下に挙げてみよう。

「共産主義者——それは祖国をソ連体制に変革しようと欲する輩である。彼らは、『中国革命を擁護せよ』と叫んでいる。彼らは、ソ連や中国共産党のためにわが国の国家機密をスパイすることに、何らの疑問を持っていない。それゆえ、常にこの点を自覚して、内部の指示に監視の目を光らせねばならない」

一　この事件は尾崎と宮城が指導する組織に、沢山の共産主義者が参集し、一方、この事件の摘発と捜査は、前記の警部が派遣した部下に対する正しい指導に依存したものである。

二　功績に関する詳しい叙述の章（尾行の経過）で明らかなように、上記の事件で逮捕の基礎になったのは、治安維持法違反の容疑がかけられた伊藤律の自供であった。しかし、この供述は上記の警部の具体的な指導の下に行われた、伊藤猛虎警部補の巧みな取り調べによって、得られたものであったと言わざるを得ない。同時に、この自供は警部と伊藤警部補の古くからの友好的な取り調べによって得られたもので、この事件の摘発とこの事件による逮捕に、大きな貢献を果たした。

三 詳細な功績調書によると、尾崎秀実が一九四一年一〇月一四日に逮捕されるや否や、彼は直ちに尾崎を取り調べて、事件の見取り図を描かせ、ゾルゲとほかの外国人を一網打尽に逮捕する一方、証拠物件を押えた。

取り調べ経験が未熟な捜査員にとっては、最高刑に処する犯罪を認めさせるのは、非常に困難であったが、取り調べ中に仲間の犯罪について供述を引き出して、同様の厳しい罰を受けさせることになった。宮下警部は高橋警部とともに取り調べに着手して、このスパイ事件の容疑者逮捕で決定的な成果を挙げた。もし、この逮捕が一日でも遅れていたならば、外国人の逮捕はさらに一日遅れたことになるので、ゾルゲらはいずれにしても重要な証拠物件をあらかた焼却してしまっただろう。というのは、彼によって尾崎と連絡が途絶えて、その翌日には尾崎の逮捕が知られて、対応措置についての相談がされていたはずだからだ。

こうして、高橋警部に先導されて、宮下警部は彼と共同で尾崎の弱みを巧みに突く取り調べを行った。この結果、尾崎は逮捕後間もなくして、自供に追い込まれてしまった。尾崎の自供はその後の一味の逮捕を早めたばかりではなく、この事件の円満な解決を促進することになった。

四 宮城与徳と尾崎の逮捕後、事件は徐々に広い範囲に拡大し、多数のスパイや非スパイの逮捕が行われた。このため、捜査部門の幹部でさえも、暫時、取り調べにつぎ込まれた。これらの人々はずっと続けてスパイ活動を捜査してきたからだ。彼らにとって少なからず困難が伴った。

宮下警部は係長であって、取り調べに当たって統一的な指導性を発揮して、事件の解決を促進し、捜査部門の幹部の間に起きた争いや意見の食い違いを調整した。また、上司たちによって行われた不十分な捜査については、忠告、助言をして、捜査がうまくいくためのあらゆる手段をとった。深い知識と経験のお蔭で、彼は容疑が明らかになった人物に対して、彼らを迅速に逮捕すべきだと意見を述べた。彼は自分の部下を統一的に指揮し、検察官と接触を保ち、上司と共同で全面的な活動を続け、事件の円満な解決に全力を挙げた。疲れを知らない彼は、中間層の警察構成員の長として、自分に課せられた職務上の義務を果たし、最終的に事件の解決に当たって、特別な勲功を立てたのであった。

特高第一課課員　巡査　酒井　保

一九二八年四月八日、警視庁巡査を拝命。一九三四年一〇月五日から特別高等警察部特別高等課第一係勤務。一九三七年七月四日、特高第一課勤務。一九三八年一〇月一四日から支那事変に参戦し、一連の地区の軍事作戦に参加、一九四〇年一二月六日に最初の勤務ポストに復帰し、現在に至っている。酒井は経験豊かな有能な警察官で、治安維持法違反容疑者やその他の犯罪者の逮捕に成功を収めて、表彰された。職務の遂行に当たって完全に責任を果たし、上司の高橋をよく助けて、彼の右腕となった。上記事件の摘発に際して、次のような殊勲を立てた。

一　一九四一年一〇月一〇日、高橋与助警部ならびに柘植準平警部補とともに、上記事件の中心人物、宮城与徳の逮捕に参加し、入念な捜査の結果、重要文書を押収し、逮捕者がスパイであることを立証した。

すなわち英語と日本語で書かれた手書きの文書の一部に、わが国の重工業の現状について記述があり、同時にタイプライターで打たれた文書には、「独ソ戦と国内政治」と表題がつけられていた。これらの資料は捜査の格段の進展にとって、大変役立った。

二　一九四一年一〇月一〇日、彼は高木昇警部とともに警察の二階で宮城を取り調べた。高橋警部と柘植警部補が実務的な打合せのために、部屋から退出した一瞬の好機を捉えて、宮城は気づかれないようにそっと窓辺に行き、窓を開けて飛び下り自殺を図った。下には石の塀があった。重い身体障害を負うか、身体が激しく叩きつけられて死ぬ危険があったにもかかわらず、犯人は瞬間的に飛び下りただけで済んだ。このとき宮城を追って窓から飛び下りた酒井巡査は、腰の部分を強く打ったので、二〇日間の治療を要したにもかかわらず、宮城を取り押さえた。酒井は直ちに海軍病院に運ばれて、本来なら治療に二〇日間かかるのに、一五日間入院してただちに職務に復帰した。この警察官のそのような自己犠牲的な振る舞いは、犯罪者に強い印象を与えた。自供を頑強に拒んでいた犯人は、これを契機に、漸次、スパイ組織網の全貌を明らかにしたのであった。

生命の危険を顧みずに、酒井は常に前進して、重要な犯人逮捕の課題を上首尾に遂行した。その後、負傷にもかかわらず、勤務に復帰した。こうして、彼は警察の教育の結果を、犯人の捜査や逮捕に当たって実践で示した。

三　さらに尾崎秀実、北林トモ、水野成、秋山幸治、小代好信らの取り調べに際して、彼は自分の上司の右腕となり、休む間もなく、上司を助けた。さらに、彼は重要な犯人の逮捕に参加した。それはスパイのメンバーではなく、田中慎次郎、西園寺公一、犬養健、磯野清らであった。他の警官仲間と協力しながら、彼はいかなる人物にも的をはずさずに、巧みに逮捕や捜査を行った。

このほかに、彼は上海で逮捕された満州日日新聞上海支局長河村好雄の護送を任された。酒井は伊藤猛虎警部補とともに上海に出向き、特別に用心しながら、河村を無事に東京に護送した。こうして、彼は粘り強い警察官精神を発揮して、疲れることなく最後まで精力的に自分に課せられた課題を遂行した。彼は非常な熱意をもって勤務に励んだが、役職者ではなかったので、直接取り調べに当たり、功績は目立たなかった。しかし、彼とともに働いた大先輩や一連の警察官の間で、目ざましい勲功によって第一位を占めた。

特高第一課課員　警部補　河野　啓

一九三〇年一二月二〇日、警視庁巡査を拝命。一九三三年八月八日、巡査部長に昇進。一九三七年八月三一日、警部補になる。目黒署、四谷署、その他の警察署の特高係に配属された。主として、文化団体の監視を担当した。有能で経験豊かな警察官で、演劇、映画、文学、芸術分野の左翼運動参加者の逮捕に腕を振るった。上記の令状の執行に当たって、次のような目ざましい実績を挙げた。

一　一九四一年一〇月一一日から一九四一年一〇月一三日まで、高橋与助警部を助けて、当該事件の中心人物の一人宮城与徳を取り調べた。宮城の個人的な知人を取り調べた河野は、宮城の身近な人やその日常生活に関する情報を補足的に証明させ、それによって自分の有罪を断固として否認する宮城を自供に追い込んだ。

二　一〇月一四日から一〇月一六日にかけて、高橋与助警部を助けて当該事件の主犯の一人、尾崎秀実を取り調べて、当該事件の組織図とともに尾崎と共産主義者の連絡網を供述させた。

三　この結果、同月一七日に依田哲巡査部長とともに、スパイ組織の一員である水野成を逮捕した。水野は一九三八年にも逮捕されたことがある。水野は一年以上拘留されたが、自供しなかった。しかし、同警部補による取り調べは、犯人に自分の有罪を否認する可能性を与えなかった。また、一九三二年から外国の諜報機関のためにスパイ活動を行ったことを、完全に自供させた。

四　一人の巡査部長とともに、彼はスパイ秋山幸治を自室（中野区本町三丁目一番地）で逮捕して、同月一三日付で宮城を自供に追い込むきっかけを作った。

五　一九四一年一一月から、北林に関する取り調べで主任に任命された。秋山は以前のように嘘の供述を続け、自分の罪を否認した。秋山の以前の学生と面会にやってきた教会の信者から必要な情報を入手して、彼は秋山の意見や平時の行動を供述させ、迫害することなく完全な自供に追い込んだ。

六　このほかに、「東京朝日新聞」政経部長田中慎次郎や、同紙政経部の陸軍省担当記者磯野清らスパイでない人物の逮捕に携わった。その後、小俣健警部補とともに、北京に派遣され、課題を上首尾に果たした。このほかに、彼は左翼文化運動の監視を掛け持ちして、プロレタリア短歌を作っている一〇人のグループを逮捕した。彼は睡眠や休息を忘れて、自分の職務を果たしつづけ、疲れを知らなかった。

特高第一課課員　警部　川崎清次

一九二三年五月五日、警視庁巡査を拝命。一九二九年二月二〇日、巡査部長に昇進。一九三三年四月四日、警部補となる。一九四一年三月八日、特別事件担当の警部に任命される。一九四一年二月一三日から特高一課勤務となり、治安維持法違反者の逮捕で再三、表彰を受けた。上記事件の摘発に当たって、次のような大きな勲功を立てた。

一　一九四一年一〇月二九日、スパイ組織のメンバー、田口右源太の任務について、取り調べを任された。鈴木正巡査部長、ならびに内田彪巡査とともに、彼はこの事件の捜査で決定的な成功を収めた。

一九二八年三月一五日に行われた日本共産党の一斉検挙で、北海道の共産党員に嫌疑がかけられた。一九三〇年五月に、この党員は札幌で懲役刑が宣告されたにもかかわらず、共産主義の信念を堅持した。妻子や友人にさえこのことは隠し、二面的な生活を送り、出来る限り自分の罪を否認し、祖国の裏切りの嫌疑の責任を問われることを非常に恐れた。

川崎警部の入念な取り調べの結果、彼は罪を暴かれ、翌三〇日に取り調べにたいして黙秘し、自殺を図ったが、応急措置のおかげで一命をとりとめた。取り調べ中だったが、彼は困難に耐えた。だが、これに対して、不平不満は言わなかった。

結局、田口は山名正実の勧めによって、宮城と知り合いとなり、一九四一年二月に、宮城がありとあらゆる情報を集め、軍事、外交、政治、経済関係の研究資料を受け取り、それらを全部モスクワへ送っていることを自供した。彼はまた、次のことも自供した。すなわち、彼は宇垣一成将軍の秘書が面倒をみている政治評論家シバタ、ムラマツの住所に関する情報を宮城に渡した。さらに「ナチ　セイカイ」の組織やこの組織のメンバーで、新聞の政治部長や政治記者やその他の人物を訪れたこと。東郷茂徳外相とモロトフ外相会談、蘭領インドネシア駐在芳沢謙吉大使の石油に関する交渉、対米交渉と近衛文麿公派遣の問題、仏領インドシナ進駐の兵力、山下奉文中将の満州への転属、満州にある日本の軍事力の規模、北海道地方の飛行場の所在地、北海道の農業生産物の困難な状態、採炭量などの各種情報について、宮城に説明を行った。

宮城に対する取り調べで明らかになったのは、山名正実がスパイであり、彼の住所が分からないため、八方手を尽くして捜査が行われた。

田口の個人的な身の回り品を丹念に調べていた川崎警部は、山名宛の器物の小包についていた荷札を発見した。このおかげで、山名が勤めていた満州の東亜澱粉合名会社の所在地が綏芬河市カイユアニ通りであることが確認された。これにもとづいてただちに、同地に手紙が送られ、この結果、満州で山名が逮捕された。

山名正実の逮捕後、しばらくたって、一一月一六日に川崎警部は彼が取り扱った事件の取り調べを一任された。取り調べで分かったことは、山名は三・一五事件以来の経験豊かな共産主義者で、北海道地区の日本共産党の組織者として活動していた。

一九三〇年三月に、彼は札幌地裁で懲役五年の判決を受けたが、自分の信条を変えようとはしなかった。一九三五年に釈放後、全日本農民組合連合北海道合同委員会議長の支援を受けて、中野正剛（訳注　中野正剛は農民運動に関係したことはなかった）と大山郁夫が指導する左翼日本農民連盟の指導者の職についた。

一九三九年に九津見房子の勧めで、宮城と知り合いとなり、彼の頼みを聞いて、コミンテルンのスパイ活動を助けることとなった。山名は宮城に協力して、約六年間にわたって、北海道における軍事的な秘密情報を一〇〇件以上宮城に渡した。それは軍隊の動員の経過、飛行場の所在地、住民の気分、宇垣内閣の仕事ぶり、広田弘毅外相のソ連に対する政策、北支事変に対する軍隊の動向、樺太地区における動員と軍事的な準備、第一〇〇歩兵師団の人的構成などであった。

特高第一課員　警部補　伊藤猛虎

一九三一年三月一六日、警視庁巡査を拝命。一九三七年五月二八日、巡査部長に昇進。一九四〇年五月二〇日、警部補になる。一九三四年五月一四日、特高第一課に勤務。左翼運動との闘いで、大きな働きをした経験を持った。このお蔭で治安維持法違反や、その他の犯罪者の逮捕で、何回も表彰された。とくに一九四二年一一月一三日には、メダルと特別表彰を贈られた。

上記の事件の捜査にあたっては、次のような目覚ましい勲功を立てた。

一　一九四一年（訳注　一九四〇年の誤まり。二四九ページ上段七行目以下を参照。一九四一年六月には、伊藤律は身柄を釈放されていた）六月二七日、伊藤猛虎警部補は事件に真面目に取組み、疲れを知らない努力と優れた取り調べ技術を駆使して、伊藤律を自供に追い込み、治安維持法違反事件の取り調べに関連してこれまで知られていなかった事件（日本共産党再建準備委員会関連）を摘発した。このほかに、彼はこの事件の端緒となった、「米国帰りの女性米国共産党員北林トモは外国のスパイである」という重要な供述を得た。こうしてこの警部補の努力のお蔭で、われわれは巨大なスパイ組織の摘発に成功したのであった。

上記事件に関する取り調べでは、事実上この供述をもとにして発展した。もし、伊藤猛虎警部補の勲功がなかったなら、上記事件での逮捕は考えることはできなかった。警部補の功績は極めて大きい。

二　一九四〇年一一月一日、彼は日本共産党再建準備委員会事件の取り調べを任された。彼は片岡政治警部とともに、この事件に関係がある歯科医泉盈之進を厳しく取り調べたが、彼の思うところによると、この医師のところに沢山の左翼運動活動家が治療にやってくることがわかった。患者のリストを注意深く調べていると、三・一五事件のときに共産党に加入していた田口右源太の名前を偶然、発見した。そこで、田口の政治信条について尋問すると、「運動には参加していないけれども、彼はまだ自分の信念を変えておらず、左翼陣営の前衛分子や政治的、経済的問題に関する路線でも密接な関係を維持している」とのことであった。彼の意見によれば、田口は多分コミンテルンのスパイなので、片岡警部とともに田口を極秘に監視していたところ、貿易を口実にして北海道地区へ逃げたので、彼の追跡が困難となって、十分な資料を収集できないため、事件の追及は打ち切られてしまった。

しかし、その後、それは口実であって、宮城は田口がスパイであることを頭から否定したが、伊藤警部補はこれとは反対の結論に達した。この結果、田口は間もなく北海道で逮捕された。

この資料を基にして、川崎警部が厳しい取調べを行った結果、田口は最終的に自分の犯罪活動の状況について、自供せざるを得なくなってしまった。

特高第一課員　警部補　板倉幸寿

一九二四年八月二〇日、警視庁巡査を拝命。一九三七年一〇月二七日、特高第一課の職務を遂行、巡査部長となる。一九三九年二月七日、支那事変の関連で動員され、一九四〇年一二月九日に除隊して、ただちに、最初の職務に復帰した。一九四一年六月一九日、上野署で警部補になった。非常に敏腕な働き手だったので、一九四二年一一月四日に再度、特高第一課勤務を命ぜられ、今日に至っている。

彼は有能な警部補で、治安維持法違反事件での検挙に成功して一連の表彰を受けた。上記の事件で、彼は次のような大きな功績を挙げている。

一　一九四一年一一月二七日、彼はスパイではなかったが、治安維持法違反事件の共犯者の嫌疑をかけられたタケ[訳注]ナガの事件の取り調べを行うよう、一任された。嫌疑をかけられたのは有能な軍事関係研究者だったので、板倉幸寿警部は、この研究者の全知識と彼から得られたあらゆる情報を利用して、尾崎と宮城がソ連のためにわが国の軍事機密の解明と収集に携わっていることを立証した。このほかに、彼の供述によると、明治大学で勉強しているときに嫌疑を受けた人々は、マルクス主義に熱中したが、恐怖心に駆られて、革命的な活動に参加することなく、また、革命運動とも縁がなかった。彼はさらに、自分が入手した特高の活動に欠かせない必要な参考情報も説明した。

（訳注　漢字表記、不明。タケナガなる人物は、これまでゾルゲ事件関係者として登場したことはない。軍事問題の研究者としては、明治大学卒業者で、ゾルゲ事件関係者に篠塚貞雄がいる。篠塚は一九四一年一一月一四日に検挙され、四一年三月二四日に釈放されたが、米軍の空襲で被爆して死んだ）

二　一九四二年三月一五日、彼は治安維持法並びに軍機保護法違反事件の片棒をかついだ疑いのある西園寺公一の住所を突き止めることを命じられた。田中敏雄警部とともにに、早朝から深夜まで尾行して、西園寺の家がある京橋区明石町の路上で、ほかの情報を得た。

彼が確認できたのは、容疑者が旅行中であったことだ。しかし、翌日の一六日になって、田中警部の指示によって渋谷区千駄ケ谷二丁目の家まで尾行が行われ、西園寺逮捕後の取り調べに不可欠な証拠物件を得た。容疑者は華族出身なので、彼の威信保持のため、板倉は特別に慎重にこの課題を成し遂げた。

三　一九四二年四月五日、彼は菊地八郎の事件の取り調べを任された。この人物は頑強に否認したにも拘わらず、板倉は菊地から次のような供述を得た。すなわち菊地は都新聞の陸軍省詰めの記者だったので、彼にとっては周知のありとあらゆる軍事機密を、宮城と田口に伝えた。このほかに菊地はまたその当時、摘発されていなかったほかの方面でも、軍事機密の漏洩の事実を供述した。彼はスパイとの闘いの観点から、甚大で有益な重要資料を得ていたので昇進した。

四　一九四二年五月四日、板倉は治安維持法違反に問われたスパイ組織のメンバー、河村好雄の取り調べを任された。容疑者は上海、大連、その他の大陸の拠点でスパイ活動に従事し、われわれがその場でこれを点検できないので、彼はあらゆる手を尽くして罪をのがれるための虚偽の自白をして、それによって主犯者を隠そうとした。しかし、詳細かつ入念な取り調べによって犯人は失敗して、中国と満州地区における情報活動について全面的に自供を迫られたのであった。同時に、追跡が成功して大陸のマルキストと呼ばれる反政府分子の活動についても、供述が行われた。

特高第一課員　巡査部長　依田　哲

一九二三年六月二三日、警視庁巡査を拝命。同年八月一五日、品川区大崎署勤務。一九三〇年五月三一日、巡査部長に任ぜられる。一九四一年七月二六日、特高第一課勤務に変わり、現在に至る。

彼は上司の信頼が厚く、仕事の上では分別があり、経験豊かな人物であった。上記の合同捜査の立案の実行に当たっては、長期間にわたって、彼は次のことを行った。

一　一九四一年九月に上記のスパイ事件について逮捕が始まるや否や、依田は同月三一日に北村とともに、高木昇警部を助けて、（氏名不記載者）の尋問を行い、上記事件との関連で逮捕の端緒を作った。このほかに同年一〇月一一日、高橋与助警部を助けて宮城事件の取り調べに参加、宮城の家の警備に当たり、その後、宮下係長と高橋警部を助けて、取り調べを行った。その後、彼は水野成の逮捕と尋問に参加した。同時に彼は、自分の上司を積極的に助けて、逮捕や尋問の際の右腕となった。このほかに、彼は一連のどんなに難しい合同捜査に際しても、自分に与えられた課題を上手に処理した。

二　一九四二年一月九日までに西園寺公一の罪状を暴露する十分な資料が集められ、彼を逮捕する計画が着々と練られた。なぜなら、彼の逮捕はわが国の世論に強い影響を与えるからであった。依田は西園寺の立ち回り先と居所を分けて、特別に秘密の監視を行うことにした。彼は課題を上手に遂行した。元老の肉親である西園寺八郎（訳注　西園寺公一の実父）は小石川区丸山町三四番地に住んでいた。そのあとで、彼は派出所警察官の制服に着替えて、渋谷区の西園寺八郎の屋敷に立ち寄った。戸別調査簿にそこに住んでいる人の名前を書き留め、逮捕計画の作成に必要な沢山の事情を記した。

三　それから本年一月一六日に、また前回と同じように、警察官の制服に着替えて、渋谷区南町八八番地に、貴族院議員で中国政府（汪精衛）顧問の犬養健が住んでいることを確認した。犬養の逮捕計画の作成にとって、重要な意義がある情報であった。彼の仲間はこのことについて何も知らなかったと、依田に説明している。そのあとで彼は京橋区にある西園寺公一の妻のアパートと、満鉄東京支社社員宮西義雄のアパートの張り込みを行った。その後、本年三月一五日に川崎警部の指揮の下で、依田は上記西園寺八郎宅で必要な捜査を行い、翌三月一六日、宮下、高橋両警部の指揮下で上記の西園寺公一を彼の妻の家で逮捕した。依田は近衛首相からルーズベルト米国大統領に宛てた日米協定の草案を押収した。この文書は西園寺公一事務所の取り調べを行うための重要な証拠物件となった。その後、依田は西園寺公一の妻のアパートを外側から監視した。その日の夕方に、西園寺公一が田舎から東京に帰ってくることを知って依田は新橋駅で西園寺を逮捕した[訳注]。

その後、四月三日に依田は犬養健を逮捕し、彼のアパートを監視した。さらに、依田は安田徳太郎の逮捕に参加した。再び摘発されたスパイ組織のメンバーであった。その他、今述べた事件の最初の逮捕から、依田は上司の高木、高橋両警部とともに河野警部補の取り調べを助けて、彼らの右腕となった。

前述の合同捜査で抜きんでた巡査の中で、依田は酒井巡査とともに第一位を占めた。

（訳注　ロシア語原文によると、「依田は西園寺公一を彼の妻のアパートと新橋駅で二回逮捕したことになっている。しかし、これは事実と異なる。西園寺公一回顧録『過ぎ去りし、昭和』によると、西園寺は尾崎秀実の逮捕のあと「東京にいてもやることはない。（略）東京から逃げ出し福田蘭童の別荘、吉浜の『三漁洞』の離れに厄介になっていたからね。（略）昭和一七年三月一六日、新橋駅に降り立った僕は、殺気だった数人の男に囲まれた。警視庁特別高等警察の刑事たちだった」とあり、二度逮捕の事実はない）

特高第一課課員　警部補　柘植準平

一九二三年一月、岐阜県巡査を拝命。同年六月に警視庁巡査に転属。一九三四年九月四日、巡査部長、一九四〇年一二月三〇日に警部補となり、一九四一年一二月二七日から特高第二課勤務。一九四二年六月二八日から特高一課勤務に代わった。この間、治安維持法違反者やその他の犯罪人の捜査によって得た表彰の数は、三三回にのぼっている。彼は有能かつ経験豊かな警察官である。特に言及せねばならいのは、一九四一年一一月一三日に彼は功労メダルと特別表彰を授与されたことである。上記の合同捜査の仕上げに際して、彼は高木警部、のちに高橋与助警部をよく助けて、次のような大きな成果を挙げた。

一　一九四一年一〇月一〇日、上記の事件の重要人物である宮城与徳の逮捕の際、彼は高木警部を助けて入念な家宅捜査を行い、その結果、極めて重要な文書を押収し、そのお蔭でわれわれは逮捕者が外国のスパイであると断定することができた。

二　また、尾崎秀実逮捕の同月一四日に行われた取り調べの際に、係長高木警部に協力して、甚だ困難な仕事を遂行、短期間に犯人に重要犯罪を認めさせた。

三　同月二一日に彼は宮城事件に関する取り調べの主任となって、犯罪者から次の諸点について詳細な供述を得た。

イ　宮城が米国に居住しているときの米国共産党の状況。

ロ　宮城が米国共産党へ入党するに至った事情。

ハ　米国共産党組織の構造と構成員。

ニ　九津見房子ならびにスパイ組織員を徴募するに至った事情。

ホ　宮城が自分自身または共犯者を通じて、長期間にわたって自分の指導部に伝えていた秘密情報について。

これはほかの犯罪者の逮捕と、彼らの事件の取り調べを非常に助けた。

四　一九四三年二月、柘植は九津見房子のスパイ事件の取り調べを任された。犯人は大正時代から引き続き、ソ連共産党員であったため、あらゆる手をつくして虚偽の自白をしたが、柘植は説得して犯罪行為を完全に自供させた。

五　その後、柘植は宮城の取り調べに当たって、菊地八郎の存在について自供させた。菊地は都新聞（陸軍省から補助金を与えられている）政治記者で、宮城に対して各種各様な政治、軍事情報を提供していた。このことが菊地逮捕の根拠となった。その後、彼の供述によると、田口右源太と山名正美が宮城にスパイ情報を渡していた。このほかに小代好信の犯罪事実を供述したので、小代を逮捕して取り調べを行った。

小代は軍の召集兵として大東亜戦争に参加中逮捕され、銃殺刑に処せられることを恐れて、ありとあらゆる手段を使って自分の罪状を否認したが、柘植は彼を説得して祖国への裏切りを認めさせ、彼が宮城に軍事機密をもらしたことを供述させた。それは彼が満州、支那、ならびに日本本土で下士官として、軍隊勤務中に知ったものであった。

こうして、柘植警部補は上記の合同捜査の当初から、高木、高橋両警部をよく助けるとともに、宮城と尾崎の逮捕と取り調べに全力を挙げた。とりわけ彼が宮城の取り調べを任されたとき、宮城は自分が米国共産党員で、ずっと以前から米国で共産主義運動をやっていたことを包み隠さず供述させた。このほかに、柘植の勲功は次のことにある。

すなわち彼は、一九三四年からつまり宮城が日本に着任してから、コミンテルンの代理人ゾルゲの指示に従って、九年間にわたって組織として行ってきた反日活動の根を断ち切ってしまったのであった。

特高第一課員　警部補　小俣　健

一九二三年一〇月一三日、警視庁巡査を拝命。一九三一年二月二一日、巡査部長、一九三七年七月二八日に特高第二課の職務を遂行する警部補となる。一九四一年六月二八日、特高第一課に配属。一九三三年一〇月から特高に勤務中、治安維持法違反者やその他の犯罪人の逮捕によって、一〇回以上表彰された。とくに、一九三四年一二月二八日には経験豊かな有能な警察官として、表彰を受けた。自分の意見によれば性格は勇敢で、大きな責任感をもって、困難な課題を遂行している。上記の事件の解決に当たって、次のような卓越した成績を挙げた。

一　一九四一年一〇月二一日午前九時、鈴木正巡査部長ならびに他の一連の警察官とともに、神田区鎌倉河岸六番地の製紙工場で勤務中のスパイ組織のメンバー、川合貞吉を逮捕した。彼はただちに自分が下谷区上野桜木町一七番地の横田某宅に間借りしていることを認めた。川合の部屋を捜索してから、小俣はそこで重要な証拠物件を押収した。それによると、川合は共産党員で多数の民族主義者と友好的な関係を結んでいて、彼らと連帯していた。その後、この人物の事件に関する捜査主任となった小俣健は、中国にある日本の領事警察に逮捕されたときには否認していた川合を、巧みな尋問によって自供に追い込んだ。その後、彼は上海、天津、大連、その他の大陸の拠点で、一九三一年から主なる活動を展開していたコミンテルンのスパイ網について、供述を行ったのであった。

このほかに、川合は一九三六年以来、尾崎と宮城と連絡を保ちながら、長年にわたって反日スパイ組織のエージェントとして、行動してきたことを全面的に認めた。

二　小俣警部補は満足する結果を得た供述ではなかったので、支那で特別に活動した同志アリベストの正直な供述をもとに川合の取り調べを続行した。念入りな尋問の結果、小俣は上海でゾルゲが活動中に日本へ帰る尾崎が自分の代わりに通信社「聯合通信」（原注　現在の「同盟通信」）の上海支局長山上正義を推薦したことを、突き止めた。

山上はゾルゲの指示によって、活動を行った。更に川合の供述によると、当時、「同盟通信」漢口支局員船越寿雄（原注　その後、「同盟通信」漢口支局長となり、その後に、「読売新聞」北京支局長となった）は、ゾルゲの指示によって活動した。その後、彼の供述によると、川合にとって上海が危険となったので、一九三二年末に川合は北京に身を隠した。その後、北京、上海、日本、満州で活動を続け、一九三四年一月にスメドレーや何人かの支那人共産主義者に会って、彼らと北京にスパイ網を作るために協議した。上海には川合によって徴募された河村好雄（原注　東方諸国文学大学卒で、逮捕されたときは「満州日々」新聞の上海支局長）が、代表パウル（訳注　上海のソ連諜報員で、ゾルゲの後継者）や、女流作家アグネス・スメドレーとともに、身を隠していた。川合はとうとうコミンテルンの重要なスパイ組織と、中支ならびに北支の中国共産党に関するあらゆる情報を詳細に供述した。この結果、船越は北京で、河村は上海で逮捕された。小俣警部補は河野警部補とともに命令によって極秘裡に北京へ渡り、最大限の注意と警戒を払いながら、船越を東京へ護送する重要な課題を果たしたのであった。

三　その後、小俣は船越事件に関する取り調べを任された。取り調べの結果、明らかになったのは、船越は一九三三年に尾崎が上海から帰国後、コミンテルンのスパイ組織のリーダー、ゾルゲの指令に基づき、中支ならびに北支でスパイ・破壊活動を行う一方、そのあとでゾルゲが日本へ転じてから、パウルがこの組織を指導するようになったことであった。小俣は川合に対する取り調べをゆるめることなく追及した結果、川合の供述によると、東京帝国大学卒で上海の教育施設で教鞭をとっている某経済学博士（原注この人物は現在も就業中のため名前を明かせない。訳注当時、東亜同文書院教授の野沢房二のこと。詳細は「国際共産党諜報団事件の検挙」参照）が、パウルや女流作家スメドレーと連絡をとっていることが分かった。

このお蔭で、小俣は日本人の祖国を裏切った連中の破壊活動を摘発して、白日の下にさらけ出した。船越らは上海に本部がある支那の一連の拠点で破壊活動を行っていた、国際共産党ならびに中国共産党の党員であった。こうして、小俣は支那事変時に、中国共産党の反日活動の根源を一掃する仕事で、大きな功績を挙げたのであった。

警衛課警衛係長　警部　高木昇

一九二一年一〇月四日、警視庁巡査に採用される。一九二五年二月二八日、巡査部長になる。一九二八年一二月二六日、警部補に昇格。一九三七年六月一〇日、特高調停課で職務を行う警部に就任。一九三八年一二月三〇日特高一課に転属。一九四一年一〇月一〇日、警視庁警衛係長に任命される。最初の特高勤務では文化組織を担当して、左翼文化運動にたいする輝かしい闘争の見本を示した。前記の合同捜査に当たっては、次のような特別の勲功を立てた。

一　一九四〇年六月二八日、伊藤猛虎警部補が入手した資料に基づき、高木は米国共産党日本支部員北林トモのスパイ活動の嫌疑を巡る取り調べを任された。戸籍調べの口実で、北林トモの姪である青柳喜久代宅を訪れ、治安維持法違反容疑で丸の内警察署に身柄を拘束した。彼女の供述から、北林は東京を脱出したことが分かった。そこで高木は渡辺洸巡査とともに、以前、北林が働いていた洋裁学院の所有者片田江和由子の政治的な見解を調べた。それによって明らかになったのは、この人物は北林トモとは同じ政治的見解を持っていないことが分かった。さらに、高木は北林の知り合いだということにして、片田江を個人的に訪れて、北林が和歌山県那賀郡粉河町一丁目一七四二番地に住んでいることを突き止めた。高木は特高外事課ならびに和歌山県警察特高係と連絡をとりながら、北林夫妻に尾行をつけた。一年以上かかったが秘密を厳守、北林の行動を洗って北林逮捕に十分な有力な証拠を入手した。

二　一九四一年九月二六日、高木は北林夫妻逮捕の命令を受けた。彼は渡辺洸巡査とともに和歌山県に行き、県警特高係と打ち合せをして、翌日早朝、北林夫妻を逮捕して家宅捜査を行い、二八日に二人を東京へ護送した。北林芳三郎は三田署特高係に、また北林トモは六本木署特高係にそれぞれ身柄を引き渡した。

三　その後、彼はこの夫婦の事件の捜査を任された。事件は夫に関してはありとあらゆる嫌疑が晴れたけれども、高木の意見によれば、彼はいち早く次のような結論に達した。すなわち北林トモの行動には、犯罪の兆候が沢山あった。そこで高木は特別にトモの尋問を行った。しかし、彼はいかなる具体的証拠も入手出来なかったので、大きな努力を集中せざるを得なかった。

高木警部は北林トモがなぜ逮捕されたか気づかれないようにするため、努力しただけではなかった。共産主義者の犯罪人がすでに逮捕され、非常に沢山の証拠が握られているという印象を北林トモに与えるため努力した。このため彼女は徐々に「自分は米国共産党員でした」、「自分とともに日本に帰国した宮城与徳は米国共産党員でした」ということを供述するようになった。その後、一〇月九日朝になって、彼女は「自分が米国から持って帰った金は宮城に渡しました。でも、活動に結びついた支出として、あらかじめ予定されたものではありません」と供述した。彼女の供述は重要な犯人の摘発につながることが考えられたので、高木は彼女の精神的な状態を巧みに利用しながら、尋問を続けた。彼はとうとう彼女から「私はスパイではないが、宮城はスパイである」という重要な供述を得た。

高木警部はこの供述をもとに「宮城はスパイである」という、証言の根拠を根掘り葉掘り追及した。その後、北林トモは容疑を否認しているにもかかわらず、高木は「北林トモはスパイであって、宮城は彼女の指導機関員である」と正しい判断をして、直ちに自分の上司に報告した。

北林はさらにスパイ組織のメンバー、秋山幸治の名を挙げ、彼が宮城の配下にあることを供述した。このお蔭で、上記のスパイ組織の事件に関して、逮捕のための重要な手掛かりがつかめたのであった。これは北林夫妻に対して高木警部が正しくかつ入念な尋問を行った結果、得られたものである。この事件に関して、高木の功績は大きいと言わざるを得ない。

四　その後、命令が発せられて、一〇月一〇日早朝、部下を引き連れて高木は麻布区竜土町二八番地にある岡井宅で宮城与徳を逮捕し、家宅捜査を行った。彼は岡井の家も同時に家宅捜査した。彼は両方の部屋でスパイ活動を裏付ける重要な文書を押収した。すなわち文書の一部は、わが国の重工業の状況に関する、詳細な数字のデータがついた日英両国文で書かれたもので、また、タイプライターで打たれた論文には「ソ独戦と国内政治」という表題がついていた。その後、これらの文書は宮城事件の取り調べにとって、重要な証拠となった。宮城の逮捕と彼の部屋の家宅捜査は、甚だ重要な課題を担っていた。

特高第一課課員　警部　高橋与助

一九二一年一二月一〇日、警視庁の部署に採用。一九二八年一二月に巡査部長、一九三三年七月二九日に警部補、一九四〇年七月一日に技手の職と警部の兼務を命じられる。一九四一年三月八日から特別事件の警部として働く。そして、一九四一年三月二二日から刑事部捜査第二課第一係勤務。一九四二年七月一〇日、特高勤務に配置替えとなる。その当時、何回となく表彰される。特に一九四二年一一月一三日、彼は特別表彰を授与。特高では、彼は前から深い知識と経験を持った要員と考えられた。同時に甚だ有能で、性格的には正直で、最大の責任感を職務上の義務とし、上層部から大きな信頼を得ている。

上記の事件の摘発に当たって、次のような特別な功績があった。

一　一九四一年一〇月一〇日、彼は警衛係長の職に昇進した高木警部の代わりに、上記事件の取り調べを委任された。一〇月一一日、彼は宮城与徳の取り調べに着手し、根気強く、しかも入念にいろいろな手段で、組織を隠そうとした被疑者を尋問した。自供を迫られた犯人は自殺を図ろうとしたが、失敗した。時間を失わないために、高橋はわが国の警察官特有の自己犠牲の精神を発揮し、それによって宮城の心を摑んだのであった。

これは、自供の過程を早めた。宮城の自供によって分かったことは、彼はかねてから自分が戸外で監視されていたということであった。この瞬間を利用して、高橋は彼をして隠すのは無駄と思い込ませて、完全な供述を得たのであった。彼は尾崎とゾルゲの犯罪が悪魔のようなものだと確信して、短期間に、この事件の見取り図を暴いた。これによって高橋はさらに捜査と逮捕を行うことで、最大の勲功を挙げた。

二　一九四一年一〇月一四日、特高第一課長中村絹次郎の命令によって、高橋は彼の指揮した部下とともに目黒区上目黒五丁目二四三五番地で尾崎秀実を逮捕して、非常に沢山の証拠物件を押収した。尾崎は交際の範囲が非常に広い人物だったので、救援があった。彼の逮捕のニュースは突然広まって、ゾルゲにまで達したかも知れなかった。しかし、尾崎の尋問の結果、宮城の自白を裏付けることはできなかったので、ゾルゲの配下にあった外国人の逮捕までに至らなかった。従って、自供させねばならなかった。

このため高橋は宮下係長とともに、厳しい尋問を行った。追及が矢つぎ早に行われた。犯人は気絶しそうになった。彼が正常な状態に戻ると、懲罰を加えることなく、尋問が続いた。高橋と宮下は尾崎にスパイ組織に関する主要な事実を完全に自供させ、彼を逮捕の日に告発した。こうして、上記の逮捕によって、達成可能な確固たる成果を挙げることができたのであった。

三　尾崎の逮捕後、宮城の取り調べは、柘植準平警部補が行うよう命令が出た。尾崎事件の取り調べも任された。立証されたのは次のことだった。尾崎は一〇年間にわたって、大臣にはじまり、女性に至るまで一〇〇人におよぶ友人や知人を抱き込み、ありとあらゆる恥ずべき手段を使って、貴重な国家の軍事機密を入手し、それらをゾルゲに渡していた。彼はさらに、一九三二年から一〇年間にわたって、携わってきたスパイ活動のすべてと、彼自身がコミンテルンのスパイ組織のメンバーであった、と詳細に自供した。

その後、尾崎が自供したのは、次のことであった。つまり尾崎は水野成と川合貞吉をスパイ組織のメンバーとして、個人的に利用しただけではない。同時に、犯人西園寺公一、犬養健、田中慎次郎、海江田久孝、宮西義雄、後藤憲章、そして篠塚虎雄らの逮捕のための資料を提供したのであった。これらの資料は、長期間にわたって、しかも、大規模に国防保安法、軍機保護法、軍用資源秘密保護法、治安維持法を侵犯するものであった。西園寺、犬養、田中やその他の者たちが告発された犯罪事件は、政治、外交、軍事上の重要な問題に結びつき、わが帝国の高度な国家政策と関わりがあり、同時に煩雑に事態がからみあい、非常に広範な分野にわたっている。

尾崎の供述の信憑性《しんぴょうせい》を確認するため、高橋警部は全力を挙げて努力した。その結果、彼は西園寺を逮捕して尋問した結果、犯罪事実を認めさせたことを上司に報告した。

高橋は上司や検察官から特別の称賛を受けた。公正かつ間違いのない取り調べの成功は、逮捕後の非常な短期間で尾崎を自供せしめた、高橋警部の並みはずれた勲功によるものである。さらに逮捕に当たったグループの長として、彼はスパイ組織のメンバーではない田中慎次郎（一九四二年三月一五日）、菊地八郎（同年三月一五日）、犬養健（同年四月四日）、宮西義雄（同年四月一三日）を逮捕した。

高橋は細心の注意を払いながら、次のようなことをした。すなわち、彼らの逮捕については対外的に一切秘匿して、スパイ組織のメンバーではない後藤憲章や、一九四二年四月一三日に満州から護送された海江田久孝を個人的に取り調べた。彼は海江田にわれわれに知られていない犯罪事実を自供させた。（現在取り調べ中）このほかに、海江田の取り調べの過程で、医学博士のスパイ安田徳太郎を摘発し、同年七月八日に逮捕して安田の取り調べを行った。早朝の逮捕、深夜にまで及ぶ上首尾の取り調べ、警視庁上層部や検察官に対する書面報告の作成、自分の部下に対する統率、不眠不休の疲れを知らない働きぶりは、何事にも功賞を求めようとしない彼の健全さの反映である。

彼は未曾有の重要なスパイ事件の取り調べ主任として、自分に課せられた責任ある任務を真面目に遂行した。しかも、彼の統率下にある未決囚の取り調べのほかにも、彼は並々ならぬ責任感を発揮して、犯人の取り調べに参加し、自分の部下に尋問を任せた。彼の非の打ちどころない上首尾の働きぶりは、それによって犯人が極めて重要でありながら、われわれに知られていない事件を暴露する結果を生み、日本の警察精神の発露となったばかりか、警察官の訓練を体現する輝かしい見本となった。

［白井久也訳］

職員録　No.Ⅱ　（特高外事課員ほか）

上司の意見	功績の記述	官職	氏名	現職
A1	スパイ組織の長、ゾルゲの取り調べに当たって、通訳を務めた。証拠物件として押収した文書を熱心に翻訳した。これによって、彼は犯罪捜査の全過程で大きな奉仕をした。	通訳兼警部	三浦通晟	外事課欧米係
A2	逮捕後間もなくして、犯罪摘発の手掛かりとなった証拠物件を丹念に調べた。このほかに英字新聞「アドバタイザー」の紙面で、重要な証拠を押収した。	警部補	菊地水雄	〃
B	犯罪者ブケリチ逮捕後、家宅捜索を任され、証拠物件を押収した。彼はこの課題を綿密に遂行し、重要な証拠物件を押収した。	警部補	藤田芳雄	〃
A1	1941年10月から1942年５月にかけて、大橋秀雄警部補を助けて、ゾルゲの取り調べに直接参加し、いろいろな言語を話し、様々な性格をもつゾルゲをして、自分の犯した罪を認めさせた。	巡査	内山茂夫	〃
A1	1941年10月から1942年４月にかけて、中村祐勝警部補の補佐役として、犯人クラウゼンの取り調べに直接参加し、自分の犯した罪を完全に認めさせた。	巡査	八巻清一	〃
A1	1941年10月から1942年４月にかけて、犯人ブケリチの取り調べに直接参加し、鈴木富来警部の補佐役として、犯人に自分の罪を完全に認めさせた。	巡査	中村　文	〃
A3	1941年10月18日の早朝、ゾルゲ逮捕に参加。このあとで、家宅捜索を行い、証拠物件を押収、同時に屋外で捜索した。	巡査部長	飯田泰妙	〃
A3	同上	巡査	青山　茂	鳥居坂署
B2	同上	巡査	水谷国雄	外事課欧米係
A3	同上	巡査	野口　豊	〃
B1	1941年10月18日ゾルゲの逮捕に参加し、家宅捜索に際して、貴重な証拠物件を押収し、訊問に	巡査	井森　幹	所属不明

	加わり、ありとあらゆる種類の屋外捜索をおこなった。			
B2	1941年10月18日に逮捕されたゾルゲの訊問に加わった。そのあとで、証拠物件を整理し、訊問調書を作成した。	巡査部長	藤田吉哉	〃
B3	犯人ゾルゲ逮捕後、証拠物件を押収し、屋外であらゆる捜索を行った。		石留九州雄	〃
B3	同上	巡査	多田　弘	〃
B1	同上	巡査	土岐田文治	〃
A1	1941年10月18日犯人ゾルゲの逮捕に参加。このあとで、家宅捜索に従事し、証拠物件を押収し、整理して、屋外のありとあらゆる捜索を行った。	巡査部長	平本八郎	〃
A1	同上	〃	簗能　春	〃
A3	同上	巡査	楠山三郎	〃
B2	同上	巡査	福本恒右衛門	亜細亜係
B1	1941年10月18日、犯人逮捕後、クラウゼンの知人の家宅捜索を行い、証拠物件を押収・整理し、屋外捜索に従事した。	巡査	岡村淑夫	外事課亜細亜係
B3	〃	〃	浅田正雄	〃
B2	〃	〃	沢登武夫	〃
B3	〃	〃	松野尾辰五郎	〃
A2	犯罪事件の摘発に際して、すなわち1941年から逮捕の瞬間まで、犯人ブケリチの屋外監視を行った。逮捕に際して、彼は犯人の身柄を確保した。このあとで、家宅捜索に参加して、証拠物件を押収。ありとあらゆるほかの捜索を行った。	〃	松永哲麿	外事課欧米係以下同じ
A3	1941年10月18日、犯人ブケリッチの逮捕に参加。その後、家宅捜索を行い、証拠物件を押収して、屋外捜査に従事した。	巡査部長	神谷忠次郎	〃
B2	同上	巡査	中村芳男	〃
B2	同上	巡査	八木長生	〃

B1	同上	巡査	山崎寅吾	所属不明
B2	同上	巡査	服部勘一	外事課欧米係
B1	同上	巡査	太田嘉六	〃
B3	1941年10月18日に行われた逮捕に参加。そのあとで主として写真撮影に関係のあるありとあらゆる一連の証拠物件を収集、整理を行った。	巡査	平澤一美	庶務課
A3	同上	巡査	滑川真鏡	〃
B2	1941年10月の逮捕の際に、無電で連絡を行った。このあとで、証拠物件の整理をして、ありとあらゆる公式文書を作成、その他、屋外の捜索を行った。	〃	辻田　正	外事課欧米係
B2	〃	〃	江川重治	〃
A3	北林トモの監視を行った。その後、上記事件の摘発に成功した。彼が作成した訊問調書は、上記事件摘発の資料として役立った。	〃	當間素一	〃
A1	電信用に使われた移動式無線局の監視と解明の任務を遂行した。上記事件の捜査促進の闘いで、大きな援助をした。	地方警察技師電信係長	井上定宣	文書課
A2	同上	地方警察技手電信係	中井　勝	文書課
B2	同上	地方警察技手電信係	赤岡春男	文書課
	上記事件に関する逮捕に際して、自動車の運転手を務め、押収した証拠物件を運んだ。また、ほかの任務で何回も用務を果した。このことによって、令状執行が上首尾に行われることを助けた。	運転技手	坂井喜三次郎	会計課
B3	上記事件に関する重要文書の翻訳を行った。	警察通訳嘱託	竹原達平	外事課
B1	アンナ・クラウゼンの取り調べの際に通訳を務め、令状執行に当たって大きな力となった。	警察通訳	田中昌訓	外事課

伊藤律端緒説を覆す新しい資料がロシアで発掘される

渡部富哉
（社会運動資料センター代表）

衝撃的だったトマロフスキー報告

一九九八年一一月七日、リヒアルト・ゾルゲ、尾崎秀実の処刑の日にあわせて、東京シニアワークで第一回ゾルゲ事件国際シンポジウムが、三〇〇人を越える人たちを集めて開催された。そのときの決議にしたがって、引き続き二〇〇〇年九月二五日にモスクワで第二回ゾルゲ事件シンポジウムが開かれた。日本から二七名の参加者があり、白井久也氏と私がパネリストとして報告した。このときロシア側のパネリストの一人、トマロフスキー、ウラジミール・イワノビチ氏（ロシア連邦法務局社会・宗教組織局長）は、「ゾルゲ博士の現象―真実と虚構」と題する報告を行った。

彼はその冒頭で、「私の報告は日本の資料を使って作成した」と述べ、さらに、彼は締め括りの部分で、ゾルゲ事件の摘発の端緒に関連して、次のように語った。

「日本でごく最近、文書が発見されました。それはタケトラ・トモヒロ警察第一分署長補佐官の表彰についての文書です。彼はゾルゲ事件の取り調べに関わっておりましたけれども、当該文書によると、四一年六月六日、タケトラの取り調べにより、トモフジケンは口を割った。彼は治安維持法に反する行為をしたと供述した。それは日本共産党の指示によるものであり、アメリカから帰国したアメリカ共産党員の北林トモはスパイであるということであります。そして、そのことによって諜報団の組織を暴くことができたのであります」

「さらに、タナカノボルへの表彰に関する書類によると、タナカは左翼組織との戦いで素晴らしい成功を収めて表彰されました。四一年六月二八日、トモフジ補佐官の集めた情報により、アメリカ共産党員によるスパイ活動の嫌疑をかけられていた北林トモの調査が行われました。北林の知人を装い、丸の内警察署に拘留されていた北林のところにカタナが訪れました。カタナは以前、北林が働いていた西洋レストランを経営していました。カタナは北林のような思想を持っていないことがわかりました。その後、北林トモの知人を装うカタナは、北林が和歌山県に移住していると言い、警察との接触は秘密を厳守すること、また彼女の活動の性質を説明し、逮捕の正当性を示す書類を渡したのであります。それが北林の逮捕の根拠となりました」

この報告が行われたとき私は大変なショックを受け、一言も聞き洩らすまいと同時通訳のレシーバーに耳を傾けていた。特高によるゾルゲ事件の摘発は、伊藤律の自供によるという端緒説が一般に流布されているが、この報告はゾルゲ事件の全く新しい端緒説を提起するものではないか。これこそ私が長年にわたって追い求めていたものだ。しかも、それは日本の資料に依拠しているという。その資料が今、私の目の前にあるとは……。私は興奮を抑えることができなかった。

トマロフスキー氏の報告の途中で、隣にいた白井久也氏から、「トモフジケンとは一体誰のことだ。タケトラトモヒロとは?」と立て続けに質問されたが、私も返答のしようがなく、ただただ首を傾《かし》げるばかりであった。なぜならこれまでのゾルゲ事件関係資料にかつて一度も「タナカ」、「カタナ」、「西洋レストランの経営者」などは出たことがない名前だったからだ。当局側に寝返ったスパイは、決して名前を明かさないのが、特高の掟《おきて》だった。だからこれは新しいゾルゲ事件の端緒に到達出来る可能性を秘めた、重要な資料に違いない。もしこの解明ができれば、ゾルゲ事件の摘発の端緒をより明確にできる可能性があった。私が興奮するのは当然のことである。

シンポジウムはやがて質疑と討論に入った。私はこれまで伊藤律がスパイとしてゾルゲ・グループを当局に売り渡したとする説に反論して、『偽りの烙印』(五月書房)を出版したことを説明したうえで、トマロフスキー氏に対して、もっと具体的な情報や文書の入手経過について質問した。同氏の答えは「一九四四年付の書類によれば、タケトラトモヒロは警察副署長です。ラムゼイ・グループの摘発対策の副署長です。タナカノボルは警察防衛部の部長です。この文書にはそう記録されている。この文書には二人の名前だけでなくすべての職員、一一人の功績が書かれている。それを見るとこの二人に関しては北林トモの捜査に関係した仕事をしたことが分かります。その資料がどこから来たものかはわかりません」というものだった。

私たちは早速、この資料のコピーの提供を同氏に要請した。ロシア側のある研究者も、「日本側の研究は極めて深く問題を研究していることが分かります。具体的なことを調べている態度に深い感銘を受けました。もし、トマロフスキーさんが提供を求められた資料のコピーを持っているなら、日本側に必ずお渡ししなければいけないと思います。もし、問題が解明されていない場合は、それについて話す必要はありませんでした。その文書の出所はどこか、それが何語で書かれているのか、満州でわれわれの組織が入手したものであるなら、それは一体どこから持ってきたのか。それがはっきりしないようなら、このような重要な国際シンポジウムで渡部さんのおっしゃるように、なおさら事実に関する証拠を得たいと思うのはもっともだと思います」と発言し、われわれの要望をバックアップしてくれた。

トマロフスキー氏は私たちの要請を受け入れて、報告資料のコピーの提供を約束し、私たちが帰国する前日に、ホテルに届けてくれた。それはロシア語に翻訳された内務省警保局の内部資料であるゾルゲ事件に対する「特高捜査員褒賞上申書」のコピーで、B5判で四二枚あった。白井氏が中身を点検してみると、宮下弘警部ら一〇人の人名リストと個別の功績調書のほかに、彼らの捜査活動に協力した外事課員ら四一人のリストが添付してあった。私がこれまで手にしたことのない資料で、日本でも未発掘のものであった。白井氏からその概要を聞いて、私は直感的に「凄い資料が現れた」と思った。白井氏が翻訳を引き受けてくれ、日本語訳ができあがると、私は大急ぎでこの資料を解明する作業を始めたのである。

この特高資料がどうしてロシアに渡ったのか

まずこの資料がいかなるものか、その性格から説明しよう。前述のロシアの研究者がシンポジウムで指摘したように「満州でわれわれの組織が入手したものであるなら」、この資料はもともと関東軍憲兵隊が保管していたものに相違なく、日本の敗戦間際に満州に侵攻したソ連軍によって、押収されたことが考えられる。ならば、なぜ、ゾルゲ事件関係資料が日本から満州に渡ったのか？　これはあくまでも推測にすぎないが、一九四一年一〇月、ゾルゲ事件の摘発に続き、翌四二年六月には尾崎秀実のグループだった中西功たちの中共諜報団事件が摘発され、これに連動して、同年九月には満鉄調査部事件に波及していった。このとき逮捕された中西功の身柄は警視庁特高課で取調べるのか、関東軍憲兵隊が調べるかでもめて、結局、本人（中西功）の希望によって、警視庁に身柄が移された。（中西功著

『中国革命の嵐のなかで』）

この経緯からも明らかなように、関東軍憲兵隊は当然のことながら、ゾルゲ事件に対して並々ならぬ関心を持っていた。続いて起った中共諜報団事件や満鉄調査部事件の解明には、とりわけその双方に深い関わりを持っている尾崎秀実関連記録は欠かすことのできないものであった。したがって、警視庁に関係資料を憲兵隊が要求したであろうことは、十分にうなづける。これについては後に触れることにする。

ソ連軍が満州侵攻直後に押収

ソ連軍は満州侵攻直後に関東軍憲兵隊からこの資料を押収したものの、ゾルゲ事件がどんな国際スパイ事件だったかは知られていなかったから、まだ十分理解することができなかった。しかし、それが重要な資料であることに薄々気づいていたようだ。そのためにこれも推測にすぎないが、満州（中国・東北地方）にいた日本語のできる朝鮮人に翻訳させたのではないかと思われる。

問題は朝鮮人翻訳者の日本語の能力や、日本事情に関する知識が未熟であったことだ。日本語テキストの意味が十分に理解できなかったため、ロシア語に翻訳するとき、誤訳が多かった。また元号を西暦に直すときの間違いもあった。ゾルゲ事件は一九四一年に摘発されたが、ロシア語の翻訳文では摘発された年が、一九四二年になっていた。大正一五年と昭和元年は同じ一九二六年だが、にもかかわらず、摘発年を一九四一年とせずに、一九四二年としたのは、この間の事情がよく理解できず、元号を西暦に機械的に書き換えたことによる単純計算の間違いだろうと思われた。また押収したときの事情によっては、資料の保存状態が良くなくて読みにくかったこともあろう。とりわけ当時はタイプ打ちした原紙は、印字が崩れて読みにくいものが多かった。戦争によって鉛製のタイプ活字が補給できなかった事情もあったからだ。

それにしても、間違いが多すぎるというのが、私がこの資料を一読した印象であった。とりわけ上申書としては、文書の体裁にも問題があった。本来の上申書には当然申請する部署が書かれていたはずだが、ここには書かれていない。上申月日の記載もない。しかし、文面から判断すると、この上申書の日本文が作成されたのは高橋与助、柘植準平らに特別功労賞の授与の記載があるため、四二年一一月一三日から、宮下弘の日本堤警察署長に転任する四三年一月までの間と思われる。

トマロフスキー氏から提供を受けた特高捜査員褒賞上申書のロシア語文コピーは、もともと以上のような欠陥があって、必ずしも完全なものとは言えない。本書に収録したのは、その日本語訳である。日本語の原資料からロシア語に翻訳し、さらにロシアから日本語に翻訳したという事情から、正確には原資料の復刻とは言えない。またどんなに考証を重ねても、西暦年度や氏名などについては多少の誤りは止むを得ない。それにもかかわらず、この資料は日本でこれまでまったく知られていなかったゾルゲ事件の捜査の真相に迫る迫力満点の資料であることにはかわりがない。やがていつか日本語のオリジナル資料のコピーが入手されることもあろうことを期待して、ロシア語の翻訳文を本書にそのまま載せることになった。

トモフジケンとタケトラトモヒロとは誰なのか

私のゾルゲ事件研究の最大の関心事は、特高がゾルゲ事件を摘発した端緒は何かという問題である。私自身はすでに『偽りの烙印』の中で、特高は伊藤律が北林トモに関して自供する前から、ゾルゲ事件の内偵をすすめていたことを、具体的な資料に基づいて明らかにして、伊藤律の自供によってゾルゲ事件が摘発されたという端緒説が、根も葉もないでっちあげであることを証明した。では、ロシアでこの問題がどう扱われているのか？　トマロフスキー氏が提供してくれた資料を子細に検討すれば、自ら答えが出てくるように思われる。こうして、私の大車輪の調査活動が開始された。

私はまず、モスクワで行われた日ロシンポジウムの全討議議事録とパネリストのレジュメを全文収録した「報告書」（日露歴史研究センター編、二〇〇〇年一二月二六日発行）で、トマロフスキー報告の内容を綿密に検討した。その結果、「トモフジケン」と何回その名を口にしたことだろう。「タケトラトモヒロ」とは一体誰だ！　ある時、「タケトラ」の文字を食い入るように見つめているうちに、ふとこの「タケトラ」とは猛虎のことではないのかという考えが、頭の中にひらめいた。

そうだ、タケトラは猛虎に間違いない。それは伊藤律を取り調べた特高伊藤猛虎のことだった。疑問の一角がくずれた。「トモ」は伊藤律も伊藤猛虎も同じ「伊」に該当するとなると、恐らくタイプ打ちされた文字を、「伴」と読んだのではなかろうか。ならば、タナカノボルは高木昇に違いない。こうして私の謎解きは進んだ。

日本語に訳されたロシア語の「警察第一分署補佐官」と

は「警部補」のことであり、「北林トモが働いていた西洋レストラン」とは、北林トモが日本に帰国後、一時働いていた渋谷区隠田のLA洋裁学院のことだった。そうこうしているうちに、白井氏からトマロフスキー氏が提供した特高捜査員の褒賞上申書の日本語訳文が、どさっと届いた。中身を検討すると、こちらの方にも誤りがたくさんあることがわかった。褒賞を受ける特高捜査員の事績調査から、検挙索引簿、検挙人旬報、特高月報などでいちいち該当箇所を照合しながら、補正しなければならなかった。あとは資料によって裏付け作業をすればよかった。職員の所属などに若干の不明箇所は残るものの、こうして事実関係が次々に明らかになった。明らかな誤りの訂正はわたしの調査結果を本文に訳注として、可能な限り書き加えておいたので、誰が読んでも分かるようになったと思っている。

「特高上申書」からどんな事実が判明したか

まずこの「特高捜査員の褒賞上申について」の第一ページには、「一九四〇年六月二七日に摘発を始め、一九四一年九月二七日から、一九四二年六月八日まで逮捕を行った」とある。これはゾルゲ事件の端緒に絡む重要な記述であった。ゾルゲ事件の摘発が始まった「一九四〇年六月二七日」とは、『偽りの烙印』（五月書房）によると、長谷川浩、伊藤律らの日本共産党再建運動に積極的に参加していた、青柳喜久代や新井静子（伊藤律の前妻）が検挙された四〇年六月二六日の一日後である。

これまでの日本共産党史でもゾルゲ事件関係書でも、私たちはこの検挙を党再建運動に対する弾圧という側面だけを見てきた。ゾルゲ事件の摘発の端緒はその後、伊藤律の供述によって偶然に浮上してきたかのように、宮下弘著『特高の回想』などで書かれ、それを下敷きにして尾崎秀樹は、「偶然が重なれば、偶然は偶然でなくなる」と、伊藤律端緒説を裏付けるように書いてきた。その他の著者も「水に落ちた犬は叩け」とばかり、尾崎にならって書き記した。

ところがこの特高資料によると、ゾルゲ事件の摘発が、青柳喜久代の検挙から始まったと書いてある。私が『偽りの烙印』で繰り広げた調査を、この資料は完全に裏付けていた。これが事実なら、私が自分の著書によって指摘しただけでなく、トマロフスキー氏が提供した上申書によっても、伊藤律端緒説は完全に崩壊するのだ。

『偽りの烙印』で私は、特高伊藤猛虎が北林トモの姪、青柳喜久代に「北林トモが会ったのは誰と誰だ！」という高圧的な態度で拷問を加えて自供を迫り、「伊藤律と二度会った」という供述を引き出し、これによってゾルゲ事件摘発の端緒を伊藤律に押しつけたことを明らかにした。コミンテルン（共産主義インターナショナル）やソ連を背景にした国際スパイ摘発の端緒が、同じ共産主義者の手によって作られたというこの筋書きは、特高が最も好んで用いた手法だったのである。だからこそ井本台吉検事（戦後、検事総長）の「伊藤律なんて何の関係もないよ、全部かぶされてしまったんだ」（『太田耐造追想録』）という証言がにわかに信憑性《しんぴょうせい》を帯びてくるのであった。もし、北林トモに関する供述が、最初に青柳喜久代から得られたものであるなら、伊藤律端緒説の崩壊に追い打ちをかけて、特高の作り上げた謀略だという私の主張が、裏付けられることになる。それが図らずも、この資料で実証されたのだ。

しかし、この問題が必ずしもこの資料で初めて明らかになったというわけではない。第八一回帝国議会の秘密会（昭和一八年二月一九日）で、司法省刑事局長池田克は「銃後の治安の確保の実情について」の委員会でゾルゲ事件に関する報告を行い、「一昨年の夏頃から検挙しておりました日本共産党の再建運動者の口から、北林トモがアメリカから郷里に帰っているということを耳にしたので」云々、（伊藤律の名誉回復を求める会会報第五号）と報告しているからだ。「一昨年の夏頃」とは、青柳喜久代の第二回検挙を意味する。（『偽りの烙印』）

そうであれば当然、すでにそれ以前にゾルゲ事件に関する捜査が行われ、広げた網をたぐりよせる収束の時期にきていたということを示している。

青柳喜久代の叔母、北林トモが和歌山県粉河町に移住したのは、三九年一二月のことであり、四〇年春には警視庁の要請を受けて粉河署の特高視察係、小林義夫が北林トモの監視と尾行の任務についている。（『小林義夫氏聞き書』社会運動資料センター刊）

この資料（「上申書」）はつづいて、「四一年九月二七日」から逮捕が始まったと書いている。これは北林トモ夫妻が和歌山県粉河町で検挙された日であり（二七日検挙、二八日東京に護送）、「四二年六月八日まで逮捕を行った」とは、安田徳太郎の検挙を指している。

『空白部分』を相互補完する二つの資料

この資料を理解するためにはどうしても、「国際共産党諜報団（ゾルゲ）事件の検挙――新たに発掘された全国特高警察官ブロック研究会における特高第一課第二係長警部宮下弘の報告──」(社会運動資料センター刊)と照合しながら、読み取ることが必要だ。なぜならばこの資料は、空白部分を相互に補完しあっているからである。

伊藤猛虎の功績調書によると、「事件に関係がある歯医者泉盈之進《いずみえいのしん》を厳しく取り調べ」その結果、泉の患者名簿から田口右源太(ゾルゲ事件で懲役一三年)の名を発見し、追及したところ、泉から「田口はコミンテルンのスパイ」との供述を得たという。泉盈之進が逮捕されたのは、ゾルゲ事件の摘発一年前の、四〇年一一月のことであった。青柳喜久代と同じように彼の場合も「特高月報」には「党再建」の容疑になっているが、実際はゾルゲ事件に的はしぼられていたというのが、本当であったのだ。これはすべて、ゾルゲ事件摘発の一年前のことであり、偶然と偶然が重なって、あたかも北林トモの検挙からゾルゲ事件が始まったかのように書かれてきたこれまでの「通説」とは、この資料はあらゆる点で全く異なっている。それが「国際共産党諜報団事件の検挙」では、こう書かれているのだ。

「片岡警部と伊藤警部補は四谷に住んでいる或る歯医者、やはり前歴者であるが、此の歯医者を目標とした。これは歯医者である関係上、前歴者が非常に多数そのところに出入りするのである。歯を治療してもらうという意味で出入りするが、実際は同志と連絡するという便宜に使う者もいるらしい。とにかく非常に夥《おびただ》しく前歴者が出入りする。彼處に行けば鍵が解けるかも知れぬ。(略)全部お前のところに出入りする患者の傾向に就いて細かく説明しろ、と言うことを要求したのである。之れはもう本人が必ず言うという自信を持っていたのであるが、はたしてその通りであって、取り調べについて非常に好い材料を与えてくれた。その内で一人どうもこれは転向しておらないが、運動もしておらないというのがある。ただ樺太や北海道の方に商売用と称して始終旅行するし、それから新聞記者や何かと交際は広いらしいが、政治、経済の情勢のほうに非常に明るい。之れは田口右源太という男だが、北海道の共産党の者である。商売の方は北海道と取引のある海産物商だから、旅行するということは一応疑いがないかのようであるが、必ずしもそうではない。新聞記者なんかと非常に交際をひろくして政治、経済情勢に非常に明るいということと、海産物商ということは矛盾する。また転向もしておらないのに運動もして居らない、というのは彼らの仲間の状態としては非常に変なものだから、これもスパイだろうという見当をつけた」

これも確かにこれまで隠されてきたゾルゲ事件の摘発の

端緒の一つである。しかし、伊藤猛虎の功績調書に比べると、かなりまわりくどい。泉盈之進に関しては、宮下弘著『特高の回想』にも登場することを付記しておく。

警部補河野啓の功績調書には、「宮城与徳の個人的な知人を取り調べ、宮城の身近な人やその日常生活に関する情報を補足的に説明させ、それによって宮城を自供に追い込んだ」とある。宮城の「個人的な知人」とは、一体、誰のことかについては具体的には記載されていない。しかし、これも重要な記述の一つだ。これまでゾルゲ事件の端緒説のなかには、伊藤律のほかにも、松本（真栄田《まえだ》）三益（戦後、日本共産党中央委員、農民部長などを歴任）論が根強くあった。宮城に高倉テル（作家。著書に『箱根風雪録』ほかがある）を紹介した者は、調書によると、真栄田三益（戦後、松本）の妻、つるになっている。これに対して、安田徳太郎は『九津見房子の暦――安田徳太郎聞き書き――』（思想の科学社）で、「宮城与徳をぼく（高倉）に紹介したのは本当は真栄田三益だった」と書き、「真栄田三益が宮城の諜報活動を当局に密告したのだ」と証言した。

松本（真栄田）三益と安田徳太郎の対決

松本三益は名誉棄損だとして安田徳太郎、九津見房子、牧瀬菊枝などを相手に裁判を起こした。弁護士は戦前から松本と関係の深かった守屋典郎だった。安田は「やれるものならやってみろ」とばかり、雑誌「現代思想」に再び論陣を張って対抗した。

これについて、今は亡き石堂清倫氏の私宛の手紙がある。「守屋は裁判で争うなら、松本三益にとっていい状況にはならず、かえって不利になることは承知のうえで告訴したものの、守屋は争う意思はなく、告訴したという事実だけにとどめて松本を救い告訴は取り止め」て、守屋典郎は雑誌「文化評論」に「『聞き書き』と戦前史の真実」を書いて、安田徳太郎に反論したが、これによってかえって疑惑が大きくなった。

これについて尾崎秀樹をはじめいろいろな人が松本の疑惑を書いてきたが、それらは何とも及び腰で、安田徳太郎本人を除けばどれも裏付け調査が全くなく、伊藤律端緒説の焼き直しにすぎない。つまりどれも、安田によりかかって発言しているだけで、疑惑を究明しようとする積極的な態度は見られなかった。

安田と松本の対決の鍵をにぎるのは、「真栄田は満州の事件で、昭和十六年に検挙され、満州の事件を助けてもらうために警視庁のまだ知らない宮城与徳の諜報活動を密告して当局と取引をした」という点の解明である。双方の論争の焦点は「満州の事件」にあるが、誰もその事件を調べた者はいない。この事件は岡部隆司（長谷川浩、伊藤律らが主導した日本共産党再建グループの指導者。検挙後、獄死）が主導した日本共産党再建運動の伊藤律、長谷川浩とはもう一つの別の組織で、平賀貞夫、宮崎巌たちが弾圧を回避してグループを解散し、満州で活動していた彼らが弾圧された事件であった。

また安田は著書で、「当局も宮城と真栄田三益の関係を不問にするわけにはいかないので、帳尻をあわせるために三益の妻つるを検挙して一年（注、事実は一カ月）ばかり留置場に放り込んでおきました」（安田徳太郎著『思い出す人びと』）と証言するが、ここにも当局の手のこんだからくりがある。昭和一七年八月分の「特高月報」の検挙者調べのなかに、中共諜報団事件のあとに「外諜関係」、つまりゾルゲ事件の検挙者に、「平良《たいら》つる」の名がある。ゾルゲ事件に関する検挙は、前述したように安田徳太郎の検挙（四二年六月八日）をもって終了したとある。にもかかわらず、安田の証言を裏付けるかのように、真栄田三益の妻、つるがなぜこの時期に検挙されたのだろうか。しかも真栄田の妻であるなら、真栄田つるとすべきところをなぜ旧姓で「平良つる」と記録したのか。

川合貞吉は宮城が、「最近ぼくの故郷の友人がどうも変なんだ」というのを聞いている。宮城はその名を言わなかったが、故郷といえば沖縄だ、と川合はいぶかしく思ったことを書いている。そんなもろもろの疑惑を、再び蒸し返すような特高側の証言は注目されるべきだろう。

犠牲者を多数出した川合貞吉の供述

小俣健が直接取り調べた川合貞吉については、これまで本人の側からゾルゲ事件の体験談が沢山書かれてきた。だが、誰でも自分の弱味は触れたくないもので、川合はとくにゾルゲ事件摘発の端緒の一つが、自分の行動範囲の中にあったことは意図的に伏せてきた。それだけに川合は内心忸怩《じくじ》たるものがあったのではないか。だから川合は逆に伊藤律端緒説にしがみついて、伊藤律に筆誅《ひっちゅう》を浴びせ、罵倒しつづけてきたのだ。だが、この資料によると、尾崎秀実が上海から大阪の朝日新聞本社に転勤になるとき、尾崎の後釜として連合通信社上海支局長山上正義を推薦したこと、山上はゾルゲの指示に従って活動し、さらに同盟通信漢口支局の船越寿雄（のち読売新聞北京支局長）と交代したことなどを供述しただけではない。ゾルゲの後継者パウルやアグネス・スメドレー、河村好雄などのこと、また北支の中国共産党に関するあらゆる情報を詳細に供述した、と書かれている。

河村好雄は尾崎の上海時代の研究会のメンバーで、本来、中西功らの中共諜報団の関係者で、この時期（四二年三月）にゾルゲ事件の関係でなぜ彼が検挙されたのか、私はかねてから不思議に思っていたが、川合の供述によるものだったことが、この資料で明らかになって、得心がいった。

川合の供述によって河村は検挙され、河村は獄中で狂死している。川合と河村の逮捕は直接に、中共諜報団事件につながっていった。この事件でも多くの獄死者が出ている。またアグネス・スメドレーも、川合の証言によって戦後、ウイロビーの追及にあい、スメドレーはロンドンに亡命し、そこで客死した。船越寿雄も獄死した。私は川合が供述したことを責める意思はないが、彼はこれまで尾崎秀樹と共同して、伊藤律が北林トモを供述したことを責め立ててきたので、こうした事実が次々と明らかになると、川合には伊藤律が北林トモの名前を供述した責任を問う資格などは到底ないだろう。

特高捜査員のもう一人の立役者

特高高橋与助の功績は、高橋が戦後間もなく死去したことにもよるが、これまでゾルゲ事件をあたかも一人で取り仕切ってきたかのように発言してきた宮下弘の証言とは違って、この事件のもう一人の立役者は他ならぬ高橋与助だったことが、この資料で明白になっている。

『偽りの烙印』第六章の「警視庁職員録とゾルゲ事件公表の波紋」のなかで、私は「ゾルゲ事件検挙者一覧表」を作成して掲載した。そこでも「高橋与助こそが、ゾルゲ事件捜査の真相に迫るためのキーマンである」と書いたが、尾崎秀実を検挙し取り調べたのも高橋だった。この資料によると、「犯人（尾崎秀実）は気絶しそうになった。彼が正常に戻ると懲罰を加えることなく、尋問が続いた。高橋と宮下は尾崎にスパイ組織に関する主要な事実を完全に自供させた」と記されている。もちろん、「懲罰を加えることなく」と言う言葉はあくまでも事実を覆い隠すための虚偽の表現であって、尾崎秀実に対する拷問がどれほど峻烈なものだったかは、「国際共産党諜報団事件の検挙」を見れば一目瞭然だ。

それは「尾崎を検挙したら即日自白させて直ぐ後を検挙するということに決めて、一四日の早朝、尾崎を検挙すると直ちに宮下係長以下首脳部がこの取り調べを行った。彼はまさかスパイがばれているとは思わぬので、自分が何か本に書いたもので理論的に苛められるのだろう位に多寡をくくって居たようであるが、全く頭からロシアのスパイ尾崎というふうに脅しつけ、名士尾崎の壇から引き下ろし、国賊尾崎として取扱い、全く彼を猫か犬のように扱って彼の自尊心を全く無くさせてしまった。そうすると全く彼は猫か犬のように卑屈になった」というくだりが、凄惨な取調室の実態をあますところなく、暴いている。最近、これを読んだ大橋秀雄（ゾルゲを取り調べた元特高外事課員）が、「やっぱり尾崎は拷問にかけられたんですね」と感想を述べたことを付記しておく。

「犯人は気絶しそうになった」とは、事実は何回も気絶するほどの拷問が加えられたことを示している。気絶すると水をぶっかけて、意識が戻ると再び拷問を行うというのは、特高の常套手段だったが、それを言外に語っているのだ。

この「特高捜査員に対する上申書」には、ゾルゲ事件で功績のあった「外事課員」の褒賞上申書がついているが、これはすでに四二年六月二日に表彰を受けた、緒方信一特高外事課長や山浦達二（係長）、堀江米吉（係長）、大橋秀雄、中村佑勝、鈴木富来らを除く、約四〇名が褒賞の対象になっている。

外事課員もゾルゲ事件の捜査に多数動員されているが、この一覧表を見ると、欧米係だけでは人手不足のために、アジア係からも動員されている。その点で、北林トモの監視にあたった當間素一が表彰されている記録も、大変貴重なものだ、なぜなら表彰の対象とされているのは、彼が北林トモの監視を行い、それがゾルゲ事件の摘発と訊問調書の作成に功績があったとされているからである。

伊藤律の供述以前から監視された北林トモ

ゾルゲ事件当時の特高課長中村絹次郎は「LA洋裁学院の前にある一軒の家の二階が借りられ、ここに数人の刑事が身分を秘して間借り人となり、交代で夜となく、昼となく監視し、彼女の外出を尾行した」（山村八郎著『ソ連はすべてを知っていた』）と書いている。その時期は北林トモが和歌山県粉河町に移住する、三九年一二月までのことだから、それが事実なら伊藤律の端緒説はあり得ないと、私は『偽りの烙印』で書いた。なぜならば「伊藤律が検挙されたのは三九年一一月のことだから、同年一二月に東京から和歌山に引っ越した北林の動静は、もともと伊藤律には知りようがなかったからだ。伊藤律が北林トモに関する供述をしたとされる時期は、四〇年七月のこと。したがって、伊藤律の供述があろうとなかろうと、北林トモははるか以前から特高の監視下にあったわけだ。

北林トモが和歌山県に移住した後は、和歌山県特高視察係の小林義夫が警視庁の依頼をうけて、北林トモの監視をつづけていた。(『小林義夫氏聞き書』)それがこの資料で、図らずも裏付けられたことになった。したがって、この資料は『偽りの烙印』を補うことがあっても、矛盾するところは何もなかった。

そのほかに注目されるのは、ゾルゲ事件の検挙に絡んで、移動式無線局の監視に当たった地方警察技師の係長以下三名が、表彰を受けていることである。ゾルゲの検挙にさいしては、無電で連絡をとりあったそうである。電話の利用が傍聴されることを警戒したのであろうか。これは映画の一カットになるかもしれないエピソードと言えよう。

モスクワへの旅——日本語のオリジナル資料を求めて

私はこの資料がゾルゲ事件の真相解明にとって実に貴重なものだけに、どうしても日本語の原文のコピーが欲しかった。検挙年度の間違いもあるし、褒賞の対象でありながら、名前と所属が不明な人物をどうしても特定して、正したかった。二〇〇二年四月、私は白井久也氏と二人で再びモスクワを訪問し、トマロフスキー氏たちにインタビューして、この資料の出所や、コピーの入手の経緯などについて確かめた。しかし、資料提供者のトマロフスキー氏自身も原文を一回見ただけで、それが今どこにあるかまったく見当がつかなかった。

このときの会談内容を要約すると、この資料が満州からロシアに送られて来たのは一九四六年だが、なぜロシアで保管されるようになったか、そのいきさつは不明だとのことである。表紙には「これは日本語からの翻訳である」というラベルが貼ってあった。発見された経緯は、「物凄く偶然にある道を歩いていたら、全く偶然に出てきたような感じだった」と、トマロフスキー氏は語った。つまり、「一九六四年に、ゾルゲにソ連邦英雄の称号を贈るとき、フルシチョフら政府首脳からゾルゲに関する資料を全部集めろと言われて、関連する資料を全部集めて、もう何もないと報告しようとして、もう一度探したら、ゾルゲのファイルではなくて、別のところから偶然に発見されたのだ」そうだ。ゾルゲ事件関連文書らしく、いかにも謎めいた出会いがあったようだ。

私たちに同行したゲオルギエフ氏(第一回ゾルゲ事件シ

ンポジウムでパネリストとして来日した）によると、「私は自分の本に、満州の関東軍の資料の中からとったものだと書いた」と言う。前述したようにモスクワシンポジウムで発言した研究者も「満州から」の指摘があった。

敗戦当時、満州の関東軍憲兵隊司令部は証拠隠滅のため、大量の極秘文書を焼却処分にした。だが、ソ連軍の侵攻が予想以上に速くて焼却が間に合わず、かなりのものが関東軍憲兵隊の敷地内に埋められたことが、雑誌「世界」によって明らかになっている。（「欺かれた『王道楽士』――満州国関東憲兵隊検閲史料が語るもの」二〇〇一年一月）もっともそれは吉林省の話だが、この資料の出所が同じところかどうかは分からない。

モスクワの信頼を失ったゾルゲ

最後に、ゾルゲ事件摘発の端緒について、元ロシア対外諜報員、退役中将のコンドラショフ氏にインタビューしたので、それを以下に紹介することにしよう。

渡部　ゾルゲグループ検挙の最大の原因の一つは、ゾルゲ機関員が在日ロシア大使館員と接触していたことにある。これは一九三九年一一月から逮捕されるまで一四回にのぼった。それは一カ月に一回という非常に頻繁でした。これが最大の原因だと思います。当時、すでにゾルゲグループの動向は官憲に掴まれていた。特高に分からなかったのは、ゾルゲがドイツのスパイなのか、それともソ連のスパイなのか、あるいは両方の二重スパイなのか、それが分からなかった。もしドイツのスパイであるならば、ゾルゲは捕まることはなかったでしょう。ドイツと日本は情報の交換協定があったからです。にもかかわらず、ゾルゲがソ連諜報員だとして逮捕されるのは、ゾルゲグループのメンバーが在日ソ連大使官員と秘密に接触したことが、防諜当局に探知された。それが直接的な原因と思うが、いかがでしょうか。

コンドラショフ　ゾルゲと在日ソ連大使館員との接触は、モスクワの指導者たちのゾルゲに対する信頼が失われた結果、始まったと思います。もともとゾルゲは、在日ソ連大使館員と接触する気持ちはありませんでした。だからこれは間違いというより、犯罪に近いです。

（追記）この「上申書」は下書きなのか、それともこれによって実際に表彰が行われたのか？　それはこの資料全体の価値に関わるため、当然の疑問と言えよう。

最近、ふとしたきっかけで、この「上申書」に出てくる河野啓の遺族から昭和一八年一月一五日付で、警視総監吉永時次が河野啓に授与した表彰状のコピーが送られてきました。そこには「国際共産党対日諜報機関の検挙に関し功績抜群にして、一般警察官の亀鑑たり。よって特別賞金百五拾円を授与す」としたためられていました。これによって、この「上申書」に基づいて実際に表彰が行われたことが判明したのです。確認はしておりませんが、褒賞上申の対象となった他の特高捜査員についても、同じく表彰が行われたものと推察されます。

第Ⅱ部

リヒアルト・ゾルゲとその盟友たち

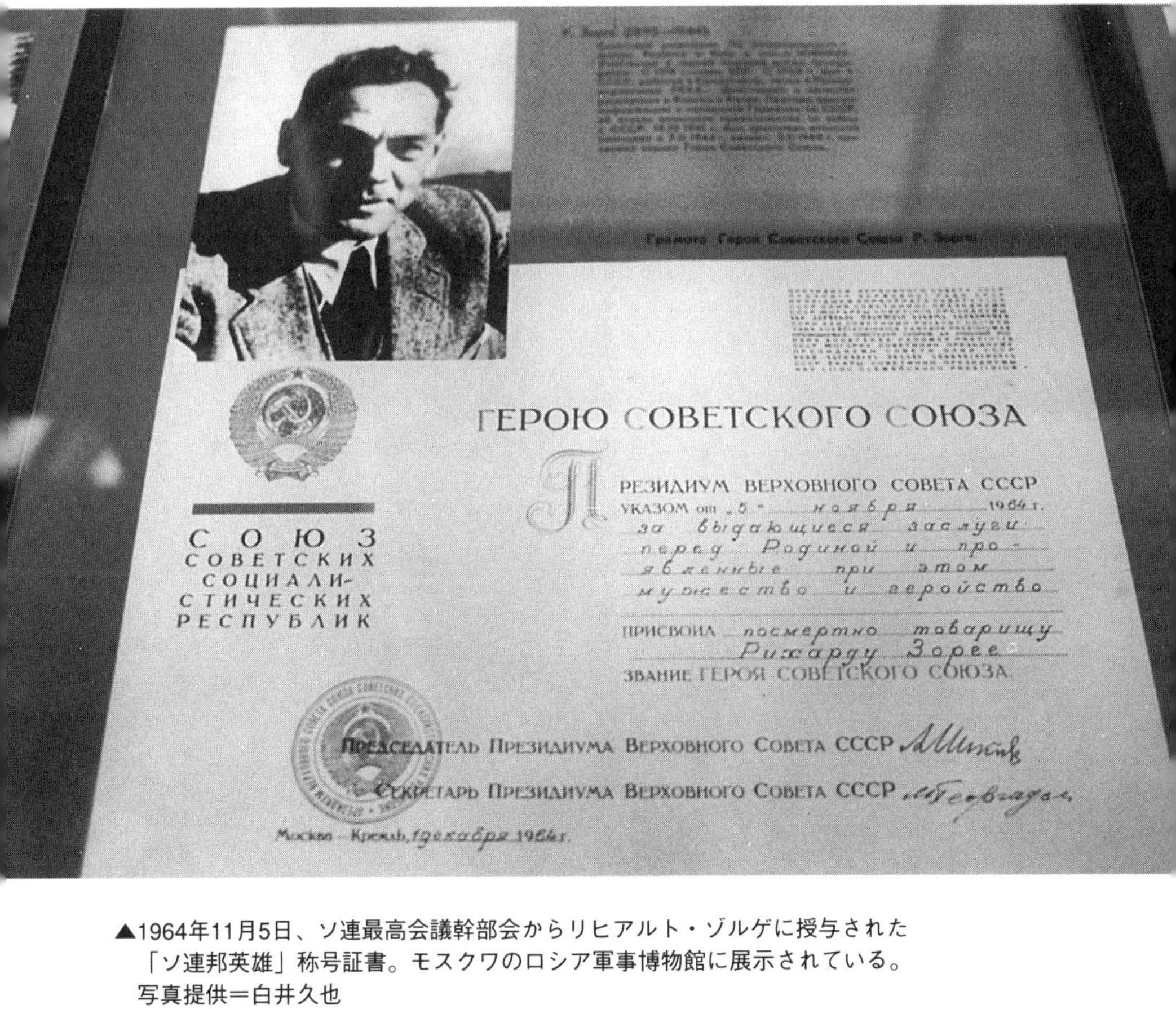

▲1964年11月5日、ソ連最高会議幹部会からリヒアルト・ゾルゲに授与された「ソ連邦英雄」称号証書。モスクワのロシア軍事博物館に展示されている。写真提供＝白井久也

ゾルゲとその仲間たちの諜報活動を巡るソ連本国の評価

ロシア公文書館の未公開資料に基づく分析

コンドラショフ、セルゲイ・アレクサンドロビチ
（旧ソ連対外諜報員、退役中将）

一九四一年一〇月のリヒアルト・ゾルゲ、尾崎秀実ならびにその他のメンバーの逮捕は、多くの国々の諜報機関にショックを与えた。米国の諜報部員たちは、最初のニュースを聞いて、ゾルゲ、尾崎ならびにその他のメンバーが、ドイツと日本の軍事・戦略計画に深く食い込んでいるとの印象を持った。西側諸国の政府は、ゾルゲとその仲間たちの高度な諜報技術を目の当たりにして、極秘の計画や文書の保管について、不安を感じるようになった。

オット駐日大使の極秘電報

東京駐在のドイツ大使オットは、ベルリンの外務省宛書簡の中で、ゾルゲの逮捕が日独関係や日本の参戦の見通しなどに、いかなる影響を与えるかというテーマを論じた。西側の反応はもっと明瞭であって、ベルリンのドイツ外務省の東京駐在ドイツ大使オットの極秘電報（一九四二年三月二九日付№九八〇）によれば、次のようなものであった。

「ゾルゲは一九三〇年以降極東にやってきて、優れた東アジア関係通となった。私が覚えている限りでは、私は一九三四年に初めて彼を紹介された。このときまでに彼はすでに国家社会主義労働者党（ナチ）の党員であった。大使館ならびにナチ党代表部の書類によると、ナチ党の支部がゾルゲの入党を推薦したように結論づけることはできない。同時に、大使館がゾルゲを『フランクフルター・ツァイトゥンク』紙に推薦したと確定することも困難である」

「私もまた、前の海軍武官のようにスパイ業務に関するものではなく、軍や海軍艦隊に関わるような主として政治的な出来事について、ゾルゲから継続的に情報を得ていた。ゾルゲはまた、時々、空軍武官にも技術的な面での情報を与えていたことを私は確認している。ゾルゲが渡していた情報は、完全に信頼できるものであった。もっとも、それ

らの情報の大部分は、日本に良いコネのある経験豊かなジャーナリストであれば、入手できる状況にあった。こうした情報とは別個に、近衛の側近から入手した情報もあったが、これについては別途、述べることにする」

「私は一度も、ゾルゲがコミュニストであるとか、反政府運動に従事しているという疑いを持ったことがない。武官、ナチ党の高官、当地の報道機関の幹部なども私と同様、異口同音にそのような疑念を差しはさんだことがないと断言している。ドイツのジャーナリストたちもまた、ゾルゲの逮捕後、私に共通の手紙を寄越して、その中で、ゾルゲの擁護を述べ、ゾルゲを共産主義活動をやっていたと非難することは、当を得ていないと考えている。彼らはまた、この問題に関する証拠をあげる準備ができていると声明した。警察にコネがある当地の代表も、私に対して一度も疑惑を述べたことがなかった。時折、行われる酒宴で、ゾルゲは自分の人柄を偉く見せようとする傾向があったが、当地のドイツ人たちはいつも彼を嬉しそうに見ていた」

コミンテルンの闘士の評判

東西の政治的リーダーたちによって認識されたドイツ軍統帥部とドイツのナチス指導部の計画に対する深部に至る諜報活動の浸透は、コミュニストやその同調者によって、指導的な国家の政治的に脆弱な秘密を暴露される恐怖を伴い、西側の社会政治評論で、ゾルゲをコミンテルン（共産主義インターナショナル）の闘士として、もてはやすことになった。この意味で、ゾルゲはコミック（劇画）の英雄となった。

欧州やその他の諸国では、仏独合作映画「ゾルゲ博士、あなたは何者か」が広く上映された。この映画はリヒアルト・ゾルゲの生涯と活動を、大きな過誤もなく客観的に描いているので、フランスの監督イブ・シャンピを正当に認めてやらなければならない。しかし、ソ連は沈黙している。

欧州で五年間働き、一九六二年にモスクワへ帰り、この映画を二回観た印象によって、私は国家保安委員会（KGB）の指導部に、この映画を購入して、ロシア語版を作ってソ連国内で上映するよう上申した。この問題を文化相E・A・フルツェワと検討したさい、彼女は「すでに見た」と言って、拒否した。驚いたことには、「わが国でこの映画を上映するのは絶対に反対である」と述べたそうだ。理由は映画の中に、マルクス主義文献の中傷があったということであった。私はこの意見には同調しない。説明をしてみたい。ゾルゲはカール・マルクスと近い人々と親戚の関係にあると言われており、決してマルクスの名誉を傷つけることはないのだが、文化相の考えを変えさせることはできなかった。そのとき同席したＷ・Ｅ・セミチャストヌイが、ゾルゲの映画を観るようＮ・Ｓ・フルシフチョフを説得して、上映が許可された。

当時、国家保安委員会（ＫＧＢ）と軍参謀本部諜報総局（ＧＲＵ）の指導部の間で、リヒアルト・ゾルゲとその仲間たちの生涯と諜報活動に関して、双方が所有しているあらゆる資料を徹底的に分析するための話し合いが行われていた。ＧＲＵ側でこの作業を任命されたのは、当時のＧＲＵ次長Ｐ・Ｉ・チスチャコフであった。ＫＧＢでこの作業を担当したのは、本日この報告を行っている私で、自らの要員の起用を考えていた。

選挙で旧東独最高首脳を破ったゾルゲ

ゾルゲがモスクワへやってきたいきさつや、彼のコミンテルン（共産主義インターナショナル）執行委員会での活動は、多くの刊行物があるので、良く知られている。ただし、モスクワのドイツ人共産主義者クラブでの社会的な活動はほとんど知られていない。ドイツ共産主義者クラブの会議議事録は、公文書館で保存されている。その中には、たくさんの有名なドイツ共産主義者の移住者が含まれている。一九二六年春に、リヒアルト・ゾルゲはクラブの議長となった。全ソ連邦共産党（ボリシェビキ）クラスノプレースネンスク地区委員会のクラブ代表として、ゾルゲは次のような呼び掛けを行った。それは、ピオネール（共産少年団員）組織によって、最近設立された、人民管理委員会（ＫＮＫ）指導部のためよく知られたピオネール活動に、同志を選抜するさい、援助するというものであった。

同時に、一九二六年五月六日のＫＮＫの集会の議事録もある。ゾルゲはその中で、ドイツの中隊がキエフ軍管区の赤軍部隊を訪問するニュースを述べ、ＫＮＫが支援することを明らかにした。

モスクワのドイツ共産主義者クラブには、一九五人が加入していた。一九二六年一〇月一〇日の選挙報告集会に、一〇一人が出席した。クラブの理事会の選挙で、ゾルゲは全投票者の六五票以上を獲得したが、ワルテル（ウルブリヒト　訳注　のちの旧東独国家評議会議長兼社会主義統一党第一書記）はたった四六票しか獲れなかった。

しかしながら、ゾルゲはコミンテルンでの共産主義運動や業務の面で積極的に関与し、首尾一貫した立場をとったにもかかわらず、共産主義運動への積極的な参加と諜報活動を結びつけることには、反対の態度をとった。

ＧＲＵに根強いゾルゲの二重スパイ説

諜報活動に関する資料を研究するさい、一九三〇〜四〇年代にかけて、ＧＲＵの中に確立された「ゾルゲはドイツ人であり、だから日本のスパイである」という考え方と、ゾルゲは突きあたらざるえを得なかった。ゾルゲは父親がドイツ人であって、ドイツ軍兵士として第一次世界大戦に参戦したことを除いて、ゾルゲにそのような疑惑を口実にしてケチをつけるのは、今や難しい。

諜報総局の前第二部部長のボーリン・ガイリスは一九三七年八月一九日に、次のように言っている。

「ゾルゲはまぎれもないドイツ人であり、日本とドイツのスパイの可能性がある。私がそう確信しているのは、彼の情報資料にもとずくのみではなくて、次のような事実によるものだからだ」

（ａ）ゾルゲが上海で赤軍諜報総局の諜報員であったとき（一九三〇〜三三年）、彼はそこでコミンテルンのスパイだという噂があった。上海の外事警察はこのことを知っていた。これに関連して、ゾルゲはモスクワへ召喚された。

（ｂ）上海の諜報機関が東京にいるゾルゲと連絡をとるため、中国人を派遣してきた。あとで説明するが、彼は挑発者で、諜報総局の他の諜報機関指導者の失敗に関係があった。ボーリン・ガイリスは似たような事情に起因する別の疑惑を取りざたしていた。他の要員に対しても行われたそのような決めつけ方は、その時期にゾルゲに対して極度の偏見にとらわれた気分を生むことになった」

ゾルゲに関係のあるＧＲＵの管理職は、その時期に次のように言っている。

一　「ゾルゲの任務」について、私は一九三七年後半に初めて知るようになった。当時、私はＧＲＵ日本課長補佐に任命された。課長はＳ少佐であった。一九三八年、Ｓの逮捕後、私はこの課の課長となり、一九四一年七—八月までゾルゲと仕事上の関係を持っていた。

二　私は個人的にゾルゲと会ったことはなかった。彼の任務については、彼から送られてくる情報のみよく知っていた。それらは量が多く私の見方によれば、非常に貴重なものであった。

三　私は心の中でつねに、「ラムゼイ」はわれわれのために誠実に働いていると確信してきた。なぜならば、彼が送ってくる情報が、このことを裏付けているからだ。しかし、当時存在した状況は、どんな仕事についても故意ではなしに、みんなが猜疑心を持たざるを得なかった。ゾルゲに対しては、とりわけ明確な警戒が必要であった。とりわけこのことは、私の上司のS課長が一九三八年に逮捕されてから、私にとっては顕著なことになった。Sは他の要員の出席の下に私と法廷で対審したとき、自分は「ラムゼイ」を個人的に日本人に売ったとはっきり述べた。

この当時の書類を読みながら、首尾よく行ったゾルゲの諜報活動の否定できない証拠と比較検討せねばならない。最も明確にゾルゲに対する諜報総局の態度を表明したものは、一九三八年二月七日のヤン・カルロビチ・ベルジンの自筆の供述書であった。

ヤン・ベルジンのゾルゲ観

ゾルゲつまり「ラムゼイ」は、一九三一年にドイツのジャーナリストを装って諜報総局の諜報員として上海へ派遣された。その際、彼に与えられた課題は、経済、政治事情とともに、中国に対する英国人、日本人、それにドイツ人の浸透状況の解明であった。彼はドイツ経由で中国に行った。彼自身そこでブルジョア新聞(注1)（多分、「ベルリーネル・ターゲブラット」）の代表者としての資格を獲らねばならなかった。彼はそれをやってのけた。

ゾルゲ即ち「ラムゼイ」は、上海で活動しながら、中国に関する満足すべき情報を送り、数々の知己を得て、中国人の間に関係を作った。日本に対する諜報活動を組織化するのに困難を伴ったので、私は彼を対日諜報活動のため、利用しようと考えた。なぜならば、彼は中国で極東情勢を調査し、ジャーナリストとして確固たる立場を築いていたからであった。

一九三二年に「ラムゼイ」は報告のためモスクワに呼び戻されて、一九三二年の終わりまたは一九三三年前半に、日本で活動を行う可能性について、意見を求められた。彼は日本で働くことが十分可能だ(注2)（ドイツ人ジャーナリストの資格で）と考えた。私が記憶している限りでは、諜報総局副局長メリニコフが日本におけるゾルゲ「ラムゼイ」の非合法諜報機関組織化計画とゾルゲ自身への指令を作成した。ゾルゲ「ラムゼイ」に与えられた課題の中には、日本の巨大なセンターの一つ（地方的な条件でも彼にとって住むのに便利なところ）に非合法諜報機関を作って、われわれとの無線交信を行わせ、日本に関する軍事情報を提供させることであった。この年中にもラムゼイは西ヨーロッパ経由で中国に帰任させ、そこで上海の諜報機関の業務を新しい諜報機関に引き渡して、そこから日本へ派遣することになった。無線技師について私が記憶している限りでは、彼にモスクワで無線通信の特訓を受けた中国人をつけてやったことだった。ラムゼイとの連絡（文書の場合）は、上海にある特別な秘密の会合場所で行われた。それとともに上海の諜報機関が報告をさらに手直しした。この諜報機関の組織化の時期は、非常に長く続いたのである。

私は仕事の引き継ぎに当たって、ウリツキーにこのことを頼んで、「ラムゼイ」を報告のために呼び戻すことをすすめた。一九三七年に諜報総局に戻って、「ラムゼイ」の業務について知ったとき、私は「ラムゼイ」自身と彼の全諜報員仲間が無線機とともに、東京のドイツ武官の部屋に移ったこと、ドイツ武官はあたかも「ラムゼイ」のエージェントになったかのようであったことを知った。(注3) 諜報機関に関して、ラムゼイに諜報資料を与えるその他のいかなる重要な通信手段も登録されていなかった。事務引き継ぎに際して、ウリツキーが「ラムゼイ」の仕事について語ったところによると、彼は「ラムゼイ」の仕事は満足がいくものだと考えており、ラムゼイはあたかも日本人の施策に関して、何らかの警告的な情報を与えているようだった。

ゾルゲは日独の秘密諜報員か

「ラムゼイ」ゾルゲはわれわれ（諜報総局）をドイツの諜報局からの攻撃にさらすという私の疑惑について、私はそのような可能性があることをアルトゥゾフに話した。同時に、諜報総局長ウリツキーにも引き継ぎのときに伝えた。私は、ゾルゲがドイツ諜報機関のスパイであるという確実なデータの持ち合わせがなかった。私はドイツ諜報機関にコネがあるが、ドイツ人がこれに関して詳しく知っているとは思えなかった。

私がゾルゲの活動に疑いを持つようになったのは、彼が上海で勤務していたとき、蔣介石のドイツ人顧問から情報を得ることを頑強に避けようとしたことによる。それにもかかわらず、諜報総局が持っている資料によると、次のことが明らかとなった。つまり「ラムゼイ」ゾルゲはドイツのスパイであると同時に日本のスパイでもあり、諜報総局に対してデマ情報を流し、彼が受け取った巨額な活動資金は、事実上ドイツの諜報機関のものとなってしまったことであった。このことは、カリンとアルトゥゾフによって上海の諜報機関に派遣されたブローニン（逮捕後に名誉回復）が、一九三七年六月に中国から帰国後に書いた報告書によって、私が確認したものである。

ゾルゲに対する機関要員の否定的評価

私はこの供述書を読んで、心臓が締め付けられる思いがした。なぜなら、ヤン・ベルジンのような経験豊かな軍事諜報機関の指導者が、無条件で献身的な働きをしたにもかかわらず、困難な時期に軍事諜報活動に入り、一九三〇年代終わりから四〇年代初めにかけてあらゆる国で特別な任務についた多くの他の士官のように、十分な評価を受けていないからであった。ベルジンの供述書が示しているのは、彼が仕事の面でゾルゲについて否定的な見解を持たざるを得ず、同時に、中傷の積み重ねの存在について、言及せざるを得なかったことであった。それは一九四〇年一〇月二二日に、機関要員の一人がまとめた意見によって、理解することができる。

ラムゼイの非合法諜報機関

この諜報機関の設立の歴史や、その信頼性の問題は、十分に明らかとなっている。諜報機関が信頼されていないことは、戦時中に分かっていたが、疑いをさしはさめなかった。

ラムゼイの諜報機関とともに、何をするのか？

一　ラムゼイはたとえ彼が裏切られても、価値のあるいくつかの情報を発信せねばならないので、諜報機関を守ること。さもないと、彼は正体を暴露される。この状況は最後まで、利用せねばならない。同時に、彼の情報に対して極めて厳しい態度をとり、現在や将来もデマ情報の試みを暴かねばならない。

二　ラムゼイの無線技師の助っ人として、強力かつ信頼性のある要員「フリッツ」を任用すること。ラムゼイとその諜報機関をこの人物を通じて、点検させること。彼に固有の暗号、非常の際の合言葉、逃走に必要な資金を与えること。

三　ラムゼイの活動と彼の印象を点検するため、グルシェンコとラムゼイを引き合わせる可能性の問題について、よく考えること。グルシェンコはこの会見に決してケチをつけようとはしなかった（武官たちも諜報活動に従事することがどういうことか、周知の事実であった）。しかし、ラムゼイに対して、いくつかの影響を与えることができた。

ゾルゲ情報の客観的な評価

これとともに注意しなければならないのは、そのような困難な時期に、ゾルゲの活動や彼が入手した情報の価値を客観的に評価する試みが行われたことであった。一九三八年末にまとまった、調査員の総括的な文書は次のように言っている。

「ゾルゲ・リヒアルトは一九三三年八月一六日に非合法活動のため、日本へ発った。彼はいくらかの時間を割いて、自分の身分を合法的なものにするための工作を行った。それは、ドイツの新聞記者として働くかたわら、例えば『ゲオポリティク』（地政学雑誌）のようなドイツの一連の雑誌に寄稿して、日本の政治や経済の諸問題の解明を行うことであった。東京のドイツ人のサークルと非常に密接な関係を持っていた。密接な関係があった点では、ドイツ陸軍武官オット大佐やドイツ大使フォン・ディルクセン、ドイツ大使秘書官（氏名不詳）、日本におけるドイツ・ファシズムの代表も同じであった。

もし、ゾルゲの個人的な届け出を信じるならば、ゾルゲと彼らの関係は、暗号機器『エグニマ』に使われたドイツ語テキスト三ページをゾルゲに使わせるほど深いものであった。日本からウラジオストク経由で、ラムゼイとの無線連絡網が確立された。彼はこれを使って、一週間に三回定期的に無線通信を行った」

ゾルゲが暴露した日独交渉の経過

彼が冬期を通じて送ってきた基本的な資料で最も価値あるものは、主としてソ連に敵対する日独協力に関する日独交渉の経過であった。ゾルゲが送ってきたあらゆる文書や資料が示すところによると、日独協力はすでに確立されていたが、協定を文書で取り決める合意にまでは立ち至っていなかった。送られてきたあらゆる資料の大部分は、公式のドイツ代表の報告書であって、しかも、その中の所属すべき大半（圧倒的多数）は古くなった資料であった。それらは一九三五年までの満州や北支に関係したもので、十分、利用価値があるとは言えなかった。資料の中で、技師ズナーメンスキーが締結するに当たって、報道の価値があると考えられる軍事技術はなかった。資料は日本の権力と東京にある商社「エルリコン・ガズド」代表との交渉に関係したものと考えられた。そして、それは主として、飛行機の翼につける二〇ミリ機関砲の販売に関するものと思われた。

報告が示すところによると、ラムゼイは日独交渉の暴露に重要な役割を演じた。しかし、言っておかなければならないのは、ラムゼイは日独の軍事協力のみではなく、政治全般に関する防共（反コミンテルン）協定の問題を一再ならず考えたことである。ところが、他の情報源によって明らかになったところによると、日本の外務大臣はベルリン駐在大使武者小路を通じて交渉を行い、「重心は防共協定におかれることになった」。さらに、発表に先立つこの時期は、協定の条文の作成に当たって、日独代表の活動が一段と強化され、英国をもこの協定に引き込もうと画策が行われたのであった。（傍線は原文）

九月の初めに、ラムゼイは次のことを通報してきた。日独関係と条約の調印は、一九三六―三七年の秋か冬に見直されることになろう。前の案と比較して、新しい協定は政治的、経済的項目に言及している。他の情報源から明らかになったのは、日本の外務省は八、九月にヨーロッパ駐在の大使に、協定の発表は最も都合が良い時期を選ぶよう、すでに話をしていたことだ。

日独防共協定の調印

一〇月の終わりに、ラムゼイは次のことを伝えてきた。交渉は終わりに近づいており、協定は間もなく発表されるが、内容はより広範なものになるだろうというものであった。一一月一九日にラムゼイが伝えてきたのは、一一月末もしくは一二月初めに防共協定（歴史的に反コミンテルン条約と呼ばれてきた）が発表されるということであった。しかし、協定のテキストには触れていなかった。同時に、ラムゼイは日独間にはまだ軍事協定が存在せず、次の三点について参謀本部の合意があると伝えてきた。

（a）日本軍の装備近代化のため、ドイツが最新の軍事技術を提供すること。

（b）ドイツ士官を教育のため日本へ派遣すること。

（c）ソ連に関する情報の交換。

こうして、防共協定は一一月の発表前から、ラムゼイの通報によって内容があらかじめ分かっていたのであった。同時に、ラムゼイが大変豊富な情報を持っていることを示していたが、それはオットの東京への帰還と結びついていることは、言うまでもなかった。日独協定は一九三六年一一月一四日まで、未公開文書の中に蔵い込まれていた。日独防共協定は一九三六年一一月二五日、ベルリンで、ドイツ側リッベントロップ（訳注　ドイツ外相）、日本側武者小路子爵によって調印され、発効した。協定の有効期間は五年だったが、やがて戦争中にドイツの一連の同盟国が加わって延長された。

ゾルゲの個人的な申告（総括的な書類により詳しく述べられている）によると、諜報網は八人を限度とすることになっている。しかし、この八人のすべては通信担当者シテイン、妻帯しているジャーナリスト、家主ジガロ、それにいまだに本名が分からない「スペシャリスト」というニックネームで呼ばれている一人の日本人で、たまに働いていた。残りのメンバーは金を提供されていたが、彼らの仕事が何に結びついていたか、また、彼らがそもそも働いていたのか、まったく知られていなかった。これらの人々は存在したが、ゾルゲが彼らを積極的に使うつもりはなかったのではないだろうか。

「スペシャリスト」の働きには、一連の疑わしい要素があった。まず第一に、日本の兵器に関するデータは著しく過大であった。例えば、大砲の射程である。第二に、一九二九年に有名な日本人挑発者「一五―二六」によって情報が伝えられたカテゴリー（a）と（b）の師団名が挙げられたこと。第三に、機関銃に関するゾルゲのデータが諜報総局の一九三二年の日本の軍事力に関する極秘の問い合わせによって得たデータと一致したこと。

「スペシャリスト」に対して、最終的な結論を出すのは困難だが、この人物はどんな場合でもじっくり観察して、一層研究する必要があった。ゾルゲの度重なる頼みにもかかわらず、「スペシャリスト」は自分の情報源やその指揮下にあった人々の詳細な情報を教えたことはこれまでなかった。彼らの特性の叙述はなかった。個人的な経歴のデータもなかった。まして、彼らの氏名は分からなかった。非常に特徴的だったことは、ゾルゲは日本にいたほぼ三年間、日本の軍事力や戦争準備に関して、ドイツ陸軍武官や他の公式の軍事代表の報告を一度も送ってこなかったことだ。陸軍武官と近くて親しい関係をもっていたのに、ゾルゲがそれらの資料をもらうことができなかったのは、奇妙なことであった。私の到達した個人的見解によれば、私はこのことを絶対に確信することができない。ゾルゲはわれわれよりもはるかにドイツ陸軍武官に働きかけていたばかりか、そのこと自体何ら疑いをさしはさむ余地はなかった。なぜならば、彼に対して悪意や非難すべき行動をとるべき、いかなるデータも持ち合わせていないからだ。活動の性格自体は、ドイツ人たちはわれわれよりもゾルゲから大きな利益を得ていたというのが、私の結論である。

ゾルゲに対する信頼性

ここでリヒアルト・ゾルゲの諜報活動に関する基本的な評価の問題、つまり彼に対する信頼性の問題について触れてみたい。これに関連してまず第一に言えることは、ゾルゲは彼を良く知っている人々の一連の一貫性がある評価と見解を得てから、軍事諜報機関に入ったことだ。文書にはT・T・マヌイリスキー、エーベルト、スモリャンスキーによる次のようなリヒアルト・ゾルゲの推薦の言葉がある。

「ドイツにおける活動に関して、一九二四年から同志ゾルゲを知っており、彼は同志として信頼に値すると考えている」（マヌイリスキー）

「一九二五年から二年間にわたって、共産主義インターナショナル執行委員会で同志ゾルゲとしばしば会った。私の見解によれば、同志ゾルゲは完全に信頼に値する」（G・スモリャンスキー、一九二七年六月二〇日）

「私は一九二一年から同志ゾルゲを知っている。同志ゾルゲは完全に信頼するに値すると考える」（A・エーベルト、モスクワ、一九二七年六月一九日）

ゾルゲを評価するウリツキー

私が以前に引用した自分の補足的な見解によれば、次のように書かれている。

「ゾルゲのいくつかの行動の要因と生活はウリツキーの注意を引いたらしく、彼はクーシネンに東京でのゾルゲを監視するように頼んだ。それにもかかわらず、同志ウリツキー、アルトゥゾフ、カリンらはゾルゲが非の打ちどころのない要員で、最も優れた諜報活動指導者で、アルトゥゾフの言葉によれば、いずれにせよ叙勲に値すると考えている」（傍線は原文）

この観察、つまり一九三五年から一九三七年にかけての時期に情報の評価で、われわれはこう考えている。

「電信の情報と文書の郵便は、ウリツキーからつねに高い評価を得ていた。あらゆる電報から党中央委員会、党委員やその他宛の特別情報が必ず作られた。

今この時期にあらゆる電信情報の詳細を追跡調査することは、可能とは思われない。なぜならば、電報のついた『メモ』は消失してしまっているし、特別情報のコピーは入手が不能なためだ。文書郵便も全部、同様だ。情報源『スペシャリスト』からたびたび資料を送ってきている。資料は以前のように日本軍の組織や技術に関するメモだ。

高い評価を受けていたけれども大部分、疑わしいことが歴然としていた」

一九六二年から六四年にかけて行われた調査によれば、ゾルゲについて指導部が行った仕事の中には、大量の歪《わい》曲《きょく》とあからさまな中傷が存在した。手短に言えば、否定的な評価は、根拠のないものであった。しかし残念なことに、全般的に猜疑心が満ち溢れているこの複雑な時期に、客観的な評価を下す勇気を持っている人は、少なかった。

中国と日本におけるリヒアルト・ゾルゲの諜報活動は、政府関係の歴史の文字通りユニークな現象に数えられたものもあった。それは、恐らく近い将来に損なわれるであろう国家利益を巡るせめぎあいと闘争で、価値を発揮する秘密や機密が世界に存在する限り、長い時間をかけて世代から世代へと伝えられてゆくであろう。リヒアルト・ゾルゲはイギリス人ローレンス・アラビンスキー、キム・フィルビーら同国の五人の「俊秀」、またロシア人アベーリ、アレクサンドル・コロトコフ、それに彼らと同様の人たちのように、滅多にお目にかかれない人物の存在を知っていた。彼らの自己犠牲的な生活と活動は、多くの民族によって脅かされる問題の解決に役立ったばかりか、多くの破滅を回避することを助けたと考えられている。

リヒアルト・ゾルゲと彼のグループは、中国とそのあと一〇年間、日本で情報入手のために能率的に働いた。もしソ連指導部に彼の情報を方向づけして評価する人がいて、その情報を正しく評価し、しかるべき措置をとっていたならば、ナチス・ドイツの対ソ侵攻を予防できたかもしれない。

在日ドイツ大使館に食い込んだゾルゲ

ゾルゲ・グループは九年間（訳注　八年間の誤まり）、ひどい緊張を強いられながら活動して、彼ら自身が作った条件のお蔭で、摘発を免れた。リヒアルト・ゾルゲは信念のあるコミュニストで、日本におけるゲシュタポ（訳注　ナチスドイツの秘密警察）の代表マイジンガーと調子の良い関係を持ったお蔭で、忠誠心に富んだナチストという評判をとった。非合法とゾルゲの関係については、いくつかの事実によって、判断を下すことができるが、私は今、たった一つのことを例として挙げることにする。ドイツ大使館員との日常の接触に当たって、ゾルゲがロシア語を知っていることを疑った者はだれ一人いなかった。彼は自らを根っからのドイツ人であると見せかけ、彼のドイツ愛国主義に疑いをさしはさむ人はいなかった。グループの瓦解は、グループの参加者の過誤によって説明されるものではなくて、軍事諜報機関の作戦指導部の行動に関係する宿命的な事情が重なり合った結果によるものであった。ゾルゲは東京のドイツ大使館の舞台に深く食い込んで自然に根を下ろし、それが称賛の的になった。ドイツ大使オットはベルリン宛の電報で、ゾルゲが大使館の中で極秘文書を幅広く閲覧していたという告発について、身の潔白を証明しようと務めた。

ゾルゲに関する文書でしばしば言及されているのは、ゾルゲは高いレベルで上海で活発に活動したことだ。彼はそこでいくつかの貴重な情報源を獲得した。それらは中国と日本で彼が働いた全期間にわたって、重要な情報の入手に役立った。西側の諜報機関はのちになって、ゾルゲの活動を調べて、中国で彼によって協力に抱き込まれた諜報員は一六人にのぼったと見ている。ゾルゲ・グループに入った人々の大半は、共産党員もしくはコミュニストのシンパであった。このグループに入っている代表者の民族別国籍で、ロシア人は一人もいなかった。換言すれば、ゾルゲは実に効率的な非合法の諜報機関を創立したのであった。

主要な日本人協力者、尾崎秀実

ゾルゲはもちろんその仲間たちも、高く抜きん出た教養と国際問題に対する幅広い見識を持っており、そのことは彼をしてしかるべき水準の情報の獲得を可能たらしめた。ゾルゲの諜報活動が成功を収めることができたのは、日本人で彼の主要な協力者となった尾崎秀実の存在を抜きにしては語れない。リヒアルト・ゾルゲの勲功に関する記憶は、尾崎秀実ならびにその他の日本人、さらに国際的なこのグループの日本人以外のメンバーの記憶と不可分に結びついている。

尾崎秀実は著名な日本人ジャーナリストの子息であって、彼の父親は家族とともに台湾へ移住し、彼はそこで台湾の有力紙の編集局長に任命された。秀実は台湾で中学校を卒業。その後、東京の第一高等学校（カレッジ）に入学、同校を卒業して、東京帝国大学法学部に入学、一九二五年に学位論文の審査にパスした。この高校および大学の卒業生は、彼らの仲間が企業の経営者や官庁などの幹部になることを知っている。尾崎秀実のような才能がきらめき、教養がある若者は、自分の国を知ることができ、信ずる人と自分の知識を分かち合い、すべての知識を持つ良い友人を得ることができる可能性を持っていた。尾崎はそうであった。

大学教育を終了した尾崎は、経済学と社会学の分野で、自分の知識を深めることを続けた。父親がジャーナリストとして出世した例を見て、「朝日新聞」東京本社に入った。一九二八年に、彼はこの指導的な新聞の特派員として、上海に派遣された。彼は中国に三年間在住し、その間に、ゾルゲと出会って彼に協力するようになった。一九三四年秋、彼は東京へ転勤して、東方問題を研究する「朝日」編集局のグループに入った。彼は中国問題に関する著名なエキスパートとして有名になり、この問題についてたくさんの論文を発表した。

一九三八年六月に、尾崎は近衛内閣の非公式な顧問に任命された。尾崎は一九三九年六月に、南満州鉄道（満鉄）東京支社の顧問になった。満鉄は単なる鉄道会社ではなくて、大日本帝国の目的として、満州に関するすべてのロシアと中国問題を含め、満州に対して関係のあるあらゆる問題の広範な研究に従事する専門家を擁していた。尾崎のこの任命は、ゾルゲが日本とソ連の軍事紛争の計画や可能性について研究するために、重要な意義があった。尾崎の協力を取りつけたゾルゲは、推薦状が必要で、尾崎からそれを受け取った。

ゾルゲは尾崎が中国の国内事情に関する情報を入手するよう頼んだ。尾崎の同意は、コミンテルンが当面している課題とは関係がないもので、彼が加わっているグループの活動に由来したものであった。赤軍参謀本部諜報総局に関連して、尾崎がゾルゲの存在を知ったのは、逮捕後の警察の尋問によってであった。尾崎はゾルゲの要請に対して、助力することを同意したが、それは何らかの形で国際共産主義運動と結び付いているからだった。尾崎は中国問題についてジャーナリズムでたくさん発言し、その結果、中国に関する専門家として、日本で名声を得た。彼はたくさんの論文のほかに、本を五冊出版した。

ゾルゲは中国にいたとき、尾崎以外にも協力者を獲得した。彼らはゾルゲをして、中国と日本に関する政治活動や他分野の情報入手を可能たらしめたのであった。

ブケリチと宮城の献身的協力

ゾルゲの活動的な協力者の一人となったのは、ユーゴスラビア人のブランコ・ド・ブケリチであった。ブケリチは一九〇四年、セルビアの士官の家庭に生まれた。中学校卒業後、彼は芸術に興味を持つようになって、ザグレブの大学の建築学部に入学した。大学での授業で、マルクス主義に関心を持った。学友が彼に入党をすすめた。一九三二年一〇月に、ブケリチは特別な伝手《つて》をたどって、フランスのイラスト雑誌『ラ・ブエ』とユーゴスラビアの日刊紙「ポリティカ」の東京特派員に任命された。ゾルゲの来日後、ブケリチは双方が知っている仲介者を通じて、ゾルゲに紹介された。

東京でさらにゾルゲ・グループに加わった別の協力者に、宮城与徳がいた。尾崎、ブケリチとともに、ゾルゲが最も頼りにした協力者の一人であった。宮城は一九〇三年二月一〇日に、沖縄で生まれた。彼の父は多くの沖縄人のようにカリフォルニアに移住して、ロサンゼルスからあまり遠くない農場で働くようになった。宮城の息子は一九一九年にカリフォルニアで父と合流した。与徳はサンフランシスコで、のちにサンディエゴで学んだ。専門学校での彼の勉学は重い肺病の発病によって、中断されてしまった。

彼はサンディエゴで絵画学校を卒業した。しかし、彼は芸術の分野で業績をあげるための準備を行うことに先立って、さらに一年間農場で働かなければならなかった。一九二六年から一九三三年までに、宮城は他の日本人とともに、ロサンゼルスでレストラン「ソワ」の所有者になった。彼が喜びのために手に染めた絵画は間もなく、レストランから独立した生活を確保するための収入をもたらすことになった。一九二七年夏、彼は結婚した。

宮城と彼のアメリカの友人は、社会問題を勉強するためのグループを作って、マルクス主義を研究するようになった。一九二九年に宮城はプロレタリア芸術協会に入った。一九三一年に宮城はアメリカ共産党に入党した。一九三三年に彼はコミンテルンが派遣した友人の命令によって東京へ渡って、その年にゾルゲに紹介された。幾人かの研究者が指摘しているように、尾崎と宮城はゾルゲと協力することによって、日本とソ連の戦争を予防できると見ていた。

中国から日本への配置転換

中国から日本へのゾルゲの移動、もっと正確に言えば配置転換は、いかなる理由によるものなのか?

センセーショナルな事件が極東で次々に起きて、諜報活動の継続が危険であることを承知したうえで、ゾルゲを直接東京へ送り込まざるを得なかったのだ。ゾルゲも複雑なことが起こりそうなことを明確に理解していた。この問題は、われわれがベルジンの供述書で見たように、ベルジンとゾルゲの間で検討された。

これに関連して述べることができるのは、ゾルゲが中国にいたとき、活発に情勢分析を行い、ソ連と日本の関係の展望に影響を与えたことだ。一九三六年二月六日に中国で発行されたロシア民族センター会報№一三二号に、その理由がこう記述されている。

ドイツの情報源　満州に到着したゾルゲは、極東におけるヒトラー政府の著名な政治、軍事活動家として、満州・内蒙古・北支を巡回したのち、極東の総括的な状況は次のようなものだと認定した。すなわちソ連と日本の間の戦争は、いつ突発してもおかしくなく、彼の戦争のデータによると、どんなことがあろうと、今年夏までに日ソ戦は不可避となる模様。彼は次のような根拠に基づいて、結論を下している。（傍線は原文）

A　とりわけ最近、非常に急ピッチで進められている満州ならびに外蒙古における軍事的な準備に対する観察。

B　日本ならびに満州の著名な軍人と政治家の会見の理由。

C　ドイツの秘密政治部門のデータによると、日本がソ連・モンゴル国境のヘベイとチャハルでとった行動に対応して、ソ連側は外蒙古に向けて軍隊を急派し、軍事的な準備を急ぎ始めた。このことは逆に、日本の軍事指導部に戦争行為を一段と加速させることになった。モンゴル方面では日本にとってとりわけ危険でかつ重大な状況があったからである。日本人たちはこの国境での「会議」に先手を打たねばならなかったのだ。

D　ゾルゲとドイツの外交筋が指摘するところによると、ドイツ軍参謀本部は極東に送った指令の中で、次のような説明を行っている。すなわち、太平洋で米英両国が日本に対抗上実施する軍事的な示威行動を出し抜くために、日本海軍が取り組む軍事計画の遂行にとって、必要な持ち時間は、非常に少なかった。(注4)

もたらされた情報は、戦略的な価値のあるデータをゾルゲが入手する可能性を、さらにもう一度証明した。

一九三一年に満州の領土に対して行われた日本の介入（訳注　満州事変）以後、ソ連諜報員の主たる関心は、日本となった。だからこそ、ゾルゲは上海における自分の活動を終わらせることを要求して東京へ移住し、そこで文字通り新しい諜報網を築き上げることになったのだ。この課題を彼につきつけたのは、諜報総局長ヤン・K・ベルジンであった。

一九三三年、ゾルゲは中国から召喚されて東京へ派遣され、諜報総局東京代表となった。日本でゾルゲは、ドイツ紙「フランクフルター・ツァイトゥンク」の正規の特派員となり、とりわけ日本に関する博学のドイツ人ジャーナリストとして、良い評判を得た。ドイツ同様、日本のジャーナリスト界でも高まったゾルゲの権威は、ドイツ人社会やナチストの間でも、彼の立場を強固なものにして、それがゾルゲをして一九三九年に東京のドイツ大使館報道官のポストを占めさせる要因になったのであった。

オット独大使夫人の協力

東京に在勤中、ゾルゲは、ドイツ人社会やナチスの組織の中で、最も有名な人物の一人となった。彼はオイゲン・オットと友好的な関係を築くとともに、彼の主要な政治顧問となった。オットは一九三四年後半から武官を務め、一九三八年には東京のドイツ大使となった。

ゾルゲのある供述によれば、オットは大佐のときベルリン宛の暗号電報の作成を手助けするようにゾルゲに頼んだ。東京にいたゲシュタポの手先は、大佐のちに将軍になったオットの妻は、ゾルゲの愛人だと思っていた。だが、ゲシュタポの手先は、まったく先見の明がなく、事情にもまったくうとかった。実は、東京にくる数年前に、ゾルゲはドイツで彼女と懇意になったが、その後、東京で会ったときは、ドイツ陸軍武官オット大佐の妻となっていた。陸軍武官がベルリンへ送った情報は、ゾルゲの助力によって、質量ともにディルクセン大使の情報を凌駕《りょうが》していた。このため、ベルリンの事情で大使の更迭が生じたとき、陸軍武官を大使に任命する以外によりよい選択肢はなかった。オットの妻は自分の夫の昇進についてゾルゲに感謝の念を抱き、あるドイツ筋のデータによると、ゾルゲが夫の活動を手助けできるようにした。これにさらにつけ加えるならば、ゾルゲとオットは、東京のドイツ人社会ならびにドイツ人クラブで大きな成功を収めた、ドイツ人アニタ・モールと非常に近い関係があった。

東京のドイツ大使館前三等書記官G・O・マイスナーは、一九五七年にロンドンで出版した自分の本の中で、「オット大使は一等書記官にさえ見せる権利がなかった極秘文書をゾルゲに見せていた」と叙述している。

軍事諜報機関の作戦要員が一九三六年の資料で述べている見解によると、重要な情報を入手する可能性があったのに、ゾルゲはそのときあたかも九〇パーセントは価値がない資料を渡したが、興味のある資料を渡すときは、「オットと私の二人だけがこのことを知っている」と但し書きをつけて、再点検しなかった。この場合、作戦要員はゾルゲの但し書きが価値を強調したものとして理解する状況にはなかった。けれどもゾルゲ・グループのメンバーは、彼が中国から日本へ移って、活動の分野を変えたのちに入れ変えが行われて、ゾルゲの組織の基本的な中核を形成したのは、中国で協力に組み込んだ人々であった。尾崎秀実はゾルゲの主要な協力者で、一九二九年から一九四一年にかけて、中国におけるように日本においても諜報活動を行った。宮城は米国から日本にやってきて、ゾルゲに協力するようになった。

ソ連国境に百五十個師団が集結

一九三七年一一月一六日付の報告の中で、作戦要員はゾルゲの情報を過小評価する傾向があったとして、「最近、ゾルゲは信頼を勝ち取り、関心を満たす一連の情報を寄越している」と述べた。本部が一九三九年五月にゾルゲから受け取った情報の資料から明かになったところによると、ポーランドに対するドイツの攻撃は、一九三九年九月一日に始まるはずで、それが的中した。一九四一年五月に、彼はソ連に対するドイツの戦争を正しく予告、ソ連国境に一五〇師団が集結したことを指摘、軍事行動の総括的な組織行動を知らせ、いくつかの情報の中でファシスト・ドイツの対ソ攻撃の日付を特定したのであった。

ゾルゲの諜報活動を成功に導いたのは、東京にいたゲシュタポの代表マイジンガー大佐と個人的に良好な関係を結んだことによる。ゾルゲがドイツ大使館の情報サービスの担当官に任命されたとき、マイジンガーはベルリンの外務省の助力を得て、ヒトラー・ドイツでは国家と個人の職務の兼任は認められてはいないにもかかわらず、ゾルゲがフランクフルター・ツァイトゥンク紙の特派員業務を続ける許可を取ってやった。

マックス・クラウゼンの回想録

公文書館にあるゾルゲ資料には、彼と一緒に働いた、彼のことをよく知っている人々のたくさんの回想録が保存されている。とりわけ完全かつ詳細な回想録は、ゾルゲの無線通信技師だったマックス・クラウゼンから提供されたもので、ゾルゲにとって必要なことが選び出して集められていて、東京でゾルゲと会った経緯が記されている。

ゾルゲとの邂逅《かいこう》は、彼が活動的なメンバーであったドイツ人クラブで行われた。マックス・クラウゼンが語るところによると、彼がクラブに最初に入ってきて会ったのが燕尾服を着てシルクハットを被って立っていたゾルゲで、本物のドイツ人のようにソーセージを売っていた。彼らは握手を交わした。そして、マックスは新来者として、クラブの代表に自己紹介して、その少しあとで、クラブの代表が彼をゾルゲに紹介した。マックスとリヒアルトは話し合って、ドイツ人のレストラン「フレデルマウス」で落ち合うことにした。ゾルゲはそこでマックス・クラウゼンをブケリチに引き合わせ、ブケリチの家に通信機を置くことになった。ブランコ・ド・ブケリチはユーゴスラビアの出身で、フランスの通信社「アバス」と、いくつかのフランス紙の特派員であった。ブケリチはしばしばゾルゲとクラウゼンの間の連絡をやったが、ゾルゲとはめったに会わなかった。ブケリチはデンマーク人女性エディットと結婚していて、フランス語とドイツ語が上手であった。

マックスは近衛連隊の近くにある家に間借りしていた。彼は東京の各地で購入した部品で通信機を組み立てた。マックスが通信機を組み立て中の一九三六年中頃に、ゾルゲはモスクワ中央にマックスを暗号通信の作業に使ってよいかどうかのお伺いを立てて、本部の許可が下りると、マックスがその業務につくことになった。

夏にマックスの妻アンナが上海に到着、マックスとアンナはそこで落ち合ったのち、上海のドイツ領事館で結婚登録をした。上海経由でモスクワとの郵便連絡ルートがあって、クラウゼンは上海で諜報連絡員にフィルムのパトローネ（三五ミリフィルム用容器）を渡した。

茅ヶ崎海岸にクラウゼンの隠れ家

さらにマックス・クラウゼンは自分の回想録に書いている。「一九三七年、警戒を一層強める狙いで、私は横浜西部の茅ヶ崎海岸に別荘を借りた。それは庭付きの典型的な日本の夏の家屋で、海水浴場からほぼ三〇〇メートルぐらい離れたところにあった。家のそばに杭が立っていて、私は簡単に通信機の隠し場所を作り、砂質土壌を掘って通信機の入った箱を埋めた。夜、私は自分の車で東京から六〇〜八〇キロ離れた所へ行き、別のところから発信してみた。さらに、茅ヶ崎にはゾルゲがしばしばやって来た。そこにはたくさんのドイツ人が住んでいたからだ」

「私の住居には、ヒトラーの肖像写真が吊るしてあった。われわれは偽装せねばならなかった。日本の警察にとって、ヒトラーは、彼らに本物のドイツ人と一緒に仕事をしているという良い印となった」

「西側で言われているように、リヒアルトがたくさんの女性と関係をもったという話は、事実と合致しない。リヒアルトが馴染みになった女性たちの中には、オット大使の夫人がいて、彼女とリヒアルトは近い関係にあり、彼にとって政治的に大きな意味があった。リヒアルトが私に語ったところによると、オットはリヒアルトの助けなしには、ヒトラー政府に詳細な情報を送ることはできなかった。なぜならば、オットはリヒアルトが取ってくるような情報を入手することができなかったからだ。彼にはリヒアルトが持っているようなコネはなかったのだ。私がいくらか知っていることは、リヒアルトは我々の間でオットーと呼ばれている日本人の友人から、例えば日本の中国に対する攻撃の準備状況、これに関連した日本人の中国訪問、南支への日本軍部隊の移動など、焦眉の急を要する良い情報を得ていた。録音や写真フィルムについて私は知らない。なぜなら、通常、リヒアルトとブランコが二人でこの仕事に携わっていたからだ。アニーが三、四日クーリエ（伝書使）として上海に派遣され、写真フィルムを手渡す連絡をやった」

発信場所を変えて無線通信

「無線通信は緊急の必要性に応じて、行われた。私は至急電報を夜に打った。本部は常に受信準備をしていて、ただちに私のコールサインを呼び出して、通信を行った。時折、私は夜通しで働かねばならなかった。これは最初のころの話であった。後になって、私はしばしば発信場所を変え、長文の電文は少しずつ分けて打った。あるとき、電文は二〇〇〇語もあった。私は最初に半分打ち、残りは次の日に打った。なぜならば、全文をいっぺんに送信するのは困難なばかりか、時間が長くかかるからだ。私は車に乗って他の場所に移動し、そこから最後まで無電を打つことがしばしばだった。しかし、われわれがそうしたのは、稀であった。盗聴を避けるため、途中で中断して、残りの部分を次の日や別の時間に送信した」

「ヒトラー・ドイツがソ連を攻撃する何週間か前に、われわれが伝えたのは、ソ連国境に最低五〇個師団（訳注 ヒトラーが対ソ侵攻のためにソ連国境に集結したドイツ軍は一五〇個師団であった）が終結し、六月二二日に対ソ攻撃に移るというものであった。モスクワはこの情報に反応を見せなかった。私がリヒアルトの家にいたとき、モスクワから奇妙な無電が届いた。本部ではこの情報が信用されていないということに帰着する内容であった。このことはリヒアルトを激怒させ、彼は興奮したときにいつもしているように、椅子から立ち上がった。モスクワの背後での会戦（訳注 モスクワ攻防戦）の最中にわれわれが伝えたのは、日本はいかなる状況でもソ連を攻撃せずに、今は太平洋を制圧しようとしているというものであった」

「リヒアルトには非常に大きな意志の力があった。彼を神経質と呼んではならない。われわれはみんな戦争がわれわれに不利に展開していると考えられるときに、神経質になった。その際、部屋に行って話したものだ」

「マックス、君は知っているだろう。われわれはもう選択の余地がないのだ。今や徹底的に働くことしか、成功はない。われわれが勝つために、いかに思い切った変更をしてもだ」

ゾルゲの家で見かけた日本人女性

「彼はスターリングラード攻防戦のときにも、このことを言った。当時、状況はかなり悪いように見えた。しかし、私はリヒアルトが神経過敏とは思わなかった」

「私はリヒアルトの家で二回、日本人女性を見かけた。それがミアキ（訳注　三宅華子のこと）であったかどうか話すことができない。なぜならば、リヒアルトは私に彼女の名前を教えなかったからだ。しかし、私はこの女性をレストラン「フレデルマウス」かレストラン「ケトラー」で見かけたことがある。私は彼女がダンサーだということはできない。と言うのは、私が彼女を見たレストランでは、ダンスをやっていなかったからだ」

「さらに、私はリヒアルトの家で、何回かスウェーデン女性ルンクビストに会ったことがある。彼は彼女と非常に仲睦まじくしていて、ジャーナリストの仕事で助けていた。リヒアルトの部屋で、他の日本人やヨーロッパ人を私が見かけることはなかった」

（マックス・クラウゼンの発言はつづいている）

一九四一年十月に、ゾルゲと彼のグループのメンバーは全員、日本の警察によって逮捕された。一九四四年に、東京でコミンテルンの課報員として、スパイ活動を行ったゾルゲ・グループの非公開裁判が行われた。

ゾルゲ、尾崎、宮城、ブケリチやその他の人物の死後、三五年以上経った。過ぎ去った時期に何回も、問題が蒸し返された。ゾルゲやその仲間は日本に敵対するために活動したのか？この問いかけが、犠牲者の親戚や親しい友人たちから提起された。犠牲者を知っている多くの人々や資料に明るい研究者たちは、この問いかけに対して、否定的な答えをしている。そのような立場をとる動機や根拠の一つとなったのは、ゾルゲと彼の仲間が太平洋戦争が始まる直前に逮捕されて、日本に敵対して戦った米国、英国と何らかの結び付きを持たなかったからである。

ゾルゲが処刑のとき叫んだ言葉

多くの観察者が述べているところによると、ゾルゲとその仲間たちは、「日ソ戦争に反対」であった。多くの文書はこの結論に根拠を与えている。ゾルゲと尾崎は死刑を宣告された。他のメンバーも様々な期間、投獄されて刑に服した。一九四三年四月二三日付の公文書館文書に記された情報は、諜報総局筋の情報として、ゾルゲは取り調べに際して、自分がソ連ならびにドイツの諜報機関のために働いたことを述べた、と記している。この事態は、ゾルゲが本部に対してヒトラー・ドイツに反対する資料を渡したという確実な根拠や、その正当性について、重大な疑念を呼んでいる。G・キルストのゾルゲに関する著作によると、ゾルゲは処刑に臨んで大声で叫んだ。「共産党、ソ連邦、赤軍万歳!」

若干の米国の新聞によると、諜報機関が操るスパイ活動のテーマに、何年かにわたって、ゾルゲの名前をつけた主人公が活躍する、コミック(劇画)のシリーズの連載が行われた。西側のジャーナリズムで、最近ゾルゲに関して言及されたことの一つは、元米国中央情報局長官アレン・ダレスが一九六三年に出版した『諜報術』という本であった。その中でとくに述べているのは、次のことである。

「ゾルゲ・グループの基本的な業績となったのは、日本はソ連を攻撃する意図がなく、東南アジアならびに太平洋に向けて自分の努力を集中、パールハーバー攻略の準備をしているという一定の確証を、一九四一年中頃にスターリンへ提供したことであった。この情報は、スターリンにとって多くの師団と同等の価値を持っており、彼はゾルゲに対して借りを作ったが、ゾルゲが逮捕されても彼を救うためになにもしなかった」

ゾルゲたちの功績を調べた報告書

GRU要員とまず最初にチスチャコフ大佐、それに私が当時、指揮をとっていたKGB対外諜報局の一部局の要員によって合同で行われた調査の結果、我が国の指導部宛に報告書が作成された。それは、この二つの役所に保存されている文書に記載されているあらゆる資料を分析、さらにリヒアルト・ゾルゲとその仲間たちの記憶を増加させる提案を伴った結論が書かれていた。この報告書は一九六四年一一月三日、A・シェレーピン、B・セミチャストヌイ、そしてイワシューチンによって署名された。この報告書に盛り込まれた結論と情報について、私がとくに重要だと思うのは、次の通りである。

一九二四年末のドイツ共産党大会で、ゾルゲはピャトニツキー、I・A、マヌイリスキー、D・Z、クーシネン、O・Vと知り合いになり、彼らの招待でモスクワに移り、コミンテルン執行委員会の機関で指導員として働くようになった。一九二五年に全ソ連邦共産党（ボリシェビキ）に入党した。一九二九年一〇月、赤軍参謀本部諜報総局長べルジン・Y・Kとマヌイリスキー・D・Z同志との話し合いによって、ゾルゲは軍事諜報員の任務に就いた。一九三三年、ゾルゲはソ連市民マクシーモワ、エカテリーナ・アレクサンドロブナと結婚した。彼女は一九〇四年生まれ。ペトロザボーツクの出身で、全ソ連邦共産党（ボリシェビキ）党員。「トチズメリーチェリ」モスクワ工場の作業班長であった。(注5)

一九二九年に赤軍諜報部諜報総局は、ゾルゲを上海のソ連軍事諜報機関の非合法活動指導者に任命した。彼はそこで公式にはドイツの新聞特派員を装って行動しながら、その間に、中国軍に派遣されたドイツ軍事顧問と強固な関係をつくり、さらに中国の様々な都市に広範な諜報網を確立した。上海で勤務中、ゾルゲは非常に価値のある情報を入手して、本部に送ってきた。これらの情報はタイミングよく、しかも、完全に次の諸問題を解明している。

価値あるゾルゲ情報の中身

◆帝国主義国家、米国、英国、フランス、日本そしてドイツの中国に対する浸透の分野と行動の性格。
◆満州事変（一九三一年九月一八日）並びに一九三二年一—二月の上海事変に関する日本軍司令部の計画と実施施策。
◆中国の諸軍閥間の政治的、軍事的な紛争、軍閥の数、戦闘要員、軍隊組織。
◆中国紅軍部隊の軍事行動と同部隊によって管理されている解放地区。
◆中国の軍需産業と経済状態。

これらのいくつかの諸問題に関して、ゾルゲから文書ではなく無線を通じて、至急報の形で五九七通が送られて来た。そのうちの三三五通は直接、労農赤軍諜報総局と政府機関宛のものであった。

一九三三年一月、労農赤軍諜報総局はゾルゲの行動について、上海警察が監視を強めたことに関連して、彼をソ連に召喚した。一九三三年に、諜報総局は非合法の諜報機関の設置、日本政府ならびに軍最高司令部の計画と実施施策の暴露、ファシスト・ドイツの対ソ戦争準備を探らせるため、ゾルゲを東京へ派遣した。

ゾルゲが作り上げた諜報機関

二年（一九三三年九月～一九三五年末）の間に、ゾルゲはいくつかのドイツの新聞と雑誌の特派員として、初めて日本で公認されることに成功した。その後、東京のドイツ情報部副部長ならびにドイツ大使館付ナチ党宣伝指導員となり、諜報機関が重要とする対象にアクセスできる諜報網を作り上げた。ドイツ大使館でゾルゲはディルクセン大使ならびに後任のオット大使、海軍武官ベネケル、陸軍武官マツケ、そしてゲシュタポ全権のマイジンガーから、個人的に口頭の情報を得ることができる一方、日独の軍事、政治協力問題に関する大使館の文書を写真に撮った。

日本の政界にパイプを持っていたのは、ゾルゲ・グループの一員であった尾崎秀実で、彼は最終的には近衛文麿内閣の秘書官兼顧問（訳注　内閣嘱託の誤まり）として、諜報活動を行った。尾崎の勤務上の立場は、軍事、政治や経済などの問題に関する、日本政府のあらゆる決定に関係があった。それ以外に、尾崎は満鉄当局から重要な情報を得ていた。彼は満鉄顧問（訳注　嘱託の誤まり）でもあった。近衛首相、外務省と政府の顧問西園寺、犬養健代議士やその他の要人からの信頼も、厚かった。

ブランコ・ド・ブケリチ経由で、東京のフランス並びに米国大使館やデンマーク公使館などから興味のある情報が回されて来た。メンバーの宮城与徳は、日本軍部にパイプがあって、動員令に関する情報、とくに日本軍の戦時編成、部隊配置、装備などの情報を取ってきた。一九三六年一月から一九四一年一〇月までの全期間中、ゾルゲは無電で八〇五件の至急電報を送り、そのうちの三六三件は、政府、防衛人民委員、参謀本部長宛であった。

関東軍の軍事的挑発

ゾルゲが送ってきたもので、とくに価値がある情報は、次の諸問題に関するものであった。

◆一九三六年一一月二五日に同意して締結された防共（反コミンテルン）協定と、それに続く日独軍事、政治協定。

◆一九三六年前半ならびに一九三九年中頃の、ソ満国境での関東軍による軍事的挑発の理由と性格。一九三七年の日中戦争勃発と、これに関連した日本軍の展開。

◆戦略的な打撃の基本的な方面を明記した、ドイツ軍による一九三九年のポーランド侵攻と、一九四〇年の対仏侵攻の時期。

ゾルゲが送ってきたもので、とくに価値のある情報は、一九三九年一月から一九四一年六月にかけて、ファシスト・ドイツのフランス、英国、それにソ連への攻撃準備と時期、さらに戦争のときに日本がドイツ側に立つ準備と行動計画に関するものであった。ゾルゲが前もって教示してくれたところによると、ドイツはソ連の国境に一五〇個師団を集中配備し、戦争は一九四一年六月後半に始まるが、開戦の二日前に、独ソ戦は不可避であって、日本は戦争が起きた場合の自国の立場の問題について検討していると、伝えてきた。

スターリンのゾルゲ評価

ゾルゲ諜報機関の崩壊の根本的な原因となったのは、労農赤軍諜報総局指導部側の無責任かつ欠陥のある諜報機関の指導のあり方によるものであった。元を正せば、ゾルゲは日本とドイツのスパイで、偽情報の提供者であるという個人崇拝の時代に作られた誤ったゾルゲ評価に原因があったのだ。ゾルゲのデータに基づく、労農赤軍諜報総局の報告書に、一九三六年末にスターリンが決裁したテキストが載っている文書が、保存されている。

「頼むから私にこれ以上、偽情報をもってこないでくれたまえ」

スターリンのこの決裁は見た通り、ゾルゲの活動から最も遠い指導部とゾルゲに対して、スターリン自らが烙印を押したものだ。労農赤軍諜報総局指導部は実際に諜報機関の要員に関心を持つのをやめた。以前は、どんな理由があろうとも、左翼運動に関わったり、警察の監視下にある日本人を協力者にすることを許可しなかった。しかし、一九三九年になると非合法活動の最も重要な原則を破って、非合法な諜報機関員を東京のソ連の合法機関員との連絡に使った。何回にもわたるこの接触は、日本の警察によって徹底的にマークされた。ほかならぬこの二つの事実は、諜報機関の安全性を著しく損ねて、有無を言わさずにそれを崩壊に追い込んでしまったのであった。

ゾルゲ二重スパイの分類

ゾルゲを証拠もないのに、二重スパイに分類してしまうことは、労農赤軍諜報総局指導部が彼の極めて重要な情報の一部を、真偽のほどが疑わしいとか、デマだとか頭から決めつけたことによる。祖国と共産党に対する非常に目覚ましい勲功にもかかわらず、死刑の直前まで、諜報総局指導部の誰一人として、ゾルゲの救出の問題に、手を染めようとしなかったのは、ゾルゲに対する偏見以外の何物でもないと思われる。

（注１）　ドイツ公文書館の資料によると、ゾルゲは中国でドイツの雑誌「ゾツィオロギッシェ・マガツィネ」の特派員または通信員をしていた。

（注２）　所有している資料によれば、次のような結論に達することができる。つまり日本の権力は外国による諜報攻勢から自国を守るのに躍起となっていたので、ゾルゲは日本での任務の遂行が非常な複雑さを伴うことを自覚していた。

（注３）　ヤン・ベルジンの供述書には、明白な混乱がある。それはベルジンが状況をよく知らないことによってもたらされたものではない。より正確に言うと、取り調べを行った捜査官による歪曲《わいきょく》があった。

（注４）　上記の文書のより完全なテキストは、次の通り。

ソ連内務人民委員部（ＮＫＶＤ）外国課一九三六年四月四日

№２４８９４６

特別情報

この際、一九三六年二月六日付の「中国ロシア民族センター」会報のコピーを添付する。資料は注目に値する。

会報には、ドイツ筋の語るところによると、「日本は今年初春に、ソ連に対して軍事行動を始める。すなわち二～三月か五月より遅くない時点で」とあるようだ。英国筋も「日ソ間の戦争がこの春にも起きそうで、欧州でもドイツが、チェコスロバキア領とルーマニア領でソ連空軍基地が整備されないうちに、ソ連に対する示威行動に駆り立てられる状況が生まれそうである」と見ている。

記録に基づいて

中国ロシア民族センター

上海、一九三六年二月六日

会報№１３２

日ソ関係

過去数カ月間、日ソ関係は著しく悪化した。両国はほぼ間断なく国境紛争を繰り返しており、双方が相手を徹底的に非難し合っている。日本が「ソ連兵が越境した」と声明すれば、ソ連も自国国境の越境に対して「厳しい」抗議を行った。死傷者が出る銃撃がしばしばあった。

最近、ソ連側に日本の飛行機が急降下したが、日本の飛行士は撃退された。双方はお互いに自分の方が正しいと考えている。しかも、日本側は絶えず国境線が不明確なので、特別委員会を作って国境線をちゃんと確定する必要があると主張している。

つい数日前に、満軍兵士が反乱を起こして、ソ連側に寝返った。日本軍は彼らの身柄の引き渡しを求めた。強盗として処断するためだった。ソ連はこれを拒否して、彼らは政治犯なので身柄の引き渡しはできないと断った。そのような緊張があったのにもかかわらず、日本軍の代表は「これは単なる当地の事件であって、当地で解決すべきだ」として、両国間の友好関係は、これによって何ら損なわれることはないと請け合って、愛想を振りまいた。しかし、上海の外国人サークルでは、日本とソ連の戦争が近づいたことが、非常にしばしば、しかも、真面目に語られている。いかなるもとでかは、ニュースソースによっていて、この情報は次のようなことを想定している。

ドイツ筋

満州にやってきたゾルゲは、ヒトラー政府の極東におけ
る政治的かつ軍事的なエージェントで、ヒトラーと直接につながる人物たちと関係を持っていて、満州、内蒙古、北支を巡察したのち、極東全体の状況は次のようなものだと断定した。日ソ間の戦争は、毎日、突発してもおかしくないが、彼の情報によれば、戦争はいかなる場合でも、今年夏までには避けられないというものであった。

ゾルゲが下した結論の根拠

ゾルゲはこのような結論に立ち至った根拠として、次のことを挙げている。

A、最近、とくに大慌てで行われている満州と内蒙古での戦争準備の観察。

B、日本と満州の著名な軍人や政治家の会談の根拠。

C、ドイツの秘密政治機関のデータによれば、ソ満国境へベイ、チャハルでの日本の行動に対応して、ソ連側はモンゴルに向けて軍隊を急派し、戦争準備を急ぎ始めた。このことは、今度は日本の軍事指導部を一段と軍事的な示威行動に駆り立てた。なぜならば、モンゴル方面は、そのような状況において、日本にとってとくに危険となったし、また、重要ともなったからである。日本はこの国境での協議に先んずるため、急がねばならなかった。

D、ゾルゲとドイツ外交筋が指摘するところによると、

ドイツ軍参謀本部は極東に発した指令の中で、次のような説明を行っている。すなわち、ロンドンの海軍軍縮会議の決裂と同会議からの日本の脱退後、米英両国が太平洋で日本に敵対する軍事行動を行うのに先立って、日本はあらかじめ戦争計画を素早く遂行してしまわなければならないのに、日本の手元に残された時間は極めて少なかった。

ゾルゲとドイツ外交筋が考えたのは、一九二九年から始まる各年は、日本の将来の敵となる英国と米国の軍事力を一九三八年に考えられるであろうところまで、逐次増強する。この結果、この年の終わりまでに、海上における日本の勝利のチャンスは米国と英国の勝利のチャンスと同等なものになる。しかし、現在もしくは一九三七年末までは、海上における日本の勝利のチャンスは、競争相手がなかったのに、その後はどんどん低下して、逆に米国と英国の勝利のチャンスが高まることになる。

そこでドイツ軍参謀本部の考えによれば、日本が自由に振る舞える一九三八年初めまでの時期に、日本は米国に宣戦布告することによって、米英艦隊の増強と、これら両国による太平洋地域の海軍基地の強化を食い止める必要があるというものであった。しかし、その手始めに日本はまずなにをやるべきか考えれば、大陸に強固な基地、つまり軍事基地と食料基地を築かねばならない。もし、全体的な戦略基地がなければ、日本は米国、英国との戦争で将来、勝ち目はないだろう。

ドイツが考えた日本の戦略方針

ドイツ軍参謀本部の考えでは、日本はまず第一に、太平洋における重要な戦略的な方針を策定し、カムチャツカ半島ならびにオホーツク海海域と沿岸部を完全な管理下に置き、石油と石炭の供給先として北サハリン（訳注　北樺太）を完全に占拠し、ウラジオストクならびにアムール河口までの全沿岸部を占有して、日本と大陸との海上連絡に対するソ連の空ならびに潜水艦隊の脅威と、日本本土に対する軍事力の脅威を除去せねばならない。このほかにも、ドイツ軍参謀本部は将来、英国も参戦する米国との不可避の戦争に勝利を得るため、日本は中国に軍事基地を持たねばならないと考えた。

ドイツ軍参謀本部の考えによると、ソ連との戦争で最も好都合な軍事行動を展開しようとすれば、日ソ両国の軍事的な作戦行動は一八〇日以上続き、長期戦になれば時間はますます必要となるであろう。

こういうわけで、ドイツ軍参謀本部は次のように提案している。つまり日本は時間の余裕がなく、ソ連との戦争を引き延ばせないため、この一九三六年中にはこの戦争を絶対に始めなければならないというものだ。ドイツ軍参謀本部の立場を分析して考えられるのは、日本が軍事作戦によって成功を収めようとすれば、最も重要なのは日ソ戦争の緒戦で、日本にとって一年のうちで最も良い時期に相手をやっつけてしまうことであろう。そのためには、一九三六〜三七年冬までに、この戦争の主要な戦略的な課題を解決してしまうことである。それゆえ、ドイツ軍参謀本部が考えているのは、日本は今年初春にはソ連に対して軍事行動を始めねばならない。すなわち、それは今年二〜三月か、または三月より遅くない時期である。もし日本がこの時期を逸するならば、日本は一九三七年に大陸で勝ち目のない状態に陥ることになろう。それは日本が将来、自分の敵との大きな戦争を行うあらゆる計画に、非常に否定的な形で反映されるはずだ。

満州のドイツ人サークルは、日本の戦争指導部がこのような観点に立っていること、また、日本の全ての戦争準備は、日本がソ連との戦争を早めようとしていることを証明していると、確信している。

（注5）　ゾルゲが中国と日本で特別な課題を遂行するため赴任後、A・マクシーモワは定期的にゾルゲから物質的な援助（金銭、小包、手紙など）を受け取った。それらは諜報総局要員によって彼女に手渡されていた。最後の運命は、彼女にとって悲劇的なものとなった。一九四三年六月二九日、彼女はクラスノヤルスク地方ボリショムルチンスク地区のボリショヤ・ムルタ村の病院で死んだ。

［白井久也訳］

ソ連指導部から見捨てられた諜報員の運命

スターリンとゾルゲ

トマロフスキー、ウラジーミル・イワノビチ
（ロシア連邦法務局社会・宗教組織局長）

すでに言及したアレン・ダレス（訳註　元米中央情報局長官）の著書『諜報術』は、ゾルゲの諜報活動に極めて高い評価を与えている。とりわけ彼が入手した「日本はソ連を攻撃しない」という情報が、そうであって、ダレスは次のように書いている。「スターリンにとって、この情報は数個師団の補充に匹敵する価値のあるものであった。スターリン自身はゾルゲに恩義を感じたが、スターリンはゾルゲが逮捕されたとき、彼に救援の手を差しのべることはなかった」

スターリンはなぜゾルゲを見捨てたか？

スターリンとゾルゲ—このテーマは、リヒアルト・ゾルゲについて語られるとき、ひんぱんに触れられる。研究者たちは質問をする。「スターリンはゾルゲを個人的に知っていたのか？」「スターリンはなぜ、ドイツの対ソ攻撃の日時を正確に知らせたゾルゲの情報を無視したのか？」さらに、ゾルゲが逮捕されたとき、「彼を助けるために何もしなかった」とアレン・ダレスが言ったのは、なぜか？

多くの文書の機密扱いが解除され、スターリンに関係する事実が公開の財産となった今では、独裁者が国家の活動機能の中で、諜報員の存在と役割を十分理解をしていたことに、疑念を差しはさむ余地がない。明らかなのは、スターリンが諜報員の問題について、赤軍参謀本部諜報総局（ＧＲＵ）や内務人民委員部（ＮＫＶＤ）の幹部から、定期的に直接報告を聞き、極めて重要な決定を行っていたことである。私がとくに強調したいのは、スターリンが常時、情報源に対して強い関心を払っていたことである。この例証として、一九四五年四月七日付のルーズベルト米国大統領宛のスターリン書簡の一部を、以下に引用する。

「私の情報提供者たちに関して、私が貴殿に請け合える

のは、誠実で謙虚な人々だということであって、彼らは自分の義務を着実に遂行し……、そして、だれかを傷つけるつもりはありません。この人たちは何回もわれわれによって、活動の点検を受けております」

これとともに、諜報機関は「これでもう十分だ」と、自分の要求を満たすに足る役割を果たしたことは、一度もなかった。国家の指導部にとって、諜報機関は単なる政治の道具にしか過ぎなかったのだ。スターリンの腹心、モロトフの証言を借りれば、彼は作家F・チュエフとの懇談の中で、次のような見解を述べている。

「私が思うには、諜報機関を信頼してはいけない。彼らの報告を聞いて、中味を点検する必要がある。諜報機関はあとで解明できないような有害な状況をつくることが可能だ。挑発者はあちこちに散らばっている。だからこそ、最も周到で、不断の点検や再点検なしに、諜報機関を信頼してはならない……。

個々の証拠を信用してはならない。だが、もし、非常に猜疑心が強いなら、言わば極端に陥るのは簡単である。私が前の人民委員会議議長だったとき、諜報員の報告を読むことに毎日、半日を費やした。諜報員の課題―それは、遅れないこと、通報に成功することである」

独の対ソ侵攻日を特定したゾルゲ

リヒアルト・ゾルゲは自分の課題を遂行した。一九四一年春と夏にゾルゲから本部宛に無線電報が続々と打ち込まれた。ゾルゲはモスクワ指導部に対して、ヒトラー・ドイツの対ソ攻撃が間近に迫っていると警告してきた。三月初めにゾルゲは、モスクワに無線で次のように伝えてきた。

「東京のドイツ駐在武官が欧州の戦争が終わりしだい、ソ連との戦争が始まるだろうと述べた」

一九四一年三月五日、彼は攻撃の日時を特定する暗号文を送った。それは、「六月下旬」であった。五二日後の四月二六日、本部は「ラムゼイ」から、ヒトラーのドイツ国防軍最高指導部によって作成された、赤軍に対するあらゆる作戦の総括的な作戦報告を受け取った。同時に、この目的達成のためにソ連国境に集中するドイツ軍兵力の数は、少なくとも一五〇個師団であるとの通報も、受け取った。五月二〇日、本部に定期的な報告が届いた。それは、ファシストの師団がモスクワに重要な攻撃を行う日は、六月二〇日と特定していた。そしてついに六月一五日には、ファシスト軍がソ連に対して背信的な攻撃を行うまで一週間しかなく、ゾルゲはモスクワに「戦争は六月二二日に始まる」と伝えてきた。

この報告がなぜ信用されなかったかは、いまだに謎である。耳に入らなかったのだろうか？あるいはスターリンはそれを信じなかったのだろうか？

他の諜報員も独の対ソ侵攻日を予告

私の見解によれば、この問いに対する答えとして、二つばかり受け入れ可能な案がある。

第一。仮に赤軍参謀本部諜報総局が「ラムゼイ」から東京経由で送られてくる情報をスターリンに取り次いだとしよう。今日、われわれが知っているのは、開戦前夜、ゾルゲ以外からも同じような報告が、モスクワに送られてきていたことだ。情報は「ベテラン」という重要な情報源、ハッロ・シュリツェギイゼンから入手したものだ。彼はドイツ航空省に勤務するドイツ人士官で、「第三帝国」の国家機密に近づける人物であった。「コルシカ人」というアルビド・ハルナクは、活動的な反ファシストで、有名な諜報機関「赤いオーケストラ」の指導者の一人でもあり、ドイツ経済省で働いていた。「ベテラン」のアダム・クープホフは、ベルリンの反ファシスト・グループの指導者の一人で、ソ連の諜報機関に協力していた。スパイ情報は、ロンドン、プラハ、ワルシャワ、ヘルシンキなどからも送られてきた。

エリセイ・チーホノビチ・シニツィンは、一九三九年から一九四一年にかけて、ヘルシンキにあったソ連内務人民委員部の対外諜報機関を率いていた。ドイツがソ連を攻撃する一一日前に、彼の機関は「モナフ（修道士）」という暗号名で、ドイツとフィンランドは六月二二日に始まるヒトラー・ドイツの対ソ戦に、フィンランドが参戦する協定を極秘裡に結んだと伝えてきた。ベルリン経由でモスクワ宛に打たれた至急電報には、「モナフ」の情報が、逐語的に記載されていた。

戦争が始まった直後に、モスクワへ帰ったシニツィンは、自分が送った情報の運命を懸命に調べようとした。彼自身、思い出すのは、次のことであった。

「勤務先では最初から、私は次のことを説明したくてたまらなかった。つまり、ヒトラー・ドイツが一九四一年六月二二日に戦争を始めるという、六月一一日付のモナフ情報がスターリンに報告されたのだ。この説明のために、私は諜報機関長のフィーチンに急いで会うことにした。彼は愛想よく私を迎え、われわれは友好的に抱擁した。私は彼に政治局へ送ったようなあらゆるメモの説明をしたいと言った。それは本部が過去四カ月間にわたって、われわれから受け取った資料を基礎にして作成したものだった」

「君の戸惑いは分かる」と彼は言った。「人民委員の署名のあるほかならぬ六月一一日付の君の情報は、スターリンに送られた」。しかし、反応はなかった。「六月一一日、人民委員メルクーロフは朝早く私に電話をかけてきて、急いですべての資料を準備せよ」と要求した。それらはわが国に対するドイツの戦争準備に関して、諜報機関から受け取ったもので、同じ日にスターリンに個人的に報告を行うためであった。「差し迫った会見を利用して」とフィーチンは言った。「私はここ数日前の暗号文を全部集めている。その中には、六月一一日付のモナフからの情報もある……、それらは個人的にスターリンに報告するもので、もし必要とあれば情報源についても話すことにする」

対ソ侵攻諜報に関するスターリンの反応

正午かっきりに、われわれがスターリンの書斎に入ると、スターリンはパイプをくゆらしながら、軽口をたたいた。スターリンはわれわれを認めると、フィーチンに向かって情報の重要な点だけ報告するよう命じた。つまりだれが情報源で、彼らはソ連に対する献身の観点から見て、信頼できるかどうかということであった。最初にフィーチンはベルリンの私の仲間から夕刻前に受け取った資料の中身を手短に説明し、それから情報源について詳しく述べ、そのあとでヘルシンキから届いた六月一一日付の電報を原文通りに報告した。それは、「ドイツの対ソ攻撃が六月二二日に差し迫ってきた」というもので、「フィンランド軍がフィンランド湾南西沿岸にあるわが国の海軍基地を半分包囲する形で、すでに兵力を集結し終わった」ことを付け加えていた。

ベルリンならびにヘルシンキからの情報を聞いたスターリンは、書斎の中を歩き回ったり、ときどき立ち止まったりして、報告書を注意深く見詰めた。フィーチンがベルリンから送ってきた情報提供者について、あれこれ説明し始めると、スターリンは彼にくっつきそうなほど近づいてきて、情報提供者の一人ひとりについて詳しい説明を求めた。ベルリンからの情報の説明がすみ、各情報提供者についてのデータを聞き終えると、スターリンは「これらの資料を他の信頼できる筋に点検させ、直接自分に報告させなければならない」と言った。ヘルシンキからの情報の報告に当たって、フィーチンはスターリンに対して、「モナフ」の情報提供者は「六月二二日に始まるソ連に対する攻撃で、フィンランドはドイツ側に立つ協定に署名した」と述べたら、スターリンは厳しい面持ちになって質問した。「だれがこの情報を貴君の情報担当者に伝えてきたのかね」「情報はドイツがソ連を攻撃するとき、フィンランドはドイツ側に立つという協定の調印に立ち会った『P』という者から、『モナフ』が入手したものです」とフィーチンは答えて、「『モナフ』は信頼できる情報提供者です」と付け加えた。

スターリンは、それ以上は質問しなかった。さらに、パーベル・ミハイロビチは一九四一年六月二二日に、ヒトラー・ドイツとフィンランドはソ連を攻撃すると明確に伝える諜報資料に対して、スターリンがとった態度は、「自分を驚かすものであった」と私に親しげに述べた。彼の報告を聞くと、スターリンは何か慌ただしくしていて、諜報機関ならびにその報告に対して、関心も信頼も寄せていないように見えた。私が思うに、彼は何かほかのことを考えていたか、報告をいまいましいものとして聞いていた。

スターリン自身は一九四二年夏に、モスクワでチャーチルに会ったときのことを、のちになって次のように言っている。

「私にはいかなる警告も必要ではなかった。私は戦争が始まることを知っていた。しかし、私は半年もあれば戦争に勝つと考えていた」

モロトフも、このことを確認している。「戦争を回避しようとすれば、ドイツ人に戦争を始める口実を与えないために、あらゆることがなされなければならない……。あと一年でも何カ月でも、われわれにとって引き延ばせば引き延ばすほど望ましい。もちろんわれわれはこの戦争がいかなるときも準備されていなければならないことを知っていた。しかし、実際にどうすればそれが確保できるか?非常に難しい」

時を稼ぎ、何らかの方法で軍事衝突を先延ばしする―こうしてスターリンは何かを得る。ここから彼の非常な用心深さ、警戒心、猜疑心が出てくるのだ。しかし、ときによってはあらゆるものに対して用心深く構えることは、私の考えによれば、ソ独関係を複雑なものにして、軍事的な紛争を挑発することになろう。

諜報報告はGRU幹部が取捨選択

こうして、われわれが分かったのは、ゾルゲがたとえドイツの対ソ攻撃の日取りを正確に特定する情報をスターリンに報告したとしても、そのことは原則的な意味を持たないことであった。しかし、それはともかくとして、「ラムゼイ」の情報は、わが国の最高指導部に知られることにはならなかったと思う根拠がある。これには、一連の事情が挙げられる。

第一。当時、存在したやり方によって、とりわけ重要な諜報機関の報告は、スターリン自身、人民委員会議議長、防衛人民委員、参謀総長に最小限のものしか報告されなかった。今や、空軍元帥で戦争中の長距離飛行隊総司令官でもあった、F・チュエフの本『帝国の兵士たち』に引用されたA・E・ゴロバノフの証言に視線が注がれている。ゴロバノフの語るところによると、こうだ。

六〇年代のあるとき、モスクワで退役軍人の国際的な会見が行われ、休憩のときにチモシェンコがジューコフ、コーネフ、チュレネフ、クズネツォフ提督とゴロバノフを昼食に招待した。わが諜報員リヒアルト・ゾルゲのことが話題になって、そのとき初めてたくさんのことが書かれた。

「わが方にそんな非良心的な参謀長がいることは、一度も考えたことがなかった」とチモシェンコがジューコフを考慮しながら言った。「この諜報員について、私に何も報告がなかった」

「私自身、最近、初めて彼のことを知った」とジューコフが答えた。「貴殿に聞きたいのだが、セミョーン・コンスタンチノビチ、なぜ防衛人民委員、貴殿は諜報総局長かからそんな情報を受け取っているのに、参謀本部に正式に知らせなかったのかね」

ゴロバノフによれば、チモシェンコは生涯を通じて、ジューコフにとって偉大な権威者であって、ゲオルギー・コンスタンチノビチはつねに、大きな尊敬の念を払っていた。

「多分、海軍の諜報員だったのではないのか」とチモシェンコはN・G・クズネツォフに聞いた。しかし、ニコライ・ゲラシモビチの答えは、否定的であった。こうして、明らかになったのは、参謀総長も防衛人民委員も諜報総局が握っていた重要な情報を知らなかったことであった。

第二番目の状況。次のようなことに、左右されるかもしれない。当時、わが国の指導部に諜報機関が入手した資料を提供するやり方には、顕著な特色があった。それはほかでもなく、資料の報告を行う人物はつねにスターリンの次のような質問に答える準備をしておかねばならないためであった。「ところで、君はこの情報を頭から信頼しているのかね」。諜報総局幹部の返答は、ゾルゲに対してつねに信頼を置いたものではなかったのだ。

二重スパイの嫌疑かかったゾルゲ

ラムゼイに関する本部の考えは、矛盾に満ちたものであった。赤軍参謀本部諜報総局（GRU）局長ウリツキーと次長アルツゥゾフならびにカリンは、ゾルゲが非の打ちどころのない働き手であるばかりか、最も優秀な諜報員であり、アルツゥゾフの言葉を借りれば、少なくとも勲章に値した。その他の人々、とりわけ「ラムゼイ」を指揮している人々は、ゾルゲについて一定の警戒心を持っていて、彼をトロツキストだと疑っていた。当時、みんなが猜疑心に捕らわれていたことを考えると、これは驚くべきことではない。諜報機関の長であったとき、ゾルゲをスカウトしたウリツキーの前任者ヤン・ベルジンは、一九三八年にトロツキストとして銃殺されたことが、思い起こされる。

諜報機関と防諜機関の退役中将パーベル・スドプラートフは、ゾルゲに対するモスクワの立場を次のようなイメージで描いている。

「東京のゾルゲ・グループ『ラムゼイ機関』の活動について、二、三述べてみよう。この系統によって送られてくる情報は……モスクワでは信頼性が幾分疑われていた。事柄はそれだけではなかった。ゾルゲは二〇年代から三〇年代にかけて、赤軍諜報機関の指導者で、粛清されたベルジンやボロビチの引きで、諜報機関に入った人物であった。さらに、ゾルゲの直接の監督者であったボロビチの逮捕に先立って、ゾルゲは日本でドイツの軍事諜報員と協力する件で、最高指導部に許可を求めた。許可は受け入れられたが、これによって嫌疑をかけられてしまった。なぜならば、これら一連の特別な諜報機関は、伝統的に信頼されておらず、あらゆる秘密諜報機関が、繰り返し点検を受けていたからである。一九三七年に諜報総局副局長ゲンジンは、スターリン宛の報告の中で、ゾルゲが東京におけるドイツ国防軍最高司令部外国諜報局（アプベール）所属のオット（在日ドイツ大使）に対して、情報を渡しているので、ゾルゲ機関は情報源として完全な信頼を置けないとの結論に達したとして、ゾルゲが二重スパイであることを強調した」

では、スターリンは⁈彼の反応を推理するのは難しい。「ラムゼイ」の報告に基づいて作成された一つの特別な情報に対して、スターリンは自筆で、次のように書いた。

「ドイツの偽情報を私に送ってこないよう頼む」

諜報総局前日本課長シロトキンの証言

諜報総局の前日本課長で、今は故人となったＭ・シロトキンは、このような逆説的な状況について、次のように非常に正確に言い当てている。

「ラムゼイから送られてきた諜報資料は、多くの場合、高く評価された。しかし、指導部が与えた課題に沿って、諜報機関の個人的メンバーや諜報活動に関する書類がつくられたとき、その作成を命じた人たちは、健全な論理に逆らって、諜報機関に『政治的不信』という烙印を押すことをためらわなかっただけではない。諜報機関の活動の現実的な結果を考えようともしなかった。つまりこの烙印によって、自分の結論を導き出したのであった」

情況はもっとはるかに、複雑なものであった。当時、諜報機関の周辺には粛清の波が押し寄せてきて、責任感の強い何人かの要員が不当逮捕されて取り調べを受け、虚偽の自白を強いられた。その中には、ゾルゲがあたかも「ドイツのスパイ」、「偽情報の提供者」、「道徳的に腐敗堕落した輩である」という供述もあった。

一九三八年に逮捕された、ほかならぬシロトキンは強いて、「自分が日本のスパイである」と言わざるを得なかった。このあと彼がゾルゲ・グループを裏切ったという供述が、行われた。もっとも、シロトキンは裁判で自分の供述を否認した。しかし、内務人民委員部ではすでに、東京における非合法な諜報機関は、敵の監視下で活動していたという見方ができあがっていた。今、この観点からも、いろいろな事実の点検が行われている。

駐日独大使とともに秩父宮に謁見したゾルゲ

あるときゾルゲは、クーリエ（伝書使）を通じて、モスクワへ写真を送った。写真には天皇が軍事演習の際に駐日ドイツ大使ディルクセンを謁見した瞬間が、まぎれもなく写っていた。（訳註　実際は天皇ではなくて、秩父宮であった）撮影が行われたのは、ほかならぬ天皇のテントの中であった。ディルクセンは天皇の手を握りしめ、そのすぐ脇にゾルゲが立っていた。このことから、本部はどんな結論に達したのか？

ディルクセンが天皇にテントの中で謁見したとき、ラムゼイが同席した事実は、ディルクセンがそこではゾルゲを完全に身内の人と見なしていたことを証明している。たとえ、ゾルゲが自分の身分があばかれて、わけも分からずに使われているとしても、彼に対する態度は、あたかもソ連のスパイ（たとえ彼を密かにあばいたとしても）と同じように扱われて、どんなことがあっても、天皇のテントの中まで入り込むことはありえなかったであろう。

従って、もし「ラムゼイ」の身分が暴露されたことを考えるならば、彼は単に暴露されただけではなく、ソ連諜報員による偽情報提供者として、日独両国のために働いていたという結論に達せざるを得ない。

ゾルゲが本国召還命令を拒否

このような結論は、後遺症を残さずにはおかなかった。内務人民委員部の防諜機関はゾンテル（筆者注　ゾルゲのペンネーム）を東京から召還し、あとで彼を逮捕することを要求した。一九三七年秋「ラムゼイ」に、将来の任務に関する指示を受け取るため、ソ連へ帰国せよとの命令が発せられた。

「ラムゼイ」はすぐに、次のような返事をしてきた。それは彼が「今どうしても帰国できない」というものであった。これとともに、彼はそのころドイツ大使館で非常に重要な役割を果たしていたことにもよる。つまり大使館の諜報部長が休暇中だったので、電報取り次ぎの責任者の職務を代行していたのだ。この仕事はゾルゲに、大きな展望を約束するものであった。

これに対して、モスクワから出発準備指令の確認を求めてきた。「ラムゼイ」は思い切って、次のように伝えた。「自分は喜んでより早く、ソ連へ帰る準備をしている。しかし、目下のところ、帰国は最も重要な段階で、職務のすべてを破壊することを意味する。ソ連に対する戦争開始の時期をタイミングよく、正確に掴むために、一九三八年三月まで自分を日本に配置しておく」ことを願い出たのであった。

質問がある。ゾルゲは彼の祖国で、とりわけ諜報総局で何が起こっていたか、知っていたのであろうか？ここでもまた、本部は「野外」で働く人の意見を考慮せねばならないという、彼の「自惚《うぬぼ》れ」や確信が（この場合は救いをもたらす）という役割を演じた。

あらゆる文書が秘密扱いを解かれていないとき、なぜ諜報機関を取り潰す決定が中止されたか、われわれは話すことができない。唯一、明らかになっているのは、内務人民委員部からその部署に異動になった赤軍諜報総局長代行S・G・ゲンジンが取り止めさせたということであった。

自らの役割を果たすのは、そこでは時間であるということしか、考えられない。開戦の前夜、諜報総局は少なからぬ努力によって、日本に築き上げられた諜報上の地位の弱体化を警戒した。こうした配慮は功を奏して、進展があった。「ラムゼイ」の諜報機関はたとえ裏切りがあっても、いくつかの価値ある情報を必ずや入手するので、その維持が図られることになった。こういうやり方は、徹底的に活用しなければならない。同時に重要なことは、ラムゼイの情報に対してできるだけ慎重な態度を取って、現在であろうと将来であろうと、偽情報ではないか適宜、篩《ふるい》にかける必要がある。

概して言えることは、本部は何かに指導されなくても、重要なのは事実そのものだということである。ラムゼイに関するこのような二重的なアプローチは、危機一髪のさいには守れなくても、引き続き維持することには成功した。あとになってラムゼイの周辺で、このことを憂慮する些細な理由はなかった。

ゾルゲ情報に対するダレスの評価

これは、ソ連に対するドイツの戦争準備に関するゾルゲの情報に当てはまる。一九四一年六月二二日の劇的な出来事（訳注　ナチス・ドイツの対ソ侵攻）は、その情報の信頼性を立証した。けれども大変残念なことに、この情報は直接その目的を果たさなかった。でも、それは本部でのゾルゲの権威を強化し、彼の信頼を高めるという観点において、甚だしく有益であった。また、それは勝利に向かって目覚ましい貢献を果たす価値のある重要な情報を入手する他の道を切り拓いた。すなわち、一九四一年九月六日に天皇臨席の下に開かれた御前会議の決定に基づく結論に関する情報である。それはほかならぬ「日本は米国と英国に攻撃を仕掛け、ソ連に対する危険は去った」というもので、ゾルゲのこの最後の情報について、アレン・ダレスはモスクワ郊外の運命的な会戦（訳注　独ソ両軍によるモスクワ攻防戦）に対して、何個師団もの数の師団を補充したのと同じ価値があったと判断している。

争う余地のない二つの事実がある。それは日本が当面、ソ連を攻撃することはないというゾルゲ情報の存在だ。さらに、極東から西部への軍隊の急派もある。一一月に極東の師団は、モスクワ防衛戦へ送られ、一二月六日から始まった攻撃に備えた。この新鋭のよく訓練された師団なくして、恐らく一九四一年一二月のモスクワ郊外でのソ独会戦に、ソ連は勝てなかっただろうという見方に同意せざるをえない。

今、問題が持ち上がっている。もし、ゾルゲがロシアのためにそんなにたくさんのことをしたのならば、なぜモスクワは彼が投獄されてから、彼を救出しようとしなかったのか？救済の可能性を仮説として考えることは、間違いなく可能だ。

第二に、諜報員を任務につけるとき、摘発された場合、とりわけ逮捕の苦境から救い出すときに、とるべき行動の詳細とあらゆる可能な方策を事前に考えておく必要がある。ゾルゲについては、しょっちゅう身柄交換について語られてきた。まるでそのような可能性があったかのように。

実際に、三〇年代に逮捕されたスパイや諜報員の身柄交換の実現は、非常に限られたものであった。それにもかかわらず、たまには身柄交換が行われた。たとえばポーランド人でわれわれの諜報員フェディキンは、一九三〇年に釈放された。米国人で、ニューヨークにおける内務人民委員部の諜報員アバキミャンは、一九四一年九月に釈放された。英国の研究者F・ディーキンとG・ストーリーは、一九三一年に妻とともに逮捕され、軍法会議にかけられ、死刑を宣告された上海コミンテルン組織の指導者ハウレンスの例（訳註　ヌーラン事件）を挙げている。しかし、このあとで、彼はソ連へ国外追放処分となった。ロシアで捕まった南京の諜報員との身柄交換が行われたものだと、考えられている。

ゾルゲについても、そのような可能性があり得た。その場合、だれがゾルゲの身柄交換の相手となるべきであったか？

日本側から打診があったと言われている。日本人たちがゾルゲに宣告した死刑を延期した事実が、このような状況を示している。東京地裁は一九四三年九月二九日に、リヒアルト・ゾルゲに死刑を宣告した。しかし、彼が処刑されたのは、一九四四年一一月七日であった。

一九四四年一一月七日、ゾルゲと尾崎の死刑の直前、東京のソ連大使館で開かれた革命祝賀記念日に、日本の外務次官が突然やってきて、「ソ連と日本の友好」について声明を行ったことは、この観点の下に、検討されてしかるべきである。多分、ゾルゲにとっては最後のチャンスと理解されたが、彼については何の言及もなかった。

スターリンはゾルゲの債務者か？

アレン・ダレスは、われわれが覚えているように、スターリンに非難を浴びせている。彼の語るところによると、スターリンはゾルゲが逮捕されたときに、何もしなかったからだ。これにはいくつかの過大評価が含まれているように思われる。なぜならば、スターリンがゾルゲに借りを感じていることを、ダレスが文書で確認したことは一つもなかったし、スターリンがゾルゲについて「多くの点で、第二次大戦の結果を規定した」人物として考えていたかどうか、非常に疑わしいからだ。日本は一九四一年秋に、ソ連を攻撃するつもりはないというゾルゲの甚だ意味のある報告は、必ずしももてはやされなかった。しかし、ソ連最高司令部の戦略計画の具体化に当たって、全体として軍事諜報員が重要な貢献を果たしたとして、評価された。それゆえ、言われているように、スターリンは何も責任がなかったのだ。

諜報員の身柄交換、ゾルゲのケース

諜報総局指導部には、別の問題がある。身柄交換に関する提案はあらゆる規則にのっとって、諜報総局から行われるべきであった。しかし、明らかなように、諜報総局指導部はだれに対しても、ゾルゲの身柄交換の可能性について、問題の提起をしなかった。

この原因は、様々なものであったようだ。その一つは、戦時情勢に加えて、慎重に考慮して責任ある決定を行うに当たって、必要な情報が欠除していたことであった。われわれは覚えている。日本の警察は諜報活動グループ「ラムゼイ」のメンバーを突如急襲して逮捕したので、彼らはお互いに警告することはできなかった。ソ連側がこのことを知ったのは、五日もたってからだった。ここに諜報総局へ送られた電文がある。

「入手した情報によると、五日前にインソンとジガロ(ブケリチ)がスパイ容疑で逮捕された。だれのせいか、知られていない。資料を調べてみる」

ドイツ大使館は、ゾルゲの突然の逮捕にうろたえた。そして、合点がいかないため、いまいましい思いで彼を見ていた。一九四一年一一月一四日付の執務メモは、大使館内で起きた反応について、対外関係の部署を担当している公使ブラウン・フォン・シュトゥムに、次のような調査内容を報告している。

ベルリン、一九四一年一一月一四日
秘書官ミッシィ　執務メモ

一九三六年から東京で、フランクフルター・ツァイトゥンク紙のために働いているドイツ特派員リヒアルト・ゾルゲは、一九四一年一〇月二二日(訳注　実際は一〇月一八日)マックス・クラウゼンという名の他のドイツ国民とともに、反日的な通信をおこなったという、こじつけの責めを負って、日本の警察によって逮捕された。

リヒアルト・ゾルゲは素晴らしい日本通で、有能なジャーナリストである。しかし、そのルポルタージュは厳正な

客観性を保持し、時折、敢えて批判を行い、彼はわが国の公式のグループへの出席がしばしば不十分だとして非難を招いていた。東京の責任あるドイツの機関から届いた情報によると、ゾルゲが共産主義運動に関わったかどで嫌疑を受けたことは、誤解によるものだと考えねばならない。ゾルゲをよく知っているオット大使の意見によれば、彼の逮捕は、彼が国家機密とされている日米交渉に関して、いくつかの極秘情報を入手したことに対する政治的陰謀によるものである。

もしも、オット大使側から短時間の公式的な訪問を行わなければ、逮捕された者といかなる面会を行うことも、これまで許可されなかった。外務大臣の精力的な努力にもかかわらず、検察官は相変わらず、違法行為の嫌疑をかけられる証拠を持っていることを説明する可能性の提供を拒否した。言われているように、この事件に関連して、さらに多数の日本人が逮捕された。

ブラウン・フォン・シトゥム公使殿に提出

ゾルゲは一九四一年一〇月一八日に逮捕された。一九四二年五月一七日になってやっと、日本の司法大臣はゾルゲ事件に関する最初の公式声明を発表した。それは逮捕者の名前を列挙する中味の乏しいニュースだった。調査の結果ならびに過程に関する十分な情報なしに、ソ連諜報員としてのゾルゲを暴露する資料が予審判事のところにあるとき、ソ連側から何らかの公式の行動を起こすことは、きわめて軽率であるというそしりを免れなかった。これに加えて、内務人民委員部は諜報総局をして、正しい判断を失わしめた。内務人民委員部のデータによれば、ゾルゲは一九四二年（訳注　実際は一九四四年）に日本人によって銃殺された。

一言で言えば、悲劇を未然に防ぐことができなかったのは、大変残念である。ジェイムス・ドノバンの言葉を繰り返す必要がある。

「スパイの人生には何もない……特別に魅力的な普通の人間と考えることはできない。もし、彼が成功したとしても、だれも彼の働きについて知らない。もし彼が失敗すると、悪い評判が立つ。彼が牢獄にいることが分かると、彼の許されているあらゆる文通が検閲に付され、赤の他人が彼の遺書を作成し、彼は敵対国家で死ぬ準備ができていないといけない」

［白井久也訳］

見えざる戦線の司令官ヤン・ベルジンの運命

ゴルチャコフ、オビジイ・アレクサンドロビチ（作家）

第五列との戦い

一九三六年秋、「セクリダート」（安全保障局）はフィンランドの旗を立てたフェルナンド・エル・サント通りのたった一軒の家で、一一〇〇人のスペイン・ファシストを逮捕した。この家から手榴弾で、ファシストたちを追い出したのである。数日前には、ウルヒコ侯爵の建物で、主人のいなくなったドイツ大使館の中で、デロスモリレス伯爵空軍大佐を逮捕していた。大使館のガレージで警察は一一月の危機的な日々に、ファシストたちが夜のマドリードで爆弾を投げ、機関銃を連射しながら走りまわった車を発見した。グリシンはこのような事実に出会うたびに、その筆蹟をよく知っているフランコの手口を見い出した。

スペイン中にドイツ、イタリア、フランコの諜報員が巣食っていた。ファシストのスパイと破壊分子は、政府機関や各戦線の参謀本部に入り込もうと試みた。彼らは包囲されたマドリード市内にも、数多くいた。その数は何十人、何百人という単位ではなく、何千人にもおよび、様々な大使館のみならず、彼らが占拠した多数の居住地区に巣食うのみならず、あたかもマドリードは上海のようであり、無数の地下の巣窟のみならず、政府機関の重要なポスト、さらには陸海軍省および総参謀本部、中央戦線にものさばっていた。共和国の諜報機関と一緒に、グリシン将軍は「第五列」（訳注　内部にあって外敵に内通する勢力や部隊）と、呵責ない日々の戦いを遂行していた。ここにこそ、ジェルジンスキーと一緒に働いた経験が役に立った。

空中ではラジオ心理戦争が行われていた。ラジオ・サラマンカが毎日九時四五分に、マドリードの「第五列」に対して、暗号指令を出していることは、秘密ではなかった。ブルゴスは「マドリードの最後の日々」の特別放送によって、ファシストの忠僕たちに追加指令をしていた。マドリード攻撃の頂点で「カルセリモデロ」（模範的監獄）やその他の町の監獄には八〇〇〇人の危険なファシストたちが収容されていた。ベルジンは一一月七日にこのトロイの馬を疎開させるよう、政府を説得するための少なからぬ努力をした。

グリシン将軍は、無線傍受を活発に行った。バレンシアから八キロ離れたロカフオールには、七〇人のスペイン人と七人のソ連の専門家による無線傍受局、巨大な無線局が活動していた。A・A・ユルマン顧問は暗号解読を行い、定期的な無線要約を作成していた。スペインでは、無線傍受は諜報活動に欠かせないものとなった。

頭脳の劇的な戦い、スペインにおける見えざる敵との長期にわたって絶えることのない闘いは、まだわずかしか報道されていないが、ソ連諜報機関の勝利であった。カナリス将軍もロワットおよびマルチネス諜報員も第一四軍の秘密を長い間知り得なかったし、また最後まで彼らはグリシン将軍がだれであるのか知ることはできなかった。

一九三八年、レオン・デ・ポンセンという者が通俗本である『スペイン革命の秘密の歴史』の中で、「共産主義者、社会主義者、」のエージェントとして、ベラ・クーン、アントーノフ・オフセエンコ、ゴーレフ、トゥポレエフ、プリマコフ、コリツォフ、エレンブルグらをあげている。しかし、彼は一言もグリシンについて触れなかった。西独の有名なジャーナリスト、ハインツ・ヘーネは一九七〇年、ベルジンを代表とするソ連の軍事諜報機関に関する書物を出版したが、彼もまたスペインでのグリシンの活躍について触れていない。しかし、ヘーネは次のことを認めている。ドイツの反ファシスト、ハロ・シューリッツェ・ボイゼン、ゲーリングの帝国航空省の士官が、ソ連の諜報員に渡した最高機密の情報は、すなわちドイツがフランコに与えている秘密の援助の詳細、それに関連した士官や兵のリスト、さらに最も大事なものであるが、全戦線の背後、共和国軍の背後でのフランコ派の活動の詳細であった。この事実をゲシュタポは後で知ったが、あまりにも遅すぎた。最後の情報にもとづいて、国際部隊にフランコによってあらかじめ送り込まれたスパイたちが逮捕され、銃殺された(注1)。

ロンドン・タイムス特派員、キム・フィルビーは、イギリスのインテリジェンスサービスの指導者の一人で、アレン・ダレスが最高のロシアの諜報員と呼んだ中央情報局（CIA）と連邦警察（FBI）との通信将校であったがスペインでの英雄的活動について、世界が知ったのは、大分たってからである。三〇年を経てすでに、モスクワにいるフィルビーは、前例を見ない諜報歴の出発点になったスペインでの自分の活動について、こう述べている。同志フィルビーは一九三三年六月より、ソ連の諜報部とつながりを持った。ファシストの反乱が始まるとベルリンに赴き、次の彼の任務はスペインとなった。ケンブリッジ大学の卒業生で、すぐれたジャーナリストであったフィルビーは、数週間後、フランコ参謀付のロンドン・タイムス記者の任命を得ることに成功した。そしてスペインで、全戦争期間を通して働き、基本的にはフランスを通じて、また、少なかったがイギリスを通じて、モスクワの本部とつながりを保った。通信用に彼はごく小さな紙に特別の暗号を書き、それを時計入れのポケットに隠し持っていた。(注2)

「第五列」に対する困難な闘いに際して、多くのソ連のチェキスト（訳註　一九一八年から二二年まで存在したソ連の秘密警察「反革命・サボタージュおよび投機取締非常委員会」の勤務員）が、巨大な援助を与えた。その中には将来のソ連邦英雄であり、大祖国戦争中敵の背後で不滅の功績を果たしたキリル・プロコフィエビチ・オルロフスキー（その後社会主義労働英雄にもなっている）、ニコライ・アルヒポビチ・プロコピーク、スタニスラフ・アレクセービチ・バウプニャーソフらがいる。彼らは、「第五列」との戦いで巨大な打撃を与えた。マドリードでは、彼らはスイスからの商人コバルドゥの名前で、セビリアホテルに隠れていた巨大なヒトラーの諜報活動指導者である、オットー・キルヒネルを暴いた。キルヒネルはマドリードやその他のスペインの都市で、基本的にはドイツ人の同調者で非常に重要なポスト、スペイン人から成る広範なエージェント網を作り上げることに成功していた。

スペインでの「長老」について、彼の以前の同僚はとくに評価している。彼らはみんな、一九三五年春にパーベル・イワノビチ（当時ベルジンはこう呼ばれていた）が諜報局から去るのを、非常に残念がった。たとえ「長老」がその後任であるS・P・ウリツキー兵団長に完全に職務を引き継ぎ、その任務を最大限楽にしたとは言っても、このような機関の指導部の交替は単純なものではない。パーベル・イワノビチは遠くへ行ってしまう。再び会うことができるだろうか……。ところが、突然多くの者にとって予期せぬ邂逅《かいこう》が、マドリードやバレンシア、ビルバオやバルセロナであろうとは。スペインに到着したソ連の義勇軍司令官たちを参謀本部で迎えたのは、共和国の軍事顧問団長であった。またの名はグリシン将軍であり、三つの菱形の記章をつけた軍服の代わりに、外国では灰色のチョッキつきの私服を着ているが、果たして「長老」のこの明るい紺色の目―若々しく生き生きとした善良な、また怒りを含んだ目を、変えることができるだろうか!!

しかし、ソ連内務人民委員に任命されたエジョフが送った者たちが、やがてスペインに到着し始めた。この者たちはスパイマニアであり、至るところでスペイン共和国の防衛者たちの間にさえ、「人民の敵」を見い出したのである。ベルジンは彼らによるテロを止めさせようとした。彼のモスクワ宛の暗号電報も、役に立たなかった。

ベルジンは昼となく夜となく働いた。K・A・メレツコフは次のように書いている。「彼の祖国ラトビアは、当時ブルジョワ国家であった。……スペインで彼を観察し、私は国際ファシズムに対するこの勇敢な人間が行っている一つ一つの攻撃が、彼にとっては恐らくラトビアで、また全世界でレーニンの理想の勝利に向かう一歩一歩であったであろう、としばしば考えた。そして、これは事実となった」(注3)

グワダラハラ上空の雷鳴

ベルゴンツォリ将軍（リットリオ機械化大隊の司令官）はアジスアベバの占領で有名となった。ピレネー半島のイタリア遠征軍司令官であるマンチーニ将軍は、アジスアベバの英雄に対し、共和国軍の死体を乗り越えて、マドリードへの道を作るようにとのムッソリーニの命令を伝えた。一九三七年三月八日、イタリア軍の攻撃が始まった。まだエチオピアでの勝利に酔いしれた四つの大軍から成る二六万人のイタリア軍団である。

K・A・メレツコフは、次のように想起している。「イタリア遠征軍に対する作戦、組織計画が三人の署名を求めて前線参謀に提出された。署名者は私とB・M・シーモノフ、D・G・パブロフである。同時に、二人の署名（私及びB・E・ゴーレフ）を求めてバレンシアの最高軍事顧問のもとに、われわれが待っている緊急の支援処置と、共和国政府に通報しなければならない緊急支援計画の電報が到達した。前線参謀本部は、この計画を検討し、承認した」(注4)

グリシン将軍は最も短い間に勝利の確保のために彼の任務となっているすべてのことを行った。しかし、基本的な命令でさえ「長々とした文学的文章に変えてしまう国防省の書簡芸術の愛好者たちには、不満であった」とメレツコフは書いている。参謀本部に座って軍の作戦を指揮し、軍を監督するというスペイン士官たちの伝統的なやり方も、障害となった。メレツコフの計画は三月一九日に始まった大反攻を基本としていた。前線でも背後でも、「スペインはアビシニアではない!!」という声が上がった。三月二一日までにイタリア軍団は打倒された。

スターリングラードの戦いまでの六年前、この戦いはイタリア・ファシズムの最初の巨大な軍事的敗北であった。捕虜となったファシストであるスペイン人、イタリア人、ドイツ人は尋問されたが、それを見たソ連の将軍の中の最初の者となったのはグリシン将軍であり、彼は赤軍の軍司令官ベルジンである。グワダラハラにおける共和国の勝利は、単に軍事的のみならず、政治的成功であった。三月一三日にはすでに、共和国政府は国際連盟に対し、接収された書類や、捕まったイタリア人捕虜の自白によれば、スペインにイタリア軍の正規軍が存在することを証明していることを電報で通報した。

もちろんベルジンにとっては、巨大な個人的勝利であり、のみならず、ムッソリーニの命令に関する情報は、結局彼のみの勝利ではない。ムッソリーニの命令について、ベルジンはサラマンカからの傍受した暗号電報から知ったのみならず、それはブルゴス、セビリア、ローマ、ベルリンそして東京からの無線によって確証されたものであった。さまざまな言語で、同じことが通報された。すなわち、イタリアの軍事諜報機関の元長官マンチーニ将軍、彼はマリオ・ロアッタであり、スペインにおける遠征軍司令官であり、ムッソリーニの右腕で飲み仲間であったが、グアダラハラの敗戦が戦車や飛行機を有する大量のロシア軍の出現によるものといった報告にもかかわらず、不名誉にも解任されたということである。グワダラハラの勝利のあと、グリシンは休む間もなく緊急のまだ完了していないさまざまな仕事に取り掛かった。グリシンは、早急に軍の後衛を再組織すべきこと、戦略的予備軍を形成すべきこと、新に徴兵を行うべきこと、防衛産業を拡大すべきこと、自動車運輸を再編すること、機関銃や大砲に付いてはいうまでもなく、銃がまだ足りず、グワダラハラ戦の前夜には飛行機一〇〇機、戦車七〇台が三五万人の兵に対してあったが、その数は今は少なくなっている。軍を緊急に再装備することについて、報告書やメモを書き、断固として推進した。

私はモスクワで四〇年以上も昔、朝から晩まで毎日毎日、スペインでグリシン将軍に従っていた唯一の人間を捜し出すのに成功した。この人はエレーナ・コンスタンチノブナ・レベジェワであり、スペインではリジア・モクレッォーバの名前で働いていた。グリシンは彼女をリーダーと呼んでいた。彼女はグリシンの通訳であった。彼女はパリで生まれ、教育を受け、その後モスクワの国際青年同盟およびコミンテルン（共産主義インターナショナル）で働いた。グリシンがマドリードとアリバセットにいたとき、一九三六年一一月ベルリン、パリ経由でバレンシアに到着した。

女性通訳の証言

リーダーは、つぎのように語っている。顧問団長のところには非常に多くの人がやって来ました。会談に次ぐ会談が続きました。朝から深夜まで彼のもとにはスペイン人、ソ連の軍事顧問たち、専門家たちがやって来ました。ただ夜になってたった一人きりになり、考えたり、トランプをやったり、報告書や電報にたずさわったのです。今でも前線の近くの道路を黒い車に乗って、彼が前線に向かって行く姿や、古い傷痕ですこしびっこをひいて歩いて行くのを憶えています。この人に対して、私はいつも深い尊敬を抱いていました。何に対しても、彼は変わることなく正確で、巧みで、丁寧で一度も自分を失うことはありませんでした。ただ一度だけいつもの冷静さを変えたことがありました。一人の国際大隊の将軍を、撤退の際に残してきた武器、弾薬を取り戻しに、アラガに送ろうと命じたのでした。するとこの将軍は、「退去の将軍になりたくないから」と述べて、行くのを拒否しました。そのとき「長老」の顔が赤い斑点に覆われ、青い目が白味がかり冷たくなったのを初めて見ました。……

生涯を通じて、エレーナ・コンスタンチノブナはグリシンが創設した組織があったバレンシアのアリボライオ通りの古風な三階建ての建物を憶えていた。彼女は彼の事務室の隣の部屋で働き、そこにいくつかの電話とセット家具と、スペイン各地の地図がかかっていた。グリシンは彼女をときどき会見の通訳や何かの文章を訳すために呼んだ。一階には、食堂があった。二階には、無線士や暗号解読者がいた。彼女はしばしば真夜中に彼を残してメトロポールホテルに眠りに帰り、朝戻ると「長老」は事務室に座っていた。その事務室をグリシンはいつも模範的な整頓状態に保っていた。彼がいつ眠ることができるのか分からないぐらいだった。巨大なエネルギーを持った人でした。彼は散漫でなく、いつも重要な点に集中することができました。外国に驚くほど素早く適応し、その国を心と頭で理解し、受け入れたのです。

グリシン将軍に「波長を合わせること」、彼の話し方やそれを翻訳することに慣れるまでに、リーダーは一週間もかからなかった。彼の通訳が楽だったのは、彼が驚くほど明晰な頭脳を持っており、簡単で論理的な言葉を発して、口ごもることもなく話し、最も複雑な問題でも分かり易く述べたからである。彼が用いる単語は高い教養がある者の単語であり、不可解な熟語は避けていた。彼の言葉はいかなる婉曲《えんきょく》な表現も避け、簡単な表現で流れるように語った。どんな話し上手とも共通の言葉をすぐ見い出したことは、驚きに値した。ちょっとラトビア訛《なま》りで話したが、最初、リーダーにはドイツ語のように聞こえた。必要なときにはロシア語でいかなる訛りもなく、モスクワの「アアカニエ」(訳注　オをアと発音すること)で発音した。リーダーは急ぐ必要があるときには同時通訳をした。フランコ軍の戦火の下では、声をふるわさずに通訳することは難しかったが、それもすぐに慣れた。

リーダーが最も驚いたのは、グリシン将軍(彼女はベルジンの名前を知らなかった)がマドリード防衛の非常に複雑な状況に直面しても、冷静な確信、楽観主義、ユーモアのセンスを失うことがなかったことである。この若い通訳の女性に対し、彼はいつも騎士のように礼儀正しく、どんな状況でも彼女を守った。彼の内面には多くの、貴族性と、魂の清潔さがあった。もっとも絶望的な暗黒の状況も、彼を意気消沈させることはなく、逆に敢闘精神を倍加させたのであった。

グリシン将軍の以前の通訳の回顧を書きながら、私は彼を知っている多くの人々が述べていること、彼についての非常に大事な次の言葉にアンダーラインを引いた。「彼の中には多くの昔の革命家たちと同様に、何か非常に良い、貴重な、共感を呼ぶ、人間的な、一言で言えばレーニン的なものがあった」

四月上旬、グリシン将軍はビルバオを飛び立ち、夜には反乱軍の占領しているスペインの土地の上を高く飛行した。ビルバオでは北部戦線の防衛を強化するために、あらゆることを行った。グリシンはまたゲルニカ全体を見下ろした。ナチの爆撃機は四月二六日にゲルニカを破壊した。市の立つ日の月曜日をわざと爆撃の日に選んだ。死者一六五〇人、負傷者八八九人にのぼり、それは子供、婦人、老人たちであった。アドルフ・ヒトラー帝国総統の誕生日に、この「プレゼント」が遅れること、六日であった。

一九三七年五月末、ベルジンはモスクワに召喚された。彼のポストに「グリゴロビチ将軍」が任命された。彼は赤軍の著名な軍事指導者であり、グリゴリー・ミハイロビチ・シュテルン師団長であり、ハサン湖(原注　張鼓峰)での日本軍との戦いに際して、将来の英雄となった。それから一九四一年、スターリンの命令によって、逮捕され射殺された。

別れのときがきた。スペイン万歳!!グリシンは書斎の日よけ窓を最後に降ろした。「コンドル」は再びバレンシアを爆撃した。これから先、長い苦しい戦いがあり、ほぼ二年間スペインの首都は持ちこたえた。一九三九年五月になって、赤いマドリードは陥落し、フランコは政権に就く。

祖国へ帰還に当たって、グリシンはいつもの通り軍事的任務の遂行のあと行う総括を報告した。……スペインでの英雄的戦争は、ソ連およびその他の民族に対するファシストの侵略を抑え、反ファシストの軍事的団結の学校となった。彼は祖国に貴重な経験を持ち帰った。スペインの経験である。彼は頭の中に、記録した。なぜならば、帰途には困難が立ちはだかり、何事も起こり得たからである。従って、暗号も信頼できなかったからである。彼の同僚たちは確信していた。すなわち敵の爪にかかっても、ファシストの拷問室でのいかなる取り調べも、彼からその任務上の秘密を引き出すことはできないということである。

そして祖国の煙り……

六月初めの雨の朝、ヤン・カルロビチ・ベルジンはモスクワへ戻った。駅にはだれも出迎えなかった。それは当然であった。彼は到着について、電報を打っていなかったからである。河岸にある建物のフラットは空っぽであった。息子のアンドレイは、ハバロフスクにいるブリュッヘル将軍のもとに住んでいた。息子に電報を打つ。「きなさい、パパ」

祖国でベルジンを待っていたのは、レーニン像の入った最高勲章であった。「政府の使命を遂行」に対して与えられるものだ。もう一つの大きな喜びはK・E・ウォロシーロフ・ソ連国防人民委員の命令によって、ベルジン軍司令官は労農赤軍諜報総局局長に任命されたことだ。すぐに第二階級軍司令官の称号を得た。肩章には四つ目の徽章がついていた。

さてボリショイ・ズナメンスキイ通り一九番のチョコレート色の建物には、以前から赤軍諜報総局があった。ベルジンはこんなに興奮するとは考えても見なかつた。三階の表札のないドア。こここそ彼の書斎であった。ここで長い間、彼は交替せずに当直を行つたのである。壁には両半球の地図がかかっている。古い鋼鉄製の金庫、極東に出発した日から二年以上もベルジンはここにいなかった。書斎は全く同じだったが……。しかし全く違っていた。屋外は一九三七年の夏……。

彼には、ただちに非常に多くの仕事が覆いかぶさってきた。S・P・ウリツキー軍司令官はすべての「日常業務」を最も立派な状態で引き継いだ。ベルジンは毎日、「自由マドリードの声」をラジオで聞いた。いかなる軍事情報も聞き逃さなかった。朝の各紙の通読はまず、スペインからのニュースから始めた。ミハイル・コリツォフについて読み、かれをうらやんだ。スペインのコリツォフは、今どこだろう。ベルジンは気にかけた。そして、彼はブルネットにおける新しい攻撃、マドリード郊外の血みどろの戦い、北部でのフランコの攻勢、サラガス郊外の闘い、ヒホンの陥落……などのニュースを心から辛く思った。

ハバロフスクからついに、息子がやってきた。ベルジンはアンドレイをスペインのニュース映画を見に連れて行った。スクリーンにロマン・カルメンのルポルタージュやよく親しく知っている場所や人々、マドリードの高層ビル、カーサ・デル・カンポの塹壕を見て、涙が出るほど感動した。やがて彼はスペインで以前、顧問であったK・A・メレツコフが労農赤軍の参謀次長のポストに五月に任命されたことを、心から祝福した。

国防人民委員部では、スペインのあと休息をとり、南に行くように盛んに提案した。しかし、休む時間はない。気圧計の針は下がっている。そして「嵐」を示している。世界は大戦争に向かって、まっしぐらに走っている。戦争までに数年しか残っていない。休息のわずかばかりの時間は恐るべき危険の予感と予見に満ちて、彼から眠りを奪った。スペイン時代の日焼けはさめた。顔はやがて黄色くなり、熱病の光が不眠の目の中に燃え上がった。

世界情勢は不穏であった。スペインの狭い枠からいち早く抜け出して、世界戦争の政局を念頭に置くことが要求された。そのために昼も夜も、世界中からの諜報情報、報告、分析、予測を読む必要があった。ゾルゲからのすべての無線電報、ブルガリアのザイモフ将軍からの報告を読む必要があった。なんという数の諜報員だったろうか!!ベルジンはまるで他の惑星から戻ったところで、その惑星に何十年もいたかのように感じた。

独伊の軍事力の実情

ベルジンは敵、特にドイツ、イタリアの軍事力についての詳細な報告作成に多くの時間を費やした。これはベルジンとその他のスペインで働いた顧問たちの基本的な総括の一つであった。ベルジンは、党の厳格さをもって、報告の中で労農赤軍の相当な技術的な遅れを明らかにした。その際、空軍のY・U・スムシケビチ、海軍のN・G・グズネツォフ、陸軍のP・Y・マリノフスキー、N・N・ボロノフ、K・A・メレツコフらの報告を引用した。ヒロイズムや献身性は、銃や武器に代わることはできない。威勢の良いタチャンカ（馬車）は、戦車の相手にはならない。騎兵隊は自動化機械部隊には、太刀打ちできない。空の軽飛行機は一千馬力のエンジンを持つ「メッサーシュミット」の時代には、死に絶えるしかない。ベルジンは十分に国民経済の発展について知っていた。第二次五カ年計画を経ても、先進資本主義国と比較した工業力の遅れを取り戻すことは、不可能であることをよく理解していた。また、この遅れを埋めない限り、軍を改良することができないということも、知っていた。ソ連人はドニエプル発電所や、マグニトゴルスクやクズバスの建設者であり、奇跡を作り出したが、歴史は彼らに残酷にも時間を与えなかった。スターリン自身が「われわれは先進国より五〇〜一〇〇年遅れている。われわれはこの遅れを一〇年間で埋めなければならない。われわれはこれを成し遂げるか、又は押し潰されるかである」と述べている。その声明は真剣で、かつ時宜を得たものである。この遅れはどの程度、埋められただろうか！三分の二だろうか？戦争の前夜におけるいかなる遅れも、破滅的な悲劇に向かわせられるであろう。ベルジンとしても、力の限りこのことをすべて行った。諜報活動は、ソ連の軍需産業に兵器の質的、量的発達のための正確な基準や目標を与えた。自転車の発明のために、何年も費やす必要はない。

報告の中で、ベルジンは捕獲した兵器でスペインからソ連の船で送られた、各種のモデルについて言及している。祖国に帰ると、だれかがそれらを厳重な機密扱いにしたので、それらを捜し出すことは長い間難しかったことが判明したが、これらのサンプルについて言及している。スペイン時代の経験に基づき、ベルジンは戦術技術の新しい傾向について、詳細に光をあて、巨大な航空戦と戦車戦の結合への急速な移行を勧告している。それは内戦時代の干渉軍の撃退時における大量の歩兵の体当たり戦術に替わるものである。さらに攻撃戦力の基礎として、ベルジンは効果的な地雷の大量使用を含む防衛サイドとしての防衛手段について、強調している。また、彼はドイツ・ナチズムとイタリア・ファシズムの性格について、両者を混同せずこの双生児の力と弱点を知り、しかし、同じ体制と見ないが、敵は奇襲攻撃を仕掛け、いかなる制約をもたない戦争を行い、ソ連体制のみならずソ連人民を絶滅させる戦争を行うと書いている。スペインでベルジンは敵を大きな視点から分析し、理解した。スペイン人民と数百のソ連軍人によってあがなわれた教訓を、最大限利用しなければならない。

ベルジンは報告のなかで、特別な章をさき、スペインで実験されたソ連の新兵器である飛行機、戦車、地雷について書いている。多くのピレネー半島の戦場で初めて採用された新らしいアイデアの中で、とくに秘密裡にジェット爆弾という新兵器を積んだ爆撃機が、実験されたことが述べられている。このような爆撃機五機を、その後栄誉を得た飛行士アナトーリ・セーロフが指揮した。一九三七年春、ベルジンはこれらの戦闘機を非常に待ち望んでいた。しかし、ソ連の船は到着しなかった。司令部はスペインの封鎖海域を通過するのは、極めて危険であるとみなしたのだ。敵の手に、新しい強力な武器を渡すことはできない。セーロフはスペインにジェット爆弾を持たずに到着した。

報告の中で、ベルジンはスペインでの経験から、巨大な戦車師団の結合が不必要であるという誤った結論を出した軍人に、論争を挑んでいる。そのような結論は機械化戦車師団を解体に導き、機械化戦車師団を歩兵部隊の構成の一部と見なすからである。ベルジンは空軍の早急な近代化、通信手段の広範な発展、馬によって牽引する砲兵軍を機械化すべきであること、さらに航空および機甲戦車部隊の数倍もの増強を提案した。

ベルジンはスペインでの諜報とパルチザン活動について、多くの関心を払っている。当局はすでに、巧みに配置した諜報員からの成果を刈り取っている。第一四軍の活動すなわちパルチザンと破壊工作諜報活動を結合させた軍の活動についても、報告した。一九三七年秋、消滅した北部戦線に代わって第一四軍の訓練された指導者の下に一万八〇〇〇人を下らないパルチザンが活動し、その中ではオーストリアの炭鉱夫たちが光っていた。

第二次大戦の導火線

ベルジンはスペインで、祖国における出来事のテンポに遅れまいと努力はしたが、帰国してみると、祖国の進み具合から取り残されていることを直ちに感じた。一度にたくさんの新聞や雑誌を読み、トベール通りのニュース映画館「フロニカ」に行き、モスクワの通りや広場を熱心に眺め、広告板を見つめた。映画の看板には「貴族」のパゴージン、「スペイン万歳」のアフムノゲーノフがあった。プーシキンの銅像の下には、たくさんの花が供えられた。一九三七年はプーシキンの没後百年に当たっていた。アンドレイにプーシキンの新版をプレゼントしなければならない。プーシキンこそアンドレイの父ラトビア人に、ロシア詩の素晴らしい、輝かしい世界を開いたからである。しかし、今や文学、演劇、オペラ、バレエ、これらすべては彼には関係ない。諜報総局の大量の情報を消化し、それを分析すること。時間は待ってくれない。第二次世界大戦の導火線は、もう燃えている。このことについては、彼はスペインではっきりと確信した。一時間一時間、一分一分が、彼にとってては大切であった。彼の書斎は以前の通りであり、すべてのスタッフは知り合いで、親しい。彼の代理ダビードフ、ニコーノフ、課長のスティガ、バーソフ、ズボナーレフ……。

「以上が私が国防人民委員会に報告するわれわれの基本的な結論であります」と述べて、ヤン・カルロビチ・ベルジンは報告を終えた。「これらすべては、今こそわれわれは皆さんとともに、世界大戦の前夜における諜報活動の将来計画を作らなければならないという考えに導くのです。もちろん私は間違ったことを言っていません。同志諸君、戦争はすぐそこにきています。皆さんは誰よりもこのことを知らなければなりません。この計画は極めて具体的でなければなりません。この計画はドイツでのわれわれの任務の方法と手段を定めるものでなければなりません。各課の計画案を一ケ月いや三週間後に提出してください。同志ダビードフ、ニコーノフ、スティッガはすべての資料を総括して、基本的な新しい傾向や目標を決めて下さい。われわれの課題は奇襲攻撃を許さず、戦争期間を短縮し、赤軍兵士の流血を最小限にすることです」と語った。

ベルジンは諜報総局で、巨大な権威を持つことができた。その権威は押しつけたものではなくて、自然に生み出されたものであった。このようなことは、真に天才的な指導者たちがなし得ることである。従って、多くの彼の部下は、彼に対して個人的に忠実であった。部下たちは、もし成功すれば、もし困難な課題に成功を収めれば、目標を達成すれば、このことは「スタリーク」（長老）が必ず知ることになる。誰も、長老以外、知る必要がない。秘密である!!彼らにとっては、これこそ最高の勲章である。この秘密性は諜報員の職業において、不可避的な無名性、あらゆる危険、あるいは内部から打撃を与えるために諜報員が敵側の外見をつくろい、敵側の洋服を着るといった場合に、ありえる不名誉を我慢するのを助けるのである。

ベルジンは前のポストに戻った最初の日から、人事問題に携わった。人事こそが、すべてを決定する。だれをどことどこに配置するか、この言葉は諜報活動にとっては三倍も大切なことである。彼が諜報総局を去った一九三五年四月以来、人的構成にどれだけ多くの偶然性や予期せぬことが起きていただろうか!!大変な仕事が行われた。山を移すような具合だった。基本的には「長老たち」の名前と偽名をベルジンは知っていた。しかし、多くの新しい名前の職員がいて、彼らの活動、頭脳、精力から判断して、非常に将来性のある職員たちの名前があった。来《きた》る大戦争で、かかる者たちが必要なのである。とくに「長老」の関心を引いたのは、マレービチ大佐の件である。マレービチはイタリアのモデナに近い監獄カステリ・フランコ・デル・アミーリアにいた。イタリアでは何と立派に「エティエン」「コンラッド・ケルテネル」が活動を開始していたが、何という情報を寄越すことか。

しかし、マレービチはファシストの監獄にいる。一生出られないかもしれない。ベルジンは昔、永久流刑の判決を受けていたから、これがどういうことか分かっていた。しかし、楽観主義者であったから、マレービチをリストから外すことを急がず、反対にマレービチ大佐を監獄から解放するあらゆる可能性を考え出すよう命じた。そして、次の階級、大隊司令官の称号を与えた。恐らく敵の監獄に捕まっている者に対して、通常の司令官の称号を与えた初めてのケースだろう。これこそ自分の同僚に対する「長老」の信頼の最も驚くべき証拠である。ベルジンは誤っていなかった。一九六五年、レフ・エフモノビチ・マレービチは、ソ連邦英雄の称号を死後に授与された。

ベルジンの書斎では、通常の秘密会議が開かれていた。第二階級軍司令官が新しい諜報員と面接していた。そのうちの一人はシャンドロ・ラド、偽名は「ドラ」あるいは「アリベルト」である。一八歳から、一九一八年の一二月より、ハンガリー共産党のメンバーである。

――ハンガリーのソビエト共和国は一九一九年の三月に勝利しましたね、と、ベルジンは尋ねた。

――砲兵隊の司令官として共和国を防衛しました、と、ニコーノフが付け加えた。第三回コミンテルン大会の代議員で、一九二三年にはドイツの階級闘争に参加しており、ライプチッヒの中部ドイツ革命委員会の参謀本部長のポストにありました。妻のレナ・ヤンゼンはクララ・ツェトキンの秘書であったこともあり、ドイツ共産党中央委員会の職員でもありました。ヒトラーが権力の座につくころ、同志「ドラ」はベルリンのマルキシズム学校で、教えていました。妻とウィーンに逃げました。思想的に反ファシストであり、国際主義者であり、一〇〇パーセントのボリシェビキであります。彼の専門は地図の制作者で、地質学者で国家法と法律学の識者であり、多面的な教養がある人間、つまりインテリです。主要なヨーロッパ諸国の言語を知っております。ジュネーブに定住し、科学地質学会社「ゲオプレス」を作りました。一九三六年八月より無線に従事し、広い範囲の他方面の通信を始めています、と、ニコーノフがコメントした。(注5)

――「ドラ」に伝えてください。大戦争までに力を蓄え、まず第一にヒトラー・ドイツに関心を持ってください。どんな場合もスイスの法を犯してはなりません。同地の共産党員とはいかなる接触を持ってはいけません。本部からの最初の信号に備えて、あらゆる可能性が動員できるように、準備しておいて下さい。われわれはこのようなグループをドイツ周辺に持たなければなりません。

――考えてみます。ニコーノフは自信たっぷりに述べる。われわれは必要な、期待を持てる前衛部隊を、まず第一にあなたがスペインで選んだメンバーを使って、必要な数を設置できると考えます。それは大戦争までにどれくらい時間が残されているかにかかっています。

――まだ二、三年は、余裕がある。ところで「ドラ」との通信は、どうか。

――いまのところ一局です。聞こえ方は正常です。戦争の際には、ジュネーブとローザンヌに二、三局を予定しています。

――無線設計技師と会わなければなりません。無線局の設置に彼らが何を達成したかを見なければなりません。この分野で、われわれは明らかな遅れをいち早く取り戻す課題を彼らに与えなければなりません。彼らにはわれわれがスペインで捕獲したフランコ軍の無線装置を示さなければなりません……。次は誰ですか。

レオポルド・トレッパーの回想

ベルジンはレオポルド・トレッパーの個人ファイルを開ける。彼は相当期待が持てる諜報員である。ポーランド出身で、パレスチナとフランスに住んだ。一七歳から共産主義運動に関わっている。すでに数年間、ソ連に住み、ジャーナリストでコミンテルンに参加している。レオポルド・トレッパーは将来「オットー」となり、西ヨーロッパ三ケ国のエージェント諜報網の設置諜報員、反ファシズム組織の指導者であり、その組織はゲシュタポでは「赤いオーケストラ」という名前で呼ばれている。……。

トレッパーはベルジンとの出会いを、自分の著作『巨大な遊び』の中で、回想している。

彼は会談のために私と会いました。その会見は、私の記憶の中によく閉じ込められています。人間として、共産党員として、その後の全運命を決めた日であった場合に、どうして忘れることができましょうか？……私はあなたがわれわれの仕事に参加されることを提案します。なぜならあなたはわれわれにとって必要だからです。ここではありません。ここにはあなたのポストはありません。あなたは西ヨーロッパで、われわれの活動のための基地を作らなければいけません、とベルジンは私に述べました。

ベルジンとの最初の会見の後、諜報活動への移行、およびその部隊で戦うとの考えが、私の意識の中にしっかりと根を下ろしました。私は疑いませんでした、ヒトラーの軍勢がヨーロッパ諸国にどっと雪崩れ込むときが近づいているということを。来る戦いでソ連の役割が決定的であるということは、私にとっては明らかであった。今生まれつつある革命の姿に、私の心は張りさけんばかりであった。その革命のために、私は何百万もの共産党員たちと一緒にできることをすべて行ってきたのです。われわれ二〇代の人間は、未来の生活、未来の素晴らしい若々しい生活のために、自己犠牲の用意がありました。革命はまたわれわれの命であり、党はわれわれの家族であり、その家族の中でいかなるわれわれの活動も、兄弟愛の精神に貫かれていました。

われわれは熱烈に真に新しい人間になりたいと願望していました。われわれはプロタリアの解放のために、鎖につながれる用意がありました。自分個人の幸福を考えるということがあり得たでしょうか？われわれは歴史がついに一つの抑圧形態からもう一つの抑圧形態に移ることを中止することを夢見ていました。天国への道がバラの花に敷き詰められていないということを、われわれ以上に知っている人間がいたでしょうか？(注6)

スペインの孤児の家

会議はいつものように、真夜中まで続いた。ベルジンの書斎は真夜中まで、灯がともっていた。彼は懲罰隊が後頭部に残した弾痕のある頭を疲れたようにこすった。

「長老」はささいなものの背後に、大きなものを見ることができた。夏のある日、ベルジンの車はボリショイピラゴフスキー一三番地の家の前で停まった。緊急の仕事と懸案があったのにもかかわらず、軍司令官は、スペインからやってきた黒目の子供たちを見るために時間をさいた。この子供たちは、彼が「コオペラツィア」やその他のソ連船で長い危険な航海を経て、遠い国に三月に送り出した子供たちである。その国は、彼らにとって第二の祖国となった。大ホールを通り食堂を見せた。肌の色の薄黒い子供たちは彼の後ろをついてきて、彼がスペイン語で話しかけると歓声をあげた。子供たちの姿は彼のお気に入りのものであった。健康で栄養が十分で、清潔であった。しかし、彼の心は暗かった。母の愛情や思いやりの欠けたロシア語のできない子供たちにとって、これからの生活は容易でないだろう。到着すると、多くの子供たちはただちに病院やサナトリウムに送られた。ソ連に送られる子供たちの集団にもっと多くの教師や看護婦をつけるべきであった、と考えた。「マエストラ」、これは子供たちの教師であるが、彼らは子供たちの描いた絵を見せた。それらの絵を見ると、子供たちがまだ戦争の中に生きていることが分かった。すなわち、航空戦、爆撃機、戦線の攻撃など。

諜報総局に戻ると、ベルジンはすぐ大事な手紙を書いた。彼がジェルジンスキーの生徒であったこと、孤児たちの友人であることは偶然ではなかった。

ソ連国防人民委員
ソ連邦元帥
K・E・ウォロシーロフ殿

ソ連国防人民委員会諜報総局長
第二階級軍司令官
Y・K・ベルジン

上申書

一九三七年三月末、七二人のスペインの子供たちと六人の成人（四人の教師と二人の看護婦）を受け入れました。子供たちは休息のため、全ソピオネールラーゲリ（アルテック）に送られています。現在、そこにいる子供たちのために、モスクワ当局とともにわれわれは特別な子供たちの家を設置することに取り掛かりました。モスクワ・ソビエトはこの目的のために、いろいろな学校の入っている、ボリショイ・ピラロフスキー一三番地の家を提供しました。

子供たちは第三九番学校で学習することになります。その学校はフルンゼニスキー区にあり（ボリショイトゥルベツコイ通り六―一）モスクワ教育局は小学校として一階を提供しました。今学校は修理中です。学校は子供たちにのりません。

家から歩いて一〇分のところにあり、バスに乗る必要はあ

ずっと昔、二〇世紀の初め、ピョートル・キュージス(彼はほとんど自分の本名を忘れていた)は、子供たちを教えることを夢見て、ゴルチンゲンの師範学校に入学した。ここに三三年経った上申書がある。この心霊圏からの上申書は、革命や戦争によって、この「長老」の心が硬化していないことを示している。

情報の流れは、拡大した。その情報を適切な速さと、取りこぼしなく自己のものとするのは、ますます困難となった。ベルジンはこの大量な情報の塊を自分自身で加工しなければならないと、以前より自覚していた。頭脳を軽減するために諜報総局のメンバーを増大する必要があった。諜報総局に押し寄せる情報の整理作業の自動化を夢見さえした。

「スイスの良質な燐鉱石のドイツの蓄えは、鉄鋼生産に不可欠なものであり、一一～三年も持たないだろう……」

「イギリスのドイツのエージェントは、また崩壊した。ドイツのスパイ団はオフィシャル・シークレット・アクト違反で、グリフスロード判事の下でマルゲイト法廷に出頭」、「デンマークのドイツのスパイの首魁はワルデマール・ペッチとクネフケンである。後者はまたインテリジェンスサービスでも活動していた」「モルーゾフ大佐シュグランツァの長は、年末までにルーマニアの外国エージェントは根絶されるだろう」「ブリュッセルでフランコはレオポルド王の取り巻きの中に、自分のエージェントを持っている。彼の名は……」、「G・E・ポトツキ駐米ポーランド大使は宴会の席で、親ファシズム声明を行った……」

情報は相互に一致し、確証されるものもあり、あるいは相互に矛盾するものもあり、情報はさまざまな価値と真実性の正確か不正確かの段階がある。情報には戦略的重要性のあるものと、全く根拠のないものがあり、新鮮なものと、古びてしまったものがある。情報には悪い意図を持った、あるいは無意識的な偽情報がある。

本質的なものを偶然なものから分けること、表面的な外皮を貫いて現象の核まで掘り下げること、これらは諜報活動の課題ではないだろうか！しかし、弁証法の法則に従って、問題の他の側面がある。すなわち、本質の中に偶然を見分けること、偶然性と必然性との微妙な関連を理解すること、現象の本質に貫通することが必要である。諜報とは

偶然性のかなたにある必然性を解明するような探求である。

ベルジンは思考し、熟慮し、分析し、そして結論を出した。そのうえで、対応策を練った。彼は状況に支配されないように、自らの仕事を行った。それどころか、状況の上に立って、自らの理性的な意志に状況を従属させるように仕事をした。この闘いで彼は多くのことを達成した。彼はやがてすぐに状況が彼の上に立ち、彼が計画したことが何一つ実現できなくなるだろうということを知らなかった。

ベルジンはますます疲れ、休息をとるために地下室にヤスリ作業をしに行った。小さいランプの下の仕事台とノミとハンマーである。ベルジンは通常、万力に金属片を固定し、ヤスリで金属片についた、黒褐色の錆の層を削り取った。彼の思考はリガに飛び、彼の最初の仕事台、人生で最初の労働の工具に飛んで行った。しかし、これについて考えているだけではなかった。

「人民の敵」の粛清

包囲されたマドリードにいたときより、はるかに大きな力で、心と頭でベルジンはだんだん大きくなる陰鬱な不安を感じていた。すでにに回復しがたい災厄、悲しみの試練の予感によって、麻痺していた。一九三七年秋がこようとしている。すでに「人民の敵」として労農赤軍の最高司令官たちが逮捕され、射殺されている。すなわち、M・N・トハチェフスキー、V・M・プリマコフ、I・P・ウボレビチ、I・E・ヤキール、A・I・コルクである。諜報総局も逮捕は免れなかった。彼の身近な同僚たちが「消えた。古参チェキストのA・K・アルトゥゾフ、A・M・ニコーノフである。諜報総局では「一層新しい人民の敵」たちを摘発する運動が激しくなっていた。ベルジンは最も適切な標的であったが、日々は過ぎ、軍事諜報の全機関で一層多くの諜報員たちが捕まり、諜報機関の長にはだれも今のところ手をつけなかった。鉄のような意志と努力によって、ベルジンは自分を支え、実りのない考えごとを追い払い自分の船を一層強く舵で支えた。党、人民、軍のために彼が行ってきた活動の必要性と重要性に全く疑いを持っていなかった。

錠前はできあがった。今度は表面をこするヤスリが必要だ。それからビロードのヤスリだ。鋼鉄の輝きまで磨き上げ、さらに丁寧に磨き上げるのだ。できあがった。彼はこの最後の日々に一〇個以上の錠を作った。

十一月にベルジンは自分の人生の最後の二つの祝いを行った。七日には素晴らしい大勢の部下に囲まれて、一〇月革命二〇周年を祝った。身近な部下は、諜報総局と軍の諜報部の職員たちであった。しかし、まださらに居たのである。世界の国々に派遣された一層多くの諜報員たちである。すなわち、アブサリャーモフ、アノーロフ、バーソフ、ビルケンフェリド、ボルトノフスキー、ビナーロフ、グリゴリエフ、ダビッドフ、ジグール、ゾーシャ・ザレフスカヤ、ザリベルグ、ゾルゲ、キダイシ、ケルヘンシュテルン、コローソフ、マムスーロフ、マネービチ、モラチコフスキー、ペトレンコ、アーニャ・リャザーノワ、サルヌイニ、スカルベック、スティッガ、スホルーコフ、トレッパー、アリフェルド、ポール・アルマンとマリア・トルティーニ、トゥマニヤン、ウリツキー、チュイコフ、……全員を上げることはできない。プロメテウスの火を求め、火を飼い馴らす者たち。

一一月二五日、すべての友人と同僚が「長老」の誕生日を祝ってくれた。最後の日までベルジンは闘いのポストにいた。彼には闘いの用意があり、自らに偉大な力を感じていた。「バロメーター」、このようにしばしば参謀本部の中で、呼んでいたが、それはたえず「嵐」を示していた。すなわち軍事的台風が近づき、その嵐の範囲を拡大し、国際関係における気圧は激しく下降していた。非常な不安を持って彼はムッソリーニとヒトラーの会見の情報を分析していた。彼はまた知っていた。

ヒトラー総統の官邸で重要な会議が行われ、その会議にはゲーリング、フォン・ブロンベルグ将軍、フォン・フリッチュ将軍、レーデル提督、フォン・ノイラート外務大臣が参加していた。ヒトラーは次の演説を行った。「ドイツは生命線を求めて、戦いを開始する。近い将来、オーストリアとチェコスロバキア問題を解決する。ヨーロッパ列強の厚かましい要求を廃棄する。国防省はできるだけ早く戦闘態勢をとらなければならない」

いつものようなエネルギーをもって、「長老」は自分の任務の範囲で対応処置を考え、計画し始めた。

しかし、ベルジンの寿命はすでにに尽きていた。

一七三七年一一月二八日修復不可能な事態が生じた。ヤン・カルロビチ・ベルジンは逮捕された。

軍司令官の愛

今まで読者が読んできたことすべては、ベルジンの人生の最後の月日の第一章と名付けることができる。彼に関する情報は、これまで出版物に出るのは困難であった。彼の第二章、第三章に関することは、徹底的なタブーであった。

スペイン女性アウローラ・サンチェスに対する唯一の巨大な愛の物語である。第三章は彼の死の物語である。彼は血みどろのスターリンのテロの犠牲となって斃《たお》れた。

この諜報機関の司令官に関するわたしの本の原稿が、ワシリー・グロスマンの『生涯と運命』（邦訳『万物は流転する』）の本と同様に日の目を見るのは、二百年後になるだろうと考えられ、どうなるか分からないまま机の上に置かれていたのは、そんなに昔のことではない。

私は、そのころ、アウローラ・サンチェスを探し、彼女との会話をテープレコーダーに記録することができた。五〇年たって、私はヤン・ベルジンが運命に逆らって愛した女性の声を聞いた。そのインタビューの一部を以下に掲げたいと思う。

アウローラは当時二〇歳であった。ベルジンは彼女より二七歳年上であった。彼女はバレンシアの参謀本部で働いており、ベルジンはこの美人のスペイン女性を愛した。彼女の兄弟は、共和国軍で戦っていた。ヤン・ベルジンとアウローラの蜜月は、「河岸の家」という有名な家で過ぎた。この家は「政府の家」とモスクワの人々は呼んでいたが、巨大な建物で建築家ヨハンの設計になるものであった。

——モスクワには、いつからっしゃいましたか。憶えていますか。

——六月三日朝九時半です。ドアのベルを押しました。いえ私ではなく運転手が押したのです。

——朝の九時半ですって！

——はい、六月三日の九時半きっかりです。六月一一日。私の誕生日を祝い、一二日には結婚しました。

——あなたが結婚を求めたのですか。それとも彼ですか。

——いいえ、彼です。私は希望しませんでした。彼はスペインで結婚したかったと言いました。私は、スペインにいたら、あなたとは結婚しなかった、と答えました。だって私には、許婚者がいたのです。でも戦争が始まりました。許婚者はサラゴサに残り、私はマドリードに残りました。そして、彼にはもう会いませんでした。それからこちらに来たのです。私は一年ほど滞在して、ロシア語を勉強し、モスクワを見学して帰国するつもりでした。彼と結婚して一生ここにとどまるとは、考えもしませんでした。もしそう考えたとしたら、スペインから出なかったかもしれません。

——そして、ここモスクワであなたは彼が逮捕されるまでセラフィモビチ通りに住んでいたのですね。

——はい、ほらここにサンチェス、アウローラ・インダレスエブナはセラフィモビチ通り二番地一五三号に居住しているという証明書があります……。寝室、台所、お風呂が皆モスクワ河に面していたのを憶えています。ベットに腰掛けているときも、小さな蒸気船が見えました。そして、ホールには書斎と食堂がありました。それからアンドレイの部屋もあり、同じく川に面していて、陽の当たる部屋でした。そして、書斎と食堂は一番大きな部屋でした。ほらここに証明書があります。

ベルジンの妻。証明書は内部人民委員部に提出のために発行されたもので、ソ連執行委員会所属第一ソビエトの家司令部、一九三八年二月二一日 №94、モスクワ72 セラフィモビチ通り二番、レーニン地区警察第一部署 電話V1―59―56、V―1―74―00。

そして印章です。

――つまり、一九三八年の二月二十一日には、まだあなたはヤン・カルロビチのフラットに住んでいたのですね。

――はい、これは私の手元に全く偶然に残った唯一の文書です。それはわたしが彼のことを知りたくて、内務省に行くために頂いたものです。

一度だけの観劇

――逮捕される前、数日間に、ベルジンのところに誰か客が来ませんでしたか。

――いいえ、だれも来ませんでした。

――時代があんなでしたから、もちろんお客どころではなかったでしょうね。ところで電話が誰かからかかってきましたか。

――ないと思います。

――あなたは彼と劇場に行きましたか。

――はい、一度だけボリショイ劇場に、「カルメン」を見に行きました。家ではいつも音楽を聞いていました。

――彼はどんな音楽が好きでしたか。

――彼はオペラのレコードをたくさん持っていました。そのレコードは私のところにまだ保管してあります。でも、みな古いものですよ。今では、それを聞くには、特別な針や蓄音機が必要です。

――ところで、ドニゼッティはそこになかったですか。

――なかったと思います。

――なかった？わたしがお尋ねしたのは、彼には秘密の名前、暗称「ドニゼッティ」というのが、あったからですよ。この暗称で彼はモスクワ当ての暗号電報に署名をしているのですよ。それは敵側に解読されずに残りました。我が国の文書館には見つけることはできませんでした。

——その名前は、一度も聞いたことがありません。私は皆がヤン・カルロビチと呼んでいたのを知っています。でもここでは、彼をパーベル・イワノビチと呼んでいます。

スペインでグリシン将軍に、「あなたを正確には何と呼ぶのですか」と尋ねたら、彼は笑って、「私はペドロでも、パブロでも、ホアンでもある」と言いました。実際、ペーテルはペドロだし、パーベルはパブロだし、ヤンはホアンです。ベルジンにはたくさんの名前がありました。

——ベルジンはもちろん非常に抑制された人で、自己規制ができましたが、でも、巨大な悲劇が近づき、赤軍の指導部の大量逮捕が進んでいたことはよく分かってました。その当時、彼の性格や気分は変わりましたか。

——いいえ、彼はいつものように、非常に快活で、優しかったのです。私にも、アンドレイにも。

——彼に何が待ち受けているか、彼は知っていましたか。どのようにふるまっていましたか。

——最初、私は彼は何も知らないと考えました。でも、その後数年がすぎて、いずれにせよ彼は待っていたということが、よく分かるようになりました。というのは、私がニコーノフについて尋ねたとき、ニコーノフはベルジンの代理だったと聞いています。ニコーノフの奥さんが、オデッサからやってきて、彼の書斎で泣いていました。何について話し合っていたのか、私は知りません。私はそこに入って行けたかもしれませんが、いずれにせよ、なにも分からなかったでしょう。

ただ、私は尋ねたのです。「ニコーノワはなぜ泣いているのですか」—「彼女は帰ったよ、フラットは、彼の家は、閉ざされて封印されており、ニコーノフはいない」「どこにいるの?」—「知らない」

どうして知らないことがあるでしょうか。彼はよく知っていたのです。でも私には言いませんでした。その後、私は分かったので聞いてみました。

「彼は逮捕されたの?」

——「ええ?どうしてそう思うのだ?私は監獄にもいたし、流刑になったこともあるよ」

私はそんなことが起こり得ないと信じました。でもその後、最後のころは、くだらない会話をしはじめたんです。

——「君は多分、私が君より年寄りだからいやなんだね。若者が君に言い寄って来て、きみは結婚するんだろう」

私はなぜ彼がそんな話をするのか分かりませんでした。

――「もし、何か起こったら、きみはスペインに帰りなさい」

「なぜそんなことを今、言うのですか」

私は泣き出して「国に帰りたい」と言いました。彼は「駄目だ」と言いました。「あなたは、駄目だといったのに、さっきは国に帰りなさいと言ったのは、どういうことなの！」と聞くと、彼は答えませんでした。なぜなら、彼はスペイン語をうまく話せなかったし、私はロシア語をあまり知りませんでした。最後のころは家にいることが多く、ときには買い物に出掛けました。女の方が昼食を届けにきました。

――女の人？

――ええ、誰か職場のご婦人のようでした。給与を封筒に入れて家に届けてくれました。彼はこの封筒を私に渡しました。

――ところで、逮捕前にどのくらいの間、働いていなかったのですか。

――彼がいつ働いており、いつ働いてないのか、正確なところは知らないのです。ただその後思い出したのですが、彼が職場で食事をせず、家に昼食を持ってくるという日が、多かったのを憶えています。それがどのくらい続いたのか、よく憶えていませんが、私はそれがどういうことか考えませんでした。彼は私を慰めて、「きみはもっともっとロシア語を勉強しなさい。やがて私はスペインに行く。そのときは私と一緒に行って、通訳として働くのだ」と言いました。

――彼はスペインに戻るつもりだったのですか。

――そうみたいです。最初はそう見えました。彼はもう一度、戦争を終わらせるために行こうと考えたのか、それとも、私を小さな子供のように慰めたかったのか分かりません。彼は私のために、紙の上に「ロシア語をもっともっと勉強しなさい。勉強の突撃隊員になりなさい」と書きました。

深夜の逮捕

――いつ、ヤン・ベルジンは逮捕されたのですか。

――一一月二八日から二九日の夜です。正確に、時間は二時から三時です。私は一時に眠りにつきました。彼らがベルジンを逮捕しにやってきた夜、私たちはゆったりと眠りにつきました。私は何も知りませんでした。彼はいつも書斎で長い間読書をしていました。私は彼がドアの鍵を開けるのを聞いて、「パパー」と言うと、彼は「ママー」と言いました。私たちはいつもこうでした。この夜、彼らは自分たちでドアを開け、呼び鈴の音は聞こえませんでした（注7）。彼は家にいました。「パパー、何なの」と尋ねると、彼はスペイン語で「パ・ラ・ミ」と言いました。あなたはスペイン語をご存知ないですね。もし彼が「ア・ポル・ミ」と言ったなら、それは「私を追って」という意味ですが、つまり「私のため」、「私の方に」と言ったのです。私は彼らがなぜ寝室にきて、書斎にいかないのか驚きました。彼の最後の言葉を聞きました。「タバコを吸っても良いですか」彼らは「良い」と言いました。これが私が聞いた最後の言葉です。「タバコを吸っても良いですか」

それから二人の人間が、私に「起きなさい、起きなさい」と言いました。私は起き上がりました。彼がどこにいるか見回しましたが、彼はおりません。私はアンドレイの部屋に行きました。アンドレイはこう言いました。「パパは逮捕された。それだけだ。もう戻らないよ」

――アンドレイはどう振舞ったのですか。

――彼は一言も言いませんでした。彼はとても自制心のある子供でした。その後、分かったのです。父親そっくりだったと。

――あなたはほかに、捜索について、何か憶えていますか。

――彼らは全てを封印しました。寝室も、書斎も、アンドレイの部屋も。そして、私たち二人は食堂に移動させられました。彼らは捜索などしません。あるもの全部を持ち去ったのです。

――何を持ち去ったのですか。

――全部です。あとで洋服とか、私に返しましたが……。

――あなたのものを？

――彼のものも何か戻してきました。

――彼のものはどのくらいたってから、返してきたか、憶えていますか。

――短い期間でした。私はその家にまだ住んでいました。それからまたやってきて、図書室から全部持ち去りました。彼らはお金も持ち去りました。棚の上に五〇〇〇ルーブルあったのです。私達の所には全て新しい家具、三面鏡、ソファーと二つの肘掛け椅子、とても美しくて濃紺色でした。これを持って行きました。食堂から食器棚を持って行きました。私は食器棚からナイフやフォークの入った籠を取り出して、棚の中を空にするために机の上に置いたのです。が、気がつくと籠はなくなっていました。食器用具二組を残して。それをアンドレイと使いました。本は一冊も戻ってきませんでした。確かに、スペイン語ロシア語辞典があったのです。私が要求すると、返して来ました。私はその後、その辞書をリガの博物館に寄贈しました。その博物館ではどこにも「グリシン」と表示されていました。

――そのフラットにどのくらい住んでいましたか。

――数カ月たって、同じ建物の他の入口のフラットに移されました。アンドレイにはどこか小さな部屋を与えました。一九三九年の春になって、キーロフ通りの一五平方メートルの部屋をくれました。そこには五家族が住んでおり、私は六番目でした。

――彼に対する伝言は、持って行けましたか。多分、駄目だったでしょうね。

――私は知りたくて行きたかったのですが、「あんたはロシア語が分からないのだから、誰かロシア語の分かる人を行かせなさい」と言われました。それから私を車に乗せて、ジェルジンスキーに連れて行きました。上に行くと、男の人がいて、その名前はもし間違っていなければマリノフスキー（注8）と言いました。正確かどうか分かりません。彼には三つのあれ……。

――コマ（独楽）、筋（枕木）、星ですか。

――憶えていません。三つのものでした。あなたを騙すことになるのはいやです。私にいろいろなことを、次から次に質問しました。最後に私は「彼が生きているなら、私は待ちます。もしいないなら、スペインに帰ります」すると彼は「彼はいない。もういない。いない」と話したのです。

埋葬場所は不明

――それはいつでしたか。

――それは……。まだ前のアパートに住んでいましたから……。

――というと、まだ一九三七年のことですね。

――三七年の終わりか、三八年の初めです。

――彼は、一九三八年七月二九日まで生きていたのですよ。

――私は知らなかったのです。私には「彼はもう生きていない」と言い、「あなたは一人なのだから、好きにしなさい。でも、スペインへは今は駄目です。可能になったら、あなたにわれわれから連絡します」。私は内務省で彼がどこに埋葬されているか教えてくれないかと頼んでみました。「駄目だ。言えません。そこは共同墓地で、場所はどこか分からない。」

――内務省からは、だれがあなたのところにきましたか。

――チェルニャーエフです。この人はたぶん私の後見人だったのでしょう。どこかに私が行かなければならないときは、彼がやってきました。

――あなたは彼に電話をしましたか。

――その後、私のところに電話が設置されましたが、初めのころは彼がやってきて、自分の電話番号を渡し、「必要なときにはここに電話をしなさい」と言いました。

――チェルニャーエフはどのくらいあなたを後見していましたか。

――私が再婚するまでは、彼は自分の意思ではなくわたしを後見しました。これは内務省が彼に与えた役割だったのです。その後、私が電話をしますと「チェルニャーエフはもういない」と言われました。

――その後、あなたを呼び出して、何かの会見をするとか、何か質問をするとかいうことはなかったのですか。生活は平常通りでしたか。

――「あなたは自由だ。好きなことをやりなさい。結婚したければ、そうしなさい」と言われました。その後、スペイン戦争が終わると、内務省は「あなたを国に帰すことができます」と言うので、私は「今は帰れません」と答えました。というのは、私の姉妹たちがモスクワにくるために奔走していたからです。私の姉妹たちがモスクワにくるために奔走していたからです。私はクレムリンに手紙を出し、姉妹たちがモスクワにくることを許可してくれるようにお願いしました。姉妹たちはフランスの強制収容所に入っていたのです。ウォロシーロフは援助を約束してくれました。そして、私の二人の姉妹は一九三九年末にやってきました。ですから、もし希望するなら帰国できる、と言われたとき、今は希望しません、と答えたのでした。私は姉妹たちがこちらにくることが許可されるように奔走していたのですから、どこに行くと言えたでしょう。

――あなたの姉妹たちはソ連にどのくらいいましたか。

――今もここに住んでいます。結婚しましたが、今は二人とも未亡人です。

　アンドレイとはキーロフ通りで偶然に出会いました。私は彼を家に招いて、コーヒーをご馳走しました。「私が住んでいるところがわかったでしょう？　いつでも、いらっしゃいね」と言うと「はい、はい」と彼は答えたのに、一度としてきませんでした……。それから戦争です。一九四一年……。

――彼が義勇兵に志願したのは、ご存じですね。

――いいえ、何も知りません。

――どこで戦死したかは……、戦友のラトビア人たちは、彼はレーニン大隊で戦い、英雄的な死を遂げたと伝えました。彼は一八歳だったんですよ。

――知りません、知りません……。彼はとっても良い少年でした。……。あなたは彼について、ヤン・カルロビチについてお書きになるのですか。

私は諜報戦線の司令官の死について知っていることを全てを語ろう。なぜなら改革（ペレストロイカ）と情報公開（グラスノスチ）によって、このテーマについての従来の封印は取り払われたからである。なんとなれば、われわれはついに、真実を覆い隠すこと、超一級の秘密を隠すことを拒否したからである。われわれは今後決して、軍事的、国家的秘密と、スターリン主義の誤りと犯罪の機密を、混同することはないだろう。非スターリン化は、今日、先鋭的なペレストロイカであり、清浄化と改悛の証拠である……。

最後の章、「見えざる戦線の司令官の運命」はヤン・ベルジンのレクイエム（鎮魂曲）となるであろう。

（注1）HÖNE・H、『コードネーム「ディレクトル」』、ニューヨーク、一九七二年、一七〇ページ。
（注2）フイルビー、K『私の沈黙の戦争』ニューヨーク、一九六八年、二五～二八ページ。
（注3）メレツコフ、K・A著作、一二三六ページ。
（注4）同じく一六二ページ。
（注5）ラド、S・H『ドラの偽名の下に』参照、モスクワ、一九七八年。
（注6）トレッパー、L『巨大な遊び』パリ、一九七五年、一三四ページ。
（注7）個人崇拝の時代に圧迫されたY・S・スムシケビチ。二度のソ連邦英雄、空軍司令官の未亡人のP・Y・スムシケビチは、当時、内部省捜査部長のブブロフの命令で、政府の家のすべての部屋の鍵は、合鍵が作られており、ブブロフ自身もこの家に住んでいた。（モスクワニュース、一九八八年一二月一八日）
ブブロフは後にベリアの内務人民委員代理となり、一九五三年一二月、ベリアとともに銃殺された。
（注8）Y・K・ベルジンを扱った捜査官のなかに、ミハイル・フィリノフスキー自身がいた。彼は三つの菱形の徽章を持ており、スターリンの親衛隊でエジョフの代理であった。

（「新・最新歴史」、一九八九年、2号より）

［時　明人訳］

ゾルゲ博士の現象　真実と虚構

私は諜報員の職業を選ばないかも

トマロフスキー、ウラジミール・イワノビチ
（ロシア連邦法務局社会・宗教組織局長）

時代がゾルゲを諜報員に仕立てた

リヒアルト・ゾルゲについては、かなり知られているにもかかわらず、彼個人に対する関心は尽きない。この出来事に関する現象は、私の見方によれば、ゾルゲが世界的な諜報員の中で、無条件で優れた人材であったことと結びついている。ゾルゲに関心を持っている人びとも、なお最終的に彼に対する評価を下さないでいる。一九四一年から一九四四年にかけて巣鴨の東京拘置所で、「ゾルゲ博士、あなたは何者か」という尋問が予審判事から発せられた。そのときにはまだ、事件は未解決であった。ゾルゲについては、われわれはまだ一度も完全な回答を得たことがない、と考えてよかろう。

この根本原因は、ゾルゲは諜報員であったし、諜報員でありつづけたので、周知のように、時効の期限はなかったからだ。それゆえ、それまで諜報員が摘発されことは隠され、世間に知られることはなく、秘密が保たれ、発表が差し止められ、だからこそわれわれの関心をひかなかったのだ。

従って私が理解しているのは、多くの研究者の努力がゾルゲ事件研究に向けられているとは言えないことだ。われわれの目的はどんなことがあっても、リヒアルト・ゾルゲの現実的なイメージを再現し、真実と虚構を区別し、彼や彼の仲間によって行われたことを客観的に評価することであって、私は自分のためにそうしたいものである。

ゾルゲの運命はこの二〇世紀の絡み合った波瀾万丈の様々な出来事と、不可分に結びついている。彼は確固たる信念を持った国際共産主義者であって、コミンテルン（共産主義インターナショナル）の活動的な戦士であった。リヒアルト・ゾルゲはコミンテルン執行委員会書記ヨシフ・ピャトニツキーの推薦によって、軍事諜報員になったこと

が想起される。軍事諜報員の圧倒的多数が、国際主義者から徴募されたことを指摘する必要がある。

一九三〇年代の半ばころ、最高潮に達したスターリンとトロツキーの政治的な対立は、たくさんの国際主義者であった諜報員の運命に劇的な影響を与えた。世界的なプロレタリア革命の理想に燃えた献身的な戦士たちは、彼らの精神的なリーダーと同じように、ボリシェビズムに、一国社会主義建設のスターリン路線と決別し、転換した。

何人かはスターリン体制の思想的な敵対者となることを声明、トロツキーの陣営に移って、トロツキストと協力するようになった。たとえば最初軍事要員だったが、のちに政治諜報員（合同国家政治保安部）になったイグナス・ライス（ナタン・マルコビチ・ライスで、イグナチー・スタンスラボービチ・ポレツキーとして著名）とワルター・クリビツキー（サムウイル・ゲルシェビチ・ギンズブルグ）であった。これと別の選択をしたのは、リヒアルト・ゾルゲであった。

イグナス・ライスの妻、エリザベート・ポレツキーは一九二三年以来リヒアルト・ゾルゲのことをよく知っており、二人は仲がよい関係にあって、彼女は後に次のように記している。

「ゾルゲの経歴はいくつかの点で、彼の同志の経歴とは異なっている。まず第一に、コミンテルン秘密諜報員として長年にわたる勤務ののち、彼は赤軍諜報部第四部へ移った。そのとき彼の友人の大多数は、そこから出ていった。あるいは出ていこうとしていた。一方、リヒアルト・ゾルゲは彼らより優れた点があり、そのことを彼は自覚していた。つまりコミンテルンの隊列に留まっても、国際共産主義のために、もはやこれ以上何もなすことはできないということだ。次にこれは二番目の理由になるが、彼は第四部から去っていった人びとのことを理解する上でなお立ち遅れていた。彼らは革命のための諜報活動の利益について、著しく疑問を持つようになっていた。だがイーカ（ゾルゲ）はソ連の諜報員として参謀本部第四部で働きはじめてから、われわれの究極の目標に近づきつつあると確信していた。実際は、粛清の時期に彼は社会主義建設のボリシェビキ的やりかたに、疑念を持っていたと認めることができる。」

しかし、ナチスの侵攻はこの疑念を完全に一掃してしまった。時代はゾルゲを諜報員に仕立て上げたのだ。「もし私が平和的な社会という条件や平和的な政治環境に住むようなことがあれば、十中八九まで学者になっていただろう」と、ゾルゲは率直に認めている。

「少なくとも私は明確に知っている。私は諜報員の職業を選ばなかっただろう」。それにもかかわらず、ゾルゲは諜報員となって、その分野で一般に認められるように、見事な職業的な資質を発揮した。

米国の諜報機関がゾルゲの活動方法を分析したうえで、学習参考書を作ったと言うだけで、十分だろう。その本には、アレン・ダレスの次のような言葉が載っている。「この本は未来の士官に対して、あらかじめ予測できないたくさんの細目についての知識を与えることになるだろう。この本は極めて微細な細部にわたって、防諜と秘密の諜報の新しい歴史を研究し、非常な熱意をもって成功と失敗の原因を追跡調査することになろう」。非凡な人物としてのゾルゲに関して言えば、ゾルゲは普通の言葉の理解によるスパイではなかったと言う人と、私は同じ観点に立っている。

ゾルゲの専門家の見解

多くの専門家たちは概して、次のような意見で一致している。つまりゾルゲ・グループのソ連に対する最も大きな貢献は、政治的な影響力とスパイ活動の間に横たわっている中間地帯で示されている。そのようなアプローチは、ゾルゲがモスクワの指導部から受け取った課題と、完全に一致していると言わなければならない。一九三五年八月、諜報総局長ウリツキー将軍は訓令の中で、東京における非合法諜報機関並びにゾルゲ自身によって与えられた正しい任務について言及、その諜報活動の主たる目的は、ソ連に対する日本の企図の正確な分析であることを強調した。これとともに、彼はドイツ側から日本に対してロシアに対抗する防衛同盟締結の交渉を行う努力が始まっているという情報を考慮して、日独関係の発展について注意深く観察を行う必要があることを通告した。

今日、普遍的な原則として確信をもって言えるのは、日本ではゾルゲが諜報活動を取り仕切っていたことである。私はあえて自信をもって、一九四一年から一九四二年そして一九四五年に、日本の外務大臣であった東郷茂徳の『日本外交の回想』に書いてあった、次のことを引用する。「もしも外国人が、政治的もしくは経済的な関心に注意を集中するやりかたでこの国を知ろうとするならば、この国に関する彼の考え方は時がたつにつれて変わってゆくだろう。一方、もしも彼が日本の精神的かつ文化的な特質に深い理解を示すならば、彼の予断や判断はいつも間違うことはないだろう」

警察関係の担当者で、同時にベルリンからゾルゲの監視を命令されて、東京で勤務していたゲシュタポ（訳註　ドイツの秘密国家警察）のマイジンガー大佐は、次のように言っている。「ゾルゲは日本政府と緊密な接触をしているので、ドイツ大使館で有用な人物である」。われわれは、東京のドイツ大使館で強固な立場を持ってるゾルゲが、ベルリンの重要な政治決定の選択に当たって、影響を与えると思う有力な根拠がある。ナチス親衛隊（ＳＳ）の幹部で、のちにナチス党秘密機関長となったワルター・シェレンベルクは、その回想録の中で、ベルリンが受け取ったゾルゲの分析的な報告の重要性を強調している。従って、これらの資料は何らかの形で利用されたはずだ。つまり、ソ連の利益を何ら損ねることなく、ドイツの政策に影響を与えたのであった。

ゾルゲ自身は、諜報団の政治的な影響力は、諜報活動による資料の入手よりもはるかに重要な意義があると確信していた。「私の確信は、次のことから成り立っている」と彼は書いている。「もし日本におけるわれわれの諜報活動の目的を成功裡に達成しようと考えるならば、われわれの任務に関係のあるどんな分野であろうとも、あらゆる問題について通暁している必要がある。換言すれば、私はつねに次のことを考えざるを得ない。つまりすべての活動は、仕事の組織的、技術的側面にのみ結びついているのだ。すなわち指令の受領、同志への伝達、モスクワへの情報の送付などである。海外で活動している諜報団のリーダーとして、私は自分自身の固有の責任に関して、軽く受け止めることはできない」

「私はつねに次のようなことを思っている。すなわちそのような状況にある人物は、情報を簡単に入手することが出来るはずがない。しかし、その人固有の活動に関係がある問題を完全に理解するために、全力を挙げる必要がある。自分自身について言えば情報の収集は疑いもなく、非常に重要な任務であって、最も重要なことは資料を分析し、政治全般の観点から評価を行う能力である、と私は考えている。私はつねに課題を慎重に理解している。しかし、私は決して問題を設定する過程で起きる新しい分野の行動、新しい問題、新しい状況を公表したり、このあらゆることにたいして報告する必要は、少なくともないと考えている」

前述のドイツの政治諜報機関のボス、ワルター・シェレンベルクは自分の回想録に次のように書いている。「私にとって永久に謎となっているのは、なぜロシアの秘密機関は、諜報員を厳重な監視下におくという通常のやりかたに反して、彼（ゾルゲ）にかくも大きな個人的な自由を与えたかということだ。もしかしたら彼は内務省（ＭＶＤ）第四局に有力な庇護者がいたのかも知れない。あるいはロシア人たちは彼の性格を正しく理解し、もしも完全に行動の自由を与えたら、彼はますます利益をもたらすという結論に達したのだろう」

粛清はプロフェッショナルな要員を奪った

しかし、本部とゾルゲとの関係はすべてが一様にそのようなものでもなかった。何本かの無線電報が、彼らの間の不和の存在を示している。

「わが親愛なるラムゼイ」。無線電報の一つはこう語りかけている。「私は再度、貴殿が情報収集のやりかたを改変することをお願いする。かくしてのみわれわれの活動にとって、貴殿の日本への着任が、なんらかの価値を持つことになるだろう」

別の指示もある。「二カ月前、私はこの指令をした。貴殿自身にとって直接かつ重要な問題は、何人かの日本軍将校に力添えを頼むことである。しかし、現在まで、その返事を受け取っていない。私はこの仕事の問題解決が死活に関わるほど重要だと考えている。どうか観察と計画について、電報を打ってくれたまえ。貴殿がこのことで成功することを、私は確信している」

ゾルゲが送ってきた情報について、次のような評価がある。「ゾンテル（ゾルゲ）が送ってきた日本軍に関する情報は、何の価値も持っていない。もし、実際に何か重要なことを伝えようとすれば、（例えば日本人とドイツ人の交渉について）そのような情報を調べることは重要ではない。なぜなら、そのような情報員を知っているのは、私とオットの二人だけだという留保条件がついているからだ」

ここに当時の参謀本部諜報総局（ＧＲＵ）要員のコメントがある。「注目に値するのは、もし本部が〈ラムゼイ〉に何らかの具体的な問題を提起したならば、〈ラムゼイ〉は通常、定期的な報告でこれらの問題を一顧だにせず、〈自分のこと〉を報告する。本部は〈ラムゼイ〉の仕事を指導せずに〈ラムゼイ〉が本部自身を導くことになった」

本部とゾルゲの関係では、大量弾圧の時期に〈粛清〉の結果、諜報機関は著しく弱体化した状況の痕跡が残されている。しかも、それは量ばかりでなく、質の面でもだ。粛清はとくに中間部門の長や指導者の中から、たくさんの経験があって高度にプロフェッショナルな要員を奪い取った。

ウリツキー、アルトゥゾフ、カリン、ポロビチやその他の人びとが逮捕され、銃殺された。彼らの代わりにやってきた人びとは、つねに申し分のない状態で、課題を解決できるわけではない。

ゾルゲの諜報活動を監督する人びととの中には、彼と会ったことがなく、いわゆる〈記録簿〉通りにラムゼイのことを受け取って、それゆえこの諜報員の人物のスケールの大きさについて、イメージを描けない人びとがいる。彼らの理解によれば、それは本部の意思を不断に遂行し、諜報機関に対して当面の課題をそつなくこなす普通のスパイである。ゾルゲはこの時点で、無条件で勝手気儘《かってきまま》に行動したり振る舞ったりしたが、客観的にはそれなりの理由があった。ゾルゲが単純なスパイの役割に甘んじるならば、「目にみえない戦線」（訳註　諜報戦線のこと）のたくさんの有能な兵士の一人となったかも知れないが、われわれが知っている卓越な情報員とはならなかった。

この小報告の最後の二つの章は、「スターリンとゾルゲ」もしくは「誰が有罪か」というテーマに捧げられることになろう。

［白井久也訳］

同志ゾルゲ　我々は覚えているよ　貴方のことを

ルィバルキン、ピョトール・イワノビチ
（元ロシア連邦参謀本部諜報総局代表・中将）

私は四つの点について話したいと思います。まず、なぜゾルゲはスパイになったのか。次にゾルゲの人となりとスパイとしての資質。さらに地政学とゾルゲの活動。そしてゾルゲの評価と記憶です。

まず最初になぜ、ゾルゲはスパイになったのか。これに答えるためには、一〇月革命以降の世界の軍事的、政治的状況を考える必要があります。主要目的は、ロシアの新勢力、または旧勢力の復活を抑えることにあったのです。その理由は省略しますが、とても緊張する状況が続いておりました。そして、ロシアは自国の利益を守る必要がありました。

ゾルゲはそのために、一九二五年にベルジンの勧めによって、母国であるロシアの平和を守るためにスパイになったのであります。三三年に日本とロシアの戦争を避けるという課題を負って、日本に行きました。この場合、当時、多くの人々がドイツに対する考えを変えていったという時代状況を考える必要があります。ですから、ゾルゲが日本に派遣される際に負った目的は、十分に評価されるべきものなのです。

スパイとしての素質は、スパイという重要な任務を理解し、そのために必要な独特の技能と性質を持つことが不可欠であります。それは何かと言いますと、スパイ候補者は自分の任務に忠実であり、人生を捧げる準備がなければなりません。そして社交性、幅広い知識、記憶力、観察力、責任感、また道徳性、高い教養が求められています。さらに忍耐力、秩序を守る心、勤勉さ、積極性、仕事における創造性、状況を判断する力、そのほか状況を根拠に基づいて物事を見抜く力なども必要であります。こうしたなかで最も大きな資質というのは、祖国に対して忠実であること。同時に、愛国者であることです。ゾルゲの資質、人柄についてはたくさん書かれておりますが、これからそれをまとめていきたいと思います。

ゾルゲの資質に関して言えば、下心のない謙虚さであります。それは一九四一年に党から表彰されることが明らかになったときの彼の態度に現れています。ゾルゲは感謝の意を表しますけれども、「スパイにとっては、それは意味がないことであり、大事なのはわれわれが戦争を回避できなかったことであり、人々の血で償わなければならなかったことだ」と言ったことで分かります。

またゾルゲは逮捕されて裁判中、すべての罪をかぶってしまいました。それによってゾルゲの勇敢さと忍耐力が証明されます。そして、ゾルゲは獄中にあっても、自分の行動を汚すようなことはせず、われわれから見れば、日本に敵対しているわけでなく、日本を愛したゾルゲが絞首刑になるのは、極めて悲劇的な運命であります。それは、ゾルゲのスパイ網に掛けられた主たる任務がドイツの対ソ政策、対ソ軍備の動向を探ることにあって、ゾルゲがモスクワに提供した情報の六〇パーセント以上がこれに関連するものでありました。これによっても裏付けることができます。

ゾルゲはまた、多方面にわたる知識を持つ才能の人でありました。歴史、文学、日本の音楽を知悉《ちしつ》しておりました。ゾルゲを知る人はいかに彼が心から日本文学、日本美術を愛していたかということを語っています。さらに彼は学者としての資質にも恵まれており、知識への渇望は、彼の特徴的な性格だったといえます。

ゾルゲは現象を複眼的に分析することを望んでいました。もしスパイにならなかったら、学者になったであろうと書いています。それはゾルゲが情報を集め、分析し、そこから信憑性《しんぴょうせい》をもった情報を引き出す能力があったということであります。また、ゾルゲは社交性に富み、論理的に話しをし、スパイにとって重要である素晴らしい対話相手になれるという資質を持っていました。それによってゾルゲは他人を買収することなく、知人を通して情報を得ることが出来たのです。もちろんゾルゲも人間でしたから、欠点もありましたけれども、それはスパイ活動にマイナスになるものではありませんでした。

ゾルゲの資質は、仕事に対する創造的な態度であり、彼は政界の公的な知人から情報を得て、分析し、結論づけました。ゾルゲはだれも買収しなかったため、単なるスパイではなく、ゾルゲは主に友人とのつながりを通して、情報を得たのであります。

そのゾルゲの創造的な特質は、現象を分析し、本質を見抜く力にも現れています。たとえば、日本はソ連に侵攻しないという結論は、それに伴う間接的な情報からゾルゲが見出だしたものです。また大祖国戦争（独ソ戦）の勃発により、彼は日本の参戦を避けるためにも、多大な努力をしました。同時に、ゾルゲは任務における忍耐力、秩序性において秀でていました。そして日本がソ連に侵攻するのではないかという中央からの疑惑に対して、ゾルゲは日本の状況の変化を分析し、報告し、自分自身の見解の論拠を説明するすることより、ソ連は四二年の春までに、日本のソ連に対する戦争を避けることができたのです。繰り返しますが、四二年の春までに日本とソ連の戦争はない、と主張したのです。このゾルゲの情報に基づいて、極東の四二個師団のうち二六個師団は西方へ送られ、一六個師団はモスクワへ送られ、独ソ戦に転機をもたらしました。それは彼の素晴らしい情報収拾能力の結果を現しています。

また彼の勤勉さは、任務への責任性として、努力、責任感、そして成功に執着する忍耐力として、高い労働力として、日本通となる志の現れとして示されています。

ゾルゲはたくさんの仕事をし、新聞を読み、分析をし、新聞編集部を訪れ、情報を得ました。ゾルゲの先見性は四二年春までに、日本はソ連に侵攻しないと通報したことに現れていますけれども、三九年夏に、ドイツのポーランド侵攻を予告したことも、その大きな要因になっております。もっともこの時点では、ドイツがソ連へ侵攻しないことも伝えました。それは海軍が陸軍以上に、軍備を増強していたことと関係があって、ゾルゲの信頼性を高める情報となりました。

正確だったゾルゲ情報

ゾルゲはいつどのような情報が一番重要であるかということを、見極める力を持っていました。モスクワ本部にとって一番重要だったのは、日本がどのような方法で、独ソ戦争に参戦するかということでしたが、このことに関してゾルゲは、もし独ソ戦が日本にとって有利な方向に発展する場合は、日本は北方問題を解決するために、対ソ参戦するであろうという見方を伝えてきました。

彼の情報は常に正確で、たとえば他の情報源から反対の情報を得た場合でも、ゾルゲは正しい情報を見出だし、選び、モスクワへ送っておりました。たとえば三六年の防共協定や三七年の日中戦争の勃発、三九年夏のハルハ河戦争（ノモンハン事変）、日独伊の三国同盟の締結などが、その好い例です。ゾルゲは思想に忠誠な信念の人でもありました。ゾルゲは獄中で囚われの身になっているにもかかわらず、彼を見たドイツ語の日本人通訳は、ゾルゲが自分のしたことを誇りに思っているように見えた、とのちに記しています。よく知られているように、ゾルゲは処刑の直前に「共産党万歳。ソ連万歳、赤軍万歳」と叫んで、亡くなったそうです。ゾルゲは死の瞬間まで、日本の警官を圧倒してしまったのです。

ゾルゲは「私は骨の髄までロシア人だ」と書いていますが、祖国であるロシアに対する愛は、諜報員にとって一番大切なものであったと思います。彼の手記には「赤軍に忠誠を尽くした兵士として死ぬ」と書いてありました。このような資質は、ゾルゲが成功裏に課題を遂行することができた大きな理由となっております。

次は私生活とゾルゲの活動です。ゾルゲの活動はマッカーサーが言っているように、ゾルゲの極東における活動は極東に始まり、極東に終わりました。ドイツ政策、中国問題、日本問題、その他の極東問題。尾崎秀実と宮城与徳。ブケリチによると、ゾルゲ諜報団の構成は、四一年の時点で総勢四〇人のうち三二人が日本人、四人がドイツ人、二人がユーゴスラビア人、イギリス人が一人でありました。このうち、ゾルゲは九人のメンバーと直接コンタクトをとりました。ゾルゲ諜報団のメンバー構成は全世界性を示していると思います。

ゾルゲは日中戦争問題、満州事変、ドイツの対内外政策、日本、中国、イタリア、アメリカに関する情報を流しました。ゾルゲの情報収集の対象は、外交でもあり、対独戦争の問題でもありました。ある地政学者は、「ゾルゲはドイツとイタリアと日本の同盟を予告した最初のうちの一人だ」と言っております。このことによって、ゾルゲの活動は地政学的特徴を持っているということができると思います。

ゾルゲの大きな功績

最後はゾルゲの功績です。ゾルゲの功績は非常に大きいものですが、ここでは省略させていただいて、ゾルゲ情報は独ソ戦開始のあと、ソ連軍参謀本部に送られるようになって、本部のゾルゲ情報に対する評価は肯定的なものに変わりました。日本では軍事スパイは軍隊に関連のあるスパイを指しています。けれどもわが国では、残念なことにゾルゲの公式な評価が行われたのは、戦後一九年もたった一九六四年になってからで、ゾルゲは遅まきながらソ連邦英雄の称号を与えられた。

ゾルゲの名前を冠した通りはモスクワを含め、六つの都市にあります。また、ゾルゲの名前を冠した広場もあります。バクーにはゾルゲの記念碑があります。モスクワの革命博物館にはゾルゲのコーナーがあり、モスクワの二六番中等学校にはゾルゲ博物館があります。フタボルタールなどの町には、ゾルゲの名前を冠した鉄道の駅もあります。マスコミは定期的にゾルゲに関する記事を書き、テレビでもゾルゲ・グループに関する報道がときどき行われています。在日ロシア大使館では、年に三回、ゾルゲの墓参をしています。それは一一月七日（訳注　ロシア革命記念日。ゾルゲと尾崎の処刑日でもある）、二月一三日（同　ロシア陸海軍記念日）、五月九日（同　対独戦勝記念日）です。また日本を訪れるロシア人ツーリストによるゾルゲの墓参が組織されています。ゾルゲの日本人妻に対する物質的支援も行なわれてきました。ゾルゲの祖国に対する忠誠心は、ロシアの青年に対してもとてもためになるものです。

ゾルゲの生誕一〇五年を迎える今日、私たちにとっては、ゾルゲは自己犠牲、勇気、勇敢、英雄主義のシンボルであったといえるでしょう。私たちはゾルゲを永遠に伝説の諜報部員、自分の生涯を反戦と世界平和に捧げた英雄として、記憶し続けるでありましょう。五五年にわたり世界にロ日平和が保たれたのは、これらのゾルゲの功績によるものと思われます。

［モスクワ・シンポジウムの報告。同時通訳＝犬伏洋子］

分析者としてのリヒアルト・ゾルゲ

ゲオルギエフ、ユーリー・ウラジーミロビチ

（ロシア語月刊誌「今日の日本」オブザーバー）

マルクス主義理論家として頭角を現す

リヒアルト・ゾルゲは有能かつ多面的な人物であった。私は自分の報告で、分析者としての彼のいくつかの業績について触れたいと思っている。

ソ連の軍事諜報員になる前の一カ年間、ゾルゲはドイツ共産党とコミンテルン（共産主義インターナショナル）で活発に働いた。この期間に、彼は有能な教宣活動家ならびに組織者としてのみではなく、マルクス主義の理論家として頭角を現した。ゾルゲの科学的研究の基本的なテーマとなったのは、二〇世紀前半の帝国主義の諸問題であった。この問題に関する彼の最初の本は、ローザ・ルクセンブルクの『資本蓄積論』を労働者の読者のために解編したものであった。ゾルゲのこの本は、一九二二年にドイツで出版された。そのロシア語訳は、一九二四年にハリコフで出版された。私がとくに述べたいのは、この本の中で、ゾルゲはローザ・ルクセンブルクによって取り上げられた「資本の自動的な崩壊」に関するテーゼについて、はっきりと一線を画していることである。このほかにもゾルゲは、次のことに特別な注意を払っている。すなわち、彼の言葉によれば、「資本主義は多くの人びとが予想している以上に、いろいろ機転をきかして否定的な条件を乗り越えていこうとしている」（「指令」、著作七六ページ）ということである。

日本で翻訳出版された『新ドイツ帝国主義』

このテーマに関するゾルゲの主な理論的な著作は、『新ドイツ帝国主義』である。同書は一九二八年にドイツでドイツ語版が、ソ連でロシア語版が事実上同時に出版された。一九二九年に同書は、日本語に翻訳された。ゾルゲの本は、ブハーリンならびにバルガに続いて、現代帝国主義に関し

て、日本の図書館に収納される第三番目の著作になった。

私が特に強調したい事実は、次のことである。すなわち日本におけるゾルゲの本の翻訳者と出版社は、その表題を改変した。彼らはそれを『新ドイツ帝国主義』ではなくて、『新帝国主義』としたのだ。私が思うには、この変更はまったく当然のことであった。ゾルゲは自分の本の中で、復興するドイツ帝国主義の例を引き、第一次大戦後の共通の諸問題を分析したからである。ゾルゲの『新ドイツ帝国主義』にざっと目を通せば分かることだが、この本はレーニンの帝国主義の命題を基礎にして書かれている。とりわけゾルゲがレーニンの命題に同意したのは、帝国主義は当時、資本主義の「最新の段階」ではなくて、「最高の段階」に到達していたからである。

これとともに強調せねばならないのは、次のことだ。つまりゾルゲは帝国主義を静的なもの考えておらず、資本主義のその過渡的な段階として、それ自身が発展の過程にあると見ていた。「帝国主義自身もまた資本主義の発展段階として、形を変えながら固有の発展を遂げる過程にある」と考えていたのだ。(「指令」、著作一五ページ)。

このようなアプローチは前記の本の中で、ゾルゲをして将来ドイツ帝国主義が一定の段階で変化を遂げるとの予想を与えさせることになった。ゾルゲが三〇年代に日本へやってきたとき、このアプローチは、日本帝国主義の変化を分析するための効果的な方法論を彼の手に委ねることになった。

私があらかじめ断っておくまでもないが、ゾルゲは日本でも自分の人生の主たる研究テーマを設定して、働き続けたことを確信している。それは現代帝国主義の研究であった。しかし、彼が日本での理論的な活動を行った時期は、極めて特殊であって、その結果、それはあらゆる有名な専門家にもほとんど知られていない。私が思い出すのは、ゾルゲが日本にいたとき、彼は公式にナチス党員でナチス・ジャーナリスト協会の会員であったことだ。ゾルゲは同時に、ブルジョア新聞「フランクフルター・ツァイトゥンク」の臨時勤務の特派員でもあった。さらに彼自身の理論的な活動は、ナチスに近い「地政学雑誌」(ゲオポリティーク)に発表され、このような状況が日本帝国主義に関する彼の著作の言語やスタイルに必然的に刻印を残したことは、当然であった。その中には、マルクス・レーニン主義のマルクス主義用語やイデオロギー的な決まり文句は、完全に存在しなかった。しかし、現実に対する唯物論的かつ弁証法的分析の本質は残っていた。

日本帝国主義分析の著作活動

日本帝国主義を分析したゾルゲの基本的な著作を、われわれは四つに分けることができる。そのうちの二つは、経済的基盤に言及したものである。それは一九三七年に書かれた「日本の農業問題」（三部）と、一九三九年に書かれた「日中戦争期の日本経済」（二部）である。あと二つの著作は、日本帝国主義の政治的上部構造の分析に関するものである。それは「日本の政治指導部」と「日本の膨張」という論文で、いずれも一九三九年に書かれたものである。

これら四つのすべての著作は、ソ連並びにロシアの研究者にとっては極めて入手が困難で、ドイツ語版のみしか現存しない。

これらの著作の共同研究は、われわれをして「ゾルゲの日本帝国主義論」と呼ばれるイメージを作ることを可能にさせる。私はこの短い報告の中で、ゾルゲが論じた諸問題のうち、日本帝国主義の歴史的な運命に対して、彼が何を考えていたかについて、少し時間を割《さ》いて説明したいと思う。

前記の著作でゾルゲが行った経済分析は、彼をして次のような結論をもたらすに至った。すなわち日本帝国主義の後進的な経済基盤は、日本帝国主義に特別の侵略性を付与したばかりでなく、同時に客観的に見て、日本帝国主義の侵略（具体的には当時満州と華北の強奪）にとって、現実的に戦略的な展望を見失わせるものになってしまった。ゾルゲは書いている。「日本の軍事経済は、中国における日本の軍事行動に基礎をおくため、すくなくとも経済の分野で矛盾にぶつかるはずだ」。さらに続けて、書いている。「紛争の長期化とあらゆる新しい経済資源の動員が不可避となった。この矛盾は克服できなくなるそのような段階まで、発展することになるだろう」（「地政学雑誌」一九三九年第三分冊、一八二ページ以下）。中国における最終的な結果は、まさにそうなったのであった。

日本帝国主義の侵略の本質と、客観的な生産力の間にある矛盾の相関関係に関する自分の結論を、ゾルゲは文字通り次の格言（アフォリズム）の形式で表現した。「日本――それは掠奪者であって決して、植民主義者ではない」（「地政学雑誌」一九三九年八―九号、六六二ページ）

地政学者としての優れた分析能力

事実、ゾルゲは戦前の侵略的な日本帝国主義が自分の潜在力を残らず使い果たして、日本資本主義の余命がいくばくもない形で、歴史的な活躍舞台から退場する客観的な動向を暴《あば》きたてた最初の一人であった。ゾルゲの分析能力が際立って優れていることは、日本の地政学に関する彼の著作に現れている。地政学者としてのゾルゲの見方については、雑誌「地政学雑誌」に載った彼の論文によって判断することができる。あらゆる点から見て、ゾルゲはこの雑誌の発行者で、ドイツの地政学的な考えかたの著名な代表でもあったカール・ハウスホーファー教授と、良好な関係にあった。しかし、地政学においてゾルゲがハウスホーファーの見解の同調者であったと考えるのは、間違いである。まして、地政学は「規範科学」であるというハウスホーファーの志向は、到底、ゾルゲに受け入れられるものではなかった。（「地政学の記念碑」ベルリン、一九二八年、二七ページ）

地政学は原則として、客観的な自然地理学ならびに、経済研究の要素によりかかっており、その方法論はゾルゲにとって日本の対外政策の基礎の科学的分析、とりわけ日本の侵略の主要な方向を見きわめるために、容認が可能なものであった。しかし、他の地政学者と異なって、ゾルゲは自分の地政学的な分析に、「敵国の政治的、軍事的な脆弱性《ぜいじゃくせい》」（「地政学雑誌」一九三九年八―九号、六六二ページ）のような重要な要素を、必ず含めたのであった。このような正確さは、ゾルゲに政策における地理的要素を絶対化する特有な地政学からのがれる可能性を与えた。（われわれが知っているように、低級な唯物論者にも、政策に経済の影響を絶対化する似たような動きがあった）。このようなアプローチは、世界全体でも地域における日本列島と隣国の間でも、力の相関関係が絶えず変化することを考慮して、ゾルゲをして日本の一般的な地政学的立場の修正を迫ることになった。

日本の対外政策の急展開を予測

ゾルゲの地政学に関する著作の中で、最も重要なのは、「日本の膨張」（一九三九年）である。ゾルゲは日本の膨張の主要な方向が「朝鮮と朝鮮の後方にある中華帝国」に向けられていることを立証した（「地政学雑誌」一九三九年、八―九号、六二〇ページ）。しかし、一九四〇年一一月一三日にフランクフルター・ツァイトウンク紙に、彼の論文「大きな展開―三国同盟に関連した日本の対外政策の修正」が掲載された。ゾルゲはこの論文の中で、独創的な方法論によって日本の地政学の研究を行い、このため日本の膨張の方向に関する最初の固有の評価を修正して、それが南の方向へ急展開をするだろうと予測した。この方向につながる東南アジアでは、フランスとオランダの植民地支配が、事実上「所有者不明」のまま、放置されていたからだ。ゾルゲが述べた日本の地政学に関するより高度の考え方は、日本の予測される侵略の方向に関する評価に基礎をおいたもので、それは彼が東京から本部へ送った暗号電報中にも、含まれていた。

終わりに当たって、軍事分析者としてのゾルゲについて、若干意見を述べておくことにする。

リヒアルト・ゾルゲは、特別な軍事教育を受けたことがなかった。常勤の軍人でもなかった。しかし、彼は第一次大戦の前線で普通の兵士として過ごした。そして、ベルダン郊外の戦闘に参加、その勇敢さを讃えられて、第二級鉄十字勲章を授与された。ゾルゲは下士官の称号、つまりカイザーの軍隊の下士官になるまで勤めあげた。それゆえ軍事問題に関する彼の見解は、素人の域を脱したものであった。

ゾルゲ情報の軍事的な功績

普通、ゾルゲから送られてきた戦略的な軍事情報の功績について言及するとき、まず第一にヒトラー・ドイツの対ソ侵攻の時期や、一九四一年に極東ソ連が敵対する日本軍国主義の策動を制止したことなどが挙げられるが、これまで暗闇の中に埋もれて顧みられなかった次の重要な事実について、私はここで注意を促したい。

その第一は一九四一年六月一日にゾルゲが本部に送った暗号電報の内容に絡む連絡である。諜報の指導部宛のこの暗号電報は、残念ながら、戦略的な課題に関する最も重要な情報を含んでいた。まず第一にゾルゲがこの中で伝えたのは、ソ連に関するヒトラー主義者の軍隊の主要な打撃は、「ドイツ軍の左翼から加えられることになろう」というものであった。すなわち、モスクワとレニングラードが攻撃の的となるということである。これは、当時の労農赤軍参謀本部を率いたG・ジューコフの観点や、スターリンの考え方とは根本的に矛盾するものであった。彼らは、ドイツ軍が対ソ侵攻した場合の主要な打撃の方向は、ウクライナに向けられるだろうと考えていたのだ。赤軍兵力の再編成がしかるべく行われた。

第二にゾルゲが伝えたのは、ドイツ軍参謀本部の士官の意見によると、赤軍司令部はドイツ軍に余りにも近接して防御線を築き、前線から縦深性を確保することを怠るという「大きな過ち」を仕出かしたことだ。なぜならば、それはドイツ軍にとって緒戦において赤軍を撃破するための好適な可能性に、道を開いたからであった。

ゾルゲ、張鼓峰事件を予告

ゾルゲの暗号電報は、諜報総局が呆然自失の状態に陥る結果を招いた。ゾルゲの暗号電報は、ソ連指導部には報告されなかった。ゾルゲに補足の説明が求められた。しかし、暗号電報そのものは、「ゾルゲの疑わしいデマ情報のリスト」に綴じ込まれた。もっともこのあとに続く出来事は、ゾルゲの警告が完全に正しかったことを証明することになった。

第二の事実も、一九三七年一二月の諜報総局宛のゾルゲの分析的な資料と関係がある。彼のテキストは一九九〇年に、雑誌「ソ連共産党中央委員会報三」に発表された。この資料の中で、ゾルゲは日本軍によるウラジオストクの攻撃準備が進んでいることを警告した。数カ月後にこの攻撃は事実上実行され、一九三八年のハサン湖の戦闘（張鼓峰事件）として、歴史の一部となった。

ゾルゲの資料は、日本軍参謀本部の計画に関する重要な情報を含んでいた。ゾルゲは書いている。「もしもこのときまでに、赤軍との戦闘に当たって、主たる攻撃方法が特定されるならば、そのときはウラジオストク近郊地区（そこには攻撃的な打撃が加えられることになる）を除くあらゆる前線で、『持久戦』の原則に基づいて行動することが予定されている」。赤軍はチタならびにブラゴベシチェンスク側から、攻撃的な行動をとることによって、日本の挑発を退けるという確信があった。この場合、赤軍は満州の奥深くまで侵攻して、日本軍が攻勢を失ったときに、日本軍を本来の防御地帯から遠くに駆逐して、決定的な打撃を加えることができるのである。

当時の諜報総局長ゲンジンはスターリンにこの資料を送った。その際、添付した書類に次のように思っていたことを書いた。「情報源はわれわれの完全な信頼を得ていない」。それにもかかわらず、スターリンは資料の内容を注意深く目を通したあとで、彼自身の手元におくことに決めて、次のように決裁した。「私の文庫行き　Ｉ・スターリン」

ハサン湖で展開された戦闘は、ゾルゲ情報がハサン湖周辺で赤軍部隊が軍事作戦を準備し、実施する上で、非常に役立ったと思う根拠を与えている。

以上が、分析者としてのゾルゲの業績に関して、報告者がいくつか述べておきたかった意見の要約である。

［白井久也訳］

日本の対ソ攻撃計画の挫折にソ連軍事課報員が果たした役割

コーシキン、アナトリー・アルカディエビチ
（東方総合大学教授）

日本においては歴史を客観的に評価したい、ロ日関係を客観的に評価しながら、かの戦争の正しい評価をすることが大変重要だと考えておられるから、私どものこのシンポジウムは、微力ながらロ日関係に貢献するであろうと信じています。なぜかと言いますと、今日、私たちが研究し話し合っているその当時の出来事は、ロ日の国民の関係に大きな影響を与えているのです。

私は長年にわたって、日本に勤務しておりましたし、あらゆる日本の社会階層、階級、グループと付き合って参りました。私はよく知っていますが、日本国民のロシア人に対する警戒心は、第二次大戦のときから出ていることです。

日本側の教示によりますと、一九四一年に中立条約をロ日間で調印し、日本はそれを厳守した。しかし、ロシア側は逆にそれを破って日本に攻めてきたという考えがあります。日本は東南アジア、中国での戦争責任をとらないのに、ロシアが悪いと指摘してきたのです。しかし、ソ連兵士はかつて日本の領土に一度も足を踏み入れたことはないのです。ロシアは日本を爆撃したことは一度もありません。ソ連の軍艦も一度も、日本を砲撃したこともありません。

関特演は防衛計画だったのか

私が日本の皆さんに訴えたいのは、当時の日本の対ソ政策、つまり一九四一年末の日本の対ソ政策を見ていただきたいのです。なぜかというと関東軍特種演習（関特演）計画は日本の歴史では、今でもソ連を攻める気持ちはなかったと書かれています。関東軍の大動員、ソ連を攻める計画ではなくて、もし、ソ連が日本を攻撃するならばそれを防衛する計画だったという説があります。

残念ながら、ソ連の人々は軍事関連の日本語の文書をあまり読めない状態ですが、日本人もまたよく読んでいると

はいえません。これは今日の口語《こうご》ではなくて、文語で書かれているからです。

私自身は日本の文語通のお蔭で、当時の文書を初めて読むことができました。この文書を読みますと、日本は対ソ攻撃を一九四一年夏に行う用意があったのです。そこでは中立条約の話しは一度も出ていません。しかし、今でもソ連は侵略者であって、日本は正直に中立条約を厳守していたというふうに言われています。だからこそ、ドイツのソ連への侵略に呼応して、日本もソ連を攻めるというような科学的かつ歴史的な解説が非常に重要で、それは直接、今日の問題に関連しております。

歴史上のそれぞれの文書を見ると、日本は「南進するか、北進するか」というジレンマの悩みがあったことがよく分かります。ゾルゲ・グループの主な重要な課題の一つは、日本の軍事力の主要な方向をいかに特定するかということでした。そして、結果はすばらしかったのです。ソ連で発行された歴史文書を見る限り、まず初めにゾルゲたちが果たした役割はドイツが近々、ソ連を攻撃するという情報を得たことで、この情報は大変重要な意味を持っていました。しかし、同じような情報が世界各国からモスクワ本部に届いていたそうです。アメリカがソ連側の情報当局より一足さきに、日本側の情報当局が使っていた暗号コードを解読して、秘密文書を読んでいたことが最近になって分かっています。長年にわたって学者や政治評論家などが、このテーマを研究した結果によると、ソ連情報部についても作り話や神話が沢山出てきました。

ゾルゲによる対ソ攻撃の月日の特定はなかった

例を一つ挙げますと、ゾルゲの一九四一年六月一五日付のモスクワ本部に宛てた報告で、新聞記事とテレビ放送でも取り上げられました。その中心は次のような電文がまことしやかに伝えられています。「ソ独戦争の開始日は六月二二日である　ラムゼイ」。これに続く次の電報は「六月二二日夜明けを期して、ドイツ軍の対ソ攻撃が行われる　ラムゼイ」と書いてありました。

本日の会議でも、この電報を引用した人がいました。ソ独戦争に関する当時の時点でのそれぞれの情報は、すでに一般に公開されているのですが、今、申し上げたこの二つのゾルゲ電報は、まだ発見されていません。ワルタノフ博士の指導のもとで、この戦史研究所が行ったゾルゲに関する調査研究の中から、こういった電報は一切なかったし、それは存在しないというのが、私の結論です。

なぜかといえば、ドイツのオット駐日大使は東京にいながら、ドイツ軍の対ソ攻撃の月日は六月二二日だと特定できませんでした。ヒトラーは自分の側近にも、対ソ攻撃の日付について言ったことはなかったはずです。私の研究によれば、ゾルゲ情報の一番大事なことは、「ドイツのソ連に対する侵攻は避けられない」と指摘したことです。彼の報告を詳しく読むと、それについての情報は一九四一年五月二日からモスクワに送られました。当時、日本の大島浩駐独大使から、この事実、すなわち「ドイツの侵攻は避けられない」ということを伝えてきました。

五月一九日のゾルゲ報告では、五月末に戦争開始があり得るという情報を伝えておりますが、これはほぼ真実に近いものでした。ヒトラーはちょうどその時期に、ソ連を攻撃しようとしておりました。この前年の一九四〇年一一月一二日ですが、ヒトラーは翌四一年五月半ばころまでに対ソ攻撃の準備を整えるよう指令を発していました。このときは対ソ攻撃の日時を六月二日から二二日までずれこんだことが分かっています。ドイツ軍司令部は四月七日付で、対ソ侵攻の新しい日付を決めました。これが六月二二日でした。それについてゾルゲも事前にほぼ正確な日付をモスクワに知らせました。五月一九日に「ドイツ軍のソ連への侵攻は六月の後半に始まる」と伝えてきたのです。

このあともう一度、六月二〇日つまり二二日の二日前に、「ドイツ軍の侵攻は避けられない」という情報が、ゾルゲからモスクワに入りました。ですからゾルゲは、対ソ攻撃の日時を具体的に正確に示したのではなく、その可能性、つまり「攻撃は絶対にある」ということを伝えたのです。ゾルゲは明らかに偉大な英雄ですが、彼がもたらした情報は、何月何日にドイツ軍がソ連を攻撃するという具体的な情報を特定して、モスクワに通報してきたというのは、ロマンスの歌みたいなものです。それはなかったということです。

私に言わせれば、ドイツ軍の対ソ攻撃の日時特定はそれほど重要なことではなくて、「対ソ攻撃の時期が六月後半である」という情報が、一番大事なことだったのです。ソ連指導部にはこのゾルゲ情報を十分考慮して、西部戦線の防御を固める必要があったのに、それを怠って、独ソ戦争の緒戦で手痛い敗北を被《こうむ》ってしまったのです。それにも増して私が重要だと思うのは、日本の対ソ政策の決定に関するゾルゲ情報であります。ソ独戦争が進行する中で、日本はどんな対ソ政策を打ち出すか、これを突き止めるのは大変困難な作業でした。日本の指導部の中で、その意見が一致していなかったからです。ドイツが対ソ攻撃を始めた六月二二日以降になりますけれども、その当時の日本では、「これから日本はどうするか」、大体三つの意見がありました。

第一は、ドイツの対ソ攻撃に呼応して、日本もヒトラーを助けてソ連を攻撃し、ソ連の極東地域を占領するというものです。

第二は、南方に素早く兵力を展開して、石油資源を確保したうえで、ソ連を攻撃するという考え方です。

第三は、天皇陛下の一族の意見だったのですが、日本は軍事行動を起こさずに、文字通り、石の上で形勢を展望するという意見でした。

ゾルゲは日本の南部仏印進駐を予測

日本の指導部内には今申し上げたように、この三つの考え方があったのですが、軍部がそれぞれの考え方を支持していました。その中で参謀本部の説が単なる意見ではなく、非常に力強い影響力を持っていました。だからこそ日本がどんな選択をするか、その情報が非常に深い意味を持っていたのです。

本当に信じられないことですが、この七月二日の御前会議で、「日本は北進せずに、南進する」決定が行われました。ゾルゲはこの超国家秘密の情報をいち早く入手して、モスクワに送ったのです。そしてこの六週間後にゾルゲは日本が南進するという情報をモスクワに伝えて来ました。注意してもらいたいのですが、この「六週間後の南進」というゾルゲの情報は、六〇年代の日本の情報公開によって、それが八月二九日の日本軍の南部仏印進駐であったことが立証されました。

ゾルゲ情報に関しては、現実に起きた事実との関連では真面目な情報と受け取られるようになっていました。四月一〇日のスターリン宛の電報には、参謀本部諜報総局（GRU）の代理が次のようなコメントをつけました。「この情報発信者がもたらす情報は、これまで諜報総局本部に届いた情報が全部正確であったことを考慮して、信頼できるものである」と。自分の生命をかけてゾルゲ情報は正しいということを保証したわけです。

いまだに日本では関特演は防衛計画だと言われていますけども、八月二九日が近づきますと、ゾルゲはつぎのような警告を発しました。「日本は宣戦布告をしないまま、突然、戦争を開始・展開するが、それは八月下旬である」

日本の参謀本部の公表された資料によると、モスクワ攻防戦でソ連側が負けた場合には、冬であっても日本側はソ連に攻め込んだに違いないことが裏付けられています。大規模な兵力をつぎ込まなくても、日本軍がシベリア・極東方面へ侵攻すれば、ドイツ軍はソ連軍を挟み打ちにして、息の根を止めることも可能だと考えていたからです。この場合、日本の参謀本部の中で考えられたのは、北方と南方で戦う二正面作戦でした。

もう一つの問題ですが、ゾルゲの役割について話しますと、当時、諜報団として中国への派遣もありましたし、結構、数多い諜報団が中国に行ってしまいました。それらは一九三八年、国民党とソ連側が日本に対する諜報活動を展開するという合意に基づくものです。極東方面で日本軍のいくつかの師団が戦争を起こすにしても、そんなに強くないこと、関東軍の攻撃に当たって、戦車や飛行機が足らないという情報もありました。

当時、中国に勤めた諜報員の皆さんや、退役軍人の皆さんからよく聞いたことは、「ゾルゲの欲張りを認めるが、われわれも頑張ったぞ」と言われたことです。

スターリンとルーズベルトの駆け引き

最後に臨み一言述べたいのは、残念ながらロシア側の評論家の間に、全然根拠のない作り話や嘘の話がありまして、「スターリンは、日本が米国と戦争を起こすように挑発的に行動した」という真っ赤な嘘が、広まっていることです。私は、今、大きな論文を書いていますが、その中ではスターリンがルーズベルトに対して協力の要請を出して、「日本がソ連を攻撃しないように、何とかして欲しい」と頼んだことを明らかにしました。スターリンは秘密ルートではなしに正式な外交ルートを通じて、この要請をルーズベルトに伝えています。

ゾルゲ情報に関連して、私がみつけた情報を一つここで披露したいと思います。ゾルゲは一九四一年四月一八日付の手書きの報告書の中で、参謀本部諜報総局に一つの問い合わせをしました。それは、モスクワが日本の対シンガポール攻撃について関心を持っているか、それがソ連の国益にどうからむのか、問題提起をしたのです。もう一度繰り返しますが、これは四月一八日付の電報でした。諜報総局はこの問題について、よく検討したうえ、六日後の四月二四日に初めて、ゾルゲに回答しました。

かなり厳しい内容の回答でした。「日本の内閣総理大臣近衛文麿とかトップクラスの人々を政治的に動かすとか、影響を与えるとかと言うような行動は、貴殿の責任外のことだから謹んでもらいたい」というものでした。

最後にもう一度私は皆さんの注意を向けていただきたいと思います。それはゾルゲの貢献について考えるとき、ゾルゲがどういう状況の中に置かれていたかを、まず考える必要があります。日米関係、あるいは日本と中国との関係を見なければ駄目ですし、単なる日本とソ連の関係からだけからゾルゲ問題を見るのは正しくないと思います。こういった理念をもって、当時のソ連の外交官や諜報団は行動していたわけですが、幸いここに当時、ゾルゲとともに一時期、仕事をしていた時代の目撃者であるイワノフ少将もおられるから、私たちは直接、生々しい話しを彼から聞けると思います。(拍手)

[モスクワ・シンポジウムの報告。同時通訳=犬伏洋子]

地政学者としてのリヒアルト・ゾルゲ

モロジャコフ、ワシーリー・エリナルホビチ
（ロシア政治学者）

ゾルゲの政治的著作の重要性

リヒアルト・ゾルゲのほとんどの伝記が、彼のことを単なるスパイだと見なしてきた。すなわち、「本部」の要請によって、極秘情報を収集・分析・送付するだけの人物として見られてきたのだ。彼の「合法的な」人生の側面には、ほとんど注意が払われなかった。このようなアプローチの仕方は、単なる諜報員という、一面的かつ不正確なゾルゲ像を作り上げることになった。

ゾルゲが二〇世紀における最も偉大な諜報員の一人であることを否定しないならば、彼の人生のもう一つの側面にも、注意を払う必要がある。

ゾルゲは自分が政治的な研究者であることを研究対象とする人の出現を、待ち望んでいた。このことについて特別に書いた歴史家は、東独のユリウス・マーダーしかいなかった。それはコミンテルン（共産主義インターナショナル）の正統的な立場から執筆されたゾルゲの早期の著作の二つの分析であった。私が真っ先に言いたいのは、その中にはいかなる否定的な考え方も含まれていないことである。つまり、ゾルゲは青年時代から確固たる信念を持ったマルクス主義者であり、共産主義者であった。彼の確信の揺るぎなさは、疑いを挟む余地のないものであった。

歴史家たちは一九二〇年代におけるマルクス主義政治学の領域で、ゾルゲが占める位置を規定できた。私が思うに、それはゾルゲが学者として、問題を分析する知識と強力な能力に秀でていたことによるものと評価されるべきであろう。しかし、一九三〇年代の彼の地政学的な考え方は、別の文脈で検討されなければならない。それを粉飾して説明することは、間違っている。マーダーはゾルゲの論文がナチスの正統性に合致しなかったこと、時にはそれと反対であったことを認めている。

ゾルゲの政治的な著作は、一九三〇～一九四〇年代に彼が世界政治で果たした役割が際立っていたばかりか、この時代の政治の分析者として最もすぐれた人物の一人として、十分に研究する価値があることだ。共産主義者の定期刊行物に対する彼の協力の時代はさておき、私は一九三三年から一九四一年にかけて、ジャーナリスティックな活動の分析に関する彼の見方について特別な注意を払いたい。その当時、彼は日本で「フランクフルター・ツァイトゥンク」紙のみでなく、カール・ハウスホーファーが主宰する雑誌「地政学雑誌」を代表していた。ソ連のあらゆるゾルゲの伝記は、次のように書いている。ゾルゲはドイツから推薦状を持って日本にやってきた。推薦状には被推薦人の名前が書かれていなかったが、東京では彼にたくさんの門戸が開かれた。推薦人は陸軍少将で、ミュンヘン大学教授で地政学研究所の創立者でもあるカール・ハウスホーファーであった。彼が学者として非常に有名なのは、われわれのテーマに関して、いくつかの事実が読者の記憶に残っているからである。すなわち一九〇八年から一九一一年にかけて、ハウスホーファーはバイエルン王国（原注　ドイツ南部）の東京駐在武官であった。彼は日本の軍部に悪くない関係を保っていた。彼は一九一三年に『大日本軍の防衛力、国際舞台における立場と将来の大日本について』という本を出した。これに続いて一九二三年には、『太平洋の地政学』が刊行された。この分野では古典的著作と認められたものだ。

一九二〇年代初めから、ハウスホーファーは自分の大学院生の一人であるルドルフ・ヘスの身近な友人であるとともに、その教師となった。ハウスホーファーとナチ党員との関係は、仮説ないし推測の域を出ないが、確信をもって言えるのは、彼が直接的な影響力を持っていたのはヘスだけでなく、リッベントロップにも及んでいた。ドイツ、ロシア、日本の大陸的な「ユーラシア」連合に関する最新の考え方は、まさに、ハウスホーファーにさかのぼるのであった。

ゾルゲとカール・ハウスホーファー

ミュンヘンの地政学者は、日本やアジア太平洋地域を一度も軽視したことがなく、次のようなことを考えていた。すなわち今やまさに世界史の中心が、そこに徐々に移りつつあるということだ。たくさんの本や論文のほかに、彼は自分が主宰する雑誌のために、毎月、極東情勢に関する時事解説を書いた。ハウスホーファーは「地政学雑誌」の前編集長クルト・フォービンケルが証明したように、以前のように自分が日本と密接な関係があると感じている場所で働く特派員を、非常に大事に処遇した。

ゾルゲとハウスホーファーが知り合うようになったきっかけは、これまでのところ、必ずしも明らかではない。私が思うには、中国に長年住んで、中国問題の専門家として著名だった米国のジャーナリスト、アグネス・スメドレーの引き合わせによるものではないかと考えている。一九二六年当時、彼女はハウスホーファーの雑誌に寄稿する一方、何年にもわたって彼女の親共産主義者的な見方を少しも妨げない「フランクフルター・ツァイトゥンク」紙に協力していた。

ゾルゲが一九二九年に上海に出発する前に、スメドレーの本や論文を読んでいたことは、大変結構なことで、ゾルゲは上海に行ってスメドレーと知り合った。スメドレーは恐らく、ゾルゲの諜報活動に加わることはなかったが、彼女は情報やコネは気前よく分かち与えた。もしかしたら、スメドレーはゾルゲが特派員として「カール・ハウスホーファーのために働いたらどうか」と勧めたかも知れなかった。ゾルゲは長年にわたってハウスホーファーの雑誌を購読していたので、それはありえないことではなかった。

今日では、ゾルゲ博士が自分の目的を達成するために、何をしたか話すことができる人はいない。ユリウス・マーダーはこう書いている。確実に明らかなのは、ハウスホーファーはそれまでゾルゲを個人的に知らなかったということであって、ハウスホーファーはゾルゲと会ったのち、彼を自分の雑誌の特派員として公式に雇うことに同意し、ためらうことなく、必要な手紙を書いたのであった。しかも、彼はスメドレーの推薦がなくても、中国から送られてくるゾルゲの特派員通信をほとんど知っていた。とにかく古い地政学者にとって、ゾルゲの長所は新しい相手として評価でき、誤りがないことであった。一九三三年から一九三九年の六年間にわたり、ハウスホーファーの七〇歳の誕生記念特別号も含めて、一一冊に八本の大きな論文を発表した。

K・フォービンケルによると、ハウスホーファーは決してゾルゲの原稿を直さなかった。というのは、厳格な学者の目から見ても、ゾルゲの著作は内容が優れていて、その理論的な展開も実践的な結論も、ハウスホーファーのお眼鏡にかなうものであったからだ。

ゾルゲの著作の長所は、一九三〇年代の日本の政治・日本軍事史のいかなる専門家にとっても明らかである。そのうちのいくつかは(たとえば一九三六年の「二・二六事件」)、彼が密かに研究したメモに依拠している。一つの報告は、「ラムゼイ」の署名がある諜報電報として、モスクワへ送られた。もう一つの報告は、駐在武官オイゲン・オットの署名があって、ベルリンへ送られた。オットは日本へ出発する前に、ゾルゲと同様にハウスホーファーに会って、彼のアドバイスと推薦を利用することになった。この二つの報告は、受信人から高い評価を受けた。

ゾルゲは二重スパイだったのか

これに関連して、私はもう一つの問題に触れなければならない。東京からのゾルゲ情報がドイツの諜報機関によって利用されたという明白な事実に基づいて、何人かの著者が「ゾルゲは二重スパイだ」と決めつけている。ドイツの秘密諜報機関長の一人、ワルター・シェレンベルクは自分の回想録の中で、次のように断言している。つまり、シェレンベルクと彼の上司のラインハルト・ハイドリッヒは、ゾルゲが過去に共産主義者だったことと、モスクワと連絡をしていたことを知っていた。しかし、それにもかかわらず、価値ある情報源としてゾルゲを利用し続けた。もし、この主張の最初の部分が真実とまったく違うものであるならば、二番目の部分もいかなる根拠もなくなって、疑わしいものとなる。シェレンベルクの回想録から明らかになったことは、ゾルゲがベルリンへ最も質の高い情報と、最良の予測を送っていたことである。ゾルゲの逮捕に伴うドイツ当局の否定的な反応は、彼の威信の確実な崩壊によるためだけではなく、東京における彼らの最良の情報源の喪失によって、引き起こされた。彼らは東京における自分たちの最も優れた情報提供者を失ってしまったのであった。

「ゾルゲはドイツの秘密情報機関を誤らせようとしたことは、一度もなかった」とシェレンベルクは書いている。このことは、疑いを差し挟む余地のないことである。明らかなことは、何らかのはっきりと分かるデマ情報を送った場合、ゾルゲは直ちに裏切り者として暴《あば》かれ、消されてしまったであろう。しかし、ゾルゲがもしモスクワにドイツの諜報機関と自分の関係について、本当のことを知らせずに、さらにドイツの利益になるようにして、モスクワにデマ情報を送っていたならば、彼の運命は直ちにこれと同じ道をたどったことになろう。こうしてゾルゲは、「セミダブルスパイ」と呼ばれている。モスクワはゾルゲがなおベルリンのために働いていたことを知っていたが、ベルリンはゾルゲがモスクワのために働いていたことを知らなかった。

ゾルゲの活動を分析すると、彼がすべてについて多様性に富んでいたことが分かる。すなわち、彼はジャーナリストであり、地政学者であり、諜報員であった。こうしてわれわれは、彼の究極の目標にぶつかる。ソ連・東独の正史も米英の正史も、ゾルゲがドイツと日本に恒常的な損害を与えることを考慮して、ほかならぬソ連のために彼を諜報活動に駆り立てる。私はこれに同意できない。ゾルゲの主要な目的は、一方の側からの独ソ戦争と、他方の側からの日ソ戦争の防止であった。すなわちそれが、彼のあらゆる活動の目的となったのであった。

よく知られているのは、ベルリンと東京の支配階級の中にはソ連に戦争を仕掛けたり、ソ連に反対する人びとがいることだ。ドイツではロシアとの同盟関係の支持者となったのは、元ドイツ国防軍総司令官ハンス・フォン・ゼークト元帥であった。ゾルゲは彼と上海で会ったことがあるが、カール・ハウスホーファーと彼の一派とともに外相リッベントロップも、将官団の一員であった。これらの一団とゾルゲの関係は、はっきりしたもので、彼の影響力ははなはだしく限定されたものだった。それはハウスホーファーを通じて、また、部分的にはオットの報告を通じて保たれていた。

日本におけるゾルゲの立場は、近衛公とゾルゲの最良の友人である尾崎秀実を含むその側近につながっていた。つまり、一九三〇年代末の急進改革派で、近衛のブレーントラストの集まりである「昭和研究会」や、日本のアジア進出を成功裡に行うため、ソ連の好意的中立を考える外交官や、軍人の一部がその中に入っていた。そして一九三九年の独ソ不可侵条約締結後、親ソ連の立場でドイツとの同盟を進める有力な同盟者と、英米同盟の反対者のグループが立ち上がった。その中には白鳥敏夫、中野正剛、橋本欣五郎らがいた。白鳥は日本において、「三国同盟」(日本、ドイツ、イタリア)にソ連を抱き込んで、「四国同盟」に転化するための考え方を、徹底して宣伝する最初の人物となった。この構想はハウスホーファーの考え方と完全に合致していて、彼らによって疑問を持たれることなく広められた。

ゾルゲとユーラシア

現代ロシアの地政学では、「ユーラシア」と「大西洋」の方位、つまりユーラシアの「中核地帯」における大陸の強国と、「世界的な島」としての米国は、対置している。実地のレベルで、ユーラシアが目指す方向は、地政学的な利益の共通性と共通の敵の存在を結合させる大陸の強国の連合を想定している。イデオロギー的要素や政治的要素さえも、これによって放棄されてしまう。すなわち、支配的なイデオロギーや社会システムや国家体制の相違は、なくなってしまうのだ。

この考え方は、長年にわたって公然とあるいは曖昧な形で、「地政学雑誌」のページで論議されてきた。雑誌に載ったゾルゲの論文は、彼の基本的な路線と何ら矛盾するものではなかった。そのような考え方を、中野や白鳥の著作の中に見つけることは難しくなかった。ゾルゲは彼らを個人的に知っていて、一九三九年から一九四〇年にかけて、かなりしばしば付き合ったものだ。ゾルゲのあらゆる活動を分析すれば、彼固有の地政学的な位置づけが、ユーラシア的なものであることがはっきり分かる。ゾルゲは共産主義者として、常にとどまっている限り、ソ連とナチス・ドイツの同盟について、疑念を持っていたはずだ（ソ連と日本の同盟も彼は事実上あり得ないと考えていた）。しかし、戦争の回避は必ずできるという簡単なものではなく、彼らの間の「好意的な中立」の達成に、彼は一度も疑念を差し挟んだことはなかった。

ゾルゲは疑いもなく、ロシアの愛国者であった。彼はロシアで生まれ（訳注　ゾルゲはアゼルバイジャン共和国の首都バクー郊外の出身）、人類のよりよい未来の希望に結びついたソ連の愛国者であった。しかし、同時にまた、彼はドイツの愛国者でもあって、自分のやり方で日本を愛していた。彼は独ソ（日ソも同様）の抗争に米国と英国が何よりもいちばん関心を持っていることを理解していた。米英両国は自分たちの敵を絶滅するか、最大限弱体化することを狙っていたからだ。一方の側でも、他方の側でも、起こりうべき紛争の潜在力を冷静に評価したゾルゲは、紛争が一方で完全に絶滅する形で終わるか、他方では極端に弱体化した形で終わることを理解していた。しかし、そのこと自体は「世界的な島」にのみ利益をもたらすことになるはずであった。敵のナチスは政治的なシステムとして確固たる信念を持っていた。ゾルゲは、将来の復興にとってそれが不可欠と考えて、ドイツの軍事的かつ経済的な潜在力の弱体化を望まなかった。彼は敗北主義者ではなかったのである。

ゾルゲが地政学的な方向づけを意識して行うときは、無条件にユーラシア的なものをより正確に受け入れたため、それが彼の行為の特質を規定していた。情報提供者のジャーナリストとして、また、情報提供者の諜報員として、ゾルゲはソ連ならびにドイツの「発注元」に対して、極東情勢に関して最大限の正確、かつ客観的な情報を送るため、最善を尽くした。それは、バランスのとれた賢明な政策を立案するための一助とすることを狙ったものであった。ゾルゲは分析者としてあらゆる方面に、「ユーラシア内部」の紛争が、破滅をもたらす考え方を吹き込んだ。ゾルゲは自分の著作の中で、日本軍とドイツ軍の軍事的な潜在力を高く評価するとともに、日本の有力者との話し合いで、赤軍についても同じ評価を行い、そのような国を敵よりも味方の中に持つ方が良いことを理解させようとした。

日本の政界にパイプを持つ人間として、ゾルゲはあらゆる手を尽くして、ソ連とドイツの相互協力の考え方を推し進めた。彼はソ連に対抗する一九三六年の防共協定のいかなる「強化」にも、反対であった。しかし、ゾルゲはモスクワとの協力の可能性を開く、三国協定は承認した。ドイツがソ連に侵攻してからも、諜報員としてのゾルゲの行動は、「共産主義」ではなく、「ユーラシア主義」の利益にも向けられた。この戦争を開始するために、ヒトラーはドイツのユーラシア主義的な利益を裏切り、ハウスホーファーによって作られ、リッベントロップによって推進された「ユーラシア大陸連合」の構想を、永久に葬り去ってしまった。ゾルゲのユニークさは、地政学の理論を実践そのものと結合させたことにある。この報告を終わるに当たって、私はゾルゲの政治的な著作、とりわけ日本に関する諸論文が、必要な歴史的なコメントをつけた単行本として、編集・出版されることを望むものである。ゾルゲの著作は、戦前の日本の歴史に関するわれわれの理解を本質的に深めることになるだろう。

主な参考文献

1　リヒアルト・ゾルゲ『論文、特派員通信、評論』モスクワ、一九七一年
2　ユリウス・マーダー『ゾルゲ博士に関するルポールタージュ』ベルリン、一九八八年（ロシア語版）
3　『シェレンベルク回想録』ロンドン、一九五六年
4　ワシーリー・モロジャコフ「リヒアルト・ゾルゲ　ユーラシアの戦士」〈「知って下さい、日本」〉15、一九九六年：〈「ロシア地政学選集」〉3。一九九八年
5　ハンス・W・ウェイガート「ハウスホーファーと太平洋」〈「フォーリン・アフェアーズ」〉20巻（一九四二年）、4

［白井久也訳］

［資料篇］フェシュン・A・G編著

『秘録 ゾルゲ事件——発掘された未公開文書』

▲モスクワの地下鉄ポレジャーエフスキー駅近くの公園にあるリヒアルト・ゾルゲ像。　写真提供＝渡部富哉

序章

この本の中には、卓越したソ連の諜報員リヒアルト・ゾルゲの活動に関係する資料が、掲載されている。ソ連軍参謀本部諜報総局（GRU）とコミンテルン（共産主義インターナショナル）の公文書資料、そしてさらに一般的な人とは異なった人生を歩んだこの非凡な人物について、編著者が記述した概論である。

ソ連の諜報員リヒアルト・ゾルゲ（一八九五―一九四四年）と彼の活動について、新聞や雑誌の諸論文は言うに及ばず、極めて多くの手堅い研究(注1)が行われている。ところが、本書のこのたびの刊行に当たってひとつの文書（No.180）を除き、すべての資料が初めて公開されるものである。これらの原典になったのは、ソ連軍参謀本部諜報総局に保管されている「ゾルゲ事件関連文書」である。その僅かな部分が比較的最近、公表された。さらに、ロシア現代史文書保管・研究センター（RCKIDNI）で発見された資料を用いて、ゾルゲの伝記に幾つかの新しい筆を付け加えることが可能になった。日本の歴史家、渡部富哉によって、遂に探し出された日本防諜機関（特高）の文書が、ラムゼイ組織摘発の謎に、ある光を当てている。

ソ連では六〇年代半ばまで、ゾルゲ・グループについての公表された刊行物は、一つも存在しなかった。そして、国家指導部が諜報員をわが国の人間と認め、彼を死後表彰し、本や論文を出版し始める指示を出した状況の集約だけが、ロシア語圏の読者のために、ソ連諜報機関のなかで最も成功したゾルゲ機関の一つの歴史を、少し開いたのである。

一九六四年、ソ連軍参謀本部諜報総局で、A・F・カシーチィンの指導のもとに、ゾルゲ事件に関する資料研究を目的とした委員会が創設された。ゾルゲとの仕事に関与したすべての人々が、回想記を作り上げた。それらの断片は、本書の中で引用されている。

おそらく、ゾルゲの人生と活動に対する見解は、異なるものにならざるをえない。それは、すべての文書によって明らかである。本書の刊行は立証や何らかの文書を論破する目的を追求するものではない。リヒアルト・ゾルゲという人物を激賞したり、卑下したりする狙いもない。つまり、われわれは可能な限り、より完全にそして論証的に、この非凡なまた極めて才能のある人物のたどった道について、語ろうと試みたものである。

一九三〇年代の時期に、ソ連諜報機関は一般的な形態をとる専門的な組織として、内務人民委員部（ＮＫＶＤ）、のちの国家保安委員会（ＫＧＢ）、そして参謀本部第四部（軍事諜報機関）、政治的な組織としてコミンテルンと、外国への出口を持っているほかのすべての人たちがあった。彼らは実際すべてを知っていたし、無敵であった。彼らはそれぞれの崩壊後、フェニックスのようにさらにより広い組織網を持ち、しかも、確固たる場を確保して蘇った。

ソ連で、また共産主義の理念に従って、様々なレベルで働いた多くの人々の忠誠心が、このような力の主要な原因であったことは、争う余地のないものである。何らかの金銭のために、また何らかの脅迫で、人間の自由意志を得ることはできない。たとえその目的が具体的であるとしても、また世界観（それがいいか悪いかは別個の話である）がそれによってのみ、動かないとしてもだ。歴史の中で、最も意義あるものは、すべて私心なくして創られた。報酬や賃金のために死に赴かず（時として命の危険を冒すけれども）、法の裁きと折り合いをつけることである。そのことはわれわれに、アメリカ人エイムスの現代的な例が示している。

ゾルゲは、金銭のためにではなく働いた。このことについて、ソ連軍参謀本部諜報総局の協力者であるザイツェフは、辛辣な皮肉を込めて思い出した。それは、ゾルゲと東京で会った際に、賞与について話し始めたときであった。ゾルゲは彼のグループがこの国での任務を遂行した（モスクワへは知らせた）と考えていたけれども、本部の命令に従い、一九四一年十月に逮捕されるまで、日本に留まった。ところが一九三九年末から、ゾルゲは無線技師クラウゼンの健康状態が危機的であること、ゾルゲ自身と彼の最も親しい仲間の一人が、あまりにも長く国外へ出かけもせずに日本で生活をしていて、それが外国人に不信感を呼び起こしていること、本部が自分たちの将来について何も知らせてこないため、一体どうなっているのかと彼らは質問攻めにあって、逃げ回ったり、とぼけたりしている、と送信したのだ。

一九三九年の半ばにゾルゲはすでに、彼が何をしなければいけないのか必ずしも理解してはいなかった。そして、そのことは彼の気分に影響しないわけにはいかなかった。しかし、ゾルゲは非常に自主的であったとはいえ、ゾルゲが規律を守らない人間だということはできない。

ゾルゲと彼の報告が三〇年代後半からモスクワで猜疑心を持たれ始めたことについて、個別に言及しなければいけない。それ自体が一般的に通用する説明として行われているのは、ソ連軍参謀本部諜報総局の指導者の度重なる常勤の交代である。ゾルゲはベルジンのときに労農赤軍第四部に公式的に編入された。そしてゴリコフのときに、日本人によって処刑された。前述したすべての「親愛なる長官たち」は、銃殺された。つまり、彼らのうちのふたりから（ベルジンとウリツキーから）ゾルゲは個人的に課題を受け取っていた。こうして、「人民の敵」との関係があったのだ。（これに関連して、彼の友人たちをこのカテゴリーで呼ぶことができるのは、一九三八年に銃殺された中国時代の仲間――K・M・リム、(注2)そしてアレクスという暗号名を持った上海におけるソ連軍参謀本部諜報総局諜報員レフ・ボロビチ(注3)であった。ゾルゲからの多くの資料は彼を通して、モスクワに送られていた。彼は一九三七年に銃殺された。そしておそらく、コミンテルン国際部長のピャトニツキーを含むほかの多くの者たちも、そうであった）。このことは、想像をたくましくするならば、内務人民委員部はもちろん、ソ連軍参謀本部諜報総局における油断のならない人々に、一定の考えを抱かせないではおかなかった。この関係で、三〇年代末に、ゾルゲがそれでも休暇のために母国へ帰国したいと願い出たことは、いかなる文書によっても立証されておらず、そして、より以前の公的資料によっても否定されたことは大変興味深い。ゾルゲは、大規模な弾圧について、知らないわけではなかった。それは、公開された資料によっても、裏切り者ゲンリフ・リュシコフからの情報からも分かることであるが。（注17の例を参照）、そして、どんな運命が彼を待ち受けているのか理解し、送信する情報の価値と、こうした物騒な時代に日本にいないわけにはいかないことを引き合いに出して、丁重に帰国を断った。本部は、このような不従順さをゾルゲ自身に対する嫌疑の認知とみなし、諜報機関の資金を削減し、伝書使（クーリエ）の派遣を取り止めた。そして、ただ例外的に、ゾルゲが将来について知らせた重要な情報が、最終的に彼の組織を見限ることを、本部に許さなかった。

B・スボーロフ（ベー・レーズン）の『砕氷船』という本の「なぜスターリンはリヒアルト・ゾルゲを信じなかったか」という章で、極めて粉飾して述べている説が、いかなる資料的な裏付けもないことを、繰り返し述べよう。元ソ連軍参謀本部諜報総局第一次長A・G・パブロフは、その時期をコメントしながら、言った。「指導部において、ゾルゲグループの解散とそのグループのソ連での評価についての決定がなされた。それはすぐさま取り消された(注4)」

ベルジンによって日本に派遣されたコミンテルン指導者の一人の妻であるアイノ・クーシネン(注5)は、ゾルゲとの出会いについて、次のようなエピソードを記録している。

「ゾルゲ自身を含むわれわれすべてのモスクワへの帰還命令を受け取った。私は、ウラジオストクで、次の指示を待たなければならなかった。このような命令の基になっているものは、彼には分からなかった。もし命令が絶対的なものであるならば、それに従う用意はあるが、いかなる場合であっても、少なくとも四月までの時間は、彼には必要である。どこから見ても、このような召還がやっとのことで組織された彼の連絡網のすべてを断つ、と自分の報告の中で参謀本部第四部に反映させたかった(注6)」

要するに、ゾルゲを召還する試みは、極めてもっともらしく、原則的にありそうなことである。確かにここで、決まりきった型が働いた。非合法の諜報員はモスクワに呼び戻されて（休暇であるいは報告のために）、逮捕され、もっとも馬鹿げた非難をされ、そして銃殺された。

実際、ゾルゲ個人に対する、そして、同様に彼のグループによって送られた情報に対する疑いと不信の原因は、はるかに複雑で複合的である。すべては、彼がコミンテルンで働いたときに、すでに始まっていたのだ。

ソ連国外の諜報機関（政治的にも、軍事的にも）の特徴的で、おそらく二つとない特殊性のひとつは、諸外国の共産党（そして社会民主党）との活動的な相互関係であった。この意味でドイツは、このような相互関係の第一人者であった。「ドイツの十月」は成立しなかったが、この状況から、諜報機関は一連の活動家と能力のある人たちを選び、最大限のものを引き出した。この結びつきで極めて興味があるのは、諜報員たちの海外への接触に関する、コミンテルンとの文通である。（文書№1～4参照）

コミンテルンで働きモスクワに移ることが、ゾルゲに提案されたのは、一九二四年八月のことであった。一二月一五日にはすでに彼はモスクワにいて、情報部で働いている。新しい環境になれ、自分の力量を吟味するのは、彼にとって半年で十分であった。一九二五年六月末にすでに彼はより活動的で、「生きた」仕事に参加することを願って、扇動・宣伝（アジトプロ）部に移ることを求めている。

　自らの能力とエネルギーによって、ゾルゲはすぐさま多くの人たちの中から登用され、重要な問題の審議に参加するようになった。一九二六年半ばからすでに彼は、書記局の会議や、コミンテルン執行委員会(注7)に参加するようになった。極めて興味深いデータがある。ゾルゲが参加した会議に、スターリンが三～四回出席していた（一九二五年一〇月二六日、一九二七年六月四日、一九二七年九月二七日）。スターリンは、普通決まって日和見主義者、派閥、反対派についての問題の審議に出席していた。したがって、彼らはたとえ表面だけだとしても、面識があったということを確認できる。

　ゾルゲと指導部との軋轢《あつれき》は、彼が機動的な場所へ最終的に抜け出したときから始まっている。それは、国際連絡部（ＯＭＳ）へ移行したときである。どこから見ても彼は自らを十分なコミンテルンの全権代表とみなし、自分の判断で行動することを決めた。モスクワではしかし、いくつかのほかの意見を取っていた。指導部にとって、ゾルゲは余計な指導的役割を発揮して、あまりに独自的であり過ぎた。したがって、期待していた支援を受けていない。当てにされている資金でさえ、先延ばしにされている。そのことについて、ゾルゲはためらいと悔しさをぶちまける形で、モスクワに知らせている。

　一九二七年の後半、彼はスカンジナビアに出るが、一九二八年末近くには、本部で剥《む》き出しの苛立ちを盛んに示すようになった。それでもゾルゲには、やはり重要な庇護者――マヌイリスキーとピャトニツキーがいた。そして彼は、イギリスに滞在することに成功した。どこから見ても、ゾルゲはそこでもまた警察によって拘留されることになる「政治的事件」にのめりこんでいる。これは、決定的役割を果たした。そして、彼がどこで働かなければならないのかについての決定を二度延期した後、一九二九年八月一六日、彼は西ヨーロッパ支局の職員リストから除外され、全ソ連邦共産党（ボリシェビキ）中央委員会の指揮下に転任させられている。つまり、将来の運命に関して、はっきりしない立場に立たされたのである。

　しかし、まだイギリスに滞在しているときに、最初の妻クリスチーナは、ゾルゲにドイツ情報局の諜報員コンスタンチン・ミハイロビチ・バーソフを紹介した。彼は、ゾルゲの卓越した能力を評価した最初の人であった。すなわち彼は、諜報活動に引き込むことのできる将来有望な若者のことを、ベルジンに知らせたのだ。一九二九年一〇月三一日、ゾルゲはコミンテルン執行委員会の仕事から解放され、すぐさま労農赤軍参謀本部第四部（諜報）に採用された。

ゾルゲは公式に参謀本部諜報総局に登録されて、潜在的にコミンテルンの協力者としてとどまったのか、それとも最終的に軍事諜報員になったのだろうか？これは、まさにゾルゲがこの組織に対する関与を基に、死刑宣告を下されたことからも原則的な問題である。(注8)

日本からの電報によると、とりわけ一九三九年―一九四一年に、ゾルゲは特別に参謀本部諜報総局で働いた。そして、これは何らかの革命行動のほのめかしであっても残酷に押し潰された国で、どんな新しい共産主義の活動を行うことができたかということを理解できる。

中国はまた別であって、そこでは人心が動揺していて、広範な示威行動があちこちで起きて、とにかくモスクワから見ると、今すぐにもプロレタリア革命が起こらなければならなかった。

しかし、全般的にいって、ゾルゲは利用されえたし、多重構想的に、そして、必要に応じて利用された。確かにソ連では軍事的・政治的機関は、自決権がなかった。しかも、それは最高権力機関（共産党中央委員会、政治局、スターリン）に集中していた。したがって、必要な場合にいろいろな機構が、一定の目的のために指導することができた。それは大変都合のいいものに思われた。そして同時に、他国の防諜機関の活動を確実に困難にした。にもかかわらず、参謀本部諜報総局は、一九三〇年からコミンテルンの組織へのゾルゲのあらゆる関与を、きっぱり否定している。

諜報総局局長ヤン・ベルジン（ペテリス・キュジス）は、ゾルゲの潜在能力をありのまま評価した。ベルジンの秘書N・V・ズボナーレワの証言によると、「ベルジンとゾルゲは良好的かつ心温まる関係が出来上っていた。彼らはお互いを理解していた」(注9)

ベルジンはゾルゲを中国に派遣した。そこでは、党指導部の意見によると、今すぐにも「プロレタリア革命」が起こらなければならなかった。参謀本部諜報総局のある職員たちの意見によると、これは、より大事な仕事の前にある「実地訓練」のようであった。当時、中国にも参謀本部諜報総局や内務人民委員部の諜報機関の広いネットワークが存在し、コミンテルンの協力者が活動していた。(注10)さらに、カール・マルチノビチ・リム（二五二ページの注2参照）やフルンゼ記念軍事アカデミーの卒業生、そして彼の妻リュボーフィ・イワーノブナ（無線技師、暗号係）、セリマンやルイーゼ・クラッスのように、上海に公認された店やレストランを持つ裕福な所有者と一緒に働いていたことからして、ゾルゲには特別な軍事的素養はなかった。ゾルゲが自分の仕事でアメリカのジャーナリスト、アグネス・スメドレーの援助に頼ることを、本部は同時に薦めた。彼女はゾルゲが東京で仕事をする際に、日本に関するゾルゲの基本的な情報源になった「大阪朝日」の新聞記者尾崎秀実を紹介し、ゾルゲに計り知れない奉仕をした。

資料的に確認されるエピソードがある。それはいつゾルゲが再びコミンテルンでしばらく働かなければならなかったかということだ。一九三一年六月一五日、コミンテルン執行委員会国際連絡部の、上海の極東支部指導者ルエック（ヌーラン）夫妻(注11)（Y・M・ルドニックとT・N・マイセンコベリーカヤ）が逮捕された。一九三二年半ばに、モスクワは彼らを救出しようとしたが、ヌーラン夫妻が一九三七年八月二十七日まで獄中にいたことから判断すると、これらの金は何の解決にもならなかった(注12)。そのうえゾルゲも、コミンテルン国際連絡部や参謀本部諜報総局へメッセージを送る義務に、重荷を感じていた。

すでに一九三二年までに、ゾルゲには約一〇人の軍事および政治情報源を持つ十分効果的な支部組織があった。しかし、一九三二年の終わりにゾルゲが中国の秘密諜報班を作ったという疑いが起こった。（分析の結果、「光を与えられた」疑いは、裏付けられなかった）短いモスクワ滞在の後、一九三三年にゾルゲは日本での勤務に派遣された。不思議なことに、東京の諜報機関を作る目的、共通の課題と計画を記録しているいかなる特別な文書も、保存されていなかったということは、注目されなければならない（M・I・シロトキンの証言による）。これは、もちろんゾルゲが未知の世界に派遣され、自分の責任で行動したということを意味しない。一九三三年にゾルゲは少なくとも二度、ベルジンと会った。その上、二度とも彼らは朝まで話し込んだ。ゾルゲが来る前にベルジンは、自分の秘書のズボナーレワにゾルゲが来るときに「誰も廊下をぶらつかないよう」にと、頼んだ。彼は参謀本部諜報総局の協力者たちにさえも、見られたくなかったのだ。

予備的な組織活動、任地での諜報機関の基礎づくり、ならびに次の諜報活動のための基本的な連絡の獲得といった、日本におけるゾルゲの仕事の第一期（一九三三—一九三五年）は、比較的平穏に過ぎた。しかし、システムは用心深さを失っていた。

一九三四年十月、諜報機関ラムゼイとの伝書使を通じて、連絡を行っていた上海の諜報機関員アブラムは、「ラムゼイは彼のところに出向いた伝書使（非党員）と会話したとき、コミンテルンの政策を検討しながら、政治的に誤った見解を述べていた」と本部に書簡で知らせた。政治的な密告を行いながら、この伝書使は何によって指導されていたのか、いまや理解するのは困難である。しかも彼は非党員である。党員について何を言うのであろうか？

多くのものは、ファシズムであろうと帝国主義システムであろうと、彼らにとって世界悪と映ったことから、ソ連の中に唯一の代案を見つけて、ソ連に働きかけ始めた。しかし、彼らは実際このようなソ連システムが現実のものであることを思い浮かべなかったのは、特徴的である。ほとんど五年間ソ連に住み、分析のうえでは良識を持ったゾルゲが、この原因に関してある結論を出さないわけがなかった。原因は何であろうか？「政治による狂信的な熱中」にあるのか？二つの悪からより小さい悪を選択することにあるのか？最後には年齢にあるのか？性格の特殊性にあるのか？証言によると、逮捕されるまでの半年間、彼は不機嫌になっていて、酒を多く飲み(注13)、怒りっぽかった。彼は、自分の現実的な役割を「歯車」と認識していたのだろうか？しかし、熟しやすく危険なプレヤーでありながら、ただ単に留まった状態にいれなかったのであろうか？

様々な理由によって、共産主義者になった多くの正直な人々は、スターリン体制を一時的な現象と考え、世界的規模で共産主義の理念の早急な実現を期待していたのは、明らかであった。トリリッセルのように、彼らは共産主義への忠誠さを誓う言葉を監房の壁に自らの血で書き、あるいは（ウォロシーロフが語っていたように）トゥハチェフスキーやヤキールやウボレビチのように、「スターリン万歳！共産主義万歳！」と銃殺刑のときに、大声で叫ぶ用意があった。

ゾルゲは当時すでに、ソ連のスターリン体制化の状況を十分、現実的に評価していたが、ただ彼には何もすることがなくて、時間を持て余しているだけであった。一九三五年一一月、A・クーシネンが自分の最初と二番目の日本行きの間にモスクワにいたとき、彼女は中国にいる参謀本部諜報総局の非合法員の一人であるニイロ・ビルタネンに会うことができた。彼は彼女の到着の少し前に、その年の八月に某所で、古くからの知人であって、そこに呼び出されたゾルゲと、モスクワで偶然会ったことを話した。

「ホテル新モスクワで、彼らは楽しい夕べを過ごした。ゾルゲは、いつものように多くの酒を飲み、あけすけに自分のことを語っていた。彼は、もはやロシア人のためにスパイをすることに我慢できなかった。しかし、彼は新しい生活がどのようにほとばしり、どのように始まるのか知らなかった。彼は、ソ連では危険で、ドイツに戻ったらゲシュタポに逮捕されかねないと感じていた。二つの炎の間にある彼の駆け引きのすべては、失敗に終わった。そして、どうやって日本に戻るかという以外に、残された道はなかった(注14)」

一九三七年半ばから、スターリンのところで軍事力を「算出する」目論見が、具体化された。一九三七年九月二七日、すでに元労農赤軍諜報総局局長ウリツキー兵団長はウォロシーロフに、次のように書いた。

「一九三七年五月一日、パレードの後に貴殿の部屋で、指導者は敵は暴かれ、党は彼らをこてんぱんにやっつけるだろうといった。そして、裏切らず、立派に一〇月革命記念日の栄えあるテーブルに、自らの場所をとるであろう者たちのために乾杯した(注15)」

これは、多くの軍事指導者がいるところで「党の敵」について言及したのだ。彼らには、恐怖の時代が彼らにも到来することが確実に明らかになった。とはいえ、あるもの——たとえばウリツキーの次の諜報総局長官のI・I・プロスクーリン——は、この血の肉挽き器が彼らを個人的に挽かないだろうと、なお確信していた。プロスクーリンが逮捕される少し前に、多大な成果についての報告があった。「諜報機関のスタッフの半分以上が弾圧された……(注16)」

一九三七年六月一二日、「軍事ファシストの陰謀」の罪で、M・トゥハチェフスキーを長とする地位の高い軍人グループが、銃殺された。軍隊の弾圧は大規模なものになった。一九三八年六月、極東軍管区内務人民委員部長官G・S・リュシュコフ(注17)は身の破滅を逃れ、日本人が統治している満州に逃亡する。

日本にリュシュコフを移送させ、自分をこのようなレベルの人物の尋問には十分精通していないと考えずに、ドイツの助けを借りて共通の証言を取らせるのだ。一九三八年一〇月——一一月に、東京にドイツ外国情報局の陸軍大佐が到着した。リュシュコフはスターリンの政策を批判し、自分の反共主義の傾向、極東におけるソ連軍の部隊配置、軍事連絡に使用されていたコード番号、極東軍管区の軍人たちの反政府的傾向のグループについて語った。尋問の記録は、数百ページになった。そして、初めての投降者の事件に、大きな意味を認めていなかったゾルゲは、ドイツ陸軍大佐の報告の半分を写真に収めた。モスクワは、突然、この資料に異常なまでの興味を持った。そして、ゾルゲは一九三九年一月、本部にフィルムを再度送った。しかし、リュシュコフの証言の基本的な内容は、すでに一九三八年の夏の終わりに無線で伝えていた。若干の外国の研究者たち[注18]は、Ｂ・Ｋ・ブリュッヘルが一九三八年一一月九日の銃殺によって、騒々しくて、派手な裁判なしに静かに粛清されたという情報に、ここで気づいている。

ゾルゲは、偶然にも以前、ブリュッヘルについて、スターリンに思い出させていた。たとえば、一九三七年一二月一四日付のメモで、日本人たちがソ連の軍事力を過小評価していることに言及しながら、彼は書いている。

「たとえば、ブリュッヘル元帥の分離主義的傾向を期待するのには、根拠があるという重大な会話が行われている。それゆえ、日本にとって好条件で、平和を達成することができるであろう[注19]」

これらの知らせは、元帥の運命における役割を、間接的であろうと果たしえたのであった。

弾圧の波は、外国にいる秘密諜報員同様、参謀本部諜報総局にも及んだ。局、部、課の長たちは、任命され、ただ「執行義務」だけ列挙され、何か気狂いじみた目まぐるしい更迭の中に消えて行った。再び現れた指導者にとって、ゾルゲという人物はまったく具体的ではなく、抽象的であった。しかも実在した告発の文書に照らし合わせても、なお極めて疑わしかった。諜報総局極東部日本課には、あたかも二つのグループが作られたかのようであった。そのひとつは、むしろゾルゲを信頼していなかった（パクラードク、ラゴフ、ウォロンツォフ）。だが、二つめのものはむしろ信用していた（キスレンコ、シロトキン、ザイツェフ[注20]）。すでに言及されたように、一九三七年後半、ラムゼイの召還とすべての情報機関の撲滅の決定が行われている。この決定は数ヵ月後にすべて取り消された。内務人民委員部からこのポストに転じた諜報総局局長ゲンジンがやめさせたのだ。彼は、ゾルゲによって伝えられる情報が、デマであるという強い疑いを持っていた。このためゾルゲ諜報機関を守ることはできなかったが、存続させることができた。諜報機関は、「政治的に十分な価値がない」、「おそらく敵に暴かれて、その管理下に置かれて活動している」という疑いのスタンプが押されたものの、存続されている。ゲンジンの指導部宛のメモは、今度は次のように始まっている。

全ソ連邦共産党中央委員会　同志スターリンへ

極秘

東京のドイツ人グループと親しいわれわれの情報源の報告をいたします。情報源はまったくわれわれの信任を得ているわけではありません。しかし、そのあるデータは注目に値します。(注21)

ソ連指導部による決定採択のために、ゾルゲの報告はどれほどの意味を持ったのであろうか？ドイツ侵攻近しという知らせに、本部は反応しなかった。ソ連に対する攻撃はなしとの日本の決定に関するゾルゲの通報は、モスクワ近郊で必要とされた新規の師団を極東から引き抜くことができたという一般的に通用するテーゼさえも、疑わしいものにしている。外国の秘密作戦に従事していたソ連保安機関の諜報機関の指導者の一人、P・A・スドプラートフは、関東軍の弱さ、戦車と戦闘機の少なさについて(注22)知らせた満州の秘密機関が、このことで主要な役割を果たしたと考えた。（文書 No.187）ゾルゲグループ――そのリーダーとしての彼自身、彼の主な同志や――情報源（尾崎秀実、宮城与徳、ブケリチ）は、自らの活動において、どれほど自由であったのか？

本部の指示にすべて公式的に従っていたとはいえ、彼らはモスクワ(注23)からのただ単なる実行部隊ではなかった。ゾルゲが行っていた意図的な情報漏洩《ろうえい》は、許可されたものであったかどうか、現在言うことはできない(注24)。

これは信じがたいことだけれども、参謀本部諜報総局はジャーナリストルートによってこれらの情報の推進を部隊に与えたと認めることができる。しかしながら、ソ連に対するドイツの侵攻準備と関連したすべてのものは、本部の指示に反するか、もしくはただ本部を迂回して広まっていった。しかし、大使館の高官から、または東京ペンクラブから、だれも同時に最重要問題の情報に、しかるべき意味を付与しなかったということは、最も驚くべきことである(注25)。

叙述に、ゾルゲ情報のすべてが本部に届いたわけではなかったということを、付け加えるべきである。問題は、ゾルゲ自身が最初からテキストの暗号組み立てをやり、無線通信士は彼に何も話さない数字群だけを送信していたことであった。ゾルゲは、重大な自動車事故で動けない状態になってから、彼はクラウゼンに暗号を教え、そのときから電報のオリジナルを送信するように伝えた。これはもちろん、ゾルゲに多くの時間を節約させたが、諜報活動の公理の一つを侵犯することになった。ゾルゲ・グループの各メンバーは自分の担当する任務だけを知っている(注26)。クラウゼンは、彼の証言から判断すると(注27)、逮捕されるまでの一年半は、ゾルゲから手渡された電文の半分しか、モスクワへ無線送信しなかった。それも頻繁に削除したものだった。

一九四一年一〇月一八日、日本の防諜機関はゾルゲと、無線通信士クラウゼンを逮捕した。なぜ、また、いかにして、諜報機関が摘発されたのか、今日に至るも明らかではない。公式的な日本の説（一九四〇年六月二七日に日本共産党再建容疑で逮捕された伊藤律は、尋問で一時共産党理念に好感を持っていた北林トモという女性の名を挙げた。拘留後、彼女はゾルゲ・グループのメンバーである彼女の知り合いの宮城与徳(注28)の名を挙げた。彼はほかのすべての人の名前をばらした）は外国の研究者たちや、諜報総局の要員たちによって否定されている。

伊藤律はゾルゲの組織と、何も共通するものがなかった。（すでに中国で尾崎秀実とは知り合いだったけれども）。だから恐らく五七歳の洋裁教師（訳注　北林トモ）をスパイだと考える理由を、ゾルゲに与えることはできなかったであろう。その上、一致するデータもない(注29)。防諜機関では四八一人の「アメリカ在住の日本人リスト」を所有していた。そこには宮城与徳が自分の証言の中で、名前を挙げたほとんどすべての人が取り上げられている。北林トモもその中に含まれている。二つの宮城の姓があるが、名はない。恐らくそれらのひとつは、ゾルゲ・グループのものである(注30)。

同時に、ただしクラウゼンの無線通信の方位測定について、留保条件をつけていうことができる。彼のステーションの活動は、すでに一九三七年に記録され、通信場所の発見に全力が投入された。しかし、彼はもっと機知に富んでいた。日本人はまだ移動式方位測定儀を持っていなかった。そして彼らは、一度も二キロより近くに送信機に近ずくことができなかった。後になって、クラウゼンは、尋問の際に彼によって送られたり、日本人によって解読されなかった電文の山が提示されたことを思い出した。ゲシュタポ（訳注　ナチス・ドイツの秘密国家警察）は崩壊に至るまで、ゾルゲとソ連諜報機関との結びつきや、コミンテルンでのゾルゲの仕事について(注31)の何らかの具体的な資料を持っていなかった。同時に、上海のドイツ人社会からも、東京に何も送られてこなかった。ドイツ大使館はゾルゲの逮捕に、ショックを受けた。そして長いこと、それが日本権力の挑発と考えていた。

東京のソ連大使館を隠れ蓑《みの》にして働いていた諜報総局の局員たちと、ゾルゲとの関係に破滅的な役割を果たしたのは、一九三九年の本部の決定であった。一九四〇年、クラウゼンは数回にわたってブケビチ（領事館館員）から、さらにザイツェフ（二等書記官）から金を受け取っていたのだ。ザイツェフはゾルゲとも、会っていた（一九三九年一月から逮捕に至るまで、このような会合は一四回にのぼった）。[注32]つながりを作ることは、いまや全く難しいことではなかった。宮城与徳は一週間に一度、尾崎秀実の家で娘の絵の授業をしに、そして一週間に一度は、ゾルゲの家に日本語を教えに来た。ゾルゲとクラウゼンおよびブケリチとの接触は、なおさらのこと頻繁であった。こうして、グループの核心部は全容を現した。防諜機関は、スパイ行為がどの国のために行われるかを特定するだけだった。そしてこれに関して、ザイツェフという人物が、一つの意味しか持たない答えを与えた。

ゾルゲはまず、ソ連の秘密諜報員として逮捕された。――これに関して日本人は確信があった。ゾルゲたちに疑いの影があるにせよ、ゾルゲはドイツのために仕事をしていると見なしていたならば、――ゾルゲが親共産主義者筋との接触があったとしても、彼には手を出さなかっただろう。（ドイツ、日本、イタリア間の情報交換についての特別の記録が存在した）。

結局、共産主義運動のメンバーとの連絡は、不可避的なものとなった。[注33]

すでに、一〇月一一日、諜報総局は「摘発の局地化」に取り掛かった。部屋を借りたいという人を装って、ソ連大使館員（M・I・イワノフ）がクラウゼンの家にやって来た。ことはうまく運んだ。まさにこういう場合に張り込みをしていた日本の防諜機関員たちは、その時に昼食をとりに出掛けて留守だった。囮《おとり》として残されたアンナ・クラウゼンは、[注34]すぐにこの状況を理解して、「行って、行って！ここで大変、不幸なことが起こったのよ」と叫んで、彼を素早くドアの外へ追い出した。[注35]

宮城とクラウゼンは同時に、供述をした。宮城は、極度の興奮を強いられ、窓から飛び降りて自殺を図ろうとしたが、その後、「アメリカ共産党日本人支部に属し、組織の幹部職員から世界平和のために日本で働く命令を受け取った」と自白した。クラウゼンはみっともない言動をした。[注36]彼は供述の中で、「共産主義の扇動によって意識が朦朧《もうろう》」とし、「スパイ活動は間違いだった」と、何度も言った。

ゾルゲは最初、すべてを否定したが、間もなく彼にクラウゼンとブケリチが自供したと知らされた。ゾルゲ・グループのすべての主なメンバーが自供した。しかもそれは極めて詳細なものだった。一九六三年と一九七一年に、日本で「現代史資料」というシリーズで、ゾルゲ事件に関する文書をまとめた四巻本が出た。それは、事件関与者の自伝、彼らの連絡、労働者たちの接触、暗号名、送信、無電やその他の情報などについて叙述されているいかなるロシア語版よりも、はるかに詳細にわたっている。例えば、ブローニンが回想記の中で行ったように、ゾルゲの行動を正当化する試みは、どうも説得力がない。ゾルゲもクラウゼンもほかの人たちも、主要なことは供述した。詳細な部分とニュアンスは、すでに大きな意味は持たなかった。諜報機関は完全に壊滅された。日本で再び何か同じようなものを造ることは、すでに不可能だった。

なぜゾルゲは、このようなあからさまな行動に出たのか？吉河検事の意見は「ゾルゲの自白の原因は、彼が自分の逮捕を少し遅れたと考えたところにある。ゾルゲは彼のグループも自らの活動を終えたと信じた」ということである。スドプラートフは、別の見解である。「この罪は彼の直接の指導者たちにある。彼らは、摘発の場合にどう振る舞うか指示しなかった。私はゾルゲの尋問のある記録を読んで、彼がどうしてこのような確かな自白をすることができたのかと、驚いたのである。確かに諜報員にとって、このような監獄は戦場である。もしかしたら、彼も見捨てられたと感じたかもしれない。しかし、これは番狂わせではなかったはずである。崩壊は誰も決して予防できない」。十年以上投獄された本人スドプラートフ将軍は、このような残酷な評価を許すことができた。われわれはゾルゲもクラウゼンも、ラムゼイ・グループの誰をも、断罪する権利はないと考えている。さらに、諜報総局の局員たちの一人が、極めて現実的に自分の意見を述べた。「もし彼らが捕えられたら、彼らは洗いざらいぶちまけるだろう、今日に限らず、明日のことまでも。そのための手段はいくらでもある」

ゾルゲは希望を失わなかった。大橋警部補の回想によると、ゾルゲはロゾフスキー（原注　彼がフランクフルトで後見を務めたコミンテルンの代表者たちの一人）が自分の釈放の問題に関して、モスクワの日本大使館と接触を始めるだろう、と確信していた。ゾルゲは間違っていた。

一九四四年一一月六日、東京のソ連大使館へ革命記念日のお祝いに、外務大臣重光葵（訳注　当日やってきたのは重光外相ではなくて、外務次官）が不意にやって来た。彼はまったくしつこいくらいに愛想がよく、「日本とソ連の友好」について話した。ゾルゲにとっては最後のチャンスが与えられたかもしれないが、彼についての話は、何もなかった。一一月七日早朝、ゾルゲと尾崎は巣鴨の東京拘置所で絞首刑となった。
（注1）　基本的なものだけを挙げておこう。
ロシア語版　『リヒアルト・ゾルゲの獄中記』、「新・最新歴史」一九四四年No.4―5、6。一九五八年No.2。ブトケビチ『ゾルゲ事件』モスクワ、一九六九年。コレスニコワ、コレスニコフ『リヒアルト・ゾルゲ』モスクワ、一九七一年。ユリウス・マーダー『ゾルゲ博士についてのルポルタージュ』ベルリン、東ドイツ軍事出版所、一九八八年。
日本語版　『ゾルゲ事件』（全四巻）、現代史資料、東京、みすず書房、一九六二年―一九七一年。川合貞吉『ゾルゲ事件獄中記』東京、新人物往来社、一九七五年。渡部富哉『偽りの烙印』東京、五月書房、一九九三年。
英語版　デーキン・F・W、ストーリー・G・『ゾルゲ事件』ロンドン、一九六六年。チャルマーズ・ジョンソン『反逆罪（尾崎秀実とゾルゲスパイ団）』スタンフォード、一九九〇年。ロバート・ワイマント『スターリンのスパイ・リチャード・ゾルゲと東京スパイ団』ロンドン、ニューヨーク、タウリス、一九九六年。
（注2）　ロシア連邦保安省中央公文書保管所（RFCAMS）の資料。「モスクワ市で銃殺された一一九人のリスト。その確かな埋葬場所は、ブトボ村と国営農場『コムナルカ』の地域である。（略）一七九九年。リム、カール・マルトゥィノビチは一八九一年生まれ。旧リフリャンツキー県ベロスキー郡、スターラ・アクテェンスカヤ郷出身。エストニア人。全ソ連邦共産党員。高等教育を受け、労農赤軍諜報機関の協力者、陸軍大佐。モスクワ市プリューシハ通り一三番地四五号に住んでいた。一九三七年一二月一一日に逮捕された。一九三八年八月二二日、全ソ連邦最高裁判所軍事参事会は、反革命テロリスト組織参加のかどで、銃殺刑を宣告した。銃殺刑は、一九三八年八月二二日に執行された。一九五七年六月一日付の全ソ連最高裁判所軍事参事会の決定によって、リムは名誉回復された」
（注3）　ボロビチ（ロゼンターリ）、レフ・アレキサンドロビチ（一八八四―一九三七年）。エー・ポレツキー著『ジェルジンスキーの秘密諜報員』の小伝参照、モスクワ、「同時代人」、一九九六年、三六二ページ。同様に、A・ゴルブノフ著『アレクス事件は金魚鉢の

底に横たわっている』オープシャヤ・ガゼータ、一九九七年、№2。
（注4）一九九四年三月三一日、フェシュンへのインタビュー。
（注5）アイノ・クーシネン（一八八六年五月三日―一九七〇年九月一日）は、フィンランドに生まれる。一九二二年にモスクワに移り、その年にオットー・クーシネン（コミンテルン執行委員会書記、一九二一―一九三九年）と結婚した。一九二四年からコミンテルンで働いた。一九三一年―一九三三年には、アメリカに出張した。一九三四年には、ベルジンの軍事諜報機関に移った。ベルジンは彼女を日本に派遣し、そこで彼女は、エリザベート・ハンソン（暗号名　イングリッド）という名で暮らした。そして何回かゾルゲと会った。正式には彼のグループには入らず、しかし、本部への情報伝達のために、その技術力を利用した。
　一年後、彼女は召還された。夫が説明したように、彼女がメンシェビキへの忠誠と、トロツキーとの親交とによって、自分を気まずい立場においたので、スターリンは、彼女をコロンタイと同じスカンディナビア諸国の大使に任命しようとした。アイノは断った。ソ連軍参謀本部諜報総局の新局長ウリツキーは、一九三六年秋、再び彼女を日本に派遣した。しかし、一年と少しで再びソ連に召還された。一九三八年一月一日、内務人民委員部は彼女をホテル「メトロポーリ」で、逮捕した。彼女を取り調べる際に、オットー・クーシネンがイギリスのスパイである、と自白させようとした。彼女は何も署名しなかったが、八年のワルクチンスキー収容所送りとなる。自由になって、ある期間北コーカサスに住むが、一九四〇年に再び逮捕され、四年間、ポチマ収容所送りとなる。一九五五年一〇月に自由の身となり、彼女はなお一〇年（オットー・クーシネンの死まで）ソ連に住んだ。その後、フィンランドへの出国許可を得て、そこで余生を送った。

　日本の防諜機関には、イングリットという暗号名とシュベートキという名前は知られていた。しかし、ゾルゲに関する問題は、取調べの際には、出なかった。理由は、おそらくハンソン女史（アイノ）が、皇室の一人（訳注　秩父宮）と大変親しかったことにある。そして、警察は皇室のメンバーを何か非難に値することに巻き込むほのめかしさえ、避けようとした。
（注6）アイノ・クーシネン『革命の堕天使たち――

スターリン時代の思い出』東京、平凡社、一九九二年一七五～一七六ページ。

(注7) 一九二六年秋、ゾルゲは以前、採択された決定の遂行問題を書記局で報告するよう委任される。一九二五年、特に一九二六年には彼はしばしば「共産主義インターナショナル」の雑誌に論文を掲載している。その最初のひとつには、当時ドイツをベルサイユの生贄《いけにえ》とする支配的な見方に反して、ドイツ軍国主義の復興についての問題を提起している。

(注8) A・A・プラホージェフは、『リヒアルト・ゾルゲの獄中記』への序文(新・最新歴史、一九九四年No.4～5 一四四ページ)で、諜報機関「ラムゼイ」が働いていた組織の記述を曖昧《あいまい》にする一方、自分の事件が内務省や司法省から軍事警察憲兵隊へ引き渡されることを恐れて、得られた情報の基本的な買い手としての全ソ連邦共産党(ボリシェビキ)中央委員会とコミンテルンをあらゆる手を使って区別しよう、と躍起になったことを説明している。

(注9) 一九九四年三月二十四日、フェシュンとの対談から。

(注10) 「健在な目撃者」―退役連隊政治将校ボリス・グウジは、一九三六年―一九三七年東方局で働き、「ラムゼイ作戦」に参加した。彼は自分の回想記の中で、次のように指摘している。「アレクス(L・A・ボロビチ)は、作戦に関する諜報機関の指導に当たって、原則的な方針に明るく、諜報活動では豊富な経験を持っていた。それゆえ、あれやこれやの差し迫った問題を審議し、それらに関する解決をゾルゲと共同で行うことができたかもしれない。彼は、彼らに提起された課題の範囲内で、ゾルゲの仕事を修正する権限を任された。ただ経過的な性格を持った役に立つ連絡のみならず、責任ある指導者の提案が、本部の指示権力を持っていたという役割も彼に負わされた」(労働中央研究所 E・ゴルブノフ『アレクス事件は「金魚鉢」の底に横たわっている』より)

(注11) 「小自伝」参照 V・ポレツキー『ジェルジンスキーの秘密諜報員』三二八ページ。

(注12) ヌーラン夫妻の事件の詳細は、F・S・リッテン「ヌーラン夫妻事件」『チャイナ・クォータリー』(中国季刊)、ロンドン、一九九四年No.138、四九二―五一二ページ参照。

(注13) 「大酒のみのゾルゲ」というテーマは、かなり良

く知られたウイロビーから始まり、多くの著作家により積極的に展開された。それに負けず劣らず、ソ連の研究者によって猛然と事実無根と論破されたテーマでもある。要はそのこと自体ではなく、ゾルゲの精神状態を示す指標として面白いのである。（実を言うと、ゾルゲがアルコールに過度の執着がある、と疑うべきではない。それには十分すぎるくらいの証拠がある）

簡略化された形で、二つの説明が行われた。ありふれた慢性のアルコール中毒（ゾルゲの友人ウラフ公の回想によると、「ゾルゲは酒を飲みながら、すべての酔っ払いの状態を体験した。興奮、涙もろく打ちひしがれること、攻撃性、偏執病、そして誇大妄想、譫妄《せんもう》状態、昏迷そして新しいアルコールによってのみ、吹き飛ばすことのできた二日酔いの灰色の孤独」）。あるいは、考え抜かれたこと細かい全般的な偽装（ゾルゲとしばしばバーで時を過ごしたあるアメリカ人ジャーナリストが書いたように、「彼は、意図的にプレイボーイのイメージを創っていた。賢くて危険な諜報員の姿とはまるで正反対の、ほとんど遊び人であった」）。

運命と同様に、ゾルゲの性格の変化の面において、もっと早くこの問題に近づくべきである。彼の「コミンテルン期」と中国での仕事は、ソビエト・ロシアとその指導者たち（彼の直接の上司O・ピャトニツキーやY・ベルジンが個人的にこのような傾向に、多大な影響を与えていた）の共通の方針の正しさ、ロマンチックに固く信じていることで過ぎていった。したがって、アルコールの要求も、陽気な祝祭日の食卓の、そしてやはりエネルギーがほとばしる若い、能力のある男たちの緊張をほぐす性格を帯びていた。

初めての日本行き（一九三三—一九三五）ののち、根本的な岐路が生じた。モスクワでも東京でも（一九三五年ニューヨークで会ったゾルゲの古い知人のヘード・マッシングがこのことについて書いたのであるが）、彼のすべての友人が気づいているシニカルなところが、ゾルゲの性格の中に見られ始めた。彼は交際すると、「意地悪」になった。ユーモアの感情を失い、皮肉と嫌味が取って代わった。しかしすべてこれは、自分の可能性の中で、何か無条件で妥当な、それでいて過度な自信を背にした将来の運命に、深い孤立と完全な優柔不断さを見た反動であった。（ガリフ・シュナイデル—有能な音楽家で、ゾルゲと親しい人物—はゾルゲが、「もし、ヒトラーを壊滅させるものがいるとすれば、私がその人物であろう！」と叫んだことを思い出していた）。アルコールによって自分の絶望感を鎮めながら、ゾルゲは極めて突飛な振る舞いをした。ソ連にドイツが侵攻した日の彼の行為を思い起こすだけで十分である。「帝国ホテルのバーに居残って、ゾルゲは陰気で攻撃的な状態であった。『夕方』七時と八時の間のどこかで、彼は電話器に近づき「ドイツ」大使館の諜報機関指導者を呼び出した。『この戦争は敗北だ』と、あっけにとられたオットに彼は叫んだ。ビリーやアニタ・モール、そして同様に東京のドイツ人社会の他の『柱たち』は邪悪な予言を含んだ後に続くゾルゲからの電話で、当惑した。モールたちはオットに電話をかけ、憤慨した調子で彼とやり取りをした。もちろんゾルゲは酔っ払っていたが、ここではまことにとんでもないことをした」（ワイマント、前掲書、一八一ページ）

要するに、ゾルゲのアルコールの悪用は、ただ過酷で、暗澹たる情勢の結果であった。その中に、彼は長年いたのである。

（注14）　A・クーシネン、前掲書　一六一—一六二ページ。

（注15）　ロシア軍事公文書、一九九三年　第一号、三五ページ。

（注16）　フルンゼ記念ソ連軍国家公文書センター（NARA）収蔵庫（F）、３３９８７、目録（OP）３、ファイル（D）、文書（ム）１２５～１２６。

（注17）　リュシュコフ、ゲンリフ・サモイロビチ「極東管区内務人民委員部長官は、一九三八年六月一三日早朝、無線連絡の暗号、ある記録と作戦文書を持ち、ソ連・満州の国境を越えた。そして、日本人に政治亡命を求めた。スターリン自身やエジョフからの信任を得た経験豊かな全ロシア非常委員会のメンバーは、最初の許可を得てソ連邦最高会議の代議員に選ばれた。一九二〇年から非常委員会—合同国家政治保安部—内務人民委員部の諸機関で働きながら、リュシュコフは、ソ連の特殊任務の秩序や気質を良く知っていた。この地位の高い機関職員は、積極的に国家、党、そして軍事機関の粛清に参加した。そしてちょうどよいときに、スターリンの指示により極東にメフリスとフリノフスキー——ソ連の独裁者に親しく信任されている二人のメンバーが到着したとき、彼の上にギロチンの刃が持ってこられることを理解した。スターリンの指示は簡

潔で、不吉なものであった。『ブリュッヘルと荷物をまとめること』（フルンゼ記念ソ連軍国家公文書センター、33978、目録3、データ1084、リスト38）。リュシュコフは、元帥の「有害な行動」についての時宜を得たシグナルをモスクワに送ってなかったので、自分の運命は決まったと感じた。彼は、システムの中でこのような的外れなことは許されない、と知っていた。自分の国外への脱出の前に、何らかの不思議なやり方で、家族をフィンランドに出国させることができた。投降者は積極的に第三国への出国の世話を期待して、日本の諜報機関に協力した。しかし、それはうまくいかなかった。檜山良昭の本『スターリン暗殺計画』から知られるようになった一連の情報ならびにその他の資料から、戦争前夜に日本では、リュシュコフの助けを借りて、ソ連のリーダーの撲滅計画が検討されたと結論することができる」（D・A・ボルコゴーノフ『トロツキー』モスクワ、ノーボスチ、一九九四年第二巻　一九六ページ）。

（注18）　チャルマーズ・ジョンソン、前掲書、一四五ページ。ロバート・ワイマント、前掲書、一〇五ページ。

（注19）　ソ連邦共産党中央委員会会報　一九九〇年№3、二一四ページ

（注20）　一九六四年一〇月七日付のマムスーロフ大将という名のメモ（文書　№189）の中で、ザイツェフは次のように書いた。「支部の仕事の視察後、わたしは、諜報機関ラムゼイについての印象を部長、同志P・A・ポポフと部長、同志A・P・キスレンコに伝えた。キスレンコは、私は諜報機関では若い職員です。そして「ラムゼイ」個人は今のところ良く知られておらず、しかも、デマをいう人か分身かの彼は謎めいていることから、私がこのような結論をするにはまだ早いといいました」

（注21）　ソ連邦共産党中央委員会会報　一九九〇年№3、二一三ページ。

（注22）　フェシュンとの個人的な対話から　一九九三年一一月三日付。

（注23）　日本政府によって戦略的決定の採択に影響あるゾルゲの提案は、文書として書き留められている。「ラムゼイの電報からのメモ　№110、111、112、113　一九四一年四月一八日」（資料　№144）の中で言及されている。

「…ラムゼイは指令を求めている。オットー（尾崎）

は近衛やその他の人々に多少の影響力があり、緊急の問題としてシンガポール問題を提起することができる。それゆえ、シンガポール進攻に日本を促すことに、われわれが関心を示すかどうか、彼は問い合わせてきている。

さらに、彼（ラムゼイ）はドイツ大使オットにいくらか影響力を持っていて、シンガポールに進攻問題で、オットが日本に圧力をかけるのを促したり、抑えたりすることができると報告している。

局長の決議「第三支部長へ、手短に話し合うこと」

残念ながら、本部がどんな指令を与えたのかわからない。

（注24） 次のような例がある。ゾルゲは、彼にいつも助言を求めていたドイツ軍大使館陸軍武官フリッツ・ユリウス・フォン・ペテルスドルフを通して、極東におけるソ連軍の数をドイツ人にデマ報道した。ゾルゲは、多くのソ連軍師団の極東国境からの撤退とは、すぐには気がつかなかった日本の参謀本部に、同じような情報を「投げ込んだ」。（ユリウス・マーダー、前掲書、一七三ページ）。ブケリチを通してハバス通信東京支局は、まず、一九三九年夏のモロトフ―リッベントロップ間の条約締結について報道をした。通信社は、ハルハ川とハサン湖における日本軍の敗北と、ほかの多くのことについての論文を送った。同じくブケリチはユナイテッドプレス通信社の特派員ハロルド・トンプソンに、日本によるシンガポール占領計画について知らせようとした。しかし、終わりまで聞くことでさえ、断られた。（ユリウス・マーダー、前掲書、一七四ページ）

（注25） 「ニューヨーク、ヘラルド・トリビューン」紙の特派員ジョセフ・ニューマンは、ブケリチの情報を基にして「東京ではヒットラーはロシアに進むことを予想してる」という題のごく小さな記事を、一九四一年五月三一日付の同紙二一ページに掲載することができた。が、それは編集部から大目玉をもらい、東京の記者仲間からは嘲笑された。そのニューマンが、駐日アメリカ大使ジョゼフ・グルーにベルリンでのヒトラーと外務大臣松岡との会談内容について知らせようとしたとき、大使は日本人給仕を部屋から出すことを拒んだ。そして、ニューマンは何かいうことに気がとがめた。（「朝日新聞」、ニューマン自身の話、一九九三年一一月二九日付夕刊参照）

ハバス通信社東京支局長　ロベール・ギラン―ブケリッチの直接の上司―はゾルゲとの付き合いや、ゾルゲが東京における最も情報を得られる人々の一人であることを知っていた。それゆえ、戦争が始まったときでさえ、彼らの関係に反論しなかった。一九四一年五月、ギランは直接駐日フランス大使アルセーヌ・アンリに、ソ連に対するドイツの侵攻が近いと知らせた。また、七月二日夕刻、天皇臨席の日本政府の御前会議の結果を、大使に伝えた。（その日の一六―一七時頃、彼は日本がソ連との中立条約を堅持し、南方へ接近することを決定したとブケリチから、ゾルゲから、そして尾崎から知った。しかし、大使は耳にしたことを信じなかった。大使はおそらく、ゾルゲやブケリチが期待していて、そしてギランは個人的にフランス大使や、順番では英国陸軍武官と親しい関係にあったチボー陸軍武官・大佐にも、情報を提供していると知られていたので、ジャーナリスト情報のひとつも、フランス外務省に送らなかった。（チャルマーズ・ジョンソン、前掲書　二四一―二四二ページ）

この状況からの教訓は、諜報機関にとって明らかである。まず第一に信念を持って働く秘密諜報員は、もちろん日雇いの人たちより期待される。しかし、この人たちはその信念のせいで、ただ単なる指示の実行者や、「基本路線と一緒の不安定分子」には一度もならないであろう。しかし、すべてわかりやすい方法で、それらの後を追う努力をするであろう。

（注26）しかし、クラウゼンの証言によると、「一九三七年末か一九三八年初頭に、ゾルゲはモスクワから許可を受け取り（斜体字は筆者）、そのときから私に暗号組み立て、暗号解読のすべての仕事を任した」（『ゾルゲ事件』第三巻　一〇三ページ）

（注27）同書、一〇九ページその他

（注28）宮城与徳は一九〇三年、日本に生まれた。一九一九年に渡米（カリフォルニア）した。一九二五年サンディエゴの美術学校を卒業した。一九二六年―一九三三年ほかの日本人たちと一緒にロサンジェルスのホテルでレストランを経営した。一九二六年、自分の友人たちと協力して、社会問題を討議するグループを組織した（「目覚め」協会―黎明会）。一九二九年、共産主義戦線組織――プロレタリア芸術協会に入った。一九三一年、アメリカ共産党に入党した。

（注29）尋問の過程で、彼は、北林トモが以前共産党に

入っていたと供述した。一九四〇年六月に、非合法左翼組織事件で逮捕された彼女の姪、青柳喜久代の尋問の際に、北林トモの名が二度にわたって出た。しかし、ゾルゲ・グループのメンバーは、この事件までの数ヶ月間はまだ監視下にあった。このことについて、例えば川合貞吉は『ゾルゲ事件獄中記』という本の中で、書いている。川合、尾崎そして宮城は、一九四〇年一〇月にはすでに尾行に気づいてた。(渡部富哉、前掲書 八一―八二ページ)

尾行に気づかれた屋外の監視は、防諜機関指導部(特高)によるとまったく気づかれていない、つまり「知られている」わけではない情報収集と監視の時期後の第二段階であった。このようにして、記載された日付よりなお早く尾行に着手した、と推定できる。

(注30)「リスト」について(渡部富哉、前掲書、九三―九七ページ)

(注31) 彼の前の仕事についてのファイルは、逮捕後すぐにベルリンの公文書保管所のひとつで発見された。(ユリウス・マーダー、前掲書、一九〇ページ)

(注32) より早い連絡が、無線または上海や香港の伝書使たちの助けを借りて、実現されていた。中国の事件や他国および税関検査の複雑さに対応して、フィルムや資金の大量の伝達は、日本で行われるようになった。最初、会合は劇場に指定されていたが、後にザイツェフはクラウゼンのオフィスや彼の家に(!)やって来るようになった。このときからゾルゲ・グループの運命は決まっていた。なぜ本部は、このレポ(連絡)が日本の防諜機関によって必ず「網にかけられる」と考えなかったのか、まったく理解できない。この時期の日本の対スパイ警戒心は、ソ連よりもより強くなっていた。わずかな外国人に対する監視(特にソ連の代表者たちに対して)は、徹底したものになっていた。

(注33)「第四部の秘密諜報員には、現地の共産党や左派の有名な活動家たちとは接触してはならないという厳しい指令が、出されていた。ゾルゲはこの原則を知っていたが、ただ単純には従わなかった。日本のような閉ざされた社会におけるスパイ行為は、現地の人たちの助けを借りてのみ行うことができた。その上三〇年代の対スパイ警戒心を考慮に入れながら、ソ連に対して確固たる信念を持ったコミュニストだけが任務を全うする用意があったと認識すべきである。その大多数のファイルを、警察は所有していた」(ロバート・

ワイマント、前掲書、二四八ページ）

（注34）　ロートマン・バレニュス・クラウゼン、アンナ（一八九九―一九七八）、クラウゼンと結婚するまで、最初のフィンランド人の夫の姓バレニュスを名乗っていたので、結婚の手続きの際にフィンランド人と登録された。以後、フィンランド系ドイツ人になった。

　フリッツ（訳注　マックス・クラウゼンの暗号名）が日本へ無事到着した知らせを受け取ったのち、一九三六年三月二日、夫が彼女を日本へ移住させた上海に派遣された。ゾルゲ・グループでは伝書使として働き、特に忍耐力と勇気のある点で優れていた。

（注35）　戦後いち早くモスクワで、彼女はロシア人に起こったことをどのようにして知ったかという質問に答えて、「それは全く複雑なものではなかった」と下手に結《ゆ》われた髪や、膝のうえがふくれてだぶだぶのズボンを気にしながら、極めて独特な英語で言った。幸いにも、戻ってきた防諜機関員たちとはすれ違って（アンナはてっきり彼は逮捕されたものと思い込んだ）、館員は大使館に帰った。

（注36）　ブケリチの未亡人山崎淑子は、「クラウゼンは号泣し、いろいろな手段でゾルゲを罵り、すべてをぶちまけて命乞いをした。その時にゾルゲとブケリチは平静さ、几帳面さ、自分のやっていることの正しさを示して、私と同様に予審判事にも大きな印象を与えた」という夫の弁護士浅沼の話を思い出した。

（注37）　ブローニン、ヤコブ・グリゴリエビチ　上海在住の諜報総局の諜報員。一九三三年末から逮捕まで、ゾルゲと接触があった。彼は、ゾルゲのところへ郵便の伝書使を向かわせた。彼のいくつかの電報を伝えた。本部が発信した特殊暗号電文をゾルゲに届けた。ゾルゲは至急報の場合の上海の秘密アドレスを持っていた。一九三五年五月に逮捕され、ソ連で逮捕されたツヤン・ツジンゴ（ニコライ・ウラジーミロビチ・エリザーロフ）と、蒋介石の息子と交換された。

（注38）　「この『回想記』の中で、ゾルゲは、すでに取調べで知られている人たちのことだけを話している。彼は取り調べにとって新しい情報だったかもしれない、そして事件で逮捕された人たちの状況を悪化させえたかもしれない、いかなる情報も供述していない。それ以上に、取調べが一定の証拠を十分握っていない、とラムゼイには思われる場合に、彼は追及をかわして、警察の注意をそらそうとしている」（文書№191参照）

（注39） 非来活動委員会公聴会、下院、第八二議会第一会期。一九五一年、九月二二、二三日、一一三八ページ。

（注40） フェシュンとの対談より。一九九三年一一月三日付。

（注41） ロゾフスキー（ドリゾ）、S・A（一八七八—一九五二年）。一九二一年から一九三七年まで、赤色労働組合インターナショナル書記長。共産党インターナショナル執行委員会のメンバー。一九三七年から出版と外交の仕事をする。粛清され、死後名誉回復された。

（注42） 富永恭次少将は満州で捕虜となり、ヨーロッパで諜報総局の要員として働いたレオポルド・トレッパーとともに、ある監房に収容された。彼はロゾフスキーに語っていた。「われわれは三度、東京のソ連大使館に、ゾルゲと逮捕された日本人の交換を提案した。そして三度とも同じ回答を受け取った」「ゾルゲという人物は知らない」 レオポルド・トレッパー『大陰謀』モスクワ、政治出版所、一九九〇年 三二七ページ。

第一章 総括的文書（注1）

文書 No.1

人民委員会議付属機関、反革命・サボタージュおよび投機取締全ロシア非常委員会 一九二一年八月八日 №22097

国際連絡部長 同志ピャトニツキーへ

本状とともに、外国のコミンテルン（共産主義インターナショナル）支部や登録管轄局ならびに全ロシア非常委員会の代表者たちの地位について間違った案が送付されている。

添付 名の列挙

非常委員会総会書記（サイン）

事務局長（サイン）（注2）

文書 No.2

外国のコミンテルン支部と登録管轄局（注3）および全ロシア非常委員会の代表者

一　コミンテルンの代表者は、同時に全ロシア非常委員会および登録管轄局の全権代表になることはできない。反対に、登録管轄局および全ロシア非常委員会の代表者は、全体としてコミンテルンの代表者とその局の機能を遂行することはできない。

二　労農赤軍諜報総局および全ロシア非常委員会の代表者は、いかなる場合でも外国の党やグループに資金供与をする権利を有しない。この権利は、例外的にコミンテルン執行委員会に属する。人民委員会の活動と外国との取引にも、同様にコミンテルン執行委員会の同意なしに、外国の党に資金供与をする権利は与えられない。

　全ロシア非常委員会と諜報総局の代表者は、外国の党やグループに諜報総局及び全ロシア非常委員会のための協力についての提案をすることはできない。

三　登録管轄局及び全ロシア非常委員会は、コミンテルンの代表者を通じてのみ、共産党に援助をすることができる。

四　コミンテルンの代表者は、全ロシア非常委員会と諜報総局とその代表者たちにあらゆる支援をしなければならない。(注4)

文書 No.3

ソビエト社会主義共和国連邦　労農赤軍参謀本部諜報総局局長　一九二一年九月五日　極秘　個人的に

コミンテルン執行委員会国際連絡部主任　同志ピャトニツキーへ

　コミンテルン、全ロシア非常委員会、諜報総局との間の相互関係案を本状とともに戻しながら、これに同意することを伝えます。さらに、第三項は諜報総局の代表者は個々人をコミンテルンの代表者との事前承認なしで、職務を引き受けることができるという意味にとっています。

BIDHRUR(注5)（サイン(注6)）

文書 No.4

親愛なる同志ピャトニツキー

誤解と曖昧《あいまい》さを避けるために、ほかの方法で校訂しなければならない第二項の最後の提案を除いて、全体的に提案に賛成です。「登録管轄局の代表者は、外国の党やグループに登録管轄局のための協力についての提案をすることはできない」というのは、私には曖昧です。なぜなら「グループ」の下では、どんなことも意味するからです。そして、個々の同志、外国の党のメンバーの雇用兵制度は、コミンテルンの代表者の決定なしに、われわれ職員では不可能になるからです。誤解を避けるために、せめてこの提案を次のように校訂することを提案しました。「登録管轄局の代表者は、外国の党やグループの組織の公的な機関やメンバーに登録管轄局のための協力についての提案をすることはできない」。こうすれば、システムのスマートさは乱されないでしょう。そして個々の雇用兵制度は可能なものとして残るでしょう。

では、さようなら　（サイン）　5／Ⅷ[注7]

（注1）　番号を打たれた文書、それらが記載されていない所在の指示は、諜報総局の公文書保存所で保管されている「ゾルゲ事件」の秘密扱いを解除された資料である。

明らかな誤植と原則的に意味のある句読点を除いて、文書の文体と綴りは変更されていない。

文書に列挙されている暗号名

ゾルゲ　フレリス、レオナルド、ラムゼイ、ビクス、インソン。

クラウゼン　フリッツ、イゾプ。

ブケリッチ　ジゴロ、イント。

宮城　ジョウ、インタリ。

尾崎　オットー、インベスト

ピャトニツキー　ミハイル

モスクワ　ミュンヘン

ウラジオストク　ビスバーデン

（注2）　ロシア現代歴史文書保管・研究センター（RCKIDNI）　収蔵庫（F）495、目録（OP）19、ファイル（D）342、文書（L）1。

（注3）　労農赤軍諜報総局の最初の呼称。

（注4）　RCKIDNI F, 495 OP, 19, D, 342, L, 2. 見たところ、コミンテルンは指導部の中で外国の共産党のメンバーによって、複雑な操作をする独占的な権利を得たかった。これは、もちろん諜報機関での理解を見出すことはできなかった。

（注5）　共和国臨時執行業務諜報局長。

（注6）　RCKIDNI F, 495 OP, 19, D, 342, L, 4

（注7）　RCKIDNI F, 495 OP, 19, D, 342, L, 5. 一九二五年全ソ連邦共産党（ボリシェビキ）党員となったドイツ共産党員ゾルゲ（党員証　No. 0049927）は、すでにソ連の市民権を取って、諜報機関の仕事に移ったことによって、形式的に「別々に募集された同志」ではなくなった。

第二章　コミンテルン時代

文書　No. 5

フランクフルト　一九二四年一〇月六日

残念ながら、私は今日もう一度、執行委員会での私の仕事に関連して、貴殿に書かなければなりません。すでに八月の半ばに尋ねられました。モスクワで働く用意はあるかと?そして私は一〇月初めにモスクワに行くことができるとすぐ答えたのですが、その後私はモスクワから何も聞きませんでした。もちろん、今私は何か具合の良くないことがあり、もしかしたら、私に対して個人的に何らかの反対があり、もしくはただ単に答えを見失ったということに動揺しています。手短に言えば、私はすぐパスポートを受け取りますので、毎日この知らせを待ちます。私を悩ますほかの原因もあります。例えば、すでに一年半も党の職員ではありませんので、仕事に関していくらかあたりの状況を見渡さなければなりません。…等々。もちろん、これは最も恐ろしいことではありませんが、やはりこれは私に曖昧《あいまい》さというものを強めています。

これに基づいて、ドイツの本部から答えを受け取る如何なる試みも効果を発揮しなかったので、モスクワへの私の異動に関する答えを受け取り、すべてが私のために良いほうに決定されるように全力を注がれんことを、再度貴殿にお願いします。よろしいでしょうか?私はかくも間近にならんことを期待しています。私は焦りを持って、これが実現するよう努力します。それ以外に、同志リャザノフは、私が異動するときに司書としての私の妻が、彼の図書の整備を手伝ってほしいといいました。彼女はこの仕事の最も新しい方法を身につけています。われわれはより早く移るために、ここですべてのことをしていると理解してください。

もし私の候補に対する何らかの反対があるならば、これについてお知らせください。——すべては問題の過程において明らかにすることができます。そのうえ今や私は短い時間で読むばかりではなく、自由に話すことのできるレベルのロシア語を知っています。これは恐らくモスクワでの私の仕事に、有益となるでしょう。

早く良い知らせを期待しています。

では、さようなら

リヒアルト・ゾルゲ（注1）

文書 No. 6

抜粋

一九二四年十月七日付共産主義インターナショナル執行委員会書記局会談No.13の記録から

聴取

13、提案　同志ゾルゲを経済及び政治の協力者として、情報局の仕事に就かせること

決議

13、承認（注2）

文書 No. 7

フランクフルト　一九二四年一一月一七日　グリュネブルクベーグ三九

同志クーシネンへ

親愛なる同志

何日か前、私はついに私の異動命令が受け取られたという知らせの手紙をもらいました。私はこの知らせに大変感謝しています。なぜならこのすべての問題の結末を、大変心配していました。私は間もなくあなたのところに行くことを、大変喜んでいます。私は周辺の自分の仕事を終えなければ、と考えています。一二月七日後、すぐにここから去ります。私のこの遅延をお許しください。確かにあなたは、選挙の仕事に関連してドイツ共産党の困難さを知らなければいけません。私はもうすぐ、一二月一五日までにモスクワに到着するでしょう。恐らく数日早まるでしょう。

同時に、妻と一緒にモスクワにつくことを、より早くあなたに知らせます。これは、フランクフルトでわれわれのところにいたときに行われた同志リャザノフとの会話に基づいて、可能だと考えます。彼は当時、私の妻は彼の研究所の図書館で働くことができるといいました。私の妻の職業は司書で、彼女はすべての最も新しくて現代的な方法（仕事）を知っています。同志リャザノフは、私の言葉を裏付けるでしょう。さらに、妻の旅行に困難さが生じるなら、手助けを約束したのです。私の妻は党員で、「スパルタクス」に入った数少ない一人であることを、あなたに特に強調したい。もちろん言うまでもなく、私は私の仕事に関連したあなたのすべての願いを遂行しようとしています。

では、さようなら

あなたのゾルゲより（注3）

文書　No. 8

フランクフルト　一九二四年一二月一日
情報部の同志シチルネル宛
　親愛なる同志
　一一月二二日付のあなたの親書№３０９を受け取りました。モスクワには一二月一五日に到着することをお知らせします。
　到着が遅れるのは、一一月二二日にドイツ共産党から依頼を受け、ドイツで選挙に関する仕事に追われていたからです。出発前にこの仕事をどうしても片付けておく必要があったのです。
　モスクワで誰が私と会うことになるか分からない以上、情報部がこのことに何らかの関係があるとしても、私は妻と一緒にモスクワ入りすることをお伝えします。彼女が司書として働くことになるマルクス・エンゲルス研究所の招きにより、私たちは一緒に行きます。ではまた

И・Ｐ・ゾルゲ(注4)

文書　No. 9

同志カガニツキー宛
　今度専任職員として、我が情報部に勤務することになる同志ゾルゲに、コミンテルンの建物への恒久パスを発行するようお願いします。
　一九二四年一二月一五日(注5)

文書　No. 10

モスクワ　一九二五年六月二五日
　コミンテルン執行委員会書記局
同志シュービンと話し合ったあとで、私を情報部から扇動・宣伝（アジトプロ）部に転属させてくれるように、本部に依頼することになるでしょう。
　ワレツキーとも話し合ったのですが、私の見るところでは、彼もこの転属に賛成しています。そのような折りには、私の後任をいつ見つけていただけるでしょうか。ワレツキーの方から、早速私の後任を見つけて、その人に仕事の内容を伝えることを約束してくれました。
　二人との話し合いを踏まえれば、アジトプロ部への転属に当たっても、与えられた仕事を私はより上手にこなすことができ、そしてこの仕事に必要なすべての要件を満たす自信があります。従って、遅くとも一九二五年八月一日までにアジトプロ部に転属することに同意してくれるようお願いします。

これ以外にも、同志ペペルが、私が別の部に転属することに対して、何の異論もないことも拠り所としています。

イ・ゾルゲ（注6）

文書 No.11

議事録

コミンテルン執行委員会ソ連共産党代表団選抜委員会

一九二六年四月三日と一五日付

出席者　コシオル、マヌイリスキー、ピャトニツキー。

一　コミンテルン執行委員会情報部並びに扇動・宣伝部の部長について〈略〉

二　ゾルゲの後任として同志ドロを情報部長に任命することは可能であると考える。（注7）〈略〉

文書 No.12

一九二七年四月二二日

同志オズワルド宛

〈略〉

三　ゾルゲについて。私たちの所では、彼はじっとしていられず、仕事にも気が入っていません。彼は少しでも早く出張したがっているが、彼を単独の仕事に派遣したものかどうか私たちは迷っています。というのは、実践的な経験が彼にはほとんどないからです。組織部で実践的な仕事を身につける機会を彼らが彼に与えるのが一番良いのですが。仮に彼らがこのことを望まず、また彼の給与の問題が持ち上がったとしても、次のことを確かめてください。もしゾルゲがあなたの配下に入って、あなたの指導下に働くことになった場合、彼らが反対するのかどうかを。できるだけ早く返答されたし。
（ミハイル（注8））

文書 No.13

一九二七年一二月一九日

一　一二月一七日に私はストックホルムに到着しました。オズワルドからは、彼がオスロに滞在しているときから、耳寄りな話は何もありません。電話でオスロに問い合わせてみたのですが、彼はすでにそこから立ち去った後でした。ストックホルムには彼は多分来ないでしょう。

二　私が来ることについては、そしてどんな任務で来るかについては、仲間らは何も知りませんでした。同じことが、コペンハーゲンでも起きないかと心配しています。

三　私がここに来たことが無駄にならないためにも、祝日まで、あるいはそれ以降もここに留まることにします。

そしてその間に、二週間でできる程度には、いくつかの最重要案件について報告をします。その後、コペンハーゲンに向かい、そこにしばらくの間滞在する予定です。

四　私は次のいくつかの問題に取り組むつもりです。中央委員会機構の分業、各セクション（労働組合部、扇動・宣伝部）の業務分担—この二つの部は創設されたばかりであり、業務を開始してから日が浅い。地区、州、コンミューンの指導全般の問題。ストックホルムの専従工作員数人の任務。すなわち、製紙工場での賃金アップ闘争を間もなく開始するであろう工作員の訓練と、一月末の労働組合会議にむけての準備。ストックホルムにある工場の最も重要な職場での活動と工場新聞の問題。

五　ウスタフの問題に関しては、オズワルドがすでに詳細に報告しているので、この問題についてのオズワルドと彼らの話し合いに関する情報を、私たちの仲間は入手しなければならない。私の方は、前述の問題についていつでも作業を開始できます。ですが、あなたから正確な情報を得ないうちは、何も実行には移しません。大まかな情報は、あなたから入手したのですが、これではまだ不十分だと思います。

今回、私は取り上げられた二、三の問題について情報を提供するだけであることに留意してください。時間が足りないため、主に中央委員会とそのセクション全般の分業に取り組むことになるでしょう。

この問題についての簡単な報告は、後で伝えることができるでしょう。

反対派の問題に関する集会が今、終了しました。このことについては、最新の情報を踏まえて中央委員会で同志たちに報告する予定です。（注9）

フレリス

文書　No. 14

一九二八年三月二九日　No.０００８８４

〈略〉

五　ゾルゲ。私たちがあなたの手紙を受け取ったときには、彼はすでにノルウェーにいたので、私たちは何もできませんでした。クーシネンがオズワルドに手紙を書いて、ゾルゲがなるべく早くコペンハーゲンに戻れるように、彼に手配を依頼することになるでしょう。〈略〉（注10）

文書　No. 15

一九二八年九月六日　No.６６６４

抜き書き

一九二八年九月一日付コミンテルン執行委員会書記局議事録No.1より

審議

五　ノルウェーで党活動したいという、同志ゾルゲの希望に関連する同志シロルの声明

決議

もっとしっかり準備するために、党大会を延期するようノルウェー共産党中央委員会に、同志リマレが進言する。同志ゾルゲは二週間の休暇を得ている。もしこの期間に、モスクワを離れないときは、休暇は自動的に二週間延長される。

コミンテルン執行委員会書記　ピャトニツキー(注11)

文書 No.16

オスロ　一九二八年一〇月一九日

拝啓

あなたからの本を建設会社が受け取ったかという質問と、夏の大論争の件に関して私が言えることは、本の小包をさらに先に届けるために、ストックホルムでさる人物に手渡されたということで、〈略〉私自身が確認できたことは、六月二三日と七月七日に、オスロの指定された場所で、彼自身がこれらの本を手渡したということです。建設会社のカシールは、本の小包を受け取りました。

ではまた。

レオナルド(注12)

七月七日に、ストックホルムから来た別の人が、手渡すことになります。近日中に、私は仕事を終了しますので、私の新しい任務を私たちの仲間に、ベルリンであなたが伝えていることを期待しています。

Л.

文書 No.17

支出明細書のメモ

あなたのところで、私がすでに二〇〇ドルもこの六週間で使っていることに、何人かの人が驚いており、そして現在までにほぼ五〇〇ドル使用したことに、もっと驚いていることを後で知りました。その人たち全員に、明細書をよく見るようにお勧めします。私が明細書に明記したのは、切符代と賃金だけであり、規定により私がそこに明記することのできる電報代とその他の必要品の代金ではないことに、納得していただけると思います。さらに言っておかなければならないのは、ベルリン経由モスクワ―オスロ間片道一回の旅は、オスロ―ベルリン間往復一回と同じで、「五〇コペイカ」ではなくて、どちらも残念ながら一〇〇

ドル以上かかりました。結局のところ、モスクワからオスロへの私の出張について、誰かが何らかの異存があるならば、その人たちはもっと早くこのことを考えてみる必要があったし、この出張を完全に取り止めにするために、あるいは禁止するために、あらゆる努力を注ぐべきでありました(注13)〈略〉。

文書 No.18

拝啓

私がラジオ・ベーブ社の招きでベルリンへ行ったのは、統一の会議の準備に関連して、ノルウェーの会社とわれわれの努力に関する報告を読むためでした。

私の報告は統一に関連したもので、事実上、ノルウェー労働党に反対して作られた戦術、組合問題、組織問題、さらにわれわれの会社の合併協議に絡んで発生した課題についての社内情勢の問題などを対象としていて、ラジオ・ベーブの指導部に極めて肯定的な反応を引き起こしました。私は今、この報告書をあなたに送ることができませんが、もう一度○で見つかったら、ただちに短い報告書と資料をあなたに送ります。

数日後に、私はあなたに手紙を送りました。それには統一の財政的な側面について書いてあります。あなたに強く協力をお願いしたいのは、「そちらの方から」せめて何らかの決議を送ってもらいたいためです。今、あなたに注意を喚起したい状況は、次のような理由によるものです。すなわちもしあなたから、直接またはフーゴを通して支持を得られない場合、クリスマス当日に予定されている行事は、行われないでしょう。というのは、われわれの同盟は様々な課題の解決を図るメンバーが極度のストレスによって、資金を確保する状況にはないからです。それについて、私はあなたに書きました。だからこそ返事はとても重要なのです。もしわれわれの願いが拒否されたならば、総会の日取りは不確定なものになるでしょうが、われわれは一週間早くやってこざるを得ない北半球の株主に先手を打つことができるはずです。

ベーブが提案を行うので、それについてあなたにお知らせしておきたいのは、私は一月までそこに留まることです。ラジオ・ベーブの提案に関する（あなた？）の立場は、私の小報告とは何の関連もありませんが、同時に重要な意義を持っていることです。

ここにベルリンであなたが私にくれた知らせと、あらかじめくれることになっている金額があります。それは一時的に、私が受け取ることになります。あなたに急いで留意していただきたいのは、この金額の大部分は私のもので、当然、様々な旅費に使われることになるでしょう。私はできるだけ早く、あなたから出張費用に対する援助を受け取りたく思っています。従って、もし私がベルリンを出発しなければ、私は間もなく以前のように、金欠になるでしょう。それゆえ、あなたの一階上にいる部長が施行規定を遂行するよう、ご配慮をお願いします。

私のスカンジナビア諸国への出張に際して有効な合意によると、賃金は一ヵ月当たり一四〇（クロン？）であって、それはベルリンへの出張旅費として、私が受け取る金とは別個のものであります。この金額が現時点で換算するとどのぐらいになるのか、私は予想できません。なぜならば、第一に地区の協議が次々に変わっているからです。第二に、私はコペンハーゲンのわれわれの友人に配慮せねばなりません。第三に私は必ず組合の書記としてストックホルムに行かねばならないからです。

こんなわけで、私は前回のようにすべてのものに必要な金額を、あなた自身が決定することをお願いします。私はいつも毎月あなたに報告を送っているではないですか。これは監督に当たって、十分でしょう。もう一度あなたの注意を喚起したいのは、この問題は即時の調整を必要としていることです。あるいは、そうでない場合は、私はすぐにも無一文になってしまうでしょう。

それでもやはり、あなたの一階上の先生がなぜ自分に委された課題を遂行しないか、にもかかわらず調査を求めざるをえません。

敬具

レオナルド(注14)

文書 No. 19

同志ピャトニツキー宛

ゾルゲの任務について

（一）私もシロル(注15)も知らないのです。だから、ゾルゲの旅行計画については、分かりません。かつての取り決めでは、彼はノルウェーで活動しなければならないということであり、時折デンマークに行ったり、スウェーデンに足を伸ばすことも認められています。しかし、ここ数カ月内では、そのような出張は必要ないというのが、私の意見です。シロルも同意見です。私の考えでは、ゾルゲはノルウェーに行って、取り決め通りにそこに留まるべきです。

（二）英国出張を求める彼の提案には、反対です。彼は英国に対して、あまりにも無防備です。政治問題に首を突っ込まないではいられなくなるでしょう。英国にとって、これはまったく受け入れ難いことです。

二八年一二月六日　B・ワシーリエフ(注16)

文書 No. 20

一九二八年一二月一五日　3116

レオナルド宛

彼に関するあなたの報告と、コメントを受け取りました。報告を検討しましたが、彼には現在の事態と矛盾する点はありません。今後の出張については、すでにリンデルを通じて、一九二八年一二月六日付№3026の書簡の中で書きました。それほど神経質になる必要はないと思います。

一月中にあなたに一四〇ドル支給するよう、リンデルに伝えましょう。

文書 No. 21

一九二九年四月一日　№2161

抜き書き

一九二九年三月三〇日コミンテルン執行委員会書記局常任委員会会議議事録№36より

審議

保留。

9．（555）同志ゾルゲの任務はどうあるべきか。

決議

保留。(注17)

文書 No. 22

一九二九年四月二日付会議議事録№7

同志スターリンに、一部送付された。

審議〈……〉ゾルゲの任務について。経済委員会(注18)の書記として働いてもらうため、コミンテルン執行委員会総会までモスクワに滞在させることがぜひ必要である。

文書 No. 23

一九二九年四月八日　№2319

抜き書き

一九二九年四月四日付コミンテルン執行委員会書記局常任委員会会議議事録№37より(注19)

審議

二　ゾルゲの任務はどうあるべきか。

決議

二　次のコミンテルン執行委員会総会まで、マヌイリスキーの書記として、働いてもらう。

文書 No.24

議事録No.18

一九二九年八月一六日付コミンテルン執行委員会全ソ連邦共産党（ボリシェビキ）代表者会議

同志スターリンに一部、送付された。

出席者　モロトフ、マヌイリスキー、ピャトニツキー、ワシーリエフ、ラビッキー　〈略〉

3〈略〉

（B）西ヨーロッパ・ビューロの専従員について。西ヨーロッパの専従員リストから、ゾルゲとミングーニンを削除する。〈略〉

（G）人員整理について。次のような委員会を設ける。ブルーム、シューマン、ゾルゲ、マイステルを、ドイツ共産党中央委員会並びに全ソ連邦共産党中央委員会に転出させる問題を、ただちに先決する。〈略〉(注20)

「共産主義インターナショナル」誌に掲載されたゾルゲの著作目録

論文

一　ゾルゲ、I「世界経済の『安定』の八ケ月」
　『共産主義インターナショナル』一九二五年五月第五号（通巻42）四七～六一ページ

二　ゾルゲ、I「ドイツの経済不況」
　『共産主義インターナショナル』一九二五年七月第七号（通巻44）一三九～一五〇ページ

三　ゾルゲ、I「ドイツの関税政策」
　『共産主義インターナショナル』一九二五年八月第八号（通巻45）一三三～一四四ページ

四　ゾルゲ、I「ドイツ共産党の立場と統一戦線の戦術（二五年度イエナ大会とベルリン大会の間）」
　『共産主義インターナショナル』一九二六年一月第一号（通巻50）一〇一～一一九ページ

五　ゾンテル、P「復活しつつあるドイツ帝国主義の独自性」
　『共産主義インターナショナル』一九二六年一〇月五日第八号（通巻66）二二～二九ページ

六　ゾンテル、P「ラインハルト・E著『極東における帝国主義政策』について」
　『共産主義インターナショナル』一九二七年第一号

（通巻75）

七　ゾンテル、P「戦後帝国主義に対する第二インターナショナルの態度」
『共産主義インターナショナル』一九二七年一月一四日第二号（通巻76）二八～三六ページ

八　ゾンテル、P、リッペ・I著『ノルウェーにおける強制仲裁反対闘争』について
『共産主義インターナショナル』一九二八年八月一三日第三一号～三二号（通巻157～158）六二～六九ページ

九　ゾンテル、P「ソビエト・スカンジナビア労働組合の団結」
『共産主義インターナショナル』一九二八年九月二一日第三七号（通巻163）二三～二九ページ

一〇　ゾンテル、P「一九二七年末のドイツ・プロレタリアートの生活状態」
『共産主義インターナショナル』一九二八年一二月二三日第五一号（通巻125）二九～三七ページ

一一　ゾンテル、P「ノルウェーの労働党とノルウェー共産党の転換点」
『共産主義インターナショナル』一九二九年四月五日第二号（通巻76）二八～三六ページ

一二　ゾンテル・P「発展の新時代におけるノルウェー共産党の課題（ノルウェー共産党第三回大会の決定に向けて）」
『共産主義インターナショナル』一九二九年五月七日第一八号（通巻196）一一～一七ページ

（注1）ロシア現代史文書保管・研究センター（RCKDNI）F, 495, op. 205, D. 5152, L. 40.
（注2）RCKDNI F, 495, op. 205, D. 5152, L. 36.
（注3）RCKDNI F, 495, op. 205, D. 5152, L. 44.
（注4）RCKDNI F, 495, op. 205, D. 5152, L.41.
（注5）RCKDNI F, 495, op. 205, D. 5152, L. 35.
（注6）RCKDNI F, 495, op. 205, D. 5152, L. 45.
（注7）RCKDNI F, 508, op. 1, D. 21, L. 36.
（注8）RCKDNI F, 495, op. 19, D. 206, L. 25.
（注9）RCKDNI F, 495, op. 19, D. 211, L. 6.
（注10）RCKDNI F, 499, op. 1, D. 7, L. 124.
（注11）RCKDNI F, 495, op. 205, D. 5152, L. 43.
（注12）RCKDNI F, 495, op. 19, D. 211, L. 1.
（注13）RCKDNI F, 495, op. 19, D. 211, L. 2.

（注14）RCKDNI F, 495, op. 19, D. 211, L. 3.
（注15）シロル―コミンテルン執行委員会書記局代表
（注16）RCKDNI F, 495, op. 19, D. 211, L. 4. ワシーリエフ、B・A（一八八九～?-）、一九二五―一九二六年、政治部書記、コミンテルン執行委員会東方支部長。一九二六年から副支部長。一九二九年からコミンテルン執行委員会組織部部長。処刑されたが、死後名誉回復された。
（注17）RCKDNI F, 495, op. 205, D. 5152, L. 39.
（注18）RCKDNI F, 508, op. 1, D. 79, L. 1.
（注19）RCKDNI F, 495, op. 205, D. 5152, L. 42.
（注20）RCKDNI F, 508, op. 1, D. 91, L. 2.

第三章　手紙（注1）

文書 No.25

ゾルゲの提案に関して、電報を打ちました。私たちの職場に移ることを、彼は本気で大真面目に考えています。彼は今の上司とはしっくり行っていません。すでにほぼ一ケ月間、今後についての指示を、彼はひとつも受けていません。金もなく文無し状態です。彼は十分に名の通った職員です。〈略〉今さら、彼の評価に触れる必要もありません。〈略〉ドイツ語、英語、フランス語、ロシア語に通じています。学歴についても、彼は経済学博士です。もし私たちに都合良く彼の状況が決着するなら、彼はきっと中国に一番向いていると思います。そこなら、いくつかの当地の出版所から、研究に関する仕事を得て行くことができます。

〈略〉（注2）

文書 No.26

一　二九年九月九日付のあなたの手紙を、同封されたすべてのものとともに、確かに受け取りました。

二　ゾルゲの上司の報告によると、彼は近日中にここに来る予定です。到着したら、私たちのところに立ち寄るよう申し伝えてください。私たちが個人的に彼と相談してみます。〈略〉(注3)

文書　No. 27

ゾルゲは、交渉のためのモスクワ行きを許可する電報を、受け取りました。ただし、帰りは自己負担で戻らなければなりません。見たところ、彼を解雇したがっているようです。

彼は本部に立ち寄り、私たちのところへの転属問題を提起することになります。コミンテルンでの、彼に対するこのような扱いを招いた要因は何なのか、調べてみました。そうしたら、彼が右派に引き込まれていることをにおわすものが、いくつか出てきました。しかし、そうは言っても、彼を知る人の間では、評判はとても良いです。もし本部が彼を採用するのなら、中国に派遣するのが最適と思います。〈略〉(注4)

文書　No. 28

一　今年の九月一六日付あなたの手紙を確かに受け取りました。

二　ゾルゲは私たちのところにいました。東方で彼を活用する件について、話し合いを行います。〈略〉(注5)

文書　No. 29

拝啓、今月中には、上海の拠点とはもう確実に連絡を開始できると、私たちは期待していました。が、あいにく我らの連絡員はここにやって来るに際して、上海でだれとも会いませんでした。だから、連絡手段としての組織的整備の問題は、すべて数ケ月間遅れることになりました。このことでもう一言いって置かなければならないのは、拠点の組織的整備にはここでは多くの困難を伴うということであり、一部については、まったく原始的な間に合わせの材料を使って、自分たちでしなければならないということで(注6)す。……

文書　No. 30

ラムゼイの私信

最も重要な関係は、ドイツの駐在武官オットとの個人的な親しい付き合いです。日独関係や軍事協力に関する情勢の大部分について彼を通じて私は情報を得ています。そして、さらに同じく彼から、ベルリンに送る報告用の資料をたびたび入手しています。ベルリンに打つ電報の暗号化の際には、私が彼に手を貸しています。

大使館書記ガースとメリヘル、商務官らとは大変親しく付き合っています。これと並んで、ディルクセン大使とは良い間柄であり、政治情報を時々、彼に提供しています。ドイツ大使館にしばしば私は招かれているので、そこに多少の伝《つて》があるのです。ドイツ海軍武官との関係は、ますます親密になっています。ドイツ語の話せる日本の将校たちとはオットを通じて、知り合いました。特に、がりがりの国家社会主義思想を持つ若い空軍士官のグループと、知り合いました。一例として、バンザイ大佐を挙げることができます。オット大佐の妻も、私を贔屓《ひいき》にしてくれており、同武官の国際パーティーに、彼女は私をよく招待してくれます。(注7)

文書 No.31

親愛なるラムゼイ

あなたが本部に依頼していた政治情報として、この手紙を送ります。

堕落の最終段階―ゲシュタポの代理人にまで転落してしまったトロツキスト・ジノビエフらテロリストの一味の裁判が、先日結審したばかりです。審理で明かになったことは、二つの世界―資本主義世界と社会主義世界の闘争においては、中庸《ちゅうよう》は存在しないし、有り得ないということです。お互いに敵対する両極が存在するのです。一方ではすべてが誠実で高潔であり、労働者の解放問題をすべての人々が大切と考え、他方では旧世界の、最も卑劣で恥ずべきろくでなし、社会主義の不倶戴天《ふぐたいてん》の敵がいます。現行犯で捕らえられた悪党の一味は、一掃されました。我が国一億七〇〇〇万の民によって、当然の報い、並びに全人民の意志の現れとして、判決は迎えられたのです。そして、悪党一味の銃殺にこのように反応したのは、我が国だけではありません。社会主義の祖国に対するひどい罪を自白した犯人たちを前にして、世界中の誠実な労働者一人ひとりも、ソ連の勤労者の怒りと憤りを分かち合っているのです。

党の反対者は、あれこれ魅力的な点を持つ公然たる反革命派にまで、最後には転落してしまうという論理的必然性は、彼らの恥ずべき死の数年前に同志スターリンによって、予言されていました。彼らの例は、党との不一致を取り除かず、党の基本路線から外れている人すべてに対する警告

となら ねばならず、また、党に反対する闘争の論理は、勤労者の最悪の敵の陣営、横暴を極めるファシズムの陣営に行きつくことを示す実例とならなければなりません。一層の用心と警戒が不可欠であることが、審理で明かとなりました。警戒するとは、すなわち人々を注意深く観察すること、とりわけ職場や日常で、人々を注意深く観察することです。自己満足、油断、退廃、過度の信頼、言葉に対する確信—これらはわが党の精神に対して、敵対的なものです。私たちの敬愛する指導者の金言を常に心に留めて置かなければなりません。《党の気を緩めさせることなく警戒心を強化せよ。油断させないで臨戦体制を執らせよ。武装解除させず武装させよ》。このことは、敵に取り囲まれている中で責任ある任務についている国外の仲間にとって、特に重要です。

実際に、絶えず人をチェックすることと結びついた不断の用心深さ・警戒・地下活動性が任務の成功を保証し、トロツキスト一味の卑劣な残党の侵入の危険から、組織を守ってくれます。このほかに、審理で明かになったことは、社会主義社会建設という一つの共通目標のために、熱烈に敬愛する指導者と師を中心に、かつてないほどに我が国と党が一致団結していることです。我が党は多くの敵を粉砕しました。その歴史は、すべて労働者階級の反逆者と裏切り者との絶えざる闘争の歴史であります。トロツキスト一味の卑劣な残党どもは、どこかに身を潜めて、巧みにカモフラージュしながら、さらに悪事を行おうとしています。忠実な党員すべてに明らかなことは、社会主義建設の成果が大きければ大きいほど、消滅しつつある階級の抵抗はより激しくなり、彼らの残酷な活動手段がより悪辣《あくらつ》に、そして洗練されてくるということであります。勤労者の敵が行わないような犯罪、卑劣でけがらわしい行為は、この世には存在しないのです。だが、プロレタリアは強靭《きょうじん》でありま す。党の指導者らの回りに結集し、ファシスト・ジノビエフ一味の屑どもを、破竹の勢いで蹴散らしながら、明るい社会主義の世を勇敢にかつ確信を持って建設しているのです。(注8)

文書 No. 32

親愛なる局長

無線連絡の深刻なトラブルは、まだ続いています。私は仕方なく、新たな連絡組織についての提案を連絡員に持たせて、再びアレクスのところに派遣しました。ちょっとした郵便物の受け渡しには、この連絡員を利用しています。

ビークが日独条約について、報告している箇所に目を留めてください。そのほかに考慮していただきたいのは、連絡上のトラブルの一掃は、本部の助けがあって初めて可能だということです。ですから、この問題に十分な配慮をくださるようお願いします。

断言しますが、部長、わたしたちにとってこの状況は耐え難いものなのです。私たちはこの状況を克服するために、出来る限りのこと、すべてを実行しています。私たちに関すること、特に私たちの友フリッツに関することは、全部行いますので、ご安心ください。私たちの怠慢・ゆるみ・形式主義のせいで、このことが生じているのではありません。私たち自身がまずこの状況に苦しんでいます。本部からの援助を期待しています。

忠実なラムゼイより(注9)

文書 No.33

親愛なる局長

あいにくですが、私の病《やまい》については、近いうちに直接ほんの一部を簡単に報告するだけです。

ここでの主要な問題は、他の諸国—事実上英国・フランスにも防共協定が拡大している問題だと思います。

ドイツ大使からに入手した最新の情報からみても、日本はドイツ、イタリアほどには無条件に自分を縛ることはないだろうということは、極めて明らかです。とはいえ、極東政策の中では、イタリア、ドイツとのより緊密な関係を日本は維持してゆくでしょう。ベルリン・東京・その他のグループの間で行われている、あらゆる交渉からみて明らかなのは、全般的な防共協定締結当時は急務であったソ連との戦争の問題が、今は著しく重要性を失ったということです。

従って、近い将来ソ連との軍事取引があるという説は、信頼のおけないものです。ただし、関東軍の独自性が強まり、そして、騒動を起こす傾向が一層強まったので、様々な大規模な衝突がいつでも起きる可能性があります。

ここ数ケ月の間に、ポーランドの命運が決まるはずです。そうなれば、ドイツ軍によるポーランド壊滅後には、当然、事態が新たに予想を越えて、際限なく進展する可能性が浮上し、そしてそれは日本の行動に、一定の影響を与えることになるでしょう。

組織

残念ですが、私が任務を継続することがますます困難になっていることを、局長に報告しなければなりません。

その原因の一つは、ドイツ大使館の建物が著しく増えた上に、建物の中が新人で溢れかえっている点にあります。ほぼ至るところに、私と個人的な付き合いがない新人だけです。この人たちとまた一から関係を作るには、ゆっくりと多くの年月をかけるしかありません。二つ目は、一部ではありますが、ここにはいわゆる「新しい階層」の人々がいます。すなわちナチグループの人たちです。彼らは無益で事情にも通じていなく、従って何も持ち合わせていない人たちです。

そして三つ目は、大使館にも武官用の建物にも、以前は活動や学習、特に芸術的な影響を行っていた場所に、自分用のスペースをどこにも確保できないことです。ひと月たつごとに、郵便物を作ることが難しくなり、七月頃からは、近年の活動を続けることができる場所はどこにも、確保できません。

局長に理解していただきたいことは、一つです。この建物の事情や警備状態では、大使館と武官用の建物から何かを持ち出すことは、ほぼ不可能です。このような状況では、私の最も優秀な仲間でさえ、大使館員や武官から単なる一片の紙を手渡されるのもためらいます。これを実行するには、警官の全般的な警備状況が、あまりにも厳重なのです。

〈略〉

ここでの私の活動の最良の時期は、もう完全に過去のものになったか、あるいは少なくとも、過ぎ去ってから長い間になる気持ちがします。新たな方針あるいは組織の完全な再編成ができない間は、成果はあげられないでしょう。私の考える最善の策は、新しい力で新しく始めることです。

諜報機関とその幹部たちにとって、私たちは次第に用済みで、無用の人間になりつつあります。

いまのところ、フリッツは仕事の面では運が良いです。しかし通信手段と自身の合法化は、申し分ないものです。しかしながら、私はもう一度ここで、かねてからの願いを繰り返します。新しい人員を、最低でも後で代わりになることのできる助手レベルの人を、派遣してください。事実上すべての活動を、私とフリッツで遂行していることは、本質的なことではありません。何年も前に、私たちは援助を受ける予定になっていました。この援助が後に私たちの交代へとつながり、新しい要員が参加する手筈になっていました。忘れないで下さい。私は極東にすでに八～九年暮らしています。その間、ほんの短い間帰国しただけです。一年前の辛い不幸な出来事は克服しましたが、それでも外国での九年間は〈略〉ますます身にこたえます。

どうかカーチャ（訳注　エカテリーナ・アレクサンドロ

ブナ・マクシーモワの愛称。ソ連在住のゾルゲの正妻）に、私からよろしくと伝えて下さい。こんなに長い間、帰国する帰国するといって元気づける事態になってしまったことを、悔やんでいます。しかし、この責任は、親愛なる局長、あなた自身が負うことになります。

私たちは依然として、あなたの古くからの忠実な仲間です。

敬具

ラムゼイ

参考

プロスクーロフ将軍は、こう命じた。

―ラムゼイの召喚をどのように埋め合わすべきか、真剣に検討すること。

―交代の遅れをラムゼイに詫び、彼がもうしばらく東京で活動しなければならない理由を記した手紙・電報を作成すること。

―ラムゼイとその仲間に、一時褒賞金を与えること。（注10）

文書 No.34

親愛なる局長

もう一年ほど、ここに留まるようにとの指示を受けました。帰国したいのは山々ですが、もちろん私たちは局長の指示を実行し、ここで任務を続行します。

かなりの額のお金を休暇用にいただき、誠にありがとうございます。ただ、休暇をなかなか取れないことが、唯一の難点です。休暇を取った途端に情報が減ることになりますから。

組織

ドイツの武官から情報を得る可能性は、さらに小さくなっています。日本の参謀本部内の協力者が最近交代したことで、そこでの最終的な連絡系統が乱れてしまいました。正確なまとまった情報に対する関心の低さが、武官を死に体にしてしまいました。

私たちにとっては、フリッツのために援助を受けることがとても重要になってくるでしょう。第一に、フリッツはあまりに仕事を背負いこみすぎています。というのは、彼は私と同様に、自分の合法化のために毎日気を張りつめて、非常に精力的に活動しなければならないからです。

第二に、常に代理が一人いることが不可欠だと、私たちは考えています。フリッツは病気がちですし、そのようなときには、通信はとぎれてしまいます。これでは用をなさないというのが、私たちの意見です。

　ではお元気で、親愛なる局長。あなたからわれわれに心からの挨拶と、あなたのラムゼイより強い握手を。(注11)

文書 No.35

局長宛
　私たちの興味のある情報を入手する際の新たな困難を、挙げておきたいと思います。
　一つは、武官が長い間不在であったうえに、帰還後は以前より一段と私たちの目的に適《かな》わないものを生み出していることです。帰還してから彼は、日本人に関する材料を集める積極的な関心が薄らいでしまいました。局長もよくご存知の報告書類も、書いていません。本省の代理人の一人に、個人的な手紙を書いているだけです。
　組織の問題に移ります。
　一　フリッツの病気
　残念ながらフリッツが、健康の回復そしてその上に、かつての労働能力の回復を最早当てにすることができないほど、深刻な心臓病に苦しんでいる事実を、私たちはみんな認めなければなりません。治療している医者が、言明しました。生活態度と仕事を一変させたとしても、二年以上生きられないだろうと。私にとってこの事実は、たとえ今後彼が回復に向かったとしても、それでも無線連絡の任務も合法的な仕事も、昔のようにはこなせないことを意味しています。ですから、彼の助手問題は、次のような観点から取り上げなければなりません。病気のときだけ、彼の負担を軽くできるようにするだけでなく、最終的には彼の指示に基づき、合法化をしっかりと一手に引き受けることができるようにすることです。遅くとも来年の初めには、自分の合法的な仕事と十分な治療と休息のために、フリッツが帰還できるようにすることが必要です。

　ここでまる五年も働いていることが、フリッツの病気に極めて大きな影響を与えていることは、言うまでもありません。

　こういう状況で、こうも長期間にわたれば、病気一つしたことのない人でさえ、健康を蝕《むしば》むことは局長も分かってくれるはずです。彼の状態がとても悪いことを、忘れないで下さい。
　二　ジゴロの問題
　ジゴロは休みもなく八年間ここに滞在しています。これは外国人には時間の点でぎりぎりの線です。疑いを招かないためにも、やむを得ぬ場合には、休暇のために祖国に行って来るべきです。そして是非ここに言い足したいことは、ヨーロッパの戦争のために、自分の見事な合法化をジガロは失ってしまい、今何か新しいものを見つけなければならないことです。それは祖国への旅の後でしか、実現できないものです。だから、ヨーロッパへの旅をジゴロに許可していただくようお願いします。

とはいえ、今後のあらゆる任務に必要な強固な拠点作りのために、元のところに戻ってくることには、どんな場合にも賛成します。ジゴロはすっかりここに馴染《なじ》んでいるので、ここから配転させるのはあまりにも残念です。彼は日本語の読み書きをほぼマスターしていますが、こんなことは滅多にないことです。

三　私の問題

すでに局長に報告しましたように、ヨーロッパの戦争が続いている間は言うまでもなく、自分の任務に留まります。無論、それが局長にとって望ましいならばですが。しかし、ここにいるドイツ人の意見では、戦争は間もなく終わるということなので、友人であるドイツの高官、さらに外国人の「あなたは、本当のところ、今後、何をするつもりですか？」という質問に、私はますます頻繁に答えなければなりません。ドイツの友人らに疑念を持たせないで、ある日姿を消すことは、それほど容易なことではないことを考えると、戦争が終わってからも局長が私に期待しているものが何なのか、私に知らせてくれるのが、一番良いと思っています。つまり、次の質問に局長が答えてほしいということです。戦争が終了次第、私は当然、存続するであろう本部に戻り、放浪生活にきっぱりと終わりを告げることを、期待して良いのかどうか。どうか忘れないで下さい。任務の合い間に、私がもう四五歳になり、その四五年のうち、本部の任務で一一年以上外国で暮らし、その前には別の職場の任務で、すでに五年間旅の空で時を過ごしたことを。

経験を積んだ私を本部で何らかの任務につかせるときが、もう来ています。戦争の終了後、ただちに帰還できることを、今、私に確約できないとしても、そのあとで幕切れが訪れる期限、たとえば戦争終了後三ケ月か、やむを得ぬ場合は半年という期限を切ることをお願いします。大体の期限を知っておかなければならないので。というのは、私が特派員をしている新聞社も大使も前述の友人たちも、今後の私の予定について繰り返し聞いて来るからです。後任の手配を前もってしておくためにこのことを知りたがっており、私が働いている出版社も、いつ本を書きあげるのかを知りたがっています。そして、大使館は私の仕事を高く評価し、今後も、一緒に仕事を続けることを望んでいるおり、だからこのことを知りたがっているのです。合法化されたあらゆる結び付きから、ある日こっそりと離れることができるためには、制限時間を越える関係はどんなものであれ、断念せざるを得ないので、あいまいな返答をしなければならなくなるのです。

とにかくはっきりした滞在期限を切っていただくことを、お願いします。つまり戦争が終れば、すぐに帰還できるのか、それともさらに数ケ月待たなければならないのかということです。私はどこにも行かずにここに七年間住んでいることを、そして、他の「ちゃんとした外国人」のように、三、四ケ月ごとに休暇を取って帰国することが一度もないという事実が、先行きが不透明なことと並んで、外国人にも変な印象を与えかねず、疑いさえ与えかねないことを忘れないで下さい。

結語

これらの組織の問題は、すべていつかは取り上げなければならないものであったのです。私としては、局長自身が答えを出すべきだつたと思います。フリッツの病気によって、ここのスタッフ一新の問題が急務となったことで、ジゴロと私に関するあらゆる問題に速やかに回答していただくことも、これに劣らず重要で現実的になっています。組織の問題で、局長の手を煩わしたことが比較的少しであったことは、誇りにできます。ですから、速やかな回答をいただけるものと期待しています。

ほんとうに若干、弱っていますが、元気です。それでもあなたの忠実な仲間です。

ラムゼイ

追伸

フリッツがいくらか回復した後で、発作が二回起きました。局長が受け取る電報の数が少なくなればなるほど、彼の病状が悪化したということです。今後は電報の数をバロメーターとすることができます。ですから、助手の派遣を出来るだけ速めていただくことを、切にお願いします。フリッツが今後も発作に襲われないのかどうか、あるいはやむなく任務をまる一週間中断しなければならなくなるのかどうかは、私には分かりません。そのうえ、どうしても彼を病院に入院させなければならなくなり、任務をまったく遂行できなくなることも、あり得ます。現実に彼は床に伏せっていて、私たちの助けを借りながら、何とかベッドから任務をこなしている有り様です。気の毒な状態ですが、一体どうしたら良いものか。

よろしくお伝え下さい。特にフリッツからよろしくとのことです。

あなたのラムゼイ（注12）

文書 No.36

労農赤軍諜報総局

一九三六年一二月

№２０９０６（極秘）

ソ連国防人民委員　ソ連元帥　同志ウォロシーロフ宛

報告

二年余りにわたって、東京でドイツの駐在武官の非公式秘書として、極めて困難な条件の中で、全ソ連邦共産党（ボリシェビキ）党員ゾンテル＝イーカ＝リハルダビチは任務を遂行しています。この同志は、日独関係に関する資料や、データを提供しています。〈略〉

彼とともに働いているのが、無線通信士のマックス＝クラウゼンであり、技術的に厳しい活動条件の中で、私たちとの無線連絡を途切れることなく維持しています。

二人とも、三六年二月二六日に起きた東京の事件（訳注二・二六事件）の危機的状況の中でも、私たちとの無線連絡を続け、私たちが事件の全容を知ることが出来るようにしてくれたことは、注目すべきです。

現在、この二人の任務は重要な意味をもっていますが、苦しい状況の中での長期にわたる任務とソ連から長らく離れていたことで、大変な精神的疲労を彼らは感じています。ですが、この時期に二人を交代させることは出来ません。彼らの現在の配置を固定したうえで、任務を延長することが仕事の利益にとっては不可欠です。

赤い星勲章を二人に授与していただくようお願いします。この勲章は無条件に彼らに相応《ふさわ》しいものであり、特殊な状況の中で、緊張を要する任務についている彼らには、良い刺激となるでしょう。

労農赤軍諜報総局局長

兵団長ウリツキー

文書 No.37

経済的保障

ゾルゲとその協力者らが、多額の資金を浪費していることを計算に入れて、一九四一年初めに本部は節約を口実に、諜報グループへの資金提供を削減して、出来高払い制に切り替えた。〈略〉この結果、諜報グループの活動資金は、抑えられた。〈略〉

四一年二月一七日。ゴリコフ中将は、ゾルゲに指示を与えた。「貴殿の機関の出費を月二千円にまで減らすことが、必要だと思う。価値のある資料のときにだけ、情報源に金を支払うように。出来高で……」

この指示に対して、ゾルゲは本部にこう報告した。「……もし貴殿が出費を二千円に減らすように要求するなら、私たちが作ったこの小さな機関を取り壊してもいいようにしておかなければならないし、一九三七年に本部の指令で私のところに派遣されたジョーとジゴロを解雇するように、貴殿は私に命じざるを得ません」

四一年三月二六日付の手紙の中で、この問題について、ゾルゲは次のように書いている。「……出費を半分に減らせという貴殿の指示を受けたとき、私たちはそれを一種の罰と受け取りました。貴殿はすでに多分、私たちの詳細な電報をすでに受け取っていると思いますが、その中で、臨時の必要に一定のお金を出費できるようにしないで、半分に減らすことは、私たちの機関の正に破壊に等しい異例の要求をわれわれに突きつけたのと同じです」

ゾルゲの逮捕後も、彼に対する先入観は以前のままであった。祖国や共産党に対するゾルゲの功績が明白にもかかわらず、パンフィーロフ中将とイリイチョフ中将に代表される労農赤軍諜報総局指導部が、三年間（四一年一〇月一八日〜四四年一一月七日）にわたってゾルゲが監獄に収容されていたときに、彼を救う手立てを尽くさなかったことが、このことを証明している。

リヒアルト・ゾルゲの公判記録を研究した米国の将軍ウイロビーの発言は、この点でおそらく興味深いものとなろう。「どんなに風変りに思えてもゾルゲ・グループのメンバーは、全員金のためではなく理念、共通の大義のために働いていたのである。彼らが本部から受け取った資金（私たちの常識ではとても少額であるが）は、秘密アジトや引っ越しの費用に充てられた（注13）」

文書 No. 38
インソンに対する政治的不信の由来

一　長い間諜報総局で、インソンは人民の敵であることが分かった以前の幹部らの下で、働いていた。このことから、次の結論に至る。当の人民の敵が外国の諜報機関に寝返ったのなら、ではなぜ彼らはインソンを裏切らなかったのかという疑問が沸いてくる。例えば、前課長カリンはドイツのスパイであり、中国に派遣した何人かの秘密諜報員を裏切ったと語っている。カリンが課長であった当時、インソンは日本で働いていた。日本課長ポクラドクは日本のスパイであった。

二　前日本課長シロトキン（ポクラドクの後任）は、日本のスパイであった。シロトキンは、インソンと彼の情報源全員を日本に売り渡したと、内務人民委員部機関員に証言している。内務人民委員部でのシロトキンに対する取り調べの一つに、陸軍大佐ポポフが居合わせていた。

シロトキンの証言によると、一九三八年末に彼はインソンを売り渡した。そしてこの時期からインソンの仕事ぶりは悪くなり、疲労を訴え、祖国に呼び戻してくれるようにしきりに頼むようになっている。一九四一年にはほぼ一年中、インソンはソ連への帰国を要求している。

三　人民の敵のメモによれば、インソンにはベルリンに住んでいる妻がいて、明かに彼女は、彼が共産主義者でどこにいるのかを知っている。

一九三五年に、本部の指令でインソンの下に無線通信士フリッツが派遣されて来た。彼もまた、極めて謎めいた人物である。彼について分かっていることは、セルビアの将校であり、ロシア人の白軍女性兵士と結婚していることだけで、それ以上は不明である。無線の分野に通じていて、連絡が止まることはなかった。

インソンについては、党に入る以前の仕事、党での仕事振り、そしてどのような経緯で党員となり、その後諜報総局に配属されたのかは不明である。

インソンは東京のドイツ大使館のファシストたちの細胞の一つの書記である。だが、ではなぜ大使館の公職についていないのかとインソンに問い質《ただ》すと、決まって答えは同じである。「あなたは私の過去を知っていますね。ドイツの機関で働く者はゲシュタポによって入念に調べられるのです。このことは私にとって命取りになるかもしれないのです」

インソンの問題は新しいものではなく、一度ならず討議にかけられている。もし、彼がソ連のスパイとして、日本あるいはドイツに引き渡されたのなら、なぜ彼らはインソンを抹殺しないのか？いつも結論は一つです。スパイとしてわれわれのところに差し向けるために、日本あるいはドイツはインソンを抹殺しないのである。

インソンからの情報を、他の筋からの情報並びに国際情勢の全般的成り行きと常に比較することが必要であり、そして綿密に分析したうえで、批判的に見なければならない。

インソンはとても自尊心が強くて自惚《うぬぼ》れ屋なので、彼を指導する際にはそのことを念頭に置く必要がある。

備考　インソンの主要な人口統計学的データと、かれの仕事に関する情報は、副部長ポポフ大佐の記憶に基づいて作成されている。

赤軍参謀本部諜報総局第四部長　陸軍少将コルガノフ（注14）

文書　No. 39

ゾルゲ＝イーカ＝リハルダビチ

ドイツ人。国籍はドイツ。一八九五年バクー生まれ。幼少の頃からドイツに住み、そこで教育を受けた。一九一九年からドイツ共産党員。一九二五年から全ソ連邦共産党（ボリシェビキ）党員。一九二九年から諜報総局に所属。一九二九年から一九三三年まで上海の諜報活動指導者。一九三三年から東京で諜報活動。一九三五年に一ケ月間、ソ連に帰国。

政治的にはまったくノーマークである。トロツキストとつながりをもっていた。政治的には信用できない。

第二部長ブリオ〈略〉（注15）

文書　No. 40

いとしいカチューシャ！

やっと君からの手紙を、二通受け取りました。一通はとても悲しい、冬のような、もう一通はそれよりは嬉しそうな、春のような手紙ですね。愛する君よ。二通の手紙、その言葉一つひとつに感謝します。分かってください。久し振りの君の生きている証《あか》しだったのですから。ずっとそれを待ち焦がれていました。今日、君が休暇に出掛けたという通知を受けました。君と一緒に休暇に行けたのなら、どんなに素晴らしいことか。またいつか実現できるだろうか。実現できるなら本当に良いのですが。私の思いがどれほど強いものか、君にも想像ができないかもしれない。いや、きっと分かってくれているはずだ。言わなくても私には分かります。君が新しい住まいに暮らしていることを喜んでいます。君と一緒にそこに住みたいものですね。いつかそういうときがやってくるでしょう。今ここは、ほとんど耐えがたいほどのひどい暑さです。時々、私は海に行って泳いでいますが、まとまった休みはありません。それでも私に向いている有益な仕事であり、もし君が私たちを尋ねれば、「満足しています」、「私の評価は悪くありません」という答えが返ってきます。そうでなければ、君にとってもそして故国にとっても意味がありません。ところで、緊迫した日々がここで続いていたことは、きっと新聞で読んだはずだ思いますが、私たちはこの日々を無事に通り抜けました。が、羽根は少々痛みました。だけど年老いたワタリガラスに何を期待できるというのでしょうか。彼は徐々に老いさらばえているのです。

カチューシヤ。どうしても君にお願いしたいことがあります。近況をもっと知らせてください。どんなささいなことでも、もっと知らせてほしいのです。去年からの私の手紙が全部届いたかも、知らせてください。手紙一つひとつと一緒に、小包も送ったのですが。送った物を役立てているかどうかも知らせてください。何か、特に必要な物はありますか。友人、特にBや小さなF……君の家族に必要なものはありますか。そして、君の親友は……彼女は男性に興味がないから、結婚するつもりはないと言っていましたね。多分、彼女は間違ってはいないが、カチューシヤが私に興味があることを忘れていますね。

ではお元気で。間もなく手紙と、そして私についての報告が君に届くでしょう。体に気をつけて。私を忘れないで下さい。局長によろしくお伝えください。局長は時々私や友人らに、多少、愉快な便りをくれます。心よりの挨拶を送ります。愛を込めて。

I（注16）

文書 No. 41

いとしいカチューシヤ

君に簡単な便りを書く機会を利用して、プレゼント入りの小包も一緒に送っています。品物の中には、毛糸の大きなセーターもありますが、必要ならビリーにあげても構いません。また、誰か他の人でも良いです。君の兄弟に必要かもしれません。ビリーと友人らに心からよろしくと、お伝えください。出来るだけ早く靴の寸法を知らせてください。そうしたら君に送ることができますから。ここでは靴が割に安いのです。私は不自由なく暮らしていますし、仕事も順調です。一人暮らしであることを除けば、まったく言うことはありません。とはいえ、こうしたことすべては、いつかは変わってゆくものです。というのは、約束を実行することを局長が私に請け合ってくれたのです。今あなたのところでは冬が始まろうとしていますが、君が冬をそんなに好きではないことは承知しています。おそらく憂鬱《ゆううつ》になっていることと思います。けれども、あなたのところの冬は、少なくとも見た目には美しい。ここでは冬といったら雨と、じめじめした寒さです。この雨とじめじめした寒さには、住まいもあまり役に立っていません。本当に、ほとんど戸外で住んでいるのも同然です。私がタイプを打っていると、ほとんど近所中にその音が聞こえます。夜ともなれば、犬が吠えはじめ、幼い子供たちが泣き出します。だから、増えている隣近所の子供たちを毎日不安がらせないために、無音タイプライターを手に入れました。君も分かったと思いますが、事情が余程変わっています。要するに、よそにはないものがここにはたくさんあるのです。話の種に君に話してあげることができれば、楽しいでしょうね。このことすべてを二人で眺めれば、物事は全然別な風に見えるし、思い出話があればなおさらそういうものです。

間もなく君は、私のことを喜んでくれるようになり、そして、「君のイーカ」がとても役に立つパートナーであることを少しは誇りにし、納得さえするようになると思います。そして、君がもっともっと私に手紙をくれるようならば、それに加えて私は、私が「愛しい」パートナーでもあることを自分の心の中に思い浮かべることができます。

ではまた。愛しています。心よりの挨拶を送ります。

君のI（注17）

文書 No.42

一刻も早くマクシーモアに手渡されるように、願いを込めて。

親愛なるカーチャ！

今年の初めに、この前の手紙を君に書いたときには、夏には一緒に休みを過ごせるものと堅く信じていました。だから、どこで休暇を一緒に過ごしたら良いのか、計画を立てることさえはじめたほどです。しかし、今に至るも私はここに居座っています。まあ、それでも数ケ月のはなしであり、最悪の場合でも二月にはすでに帰国していることを確信しています。そうは言っても期限のことで、私は君の期待を再々裏切ってきたので、このひどい生活といつまでも待つことを拒否し、ここからしかるべき結論を君が出したとしても、私は驚きません。だから、君が私のことをまだそんなには忘れないでいてくれること、そして、祖国で一緒に暮らすことが出来るという五年来の私たちの願いをようやく実現できる見込みがあることを、私はただ黙って期待しているしかないのです。実現できそうもないのは、ほとんど私のせいであるとしても、もっと正確に言えば、私たちに一定の試練を与えている周囲の諸事情のせいだとしても、私はまだ望みを捨ててはいません。

そうこうしている間に、短い春と暑く辛い夏が過ぎました。この国の夏ときたら、とても耐えがたいものであり、絶え間なく緊張を強いられる仕事の下では、ことのほかそうです。ましてや、こんなへまをしでかしたのでは、辛さは何倍にもなるというものです。実は痛みを伴う不運な出来事があって、数ケ月間私は入院してしまいました。今はもうすっかり元気になり、以前と同じようにまた仕事をしています。が、もっと格好良くはなりませんでした。傷跡が若干増え、歯の数がとても少なくなりました。代わりに入れ歯をすることになりそうです。これはすべてオートバイの転倒によるものです。そういうわけで、私が帰国したときには、君は素晴らしい美を味わうことはできないでしょう。私は今、どちらかと言えばボロを着た悪党といった風情《ふぜい》です。戦争中に受けた銃弾による五つの傷跡のほかに、折れた骨と傷跡がたくさんあります。かわいそうなカーチャ。こうしたことを、みんなプラス方向でちょっと考えてみてください。このことを再びお笑い草にできるなんて、最高じゃありませんか。数ケ月前にはこんなことはできなかったのですから。とても多くのことに耐えなければならなかったのです。それでも働かなければなりませんでした。しかし、仕事をしたのですから、安心して誇りとすることができると思います。私が君に送った素晴らしい贈り物が届いたかどうか、一度も知らせてこないですね。君からの消息が途絶えてから、もう一年になろうとしています。本当に、私の職場を通じてでは、消息を知らせることができないのですか。どうか主任と相談してみて下さい。残念ながら、君に何か送ることはさらに難しくなりそうです。結局、私が帰国するまでしばらく待たざるを得ないでしょう。徐々にですが、君のための品物を二、三選んでいるところです。どうしていますか。今どこで働いているのでしょうか。君は今すでに立派な工場長になっているのではないですか。万一の場合には、メッセンジャーボーイとして、私を工場に雇ってくれるような工場長に。もちろん、いいですとも。あとでゆっくり考えてみます。今、肝心なのは、帰国できることなのです。ここでは文字通り、犬のような生活なのですから。まだしも他の国であったらと思います。ああ！　何とも痛ましい。

ではお元気で。親愛なるカーチャ。ご多幸を心から祈っています。私を忘れないで下さい。私はもう十分惨めなのですから。深く愛を込めて。

君の……(注18)

(注1)　ロシア語の正書法、句読法上の明かな間違い以外は、原文のままである。

(注2)　一九二九年九月九日付リーダーのバーソフの本

部宛の手紙（あらゆることから判断してベルリンからのものである）
（注3）　一九二九年九月一四日付の本部からバーソフ宛の手紙。
（注4）　一九二九年九月一六日付の、バーソフから本部宛の手紙。
（注5）　一九二九年九月二一日付の、本部からバーソフ宛の手紙。「右派トロツキスト派」とのつながり（あるいは上司たちの個人的恨みを買ったことから）を理由に、コミンテルンからゾルゲをを解雇しようとしていた。両方ともあり得る。上司を苛立たせることにかけては、ゾルゲは天下一品の人間であった。コミンテルンでの五年間の仕事で、彼は確実に内情を良く知る人間となり、多くの共産党活動家や労働運動活動家と知り合った。性格が強くて熱しやすいところはもちろん、党の「歯車」や党の「基本路線」を実行する道具に変わる助けとはならなかった。

一九二九年一〇月二〇日にやはり、ゾルゲはコミンテルン執行委員会の党員集会で、「検閲済み」の決裁が下った「粛清」を受けた。開会の辞で、ゾルゲは自分が一時的に少々動揺したことを認めているが、「ドイツ人クラブでトロツキストと積極的に戦いました」、「『ルート＝フイッシャー』一派に入ったことはない。ただ一緒に表決に加わっただけです。そうとは知りませんでした」、「サムエルソンとは親しくありませんでした」、「エーベルトの発言には反対です」と発言している。体制への忠誠心と自分が思い当たる過ちと、まったく思い当たらない過ちも、すべて認める覚悟とが強調されているのが、明らかである。その当時、彼はこのような立場が正当で、疑う余地のないものと考えていたのか。それとも、そうでない場合は、自分に危機が及ぶことをはっきり認識して、単に一般的な原則に基づいて、演じていただけなのか。
（注6）　一九三四年一月七日付の、ゾルゲからの手紙。
（注7）　一九三五年八月三日付の、本部へのゾルゲの手紙。
（注8）　一九三六年八月三一日付の、本部からゾルゲ宛の手紙。
（注9）　一九三七年一月一日付の、ゾルゲから本部宛の手紙。
（注10）　一九三九年六月四日付の、ゾルゲから本部宛の手紙。

（注11）ゾルゲの手紙。日付はない。本部に届けられたのは、一九四〇年一月—翻訳者の指摘。
（注12）一九四〇年七月二二日付の本部宛のゾルゲの手紙。
（注13）一九六四年に本部で作成された「ゾルゲに関する問い合わせ」より。
（注14）一九四一年八月一一日付の「報告書」より。
（注15）一九三七年九月……付の「諜報機関宛の問い合わせ」より。
（注16）一九三六年一〇月の、ゾルゲから妻マクシーモワ宛の手紙。
（注17）一九三六年一〇月の、妻マクシーモワ宛のゾルゲの手紙。
（注18）一九四〇年の、妻マクシーモワ宛のゾルゲの手紙。

第四章　電　報（注1）

文書　No. 43

労農赤軍参謀本部第四部
暗号解読電報　入電No.一〇六七号　一九三〇年五月一七日
モスクワ、同志タイロフへ

一九三〇年五月一六日、広東にて。広東は活動している。上海との連絡はまだない。

ラムゼイ

文書　No. 44

労農赤軍参謀本部第四部
暗号解読電報　入電No.一一七五号　一九三〇年六月七日
モスクワ、同志タイロフへ

一九三〇年六月六日、広東にて。広西の部隊は湖南の南でチャン・ファー・クエムと合流した。リー・スン・ゲンの部隊の一部は、なお広西の北の桂林にいる。広東北の広東部隊の一部は、湖南国境を渡った。広東での新たな二個師団の創設。

ラムゼイ

文書　No.45

労農赤軍参謀本部第四部
暗号解読電報　入電№一四一五号　一九三〇年七月二三日
モスクワ、同志ベルジンへ

一九三〇年七月二一日、広東にて。新たな二個師団の創設に関する情報は必ずしも正しくない。これら二個師団の型は一時的なものであり、古い型の強化のためのものである。二つ目の型は、様々ないわゆる「内なる平和の維持のための階段式腰掛板」から成っている。その数は二〇〇〇人から三〇〇〇人である。大部分は広東にいる。

P

文書　No.46

労農赤軍参謀本部第四部
暗号解読電報　入電№一九五六号　一九三〇年一〇月二一日
モスクワ、同志ベルジンへ

一九三〇年一〇月二一日、上海にて。天津からの情報によれば、奉天収容所での意見の相違が拡大している。老人たちのグループがフィンとエンの連合についての交渉を開始した。フィンはシ・ユエヤン、カン・フツそしてマ・チユンとの連合を行った。南京からの情報によれば、左翼日和見主義者たちは、フィンとの合意に基づき、蒋介石との会談のため上海に人を派遣するとのこと。私の見解では、フィンの立場は、部隊の調達と再構成のためのすべてのグループを用いることにより、早晩、再び決定的な軍事的要因になる。

ラムゼイ

文書　No.47

労農赤軍参謀本部第四部
暗号解読電報　入電№二三二六号　一九三〇年一一月二九日
モスクワ、同志ベルジンへ

一九三〇年一一月二八日、上海にて。アタマン・セミョーノフは再び、日本は新たな紛争が起これはソ連に対して行動を起こす準備がある、と伝えている。セミョーノフは日本より満州に移動する。しかしまず蒋介石とドイツ人の指導員メレンゴフメナーと会いたいと欲している。面談を設定すべく努力している。ワシントンの国際銀貨委員会の会長が五億の融資に関する国民党政府との交渉のため、上海入りした。第一二師団第七五連隊が、湖北の北の鉄道において、ファン・シェイの赤軍によって武装解除された。

第四八師団の二個連隊がそちらに派遣された。赤軍の活動は湖北全域において非常に活発である。

P

文書　No.48

労農赤軍参謀本部第四部

暗号解読電報　入電No.二二九七号　一九三〇年一二月一〇日

モスクワ、同志ベルジンへ

一九三〇年一二月八日、上海にて。外務書記官が南京で私に次のことを語った。スクデンはハバロフスク議定書を受け入れないソ連との外交関係に反対する国民党政府の政策に合意し、一九二四年合意書の全項目の履行に固執する。現時点では、国民党政府はソ連との武力紛争を繰り返すことを避けるだろう。

P

文書　No.49

ラムゼイへ

弟の名はカールという。彼はわれわれの事前通知がなければあなたのところへは行かない。そこにいる弟に関するすべての会話は挑発である。速やかに病人たちに警告するように。フィシャーのベルリンとの、ミュンツェンベルクとの関係は、われわれの同意を得たものである。われわれの訓令をミュンツェンベルグ経由フィッシャーに、またその写しをあなたに渡す。さらに情報を待つこととしよう。

三二年一月一日(注2)

文書　No.50

電報　一月一九日

ラムゼイへ

われわれは病人に関する国許からの、タスの公式行動に反対する。アイゼクスに病人にインタビューをさせてみればよい。スチョウの病人の状態がどうのようなものか、フィッシャーに聞いて明らかにして欲しい。

マレイが到着した。

ビリゲリムにはヨーロッパから金は送らない。繰り返す―送らない。一月六日付の貴電報に対するもの。スイスのパウルは発見され得なかった。新聞紙上で中国人の迫害者とその共謀者―スイス人とイギリス人―に反対する仲間を作るよう試みよう。

三二年一月八日(注3)

文書　No.51

ラムゼイへ

われわれは、妻がわれわれとの連絡のために当面、外国租界（セツルメント）に留まるよう、彼女を自由にすることに賛成だ。
スイスより弁護士ビンツェントを派遣しよう。まさにリュッギのことに固執し続けよう。ベルンからの写真は偽造されたものであると認定する。新聞紙上での仲間を強化しよう。今の移行期に、双方の病人を救い出す望みがあるのかどうか、連絡してくれ。

三二年一月二九日(注4)

文書 No.52

ラムゼイへ
政府が全くの混乱状態にある今の移行期に、病人を解放する手段を明らかにし、実行してくれ。可能性を連絡してくれ。

三二年二月一日(注5)

文書 No.53

電報三二年二月一四日
ラムゼイへ
われわれの通信員が到着する前に、アグネッサによって隠れ家を手配してはいけないだろうか。インプレコール（訳注　共産主義インターナショナル執行委員会によって設立された半公的機関誌名、『国際新聞通信』のドイツ語略称）での出来事に関する情報の電信や、中立的労働者新聞「ベルリン・アム・モルゲン」その他において、恒常的に実名は使っていないのだから。

ミハイル(注6)

文書 No.54

ラムゼイへ
タスの住所へ直接、アグネッサへ送金を行なうことは目的に合致(注7)していない。
病人に関する情報を知らせてくれ。ヨーロッパからまた、南京からの移送中彼らを銃殺したとの噂が広がってきている。

文書 No.55

電報三二年五月三日
ミハイルよりラムゼイへ個人的に
一二月より一月まで、われわれは友人たちに渡すために、あなたに三万ドルを渡した。あなたがいくら受け取り、正確にいくら現地の友人たちに渡したのか、連絡してくれ(注8)。

文書 No.56

ロシア語または英語を知っている連絡員を持たないため、私はユリウスの仕事の過程を続けることを強いられている。あなたは朝鮮に五月、六月、七月の勘定を別々に、総額三百ドルを支払ったのか。ヌルレンサ弁護士は四月二九日付の住所の書かれた手紙を、なくしてしまった。ミュンツェンベルクは新たな住所を早急に要求している。新たな住所が必要かどうか、早急に電報を送って欲しい。至急回答して欲しい。

五月二六日　クルト　第一二号(注9)

文書 No.57

ネッツェン・ボノワという男はわれわれには馴染《なじ》みがない。ビンツェントはわれわれからいかなる非合法的な住所も受け取っていない。われわれのユリウス（アンドレイ）にはビンツェントと連絡を取るなとの指示が来た。

これは同志アブラモフ(注10)の答えである。

文書 No.58

隣人たち(注11)は弁護士と連絡を取り続けることを拒んだ。この連絡を組織しなければならない。事態は非常に緊急であるため、早急な回答が絶対に必要である。弁護士に手紙を送るに当たり、発信者の氏名を書く必要はない。この住所を弁護士経由で使うことは、大変、軽率な行為となる。ミュンツェンベルク経由で行ってくれ。

クルト　五月二五日　第一三号(注12)

文書 No.59

同志ベルジンへ

添付電報を同志ラムゼイに送ってくれ。「弁護士はどの住所を紛失したのか、正確に明らかにしてくれ。ユリウスへ、いかなる場合でもビンツェントと会ってはならない」

ピャトニツキー

三二年五月三一日(注13)

文書 No.60

電報

上海　一九三二年六月三日

ミハイルからワレンチンへ

六月二日付の病人に関する電報は了解した。北京から二人が帰ったあとで、金を振り込む(注14)。

文書 No.61

ミハイルへ。どの三〇〇〇ドルのことを言っているのか、分からない。もし、私経由で若者の口座へ送られた三〇〇〇ドルのことなら、この金額はすでにずっと以前に、全額支払われた。

ユリウス　六月二日　（クルト）（注15）

文書 No.62

最初の機会を捕らえて、伝書使を送る。中国党と日本党の代表が、こちらに到着した。貴方の予算を待っている。電報第四号、第五号を受領した。われわれの質問に対する答えの代わりにわれわれ自身が知っていることを、連絡してくるということを、どう理解すればよいのか？

六月六日　クルト（注16）

文書 No.63

党はいつも貴方の学生の配置を、電信にて伝えるよう依頼している。ハルビンの代表とともに国境を越える件を絶対に解決する必要がある。そしてわれわれの連絡も解決する必要がある。伝書使は七月一七日に出発した。ユーリー（注17）はしばらくの間、身を隠す必要があった。その後で彼は知己を変える。

裁判所の請求により、中国人に三〇〇〇ドル支払った。弁明できる状況にはなかった。

（クルト）第22号（注18）

文書 No.64

電報

上海にて

ミハイルよりビンツェントへ

六月二四日付電報に対して。八万メクスの金は、友人たちが中国の国境を出たら直ちに貴方へ送金される。必要な際、金をどの銀行経由で、どの住所に送ればよいか、連絡してくれ。

友人たちの本物の書類は送付される。それらの書類をウラジオストクへ外国の（英国でない）船で、海路送ることを勧める。友人たちはソ連経由のトランジットで帰国する、と言明しなければならない。

三二年六月二九日（注19）

文書 No.65

電報

ミハイルよりビンツェントへ

三二年六月三〇日付の貴信に対して。金は、貴方から友人たちが中国から出国したとの連絡があり次第送金する。フィッシャーが、金が上海に着いた時でも何かに着手するのかどうか、疑わしい。彼は運任せにゲームをしているように思う。無罪の判決を下す―その場合、彼は金を受け取る。有罪の判決を下す―彼は謝礼金を受け取るだけで我慢する。彼を避けて、この方向で進めてはならないのか？主要な条件は、以前通りでなければならない―金の支払いは、両名が中国から出国した後である。もし貴方が、フィッシャーは確かに必要な手段をとる、しかし、上海に金がなければ彼はこの必要な手段をとらない、と考えるなら、ラムゼイに、彼がわれわれの必要のために自分の雇用主から受け取るであろう、またはすでに受け取った二万ドルの中から、一万六〇〇〇ドルを残しておくことを認めよう。この場合、もう一度繰り返すが、友人たちが中国から出国するまでは、フィッシャーまたは他の誰にも、全額あるいはその一部ですら支払いには応じない。

三二年七月四日(注20)

文書 No.66

極秘

労農赤軍参謀本部第四部部長

同志ベルジンへ

ここに添付された電文を、貴方の暗号により、上海に送られたし。

ピャトニーツキー

三二年七月八日(注21)

文書 No.67

至急転送

ミハイルよりラムゼイおよびビンツェントへ

七月八日に貴方宛に送られた当方電信に、未だ返答がないことを憤慨している。本文を繰り返す。「病人たちがなぜハンガーストライキを宣言したのか、なぜ彼らが裁判の上海への移動を要求しているのか、ビンツェントより聴取すべし。われわれにはこれら全てが、理解できない。裁判とハンガーストライキに関しては、大きな運動が始まるだろう」。早急な回答を待つ。貴方にはどのような戦略があり、誰がハンストの指示を出したのか。もし上海への移送に関する病人たちの要求すら満たされ、そして上海の裁判所が死刑判決を言い渡したら―もはやどうにもならない。なぜならわれわれ自身が上海を欲していたからである。病人たちにハンガーストライキを中止するよう指示を出すことを提案する。至急、回答を連絡されたし。

三二年七月一六日(注22)

文書 No.68

日本党の代表はまもなく到着する。電信にて知らされたし……至急金を送られたし。
満足のいく健康状態。
三一年七月一九日(注23)　第一三号　クルト

文書　No. 69

電報
上海にて
ミハイルよりクルトおよびユリウスへ
ラムゼイ経由で中国人の友人へ渡すための二万ドルが送金された。その受領を電信にて伝える。三一年七月二二日(注24)

文書　No. 70

電報
ミハイルよりラムゼイへ
病人たちのハンガーストライキの中止についての宣言は、われわれによって広く利用されている。南京裁判を行おうとする国民党政府の決定に関連して、新たな運動が始まった。裁判を過度に政治的なものにする必要はない。なぜなら、裁判の目的は解放であって、政治的デモンストレーションではないからである。病人たちが帝国主義者たちの政治的扇動や、中国人のテロを暴かなければならないことには、同意する。弁護士たちはあらゆる手段を使って、彼らを早急に解放しなければならない。七月一七日に妻がビンツェントの許へ出発した。
三一年七月二三日(注25)

文書　No. 71

電報
ミハイルよりラムゼイへ
貴方が貴方の機関を通じて二万ドルを受け取った、と私に知らせがあった。その金の内一万を今すぐ、中国人の友人たちに渡してくれ。もし一万しか受け取っていないのなら、その一万を中国人の友人たちに渡してくれ。残りの一万はすぐに受け取ることになるだろう。
ビンツェントのために。貴方に一〇〇〇ドルを送る。いくら、何のために金が必要になるか、ラムゼイを通じて連絡してくれ。何のために必要か指示がなければ―金は送られない。貴方の依頼人の支出の裏づけとの組み合わせは無くなったのか?
三一年七月二五日(注26)

文書　No. 72

上海にて
ミハイルよりラムゼイへ

貴信第二〇一号に対して—逮捕者たちはあらゆる法的援助を、そして何らかの証言を拒まなければならないのか—答えを出すのは難しい。三人の弁護士全員に、逮捕者たちにはいかに身を処すべきかの方法を提案させればよい。この裁判に興味を持っている貴殿が同意するなら—われわれは、すでにわれわれより貴方へ指示があったように、裁判を政治的デモンストレーションに変えることに反対である。繰り返す。裁判の目的は—逮捕者の解放である。

三二年七月二九日(注27)

文書 No.73

上海にて

ミハイルよりクルトへ

ラムゼイ経由で送られた二万ドル全額を、貴方は受領したか。中国人の友人たちは金が無くて、活動できずにいる。二万の内いくらを彼らに渡したのか。

これらの問いに対する速やかな回答を待つ。金はもうじき受け取ることになるだろう。

三二年八月二六日(注28)

文書 No.74

電報

ミハイルよりラムゼイへ

リヤ経由蔡元陪《ツァイユアンペイ》、ヤン・シー・フーそしてスン・フォーと、病人たちの解放について連絡をとるよう試みて欲しい。蔡元陪がバン・チン・ベイの代わりに任命されるチャンスがあるかどうか、連絡が欲しい(注29)。

三二年九月二三日

文書 No.75

ミハイルよりラムゼイへ

ビンツェントには病人たちが新たな場所へ移動し終わるまで留まるよう提案する。出発してよいかどうかについてはわれわれに照会すべし。秘密交渉はアグネス（スメドレー）に直接任せた方がやりやすいだろうか?彼らのコントロールを敢えてするか?一〇〇〇ドルは八月中旬にオランダより送金された。金は彼らに送り返そう。両親の実際の運命を明らかにする可能性を残しておくため、子供は上海に残しておかなければならない。教育に影響を与え、コントロールすることは、可能だろうか?フィッシャーが病人の件から離れて、ヨーロッパへ行くのは余計なことだ(注30)。

文書 No.76

ミハイルからラムゼイへ

フィッシャーにはビルとは別に送られた四五〇アムが与えられるはずだったのに、なぜ、彼に五〇〇アムが与えられたのか、ビンツェントに問い合わせなさい。ビンツェントに、電報や旅行にどれだけ費やしたのか説明させるように……。

一九三二年一〇月一九日(注31)

文書 No.77

極秘

ミハイルへ

われわれの郵便で、ユリウスからの資料をあなたに送る。同時にわれわれはあなたに次の問題に注意を払っていただきたい。これまでわれわれは病人たちや弁護士たちとのつながりを維持してきた。今、あなたの機関が再び改善されている。つまり、再び発展しているので、——あなたの部下たちが、この仕事を引き継ぐことができるときが来たように思われる。

これは、われわれがこの仕事をやりたくないからではなく、軽率にもこのつながりで自分たちを手一杯にしたほど、われわれの活動がうまくいかないからである。われわれの提案によってここで興り、あなた自身が評価できるように、大変良く伸びた新聞「チャイナフォーラム」にも、同様のことがあてはまる。残念ながら、われわれはあなたの前全権代表から、どのような援助も受けていないこと、そして、ここのフェレインもまた、この活動に全く興味を持たず、単にわれわれすべてをこれらのことにかかりきりにさせていることを、確認しなければならない。［これが］われわれにとって、ここで意味することを理解してほしい。われわれはここでは貧しく弱い技術者である。われわれには政治的な監督官のように振る舞う資格はない。われわれは責任を負う状況にはない、特に、あなたの部下のうち十分資格のある人たちが、もう長い間ここにいるという条件のもとでは。全てのこの超過任務からも、われわれを解放するよう重ねてお願いしたい。われわれは怠けているのではなく、（マヌイリスキー?がいつだったか私についてこれを断言したが、これは正しくない）われわれの状況はこれ以上、このつながりに携わることをわれわれに許さないのである。

私はすでに少なくとも十分に、名誉を傷つけられている。国際的規模における新聞の活動のために、アグネス・スメドレー（女性）を使おうというわれわれの提案に対して、あなたが反応しないことに、われわれは非常に驚いている。

（ロベルトは彼女を個人的に良く知っている）。それどころか、あなたはここに多くの人たちを送っているが、彼らは部分的にはあまり適用しえず、もし彼らが一般的に何かを学びとるように運命づけられているならば、ここの条件のもとでは何かを理解し始めるためには、もう一年は必要である。なぜなのか？アグネスならわれわれの提案に基づいて三倍多くのことができるであろうし、三分の一の費用ですむだろう。このつながりで、注意を払って欲しいのは、家にある彼女の本の翻訳のために「モスクワ・ニュース」から彼女が受け取るはずのお金を、何らかの方法で彼女に取り戻させるために、彼女の側からの助けが必要であるということだ。アグネスは現在仕事がなく、新しい本を書いているが、お金がない状況にある。本部がある家は、彼女のためにたくさんのお金を持っているが、それは彼女に送られなかった。彼女がお金を受け取れるよう、あなた自身の利益のためにくれぐれも協力してほしい。

一九三二年五月

ラムゼイ（注32）

文書 No.78

暗号解読電報　入電No.二九二一

モスクワ、同志ベルジンへ

上海、一九三二年九月三日。弁護士との関係及び病人たちとのすべてのことはわれわれの安全にとって、余計な脅威となりつつある。地元の友人たちは強力になり、全てのこれらのことを自分たちの手に引き継ぐことができる。ミハイルと話し合って友人たちにしかるべき指示を与えるようお願いしたい。

［電報に対する決裁］同志クリモフへ

一　ミハイルにさせるように。

二　われわれはずっと前に、この活動から解放されるべきだった。

一九三二年九月四日　［署名は判読不能］

文書 No.79

暗号解読電報　入電No.三二五八

モスクワ、同志ベルジンへ

上海、一九三二年一〇月一〇日

南京はあたかも軍事スパイの痕跡を見つけたかのようなことを、中国の情報筋（注33）から知った。一人のドイツ人とユダヤ人が疑われているかのようだ。われわれの昔の過失と地元のドイツ人の間の噂に基づくと、ラムゼイを取り囲む疑いの輪はますます狭まってきていると思う。ラムゼイは必ず交替要員の到着を待たなければならないのか、あるいは、その到着によらず彼が出発できるのか、至急知らせていただきたい。

No.310

［電報に対する決裁］

同志ポポフ

ラムゼイに交替要員なしの速やかな出発について知らせるように。　一九三二年一〇月一一日［署名は判読不能］

交替要員を待たずに出発させよ、さもなければしくじるだろう。

一九三二年一〇月一一日　ベルジン

文書 No.80

暗号解読電報　入電No.三三五一

モスクワ、同志ベルジンへ

上海、一九三二年一〇月一八日。第一　何人かのドイツ人教官が南京政府の課題に基づいて、起こりうる戦争のために地形の偵察を行なった。

第二　南京ではドイツ諜報部員ニコライの元協力者であるフェイヘル・フォン・レメルツァーンが仕事を始めた。

彼の課題は南京に中国の防諜機関を組織することである。

No.321、P

文書 No.81

暗号解読電報　入電No.三四九五

モスクワ、同志ベルジンへ

上海、一九三二年一一月四日。一〇月革命一五周年に際し、上海諜報機関は諜報総局指導部に心から親しみを込めた挨拶を送り、七五アムを巨大飛行機「ソ連極東」建造基金に納める。金はラムゼイが持っていく。

No.342、ラムゼイ

文書 No.82

ドイツ大使館

東京、一九三四年三月五日

No.894

政治報告

内容　東アジアにおける平和維持の見込み。

一　平和維持賛成。次のことが言われている。日本の不十分な戦争準備。まだ終っていない満州における戦略的活動。まだ確立されていない満州における平和。満州における経済発展の必要性。

二　平和維持反対。次のことが言われている。ソ連の防御施設がさらに増大することについての日本の不安、アメリカの将来の発展についての心配、東の戦略的地政学的意義、些細な敏感な摩擦協定の存在、東支（訳注　東清）鉄道、漁業問題、サハリン（訳注　樺太）。

三　日本の秘密の目論見と戦争。様々な資料が平和への心配を呼び起こす。現在の内部の力の政治的配置は、緊急な戦争の危険を呼び起こさない。

外務省　ベルリン

極東で平和が維持されるであろうかという問題を研究する際には、目下のところ知られている日ソ関係の領域で、この問題の制約が出てくる。第二に日本とアメリカまたは中国との紛争による平和への脅威に関して言えば、近いうちは危惧する必要はない。日本とアメリカの直接的な衝突にとって、現時点では主観的、客観的前提条件が欠けている。どちら側も戦争を望んでいないし、どちら側もそれをうまく行うことが出来ない。日中相互関係においては、平和の確立に関して、北中国で日本人によってある均衡性が達せられているが、それはここ数年で小規模な日本の出撃によって、少し乱されるかもしれない。しかし、世界大戦のために平和を脅かされることはあり得ないだろう。

極東での衝撃的な戦争の直接的な大きな危険は、全世界の構造を日ソ関係の一層の緊張悪化でさらに脅かしている。日ソ戦争「賛成」及び「反対」の見込みを考慮する際、次の状況を心得ておく必要がある。

一

一九三四年――三五年に戦争が起こることに反対する最も根本的な理由、それはまだ日本が軍備を完了していないことである。この状態の意味を正しく評価するために、次のことを明らかにする必要がある。すなわち、ヨーロッパで知られている軍備に関して、日本で行われているめまぐるしい活動は、部分的にしか最新の最高度の準備を可能にしておらず、時代遅れの軍備をある程度平均化しようと努力している。例えば、野戦砲兵隊は大部分、戦前のモデルを供給されていたということは、ヨーロッパでは多分あまり知られていない。日本の軍司令部が世界大戦の経験を利用しなかったので、その装備は一九二〇年の（経済）危機まで延期され、一九二三年の地震（訳注　関東大震災）以後は、財政危機のため延期された。ただ数年前、日本軍の装備のための資金は、世界大戦参加国がずっと前に達していた水準［以下、判読不能］……。

それは新しい装備であるが、すぐに戦争を引き起こそうという願望として検討する必要はなかった。戦争に備えて、最新で最高の戦闘準備を軍に与えねばならなかったが、予定されている同時期の軍備完了までには、なお至らなかった。

しかし、彼らには実施が企てられたばかりの、数多くの重要な施策があった。日本の軍事産業が、外国の会社に出した注文から、次のようなことを結論づけることが可能だ。つまり、企業はなお建設段階にあって、その完全な活動は、戦争遂行時に外国から独立を確保する必要がある。この点は、原材料の備蓄を行うというような経済の戦時体制化が確立されていないということに関しても、同様である。もし、まさに日本本土でさえ完全な戦争準備の水準が一年か二年後にしか達成されないなら、満州に関してはもっと時間がかかるだろう。当地で得た情報によると、満州にある日本政府は、ソ連に対する日本の戦略的状況を改善するはずの、いくつもの壮大な施策に着手した。北満での戦略的鉄道の建設、同じ目的の軍用道路の建設、防衛基地の建設。これらの施設の完成まで、まだ少なくとも一年か二年はかかるだろう。首尾よく戦争を実施するために、すべての重要な措置が実施される前に、日本の［判読不能］グループがソ連との戦争を呼び起こすことはあり得ない。

これらの戦争を引き延ばすことの理由は、見たところ満州における全般的状況から出てきている。この国では、平和はまだ確立されていない。解散させられた土着の兵士たちや、ほかの不満分子たちの一味が、現在の平和時でも、鉄道の正常な運行を脅かしている。満州で対ソ連の作戦行動を取る日本軍の後方の連絡は、戦時なら大きな脅威にさらされるだろう。一般に、満州の政策と関係する議論は、日本での平和愛好の方向に影響するだろう。このような大きな政治的危険のもとで、侵略された満州の発展と拡大は、日本の主たる目的となっている。満州は繁栄した農業国かつ原料基地にならなければならない。そして、そこは日本製品の信頼できる消費地にならなければならないし、現在の日本の産業の景気を保証しなければならない。ソ連との戦争が、この期待を長い間打ち砕き、そのこと自体が政府の満州政策を無意味なものにするかもしれない。そしてこのことは、当地では民族主義的グループによってでさえ気づかれている。

しかし、着手された現在の戦争準備作業の実施とともに、満州における戦略的保障の感覚は、ここでは平和的方向に動いていくということが、これらの経済的理由と関係して、同様に可能であると考えられる。このように完全に戦争関係が発展した北満国境は、極東軍合同司令部（ＯＫＤＢＡ）の航空隊側が日本の脅威感を弱めそうなこともあって、ウラジオストクや極東地方への攻撃の可能性を無力化する、多大な可能性を日本の司令部に与えるだろう。しかし、他方では、ソ連との戦争を引き起こすための最も強い理由として考えられるのは、これ以上待つとソ連の力が余りにも強固になるかもしれないし、日本の社会にとって危険となる敵の増長を許すかもしれないという日本の不安である。この点では、それ自身は正当化され、理解しうる極東でのソ連軍の集中は、大変はっきりとした危惧、軍事力という手段によるソ連側からのとくに隠されていない脅威を呼び起こした。これが怯《おび》えさせる影響を与える代わりに、そのような話は、まだ準備の整っていない敵に対して、即時の戦争を利用するという大きな希望を抱く日本の分子たちを支えるだけである。この点において、両国が国境から軍隊を撤退させることについて合意するという広田（訳注　弘毅、当時外相）の計画は、最も危険な火種の一つを取り除くかもしれないが、この計画の実現はありえそうにない。ソ連との即時の戦争の実現のための一層の理由、それは、アメリカの誘い込みとイギリスの圧力が数年でますます強く確かになっているとき、近年のうちに紛争を局地化するという日本側の希望である。そして、アメリカによるソ連の政治的承認は、——知られているように日本で多くの危険を引き起こした。このことによって、日米戦争に備えて、アメリカによるソ連への活発な援助の道が今後、敷かれるかもしれないと期待され、同時に他方では、アメリカの軍備がこれからの数年間、介入のためにまだ十分に進展しないかもしれないということが、明確に理解される。イギリスに関しても同様であるが、それは数年後にシンガポールの再建が終わるということは、それほど関係がないことである。さらに過小評価してならないのは、ウラジオストクと極東地方の高まる意義が、軍事的な制裁の危険性を高めもしたということであった。日本自身の満州における行動は、ソ連が極東の《汚らしい人》として、新しい影響力を回復するという悲劇的な結果を招かざるを得ない。ウラジオストクと極東地方が長年、ソ連によって放置され、経済的に荒廃させられていたとき、満州の事件（訳注　満州事変）と軍隊の集中のおかげで、ここがロシアにとって再び経済的な点で興味深い地方となった。しかし、すべてがそのような形でのウラジオストクのさらなる再建は、イギリスのためであったとして、日本に危惧と強欲を呼び起こした。なぜならこの港は、日本の心臓に銃口を向けた武器に変わることになったからだ。全ての地政学的動機は、有名なシレオザの原則である。つまり内陸国家の歴史にとって、そちら側の沿岸を占領することは、多分再び強化された影響力（優勢）を得る、特別な意味を持つからだ。ウラジオストクが東支鉄道の最後の港であること、それが米ソ間の最短海路であるロックイデとゲンシャの間の海峡に直接向かいあっていること、といった状況は、新しい、そして多分平和にとって決定的な意義を持っている。ソ連が極東の中国（訳注　満州）に重要な意義を付すれば付するほど、日本が日本海を―固有の海にしようとする願いが強くなる。

多少とも平和を脅かす事態と言わなければならないのは、当面の東支鉄道の問題、漁獲問題、サハリン問題全体である。

〈略〉

三

これはより技術戦略的、経済的、地質学的見解であるが、［一部、判読不能］極東に結局、理由を加えることによって決定的な雰囲気が生じるはずである――日本は戦争を望んでいるのか、いないのか？

こうした特徴があると、当然この問題に答えることはできない。国家の政治的意思を創るため、二種類の確信を持って言えるかもしれない。日本では戦争をすることに関しては世界のどの国よりも障害が少ない。日本は世界大戦の惨禍を経験しなかった。日本は名誉欲と功績を熱望する軍を持っている。中国に対抗する企業は安っぽい名誉と収益を確保した。この国の倫理・道徳観は戦争賛美を基盤に形成されている。人口密度の高さと原料の乏しさは、しばしば弁を探している加熱した鍋との比較を正当化する。満州の冒険は、愛国心を誇張し、急進的傾向を抑圧することによって、国内政治の困難さに対抗する非常によい手段として自己を正当化する。一般的に輸出は困難なので、軍の発注のおかげで、農業ではなく工業が大きく発展したことによって引き起こされた現在の危機を停止することは、ひどい経済危機を招くかもしれない。すべてのこれらの状況は、極東で平和を維持継続することにとって、あまり都合はよくない。同じ明確さで、日本における現在の国内政治の力の配置は、戦争の危惧の理由を当面与えないと、たぶん二番目に言えるであろう。これを助長するのは広田の個性で、彼の対外政策の目的は軍事力を強化すると同時に、平和的方法で不快な問題を取り除くことである。荒木（訳注　貞夫、当時陸軍大将）の退役によって、軍部はその政治的リーダーを失った。一般的にそして全体的に、軍部の政治的影響力は、このことによって低下しなかったにもかかわらず、軍部は今が政権を奪取するのには適切な時期だと考えていない。それゆえ、外見上は、議会筋と商業界が現在、支配している。しかし、まさに国内政治の状況は非常に緊迫しているので、状況は大変速く変わりうる。極東での戦争か平和かという問題が長期にわたるのかということを、思い切って予言することは、見えない政治家がその手に決定権を握っている国では、より大胆であるかも知れない。つまり、見えないのだ。一九三五年の「海軍軍縮会議」以後、多分、さらに将来はより明らかになることが可能であろう。ある程度の安全をもって、現在、言えるであろう唯一のことは、今年中には日ソ戦争の勃発はありえないということである。

北京の大使館は、この報告のコピーを受け取った。

署名　フォン・ディルクセン

文書　No.83

暗号解読電報　入電No.二三三六

モスクワ、同志ベルジンへ

島（訳注　東京の暗号名。以下、同じ）、一九三四年六月一九日

軍事テーマの様々な局面に関する軍の刊行物が貴殿に必要かどうか、どうぞ教えてほしい。これらの論文は一般人のためでなく、初級及び中級の将校のためだけにある。どの電報をあなたのために繰り返さなければならないのか、私は分からない。私はグループ二〇と三〇を含むものは、送らなかった。両方の番号を知らせてほしい。

No.2、ラムゼイ(注34)

文書　No.84

暗号解読電報　入電No.三一二八

モスクワ　同志ベルジンへ

島　一九三四年七月二日

翻訳　将校筋からの情報によると、日本軍の初級及び中級の将校の間で、対ソ戦争の傾向が非常に強くなっており、しかも一方は、ブラゴベシチェンスクへ、もう一方はハバロフスクへと、北満を通る鉄道路線が完了すると、危機的な事態になるはずである。また、外務省内に広田の中国政策への反対派が増えていることについても、指摘されている。(注35)

No.20　ラムゼイ

文書　No.85

暗号解読電報　入電No.三二六六

モスクワ　同志ベルジンへ

島　一九三四年八月二二日

翻訳　あなたのグループ二一のNo.11を繰り返すように。ビースバーデンはひとりの第一級の無線技師を抱えている――彼は大変よく働くが、二人目の無線技師は不十分すぎる。(注36)

No.23　ラムゼイ

文書　No.86

モスクワ、同志ウリツキーへ

一九三七年四月二二日

輸入しているにもかかわらず、鋼鉄の不足がドイツ軍の装備の近代化を遅らせていると、三月一日付のドイツ参謀本部の秘密の経済報告のなかで述べられている。ドイツの工場は軍の要求を満たすことができないので、アルミニウムもまた輸入しなければならない。

No.408　ラムゼイ

山、M、が翻訳。

文書　No.87

モスクワ、同志ウリツキーへ

島、一九三七年五月三〇日（一九三七年六月一〇日とは別個に受け取られた）

日本の軍事産業の発展を目的とする日独協力の開始に関して、すでにあなたに知らせた情報のほかに、ドイツの援助で日本の航空産業を発展させる計画が取り入れられたことについて、オットとカウフマンから情報を手に入れた。陸軍と海軍は日本の（？）航空会社と共同で資本金一億円でドイツの技術援助による新しい航空会社を創ることを決めた。この会社の発起人は、海軍次官の山本（訳注　五十六、当時海軍中将）である。社長は多分海軍中将のマイバラが任命されるであろうが、彼はこの計画に関連して現役の軍の任務から退いた。どのようなライセンスが購入されるのかは、まだはっきりとは分からない。日本の参謀本部の航空管理から渡辺がこの問題を決定するためにドイツに行った。マイバラ（？）にトルント（？）とディルクセンの協力を利用するよう会談で提案された。

No.425　ラムゼイ

E・K・が翻訳。（本文には間違いがあり、意訳しなければならなかった）

文書　No.88

モスクワ、局長へ

島、一九三七年一〇月八日

リッベントロップの特別な情報提供者――ここに二か月いるハウスホーファは、全ての指導者たちと素晴らしい関係を持っており、一一月の後半に日独協力の発展に関して重要な決定が待ち受けられていると、自分の出発の前に語った。彼はリッベントロップに次のことを助言するだろう。すなわち、緊密な協力を強化するが、日本の弱体さが完全に克服されるまで、あるいは少なくともドイツの支援のもとで日本に行う軍事物資の供給という物質的援助が軽減されるまでは、共同作戦を避けるようにと。彼は自分の意見が受け入れられることに対し、完全には自信がないが、期待している。

No.517　ラムゼイ

［決裁　同志ハバロフ。情報源が確認を要求しているという指摘のある、特別な情報。一〇月一〇日］

文書　No.89

モスクワ、局長へ

島、一九三七年一〇月八日

陸軍大佐オットが、一〇月六日付のドイツ参謀本部宛の手紙を私に見せた。その内容は基本的には次のようなものである。オットはまた、日本はソ連と戦争をするという強固な意思を持っているが、中国との困難な戦争は、主要な目的から引き離す可能性を秘めているということを、現在確信している。中国にいるドイツ人指導者たちの積極性、中国への軍事物資の多大な供給、希望されたヘンケル—Ⅲと輸送機関を日本に供給する準備の欠如によって引き起された日独協力のある種の危機は、戦争による疲弊を呼び起しうるので、将来、日本はある期間ソ連とのどんな軋轢《あつれき》も避けたがる可能性がある。

その手紙を私も読んだが、ディルクセンは大体同じようなことを書いている。

No.518　ラムゼイ

［決裁　同志ハバロフ。特別な情報に含めよ。一〇月一〇日］

文書　No.90

暗号解読電報　入電No.一〇五二

モスクワ、局長へ

島、一九三八年一月二〇日

ディルクセンはドイツに出発し、こちらには戻らないだろう。最後の報告で、ここでのすべての自分の政治活動を総括し、次のように結んでいる。もし日本が中国と合意に達するなら、彼らは反ソ連に向くはずである。それゆえ、日中戦争にもかかわらず、防共（反コミンテルン）協定に関するディルクセン自身の政策は、完全に正しかったと。ディルクセンはただ、日本がソ連の代わりにイギリスと紛争を始めないように警戒している。出来事のそのような展開は、ドイツの政策を全く妨げうるかもしれない。

ディルクセンの報告を私は撮影した。

シロトキンが翻訳。

No.21　ラムゼイ(注37)

文書　No.91

暗号解読電報　入電No.一三八七

モスクワ、局長へ

島、一九三八年一月二七日

陸軍大佐オットは、日中戦争の調停をドイツが試みていたあいだの本間とのすべての会談に関する記録をラムゼイに見せた。これらの記録から、広田によって公にされた四つの日本の平和条件は一一の要求の単なる総括であることをラムゼイは知った。発表された条件の第一は中国による満州国の承認の要求を含んでいたが、またディルクセンとオットによって要求された、防共政策での協力は、ソ連との以前の協定の破棄を意味しないと言うことについての譲歩も含んでいた。他の項目は次のような条件を含んでいた。中国の主権を犯さない北中国の事実上の自治、内モンゴルのための現在外モンゴルが持っているような自治条件。

No.26　フリッツ(注38)

文書　No.92

暗号解読電報　入電No.一三八九

モスクワ、局長へ

島、三八年一月二七日

オットは一月の郵便で、ドイツ参謀本部から次のような命令を受け取った。中国での戦争のあと、すぐに対ソ戦争が始まるのかどうかを、ドイツ参謀本部の名で日本参謀本部に問い合わせること。この問いに否定的に答え、本間はオット陸軍大佐に次のことを伝えた。日本参謀本部は、時間を引き延ばすことはソ連にとって有利に働くかもしれないと考えて、テンポを速めて対ソ戦争を準備していると。しかしながら、この加速された準備でさえ、次のような理由から時間を要する。長期間中国に占領軍を維持する必要性、中国での戦争のあと日本軍を十分補充する必要性、財政難であること、またドイツ参謀本部がすぐに準備しえないことを考慮して。（明らかなフリッツの間違い。意味からするとドイツ参謀本部ではなく、「日本参謀本部」である）

No.24　フリッツ(注39)

文書　No.93

暗号解読電報　入電No.一三八九
リュビムツェフが解読。シロトキンが翻訳。
［決裁　局長　第二部長。これらの電報に関し良質の特別情報を作る］
（No.24の続き）
それゆえに、日本参謀本部が対ソ戦争を始められるまでには最長で二年、最短で一年と、彼は考えている。この声明はオットによって記録され、ラムゼイに見せられた。（オットのいる時に）ラムゼイにはそれを完全に調べ、正確な形を覚えるための十分な時間があった。

No.25　フリッツ（注40）

文書　No.94

暗号解読電報　入電No.二四三九
［決裁　局長　第二部長同志ステパーノフ。地図を綿密に分析し検討するように。特別情報を作る必要がある。しかし、あらかじめ私と話し合うように。二月一五日］
モスクワ　労農赤軍諜報総局局長へ
島、一九三八年二月一一日
陸軍大佐オットは、日本人がソ連からの攻撃の際には、ブラゴベシチェンスクに面した前線を浸水させるという問題の研究に忙しいということを知っただけでなく、ウエダがすでにこのテーマで、ベルギーの将校と話し合ったということも知った。
ショル少佐は私との（またはラムゼイとの）長時間の会談で作戦計画に関して、次のように述べた。すなわち赤軍撃滅を目的とする北部国境の開放は、日本がソ連の攻撃を打ち負かすのに十分な軍隊を持っていないときのソ連による攻撃行動の開始に備えての計画である。

No.33　フリッツ（注41）

文書　No.95

暗号解読電報　入電No.二四三九
モスクワ、局長へ
続き。しかし、攻撃軍の主力は、沿海地方の全地域を一気に切り離すために、東へ、ハバロフスクの方向へ迂回するだろう。
グスタフによって渡された以前の情報は、日本人の目的であり、上に述べられているように、実施されるであろう。攻撃の開始のために、司令部の手元に軍隊が不足しているときの、日本人の最初の防衛状況にとってのみ適切である。

No.35　フリッツ（注42）

文書　No. 96

暗号解読電報　入電№二四四二
モスクワ　労農赤軍諜報総局局長へ
島、一九三八年二月一一日
ディルクセンはベルギー公使へのお別れの訪問の際に、彼から次のことを聞いた。
ヨーロッパ、その筆頭としてイギリスは、粛清後の（？）ソ連に対する立場の根本的な変換の過程を経ている。
イギリスはますますソ連を、最も重要な共通の敵として見始めている。
そのことを皆が喜ぶであろう、ソ連への攻撃という課題を日本に残して、ドイツのイギリスとフランスとの接近が予想される。

№36　フリッツ（注43）

文書　No. 97

暗号解読電報　入電№二四四二
モスクワ、局長へ
島　二月一二日
続き。日中紛争における将来的なドイツの仲裁の最も良い方法、つまりそれはイギリスとの共同作戦であり、日中が合意に達するように、イギリスが中国に対して影響力を行使するのと同じ時期に、ドイツが日本に対して影響力を行使しなければならないと、イギリス大使は彼に言った。中国に対して影響力を強めていることや、戦争を継続させようとする試みを非難して、ソ連に反対する意見を述べた。

№37　フリッツ（注44）

文書　No. 98

暗号解読電報　入電№五五三七
島、一九三八年四月一〇日
オット陸軍大佐は、信任状を天皇に手渡したあと、将来における日独協力に関して指令を受け取るためにベルリンに来るよう、リッベントロップから命令を受けた。オットはこれらの指令が日独同盟についての大島案に即するものだろうと確信している。オットは五月初めに行き、多分七月の終わりに帰るだろう。大島は、駐在武官として転任するにもかかわらず、まだベルリンにいる。

№71　ラムゼイ（注45）

文書　No. 99

暗号解読電報　入電№一〇五八三
島、一九三八年七月一五日

ソ連との戦争に備え、最近まで、軍が次のような計画を持っていたということを、オットは近衛に近い筋から知った。中国における戦争は戦時にソ連に対して投入されるべき約二七個師団の準備とともに……(一語不鮮明)なければならない。

それゆえ、これら二七個師団のための全ての兵器と予備軍は、ソ連に対するためだけにそれらを利用するよう、そのまま置いておかれなければならない。満州には言及された数字を組織するのに十分な師団がある。　№138　ラムゼイ(注46)

文書　No.100

暗号解読電報　入電№一一二四〇

島、一九三八年七月二九日

オットは戻り、最初の会見について私に伝えた。

ヒトラーとリッベントロップから彼が受けた指示の重要事項は、イギリスとソ連に対抗して日本との協力を強化することについての指示である。つまりあらゆる手段を使って、できるだけ早く対中戦争に勝利するため、日本にとって必要であろうという程度に、中国におけるドイツの利益を犠牲にし、だが、それとともに、必要な全てのことをして、たとえ蒋介石とでも中国と協定を結ぶ気に日本をさせるように。

彼は新しいドイツの和平調停のための状況を待ち、とらえなければならない。たとえ、それが日中間の平和に興味を持つ他国との共同作戦を必要としてもだ。和平を結ぶ問題についてドイツ側からのそのような圧力の根拠は、日本がひと月ごとに弱体化しているということであり、これはドイツのためにはならない。日本の弱体化は大島(訳注浩、駐独大使)によってその基礎が作られた軍事同盟が、結ばれなくなることの原因となるだろう。

№151、152　ラムゼイ(注47)

文書　No.101

暗号解読電報　入電№一一四九四

島、一九三八年八月一日

地方の行動の差し迫る脅威に関しての私の警告によって、日本人が国境の高地へ不意の攻撃を行うことを防げなかったのは、大変残念である。

二　オットとショルは私に、日本人によってあらわにされた、すべての不明確な国境問題を高地占領後にのみ外交的手段によって解決しようという希望について、知らせた。

ショルはその上、ソ連側からの対抗策に備えて、日本人が衝突地域の周辺に、朝鮮守備隊司令部により統合された国境部隊と予備軍を、集結させたことを知った。

三　オットとショルを含む外国のグループに、日本人の行動は強い印象を与えた……（二、三語不鮮明）……権威の弱体化。

No.156　ラムゼイ（注48）

文書　No.102

暗号解読電報　入電No.一一四九二《ママ》

島、一九三八年八月三日

私は……（一、二語不鮮明）日本の参謀本部の将校達から（？）もしソ連の爆撃を……（二―三語不鮮明）……検討するならば、国境における状況はたいしたことはないが、ソ連の飛行機は国境地域で活動しているということを聞いた。もし彼らが朝鮮または満州のより奥深い地域へ攻撃するなら、問題はさらに著しく重大になるだろう。

日本は相変わらず力を発揮することができるということを、ソ連に示すために、日本人によって国境で活発な行動が行われている。

No.157　ラムゼイ（注49）

文書　No.103

暗号解読電報　入電No.一一七三一

ザイツェフが解読。シロトキン少佐が翻訳。

［決裁　第一三部長。ウラジオストクとともに、無線電報の受信を決定的によくする必要がある。ラジオのひどい機能のために、最も貴重な情報が聞こえなくなる。八月一一日］

島、一九三八年八月六日

オットは……なし（一、二語不鮮明）張鼓峰地域での日本人の行動への不満を漏らした。彼はまた、小磯（訳注　国昭、陸軍大将）の辞職の理由は国境での事件と関係がある。というのも、小磯は中国で戦争中はこの事件に反対だったからだ。

オットとショルは北部にいる日本軍にとっての教訓……（三、四語不鮮明）……拒否する……（二、三語不鮮明）……国境の衝突……（三―四語不鮮明）……日本人の別の不意の攻撃への用意がある……（三、四語不鮮明）そして戦闘のためスラビャンカ……（一、二語不鮮明）……張鼓峰地域で。

No.165　ラムゼイ（注50）

文書　No.104

暗号解読電報　入電No.一二〇一一

ザイツェフが解読。シロトキン少佐が翻訳。

［決裁　局長　ラムゼイを通じて満州での日本人の部隊配置についての完全な情報を手にいれようとするのは、悪くないかもしれない。八月一七日。

シロトキンへ。満州での軍隊の部隊配置の送付について、ラムゼイに任務を与えよ。八月一七日。

われわれの最後の電報への答えを受け取ったら、すぐに質問されるだろう。一九三八年八月一九日］

島、一九三八年八月一〇日

ショル少佐はソ連に対する断固とした軍事行動を擁護する発言が増大しているという印象を持っている。オットは同様の傾向を政府筋のなかにも見ている。

八月一日の閣議で、満州におけるすべての防衛陣地を強化する命令が、軍に出されたことをオットは知った。満州のドイツ情報筋がショル少佐に知らせたところによると、満州に投入された日本の強力な増援部隊は、ハバロフスクとウラジオストク地区に対してだけで、すでに五個から七個師団が集結させられていたという印象を与えた。

№168　ラムゼイ（注51）

文書　No.105

暗号解読電報　入電№一二九六八

マリンニコフが解読、シロトキン少佐が翻訳。

島、一九三八年九月二日

日本の参謀本部は、次のような赤軍の戦闘行為の批評を述べている。

一　赤軍には白兵戦のための勇気が不足している。

二　夜襲は上手に準備がされなかったので、いつ攻撃が始まるのか、日本人はいつもあらかじめ知っていた。

三　戦車の使用は、日本人に対し何の印象も与えなかった。

八月九日まで活動していた赤軍の部隊はろくな訓練を受けていなかったが、その後はるかに良い部隊が着いたという情報を、「オットー」は持っている。

№180　ラムゼイ（注52）

文書　No.106

暗号解読電報　入電№一八二八九、一八二九〇、一八二九一、一八二九二、一八三〇八

モスクワ、労農赤軍諜報総局局長へ

島、一九三八年一一月一六日

ショル少佐は満州から帰るとすぐ、次のことを知らせた。関東軍は四種類の独立した軍隊からなる。第一に全ての境界線に沿っての国境警備。正規の歩兵隊および騎兵隊とし

て武装されている。人数は不明。第二に国境沿いの全防衛施設を占めている要塞軍。これら要塞守備隊が大隊や連隊に携わることとさえある。第三に五個の守備隊から成る鉄道警備隊。第四に正規の師団と野戦軍の旅団。野戦軍は三部隊に分けられている。第一部隊は――ハイラル、バルガ地域――二個騎兵旅団から成り、司令部はチチハルにある。この部隊は六か月前に七個師団から組織された。半分は予備役の士官、半分は正規兵の士官で揃えられている。ショルがその軍事演習を観察した、野戦砲兵連隊は、彼に大した印象を与えなかった。黒河、シュニヘー地域の第二部隊は、そのうちの一個騎兵旅団が中国に派遣されたあと、一個師団のみから成る。第三部隊は最重要と見られ、ほとんど完全に揃えられている。司令部は牡丹江にある。この部隊は蜜山から南の三か国の国境接点の方までで、次の師団から成る。第四、第八、第一二師団及び第七師団の半分、二個師団は部隊の予備軍で、牡丹江に配置されている。ショルは一一個師団の到着についても耳にしたが、その部隊配置についてはまだ明らかではない。ショルは新京（訳注 現在の長春）の近くで二個機動旅団を見た。

鉄道警備隊は五個の守備隊から成る。それぞれの守備隊は持っている　（一―二語不鮮明）野戦大砲搭載戦車と軽戦車で武装されたおよそ一個師団。チチハルの第一守備隊はハイラルからジェーヘーまでの満州の西部全域を守ることを目的としている。第二守備隊は――ハルビン。第三は――吉林、第四は――新京、第五は――奉天である。

No.228、229、230、231、232　ラムゼイ（注53）

文書 No.107

暗号解読電報　入電No.一八五三二、一八五三五

島、一九三八年一一月二一日

三か所の大きな要塞地帯がある。第一はバルガ地域、第二はサハリャン―スニヘー、そして第三はウラジオストクへ向かって、リシャニから三か国の国境接点まで。

ショル少佐は要塞地帯を訪れることは許されなかったが、日本の要塞地帯はソ連のものと構造が異なっていて、規模が大きく、より重要な方向に造られている。それぞれの規模は異なるが、そのうちの幾つかは防衛のために、連隊を収容することができる。それぞれの要塞地帯は塹壕で結ばれていない。

これらの要塞地帯は、大部分の攻撃軍を自分の方に引き寄せ、釘付けにすると同時に、機動野戦部隊が要塞地帯の間を自由に行動できるようにするためのものと、予想され

る。この陣地及び機動作戦のシステムは、日本人がドイツ人から借用したものである。第三部隊はソ連国境に非常に近いところに、自衛のためだけでなく、ウラジオストク圏への直接攻撃のためにも、造られた要塞地帯を所有している。

No. 232、233　ラムゼイ(注54)

文書 No. 108

暗号解読電報　入電№一八八一六、一八八一八、一八八一九

モスクワ、労農赤軍諜報総局局長へ

島、三八年一一月二七日

翻訳。ドイツ公使ショル少佐の情報。ソ連との戦争の際には、ウラジオストク地域からとチチハル鉄道により内モンゴルを通って、チタからハイラル方面への攻撃を、日本人はまず予想している。日本人はモンゴルを通って奉天への攻撃を信じていない。そのような機動部隊による攻撃は地域的な困難さと水不足のためにすぐに失敗するだろうと考えられている。

日本人は三つの戦略計画を持っている。第一の最小限の計画によると、少ない人的資源のため（ドイツの援助無し）軍事行動を始める場所として、ウラジオストク地域が選ばれているが、それはサハリャン――スンヘー地区のシベリア鉄道への強力な同時攻撃を伴う。第二の計画によるとサハリャン――スンヘー地区での同時攻撃とともに、チタ――イルクーツク鉄道への強力な攻撃が始められる。

第三の計画によると、艦隊を使って沿海地方にある海軍と空軍を壊滅したあと、日本人は沿海地方に上陸を始める。「ジョー」の情報により、これらの情報は同様に確認されている。日本人は彼らが百年前に上陸したのとまさに同じ場所に、上陸するつもりだ――沿海地方の（シベリアの）沿岸で。サハリャン――スンヘー地域からの攻撃に関して「ジョー」は何も聞いていない。

［決裁　局長　第二部長、特別連絡。同様に、別の文書にて第一、第二軍と、ザバイカル軍管区に方向を指示せよ。オルロフ。一二月四日(注55)］

文書 No. 109

暗号解読電報　入電№一九七九一

島、三八年一二月二〇日

「ジョー」の情報によると、日本人は正確に赤軍の歩兵兵団の戦力を知っている。

そのため戦争に備えて、日本の歩兵団における機関銃と

迫撃砲の数量を、赤軍の歩兵団のものより相当増やし、火器能力が優勢になるようにした。

No.63　ラムゼイ（注56）

文書　No.110

暗号解読電報　入電No.一九七八五

島、三八年一二月二〇日

満州に行ってきたショル少佐から、西部要塞地帯は特に防衛作戦用であると聞いた。

同様に彼の情報によると、戦時に日本人の最初の攻撃は、ウラジオストクの北の鉄道を破壊する目的で、この方向から始まるであろう。

「ジョー」はショル少佐のこの話を完全に確認した。

No.59　ラムゼイ（注57）

文書　No.111

暗号解読電報　入電No.三一六

モスクワ、労農赤軍諜報総局局長へ

島、三九年一月五日、一月六日

ショル少佐は関東軍のスパイ活動について、次のように伝えた。

三種類のスパイ活動がなされている。

第一　国境からの観察。多くの地点に監視所が置かれており、近距離からソ連側における活動を観察している。ショル少佐は、ブラゴベシチェンスクに対して置かれている、そのような監視所を訪れたが、そこから双眼鏡で見ることが出来るのは、赤軍の兵舎で何が起こっているかである。兵舎内の一つ一つの行動が記録される。

第二　白衛軍兵士との作業。著名な会社チュリナが、分隊を持つ組織として、そして満州と離れた地域との間の連絡のために使われている。

これら白衛軍兵士の全ての友人及び親類の住所が、登録されている。

特にシベリアについての情報が集められている。

日本人はソ連の住所を持っている人々に対し、その住所に手紙を送るように、あるいは、他の方策さえ取るように促している。

第三のスパイ活動は、それを通してソ連と連絡をつけることができるかもしれない住所を、ソ連またはアメリカに持っているユダヤ人を通じてなされている。

このスパイ活動は、大連や上海から行われている。

関東軍は膨大な量の情報を受け取り、大変良く事情に通じているという印象を、ショル少佐は持った。

ショルはまた、白衛軍兵士の越境が首尾よくいったということを知った。

No.75　ラムゼイ(注58)

文書 No. 112

暗号解読電報　入電No.一四一二、一四一三、一四一五

労農赤軍諜報総局局長へ

島、三九年一月二三日

注意をソ連との戦争にそらすというこの政策が、もう実現しているとは、私は思わない。オット大使は、板垣（訳注　征四郎、陸軍中将、支那派遣軍総参謀長）が中国から北方への前進に賛成していると考えている。

ショル少佐はオット大使に、参謀本部では北方への行動を支持する意見が広がっていること、満州で軍隊の編成が進んでいることについて、伝えた。このことは、ソ連に対する新しい準備を指し示していると、彼は考えている。政策におけるこのずれはまた、漁業問題に関する混乱をも指し示している。あらゆる民族の外人たちでさえ、北方で何かが起こるだろうと考えている。しかし、私及び別の者たちは、日本人が中国でやっとのことで持ちこたえている現在では、新しい戦争を始める状態にはないので、これはソ連との戦争の準備を意味しないと考える。

春になると軍事的挑発に向かい、それが個々の事件につながるだろうと、私は思う。これは急進派グループを中国での戦争から引き離すためになされるであろうし、自身の弱さを見せないために抵抗する必要があるということによって、示唆されている。

ラクチノフが解読し、ポポフ少佐が翻訳。

No.82、83、84　ラムゼイ(注59)

文書 No. 113

暗号解読電報　入電No.三四一四

モスクワ、労農赤軍諜報総局局長へ

島、三九年四月九日

大島は再び軍事協定についての問題を提起し、日本政府からの答えを求めた。日本はソ連に対抗することだけを目指した、軍事協定を受け入れることに決めた。

いくつかの軍のグループは、民主主義国家に対抗することも目指した協定を主張しているが、少数派に留まっている。

ドイツとイタリアはイギリスに対抗する軍事協定を主張しているが、天皇に近いところにいる日本の海軍のグループは、断固としてこれに反対している。

日本人は、民主主義国家に対抗する協定に同調したが、アメリカとの良好な関係の最後の糸を断ちはしないだろうということを、オット大使は外務省で知った。

オット大使は、日本はいずれにしてもこの協定に同調せざるをえないだろうと、考えている。　No.42　ラムゼイ

文書　No.114

暗号解読電報　入電No.三四三三

モスクワ、労農赤軍諜報総局局長へ

島、三九年四月九日

ソ連及びソ連と関係のある国々に対抗する一年期限の軍事協定を、ドイツ及びイタリアと三月二二日に締結することについて、日本の内閣は大島大使と伊藤大使に命令を与えたことをオットは明らかにした。ソ連と関係のある国というのが、つまりどこの国であるかは言及されていない。これはヨーロッパにおける情勢の展開次第であろう。

協定の全内容は、オット大使とイタリア大使を除く全ての人に、秘密にされるであろう。　No.44　ラムゼイ

マスレンニコフが解読し、ポポフ少佐が翻訳。

文書　No.115

暗号解読電報　入電No.五五一五

モスクワ、第五局局長へ(注60)

島、三九年四月一五日

オットは防共軍事協定についての情報を得た。もし、ドイツとイタリアがソ連と戦争を始めれば、日本は何の条件も付けずに、いつでも彼らに同調する。しかし、戦争が民主主義国家と始まったとき、極東が攻められたとき、あるいはソ連が戦争において民主主義国家に同調したときのみ、日本は同調する。

そのほかの場合には、日本が協定に同調するかどうかを決める、別の会議が招集されるであろう。　No.50　ラムゼイ

文書　No.116

暗号解読電報　入電No.三四三三《ママ》

モスクワ、労農赤軍第五局局長へ

島、一九三九年三月三一日

ショル少佐は日本人が空軍を三年間で五倍に増やすつもりでいることを知った。日本の参謀本部は軍事協定に関する会談が決裂しないために、対策を講じるようにオット大使に伝えた。というのは、平沼（訳注　騏一郎、首相）によって付けられた最近の留保条件にもかかわらず、条約の

締結を期待しているからである。平沼、天皇に近いところにいる者を含む海軍グループ、そして経済界が、この問題に反対している間は、会談からは何も生まれないだろうと、オット自身は考えている。

日本人はイギリスおよびアメリカとの不愉快な出来事を避けたい。東京に到着したゲーリング（訳注　ヒトラーに次ぐナチス党指導者）に近い筋のドイツ―ファシストたちは、ドイツの引き続きの前進がヨーロッパに向けて行われるだろうということについて述べた。

ダンツィヒは一九三九年九月に、占領されるであろう。同年にドイツはポーランドからドイツの旧領土を取り戻し、ポーランドをヨーロッパの南東部、ルーマニアやウクライナへ追いやるだろう。ドイツはウクライナに直接的な関心を持っていない。戦時にドイツは原料を得る目的で、ウクライナを占領するだろう。東京訪問のためにやって来た、ドイツのモスクワ駐在武官コステリンク将軍は、東京駐在武官に、現在の重要な第一の敵はポーランドであり、その次――二番目が――ウクライナであると述べた。

No.70、71　ラムゼイ(注61)

文書 No.117

暗号解読電報　入電No.八八九一、八八九四

モスクワ、労農赤軍第五局局長へ

島、三九年六月二四日

軍事協定についてのドイツ、イタリア、日本間の会談は続いている。最近の日本の提案はオット大使とショル駐在武官の情報によると、次のような項目を含んでいる。

一　ドイツとソ連との戦争の際には、日本は自動的に対ソ連戦争に参加する。

二　イタリア、ドイツとイギリス、フランス、ソ連との戦争の際にも同様に、日本は自動的にドイツ、イタリアに同調する。

三　ドイツとイタリアがフランスとイギリスに対してのみ戦争を始めたときは（ソ連は戦争に巻き込まれないであろうとき）、日本は以前同様ドイツとイタリアの同盟国であると見なすが、イギリスとフランスに対する軍事行動は、全体の状況によってのみ始まるであろう。しかし、三国同盟の利益が求めるなら……（二語不鮮明）、日本は遅れることなく戦争に同調するであろう。

文書 No.118

暗号解読電報　入電No.一二〇二三

モスクワ、労農赤軍第五局局長へ

島、一九三九年八月二四日

ドイツとの不可侵条約の締結についての会談は、大変な反響とドイツへの反対を引き起こした。

条約締結の詳細が確定したあと、内閣総辞職の可能性がある。ドイツ大使オットも起こったことに驚いている。

内閣の多数のメンバーが、ドイツとの防共協定条約の破棄について考えている。商業界と財界のグループは、イギリスとアメリカとほとんど合意に達した。

橋本（訳注　欣五郎、陸軍大佐）および宇垣（訳注　一成、当時陸軍大将）将軍に味方するグループはソ連との不可侵条約の締結とイギリスを中国から追放することに賛成している。

国内の政治危機が増大している。

No.89　ラムゼイ

ポポフ少佐が翻訳。(注62)

文書 No. 119

暗号解読電報　入電No.一二三五二

モスクワ、労農赤軍第五局局長へ

島、一九三九年九月一日

関東軍が赤軍に決定的な一撃を加えるために、満州にいるすべての予備軍をモンゴル国境に送っているという情報を、シヌイツイニャからアメリカの通信員が受けとった。

オットは、以前幹線道路沿いにいた多くの部隊が、モンゴルの国境に送られていることを知った。

このように、あなたはこの地域における事態の展開を予期できる。

No.93　ラムゼイ

文書 No. 120

暗号解読電報　入電No.一三一八二、一三一八三

モスクワ、労農赤軍第五局局長へ

島、三九年九月一〇日

モンゴル国境にいる外国の通信員は、日本人が八月三一日に大規模な増援部隊を移動させたと伝えている。一時間にわたる観察で、彼は兵士を載せた一二〇台のトラックを数えた。別の旅行者は軍隊が朝鮮から急いでモンゴル国境に移されていると言った。

日本軍がモンゴル国境でこっぴどくやられたという事実は、ここではよく知られている。

畑（訳注　俊六、陸軍大将）の代わりに磯谷（訳注　廉介、陸軍中将）または多田（訳注　駿、陸軍中将）を新陸軍大臣に任命する計画をぶち壊すために、天皇筋がこの事

実を利用したと「オットー」は伝えている。

ショル少佐は同様に、参謀本部がソ連との不可侵条約を締結するように仕向けようと試みている。

中野、橋本、元海軍大佐小林ら急進派グループは、必死になって不可侵条約を擁護する宣伝活動をしている。この活動は、かなり急速に拡大している。しかし、阿部とつながりのある小林でさえ、この見解を推進させるには多くの時間が必要だ、とオット大使に言った。

関東軍の中で、この見解を推し進めるのは特に難しいであろうし、恐らく説き伏せることは不可能であろう。

他方、ウラジオストク侵攻を求める声すら、上がっている。たとえソ連がドイツと緊密な関係になり、西部戦線で軍事協定が結ばれるような場合でも、ソ連に対する日本の態度に関してのショル少佐の正反対の意見にもかかわらず、危険性はいずれにしても排除されない。

それは特に、イギリスの実際の力と戦争の終結を、現在、全く確信していない日本に、イギリスとの宣戦布告は強い印象を与えたからだ。

No.99、100　ラムゼイ

文書 No.121

暗号解読電報　入電No.一三四四六
モスクワ、労農赤軍第五局局長へ
島、九月一五日
私は再び日本のソ連に対する戦争準備について、ドイツ公使と会談したが、独ソ不可侵条約の締結以来、ドイツ公使は参謀本部でこのことに関して、何も明らかにすることはできなかった。
ドイツとソ連が不可侵条約を結ぶまでは、日本の準備はドイツと日本が合同でソ連に侵攻するということを出発点としていたが、一九四一年までに日本軍を三倍に増やすことが予定されているので、今ではこのことは起こりえない。

No.107　ラムゼイ

文書 No.122

暗号解読電報　入電No.一四二五四、一四二五五
モスクワ、労農赤軍第五局局長へ
島、一九三九年九月二七日
汪兆銘新政権のもとでの特別大使として、中国に行くことを相変わらず拒否している近衛から、オットは次のことを知った。
モンゴル国境での休戦は、日本の政策が冒険主義から根本的に撤退することを意味する。

シベリアに対する軍事的な積極性に関しては、活動は唯一中国における勢力拡大に限られる。

関東軍が、長期にわたって中国に関する政策とソ連に対する冒険とを両立させるだろうという希望は、全く失われた。この原因は次のことである。独ソ条約、ノモンハン、ブルドーオボから得た教訓、ドイツのポーランドに対する行動。

その上、軍備、特に技術的なものの水準を良くするには、まだ数年は必要とするであろう。

北に対する冒険政策の中止に関しては、全ての派の全般的な合意がある。

これらの事実を条約や協定により公に認めるという問題に関して、そして中国でのフランス、イギリスとの関係という問題に関しての日本の新政策を、オットは疑わしく思っている

これらの問題に関して、各派は互いに争っている。

No.108、109　ラムゼイ(注63)

文書　No.123

暗号解読電報　入電No.一七一四三

モスクワ、労農赤軍第五局局長へ

島、一九三九年一一月二日

一〇月一六日、オットは大使リッベントロップに政策報告書を送った。その主要項目。

独ソ条約は全政界、特に参謀本部に強い衝撃を与えた。しかし、予想されていたように、参謀本部がドイツと友好関係を維持し、ソ連に対してドイツの手本を見習うことに決めたからには、日ソ関係の一般的な調整が絶対必要なものとして検討されている。しかし、天皇筋と力のある実業界は、政治的状況とノモンハンでの日本の参謀本部の敗北を利用して、阿部（訳注　信行、当時陸軍大将兼首相）政権で優位に立ち、参謀本部がこれ以上ドイツを目標とすることに反対、抵抗しようとし、また、英米政策支持ゆえに、日ソ関係の実質的な調整に反対しようとしている。

No.130　ラムゼイ(注64)

文書　No.124

暗号解読電報　入電No.一六五九、一六六〇、一六六一

モスクワ、労農赤軍第五局局長へ

島、一九四〇年二月一日

ドイツ大使オットは、最近の国境についての日ソ会談の展開に、ひどく気を揉んでいる。

というのは、このことは少なくとも、リッベントロップが彼に課した一つの課題、すなわち、日ソが合意に達するという課題の遂行への希望を、彼に呼び起こしたからだ。オットはかなり悲観的な気分である。というのは、彼はこの合意に関する日本の参謀本部の率直な立場を、知っているからだ。

彼はまた、ソ連―フィンランド戦争が二点について影響を与えた、新しい冒険の始まりを心配している。

第一に、西部に大軍が投入されたにもかかわらず、この戦争でソ連が負けたことを、日本人は確信している。このように、シベリアでの攻撃についての古い考えが、再び現れる。

第二に、参謀本部は恐らくノモンハンでの敗北を、耐えることはできなかったであろう。その上、フィンランド人が少なくとも赤軍に首尾よく抵抗したことを確信したあとは、ノモンハンの敗北はますます耐えられなくなっているし、さらに、全ての新聞がフィンランド人の勝利について、大きな記事を書いている。

このように、小さなフィンランドと誇り高い日本の参謀本部を比較することは、特に国民がすでに中国での戦争で目一杯なので、ますます参謀本部の利益にならない。

ドイツ大使オットはまた、国境交渉の全過程が、彼と駐在武官に秘密のうちに、日本人によって続いていることにひどく失望し、独ソ協力に関して日本の参謀本部の疑いが増大していることや、日本人が英米側に方向転換する可能性があるという危険を、この事実に感じている。

オット大使は、日独の政治的相互関係を確たるものとし、あらゆる手段で日本が他国に方向転換しないよう引き止めるようにという、リッベントロップの特命を受け取った。

私は、全ての起こりうる紛糾化に備え、極東の国境の準備が必要であることをしつこく予見する。

No.200、01、02　ラムゼイ

［決裁　局長　同志キスレンコとプガチョフへ。この一連の電報に関して、注目に値する情報に関する特別報告を作成すること。作成の際には、同志アレクシン（アリョーシン？）(注65)の電報と混合国境委員会の作業の中止を考慮にいれること。プロスクーロフ。二月四日］

文書　No.125

暗号解読電報　入電No.二四四一

モスクワ、労農赤軍第五局局長へ

島、四〇年二月一八日

駐在武官は一月の報告書で、参謀本部に次のように書いている。

一つか二つの新政権のあと、太平洋への英米の影響に対抗して、ドイツと協力するための本当に力のある政権を作ることを期待して、相変わらず待っている。これはすべての中国問題に関して、ソ連と協定を締結したあとにのみ、可能であるだろうということを、日本人はすでに知っている。それにもかかわらず、日本の参謀本部はまだ完全には、ソ連に対する将来の戦争への期待を放棄しなかった。フィンランドに対する戦争でのソ連の失敗と、ノモンハンの仇をとりたいという希望は、日本の参謀本部の政策の有力な要素である。

私はこの報告書を撮影した。　№20　ラムゼイ(注66)

文書 No. 126

暗号解読電報　入電№三一四一、三一四三、三一四四

モスクワ、赤軍第五局局長へ

島、三月六日

ベネケル海軍大佐が、海軍駐在武官の任務を引き継ぐために日本に到着した。今後、ベネケルはパウリという名前を使うことになる。彼は、今後のヨーロッパの出来事に関して、二つの基本的計画があると、私に伝えた。

第一はフランス、ベルギー、オランダの沿岸方向へ侵攻を展開し、西部前線、またはベルギーを通って、あるいはベルギー国境あたりを突破する目的で、今年初めに決定的な侵攻を開始する。イギリスを打ち負かすために、沿岸は絶対に必要であると思われている。オランダの沿岸はイギリスによって、あまり防備が固められていないことを考慮すると、（それゆえに）フランス、ベルギー、オランダの沿岸は、占領されるべきである。この計画の最大の危険は、作戦がベルギーとオランダの領土で展開されようというときに、アメリカがこの戦争に加わるだろうという点にある。

第二の計画は、「平穏を保ちながら」、ソ連とともに自身の経済的独立を強化することに全力を集中させ、経済的に強固なままにいるということである。

しかし、ベネケルは第一の計画がヒトラーとリッベントロップに好まれているので、第一の計画が最も実現されそうである、と考えている。

リッベントロップは粘り強く、対ドイツ戦争にアメリカが同調することを予防しようと努力している。彼は多くの著名人をアメリカへ送るとともに、オット大使とベネケルに、日本での仕事のために特別な課題を課した。南太平洋

前進のための戦争にアメリカが同調することを日本人が利用するのではないかと、アメリカが常に心配しなければならないというような日本側の政策を、オットとベネケルは獲得しなければならない。アメリカが戦争に同調したときの日本人の行動に関して確信がなく、アメリカがもっと長い間対ドイツ戦争に参加することを差し控えるような方法で。

ベネケルは日本の海軍軍令部次長と会い、他の日本人より海軍の人間がよく理解しているこの政策に関して、率直な意見交換をした。

No.31、32、33　ラムゼイ(注67)

文書 No.127

暗号解読電報　入電No.五九七四

モスクワ、赤軍第五局局長へ

島、一九四〇年三月二九日

所長のため。

西部におけるドイツの勝利が増大しているので、私は今後の独ソ関係についてのドイツの見解に関して、報告書を送った。

これらの見解はオット大使、駐在武官、その他のドイツ人、そしてリッベントロップの顧問から収集した。

第一の見解は——若いファシストたちのもの——もしドイツが西部での戦争に勝てば、ソ連と戦うべきだというものである。

第二の見解は——より重要な人々のもの——ソビエト権力によるドイツの政治的、経済的、軍事的な優位が公認されれば、ソビエト政権と平和的関係を持つというものである。

この二つの見解だけがドイツ人によって口にされ、彼らはドイツがひどく弱らされるまではこのままであろう。

文書 No.128

暗号解読電報　入電No.六五一〇

モスクワ、赤軍第五局局長へ

島、四〇年六月一〇日

オット大使は白鳥（元駐伊大使）と、イギリス、フランス、アメリカに対して、日本を自由にするために、日本、ドイツ、ソ連、及び中国の間での可能な合意について、話し合った。近いうちにはソ連との友好関係を結ぶための理由はないからと、日本がこの計画を拒否すると、白鳥はオットに断言した。

日本の参謀本部と反対派の立場が強くなっていること、ドイツが勝利した際には対ソ戦を始めるだろうということを認めた。そのとき日本は遅れることなく、対ソ戦争に協調するであろう。なぜなら、友好関係を結ぶことは、見込まれないからである。

ドイツとソ連が友人関係になるような場合には、米ソの危機は強まり、友好関係を結ぶことは一層不可能になるだろう。この問題に関して、オットの考えに日本人が熱中している、と述べたソ連全権大使から、オット大使は質問を受けた。しかし、オットは彼に白鳥との会談の内容を話さず、このことをソ連政府に電報を打つよう助言した。

オット大使はソ連大使に、そのような協力の時はまだ来ていないとだけ言った。

No.104　ラムゼイ

文書 No.129

暗号解読電報　入電No.八四八、八四九

モスクワ、赤軍参謀本部諜報総局局長へ

島、四〇年八月三日

「オットー」筋から知ったが、近衛の対外政策は要するに次のようなものである。

反英政策への変更。これは七月一八日に始まるはずだと期待されていた、イギリスへのドイツの侵攻の成功いかんであろう。

ドイツ及びイタリアとの親密な関係。しかし同盟は結ばずに。

アメリカとの公然たる衝突を避けようとすること、すなわちそれゆえに、松岡（訳注　洋右）が外務大臣の地位を手にした。

ある条件のもと、そして不可侵条約の締結さえ必要な場合、ソ連との相互関係を良くすること。しかし、この最後の一歩は（不可侵条約の締結）多分、後に続く事件の結果に過ぎないだろう。というのは、星野（訳注　直樹、当時国務大臣兼企画院総裁）や松岡とともに行動し、最終的には近衛とともに、または近衛なしで軍事独裁を準備している軍部の手中に、近衛は今のところまだ入っていないからである。

No.135、136　ラムゼイ

翻訳　陸軍大佐ポポフ

文書 No.130

暗号解読電報　入電入No.八八七一、八八七二

モスクワ、赤軍参謀本部諜報総局局長へ

島、四〇年八月三日

新外務大臣の松岡（今後マク）はオット大使と会談し、次のように言った。

一　現在の主な課題――蔣介石の破滅、いわゆる妥協……。

二　日本人は太平洋の南部地域も含む、東アジアでの影響圏を拡張しようとしており、戦争無しにこれを実現したいと思っている。

この施策で日本はドイツと協力したがっているが、どの程度ドイツが太平洋での日本の覇権に興味があるかは知らない。

ドイツは現在、ヨーロッパにかかりきりであり、もし日本が東アジアで圧倒的な立場を得るなら、ドイツは興味を持つだろう、とオット大使は松岡に言った。

松岡はドイツがどのような利益を得られるのか、示さなければならない。しかし、そのような合意まで、日本はドイツの敵に対する明確な活動を示し、シベリア鉄道によって満州経由で輸送される商品を保護し、日本の中国での軍事行動で、ドイツ商人が被った被害を、賠償しなければならない。

最近、松岡は電話をかけ、提議された三つの条件は閣僚によって、受け入れられたと言った。

ゲンジェントおよびその他の地域に関しては、松岡は言及しなかった。

No.139、140　ラムゼイ(注68)

文書　No.131

暗号解読電報　入電No.九五三五

モスクワ、赤軍参謀本部諜報総局局長へ

島、四〇年八月一七日

オット大使は、東の国境に送られたドイツ軍は、ソ連とは何の関係もないということについて、日本人に知らせるよう指示を受けた。

彼らがそこに送られたのは、彼らはフランスでさほど必要ではないが、まだ解散のときは来ていないからである。

No.152　ラムゼイ

文書　No.132

暗号解読電報　入電No.一一四一四、一一四一五、一一四一六

モスクワ、赤軍参謀本部諜報総局局長へ

島、一九四〇年九月二一日

オット大使から。御前会議で、日独協定が完全に承認された。

日本人は条約に調印する準備ができ、オット大使にすぐにも調印するよう、圧力をかけた。条約は英語で調印され

るだろう。条約の全ての細則は今後オット大使と松岡によって明確にされるであろう。

これに関連して、リッベントロップは同意を得るために、イタリアに出発した。オット大使はリッベントロップからの回答がまもなく来ると思っている。彼は私に、ドイツの条約は、イタリアの同調後、枢軸同盟の新しい条約となり、間もなく公表されるだろうと知らせた。幾つかの秘密事項は、公表されないであろう。新条約の秘密事項に、全ての軍事的、政治的、経済的問題における交渉が規定されている。

さらに続く内容。ドイツはこの条約にソ連を参加させようとするだろう。条約には反ソ連的な項目はひとつもなく、そのことも公表されるであろう。オットの考えでは、新しい駐ソ大使を任命したあと、日本人はソ連と不可侵条約に調印するための準備が出来るであろう。

№73、74、75　ラムゼイ

文書　No.133

暗号解読電報　入電№一二三〇一

モスクワ、赤軍参謀本部諜報総局局長へ

島、一九四〇年一〇月八日

ドイツの駐在武官マツケとオット大使は、三国条約はもっぱら反米指向であると、表明した。しかしながら、もしソ連が「ドイツの観点から望ましくない」政策を実施しようとするなら、今後、新しい政治的状況のもとで、この条約が反ソ指向にもなりえるだろうということに、二人は同意した。このような条約の指向の変更は、その締結のための動機では全くなかったが、条約は時代の要求に合わないという認識にしたがって、今後、起こりうる。

№85　ラムゼイ

文書　No.134

暗号解読電報　入電№一六二九《ママ》

赤軍参謀本部諜報総局局長へ

東京、一九四〇年一二月二七日

外務次官がベネケル（ドイツの海軍駐在武官）に、私は……不可侵条約に関してソ連と……希望を実質的に放棄した、というのはソ連は余りにも多くのことを要求しているからだと、話した。……さらに、ドイツはこの言葉の広い解釈での援助をする準備ができたということを説明したが、次官は日本の内政状況はそのような広い援助を不可能にしていると答えた。満州におけるソ連の領土的譲歩も含む、日本政府側からの譲歩は、非常に切迫している内政危機が原因で、近衛政権が持ちこたえられなくなるような状況を作りだすかもしれない。(注69)

No.130　ラムゼイ

文書　No.135

暗号解読電報　入電No.一六四三三、一六四三五
赤軍参謀本部諜報総局局長へ
東京、一九四〇年一二月二八日

ドイツから日本に到着する新しい人の誰もが、ドイツがソ連の政策に影響を及ぼすためにルーマニアを含む東部国境におよそ八〇個師団をおいているということを話した。もしソ連が、すでに沿バルト地方で起こっているように、ドイツの利益に反するような積極的活動を展開するなら、ドイツ人はハリコフ、モスクワ、レニングラード方面の領土を占領しうるであろう。ドイツ人はこのことを望んでいないが、もしソ連の行動によってこのことを強いられたら、この手段に訴えるであろう。ドイツ人はソ連がこれらの危険を冒すことは出来ないということを良く知っている。というのは、ソ連の指導者たちは、赤軍がドイツのような近代的な軍隊になるためには、少なくとも二〇年必要とすることを、特にフィンランド出兵以後、よく知っているからである。多くの人の言明によって、この考えをモスクワのコザリン将軍が持っており、何度もソ連に行ったことのある東京の新しい駐在武官である人間の考えである。東京の新しい駐在武官は、八〇個師団というのはいくらか大げさなようだと、私に述べた。

No.138、139　ラムゼイ

マリンニコフが解読し、ソニン少佐が翻訳。

文書　No.136

暗号解読電報　入電No.一〇三六
赤軍参謀本部諜報総局局長へ
東京、一九四一年一月一八日

ドイツ大使から知った。三国条約を、日本の対シンガポール、もし必要なら、対アメリカへの攻撃行動を伴う軍事同盟に発展させる課題を携えて、大島が全ヨーロッパの統括大使になるであろう。

白鳥及び日本の参謀部員と、海軍省職員の一部は、近衛の同意無しに大島を支持している。日本にできた政治的状況は、イギリス侵攻の結果ドイツの勝利の可能性が明らかにならないうちは、日本人にこの政策を首尾よく実行する可能性を与えない。とにかく、日本は三国条約を敵対的攻撃同盟に変更するための行動を始めていると、大使は認め

た。

No.146　ラムゼイ

文書　No.137

暗号解読電報　入電No.一〇三七
赤軍参謀本部諜報総局局長へ
東京、一九四一年一月一八日

リッベントロップは、三国同盟（訳注　日独伊三国の軍事同盟）問題協議のためのベルリン来訪を松岡に要請した。この要請があったのは、平沼内閣成立で多少揺らいだ自己の立場を強化する目的を持つ松岡のベルリン訪問の希望を、駐日ドイツ大使がリッベントロップに伝えた後であった。大島と平沼は松岡のプランに反対である。この問題は、近いうちに解決するだろう。松岡は日ソ間の交渉問題を新たに進展させようと、試みるかもしれない。No.147　ラムゼイ

文書　No.138

暗号解読電報　入電No.六六〇・七七三
東京、同志ラムゼイ宛
一九四一年一月二四日

貴殿の電報No.146（訳注　No.136の誤りではないかと推測される）の意味が不明である。大島が全ヨーロッパ総合大使に就任することと、日本が三国同盟変更のために行動を開始していることを、どう理解すべきなのか。

その目的と理由は何か。

局長

文書　No.139

暗号解読電報　入電No.二三二三
赤軍参謀本部諜報総局局長へ
東京、一九四一年二月七日

局長の電報No.46にお答えする。大島はヨーロッパの正式な総合大使にはならないが、戦略上この役目を努めるつもりである。

No.67　ラムゼイ

ソニン少佐が翻訳した。

文書　No.140

暗号解読電報　入電No.四〇二八・四〇二九
赤軍参謀本部諜報総局局長へ
東京、一九四一年三月一〇日

オット宛の、シンガポールに対する日本軍奇襲に関するリッベントロップの電報は、三国同盟に日本を積極的に関与させる目的を持つ。

ウラフ公（数日前にここに来たドイツ人の特別伝書使で、

リッベントロップと親しい間柄にあり、私も長年の付き合いがある）が、私に伝えたことは、アメリカが今後も局外に留まり、そしてソ連への圧力として日本を利用出来る間は、日本軍のシンガポール進攻をドイツは望んでないということであった。

続いてウラフは、この先、日本をソ連に対する圧力として利用してゆくという考えが、ドイツ特に軍部の間に、広く浸透していると述べた。

新任のドイツ武官は前任者からの手紙を受け取ったが、その中ではドイツの上級将校と、ヒムラー（訳注　ハインリッヒ、当時全ドイツ警察長官）のグループの間で、反ソ機運が急激に高まっていると書かれている。新任のドイツ武官は、今の戦争が終了したら、ドイツの激烈な対ソ連戦が始まるのに違いないと見ている。この点を考慮しつつ、彼は次のように考えている。日本はまだまだ対ソ連において重要な役目を持っているが、合意を得て日本のシンガポール進攻を実現させることが必要である。

新任のドイツ武官も、日本のシンガポール進攻に賛成の立場である。

No.87・88　ラムゼイ

文書 No.141

暗号解読電報　入電No.四〇三〇・四〇三一・四〇三二

赤軍参謀本部諜報総局局長へ

東京、一九四一年三月一〇日

近衛公（訳注　文麿、当時首相）は自分が松岡の訪独を強く指示していることを個人的にオットに伝え、ドイツの指導者らの松岡に及ぼす影響の大きさを危惧して、日本のその筋の何人かが松岡の訪独を阻止しようとしていることを指摘した。近衛は松岡訪独の主要な目的を、次のように見ている。

一　イタリアの敗北とドイツのイギリス侵攻の延期の結果、日本で急速に冷めてきている三国同盟以前の熱狂に再び火を付けること。親英・親米グループは、ドイツと密接な相互関係を、これ以上日本に結ばせないように強く働きかけている。

二　松岡は、ヒトラーとその他の人たちとの個人的会談を通じて、イギリスに関するドイツの真意を明らかにしなければならない。すなわちこの先、イギリスと戦うのかどうかということである。日本の指導部は、イギリス本土にドイツ軍が進攻できない場合に、英独双方が歩み寄る可能性に懸念を抱き続けている。歩み寄りが成った場合には、日本は南進に関して慎重にならなければならない。

五　ソ連に関する限り、松岡は独自に行動できる権限を、より一層持っている。近衛は松岡がソ連と不可侵条約を締結できるとは信じていないが、それでも彼がこの方向で何らかの成果を挙げることを期待している。日本が注文したドイツの軍需物資が、シベリアを通過する許可をソ連政府から得ることも近衛は期待している。最後に、彼は重慶政府との協力を停止することについての合意を、ソ連から取り付けることを期待している。

松岡はベルリンを皮切りにローマ、ビシー、モスクワを訪れ、その後ベルリンに戻り、そして再びモスクワを訪れる。

No.89・90・91　ラムゼイ

決裁―局長。第三・第九部長。コピーを同志スターリンと同志モロトフ（訳注　ビャチェスラフ・ミハイロビチ、当時ソ連外相）に。

ラムゼイに対する回答（あなたのNo.89・90・91・87・88はDの意義がある）ゴリコフ

文書 No.142

暗号解読電報　入電No.四二九四
赤軍参謀本部諜報総局局長へ
東京、一九四一年三月一五日

決められた日以外、毎日曜日にもフリッツ（訳注　マックス・クラウゼンの暗号名）の無線連絡を受信するようにビスバーデンに指示して頂きたい。フリッツの任務にとって、日曜日は最適の日なのです。

No.92　ラムゼイ

文書 No.143

暗号解読電報　入電No.四二九三
赤軍参謀本部諜報総局局長へ
東京、一九四一年三月一五日

私はドイツ大使オット宛のリッベントロップの電報を読んだ。電報はドイツ語で、このように読める。

「あなたの手にあるあらゆる手段を尽くして、日本にシンガポール急襲を促して頂きたい」

さらにオットは、シンガポールへの軍事行動開始の前に、必要条件として、予想される赤軍の満州攻撃に対する保障を考えていると、私に言明した。

No.93　ラムゼイ

マリンニコフとフェイギノーワが翻訳。

決裁―局長。第三・第九部長。コピーを同志スターリン、同志モロトフ、国防人民委員部、参謀総長に渡すこと。

文書 No.144

四一年四月一八日付のラムゼイの№110・111・112・113の電報よりのメモ

中立条約締結の電報を近衛が松岡から手渡されたちょうどその時に、オットー（訳注　尾崎秀実の暗号名）が訪ねて来たことを報告している。近衛とそこに居合わせた面々は、条約締結に皆歓喜の声をあげた。近衛はすぐに陸軍大臣東条に電話で知らせた。東条は驚きも怒りも喜びも表さなかったが、陸海軍並びに関東軍は、この条約に関して何か声明を発表すべきではないという近衛の意見に同意した。

条約の影響に関する問題を討議している間は、シンガポールの問題は取り上げられなかった。出席者全員の注意は、対中戦争の処理に条約をどう利用するかという問題に主に集中していた。もし蒋介石をアメリカが支え続けるなら、中国問題に関して日本と友好的な相互関係にたどり着く提案を、もう一度アメリカに持ちかけるのも有益となる。以上、述べた諸点は今後の日本の外交政策の根幹に成るとオットーは判断している。

ベルリンで松岡と大島の間にいさかいがあったと思うと、近衛が述べたのは、ベルリンでの松岡の行動に不満を表明した電報を大島が送ってきたからである。

その後シンガポールについて、オットーが近衛に尋ねた。近衛は、ドイツ大使オットはじめその他の人たちはこの問題にとても関心があると答えた。

もしイギリスが今後、敗北を重ねた場合には、シンガポール攻撃の問題が今すぐ再浮上してくるだろうと、オットーは考えている。

以上の点に関して、ラムゼイは指令を求めている。オットーは近衛やその他の人々に多少の影響力があり、緊急問題としてシンガポール問題を提起することができる。それゆえ、シンガポール進攻に日本を促すことに、われわれが関心がを示すどうか、彼は問い合わせてきている。

さらに、彼（ラムゼイ）はドイツ大使オットにいくらか影響力を持っていて、シンガポール進攻問題で、オットが日本に圧力をかけるのを促したり、抑えたりすることができると報告している。

指示を求む。

決裁―局長。第三部長。話し合うこと。(注70)

文書 No.145

暗号解読電報　入電№七三七四・七三七五・七四〇八

赤軍参謀本部諜報総局局長へ

東京、一九四一年五月二日

独ソ相互関係について、私はドイツ大使オット並びに海軍武官と話し合った。オットが私に言ったことは、ヒトラーがソ連を粉砕して、全ヨーロッパを掌握するための穀物と原料資源の基地として、ソ連のヨーロッパ部を手中に収める決意を固めていることであった。

大使と武官双方とも、ユーゴスラビアの敗北後、独ソ相互関係に関して重大な二つの日付が迫ってきていることで意見が一致した。

日付の一つは、ソ連で播種期が終了した時である。種まき終了後はいつでも対ソ連戦を始めることができ、後はただドイツが収穫さえすれば良いのである。

ドイツとトルコの間の会談が、二つ目の重大な日付である。ドイツの要求をトルコが受諾する問題で、ソ連が何らかの障害を作る場合には、戦争は避けられない。

戦争がいつでも起こる可能性は、高い。というのは、ヒトラーと将軍たちは、対イギリス戦遂行にとって、対ソ戦は何の妨げにもならないと確信しているからである。

ドイツの将軍たちは、赤軍の戦闘能力をあまりに過小評価しているので、赤軍は数週間で粉砕できると、彼らは考えているほどである。そして独ソ国境の防衛体制が極めて弱いと、彼らは見ている。

対ソ戦の関心が対イギリス戦終了後か、あるいは早ければ五月かは、ヒトラーによってのみ決定される。

しかし、個人的にはこの戦争に反対しているオットは、五月にドイツに戻るようにウラフ公にすでに提案したほど、今は懐疑的になっている。

No.114・115・116　ラムゼイ

文書 No.146

四一年五月一〇日付のラムゼイのNo.120の電報よりのメモ

ドイツ海軍武官ベネケルは、日本軍をシンガポールに進攻させるというリッベントロップの指令はさておき、イギリス攻撃に日独が共同歩調を取る見込みについて、海軍大将近藤（訳注　信竹、当時第二艦隊長官）に質問した。

近藤の回答に関して、ベネケルは次の報告を送った。ラムゼイはドイツ語で報告をこう読んだ。「日本海軍はシンガポール進攻の準備がすべて完了しており、ほかに打開策がない時には、いつでも行動に移れる。だが、さしあたり重要な原料は、アメリカから手に入れることができる。まだその時期ではない」

決裁―局長。第九部長。次の五つの宛先に送ること。

文書 No.147

四一年五月一〇日付のラムゼイのNo.213の電報よりのメモ
参謀本部とすべての日本軍そして、中でも梅津将軍（訳注　美治郎、当時陸軍中将兼関東軍司令官兼駐満大使）は日ソ条約に賛成している。荒木のような一部の反対者と富山一派に属する若干の若手は、この条約に反対である。

シンガポール進攻問題で、現在積極的な動きがあるようには見えない。ドイツ大使オットは、この問題で松岡と会おうとしたが、病気を口実に松岡は会見を拒否した。

オット大使の報告によると、ヒトラーは、シンガポールに対する確実で素早い日本の行動を待っていると、松岡にそれとなく言った。

もし日本が行動を起こすなら、ドイツは太平洋南部の島々に対する権利を、放棄する用意がある。もし日本がシンガポールに進攻しないなら、戦争に勝利を収めた後も、ドイツは自分の権利を譲らない。

決裁―局長。第九部長。次の五つの宛先に送ること。

文書　No.148

暗号解読電報　入電No.八二九八
赤軍参謀本部諜報総局局長へ
東京、一九四一年五月一九日
ベルリンから当地に着いた新しいドイツの代表者らは、自分たちは五月末まではベルリンに戻るように指令を受けているので、独ソ戦は五月末に開始されるかもしれないと述べた。
ただし、今年中に危機が回避されることも有り得ると、彼らは言い足した。ドイツは一五〇個師団から成る九軍団を、対ソ用に持っていると、彼らは言った。軍団の一つは、有名なライヒヤーの指揮下にある。ソ連攻撃用の戦略構想は、ポーランド戦の経験を踏まえることになる。
No.125　ラムゼイ
決裁―局長。第九部長。ラムゼイに問い合わせよ。「No.125の電文で、軍か軍団なのかはっきりさせよ。軍なら軍団の概念と一致しない。D」ゴリコフ（注71）

文書　No.149

暗号解読電報　入電No.八二九四・八二九六・八二九七
赤軍参謀本部諜報総局局長へ
東京、一九四一年五月一九日
ドイツ大使オットとオットーの情報源によれば、アメリカは新たな友好関係を確立する提案をグルー（訳注　ジョセフ・クラーク、当時駐日米国大使）を通じて、日本に行った。

中国における日本の特別な立場を認め、そして日本に多くの貿易特典を供与する代わりに、中国から日本軍が撤退する案を基にして、アメリカは日本と重慶政府との間の仲介を、申し出た。アメリカは、太平洋南部での日本の特別な経済的要求を認める提案もした。

ただし、日本が太平洋南部への軍事侵攻を放棄し、三国同盟から事実上離脱することを要求した。

日米交渉の場でこの提案は全体にわたって討議された。これは松岡が帰国したちょうどその時に始まったため、松岡はシンガポール進攻に関するドイツの要求を充たす余裕も、アメリカに対し断固たる立場を採る余裕もなかった。

政府内では、積極派と静観の態度をとる派との間で、深刻な対立が起きている。後者の先頭に立っているのが、平沼と海軍である。海軍はスエズ運河陥落後でなければ、進攻を開始しないだろうが、ただ陥落したとしてもやはり延期するだろう。

松岡は内部抗争について、ドイツ大使オットに報告したが、この件に関しては松岡は楽観的であった。

独ソ戦が開始された場合には、少なくとも最初の一週間は日本が中立を維持することは、オットーには分かった。

だが、ソ連が敗北した場合には、日本はウラジオストクへの軍事行動を開始するだろう。

日本とドイツの武官は東から西へのソ連軍の移動に、注目している。

No.122・123・124　ラムゼイ

翻訳　ドブロビンスキー

決裁—第九部長。同志ボローニンに。考慮せよ。交渉が進んでいるという別の情報がある。(注72)

文書 No.150

暗号解読電報　入電No.八九〇七・八九〇八

赤軍参謀本部諜報総局局長へ

東京、一九四一年五月三〇日

ベルリンは、ドイツのソ連進攻は、六月後半に始まるとオット(駐日ドイツ大使)に伝えた。九五パーセントの確立で戦争が開始されると、オットは確信している。これに関して、私が間接的証拠と思うものは、こうである。

ドイツ空軍技術局が、私の住んでいる町で直に帰国するようにとの指令を受けた。オットはソ連経由では、どんな重要な報告も送らないようにと、武官に命じた。ソ連経由での弾性ゴムの輸送は、最小限に抑えられた。

ドイツの侵攻理由は、こうである。強力な赤軍が存在するために、ドイツはアフリカで戦争を拡大することが出来ない。なぜならば、ドイツは東ヨーロッパに大軍を駐屯させておかなければならないからである。ソ連側からのあらゆる脅威をほぼ取り除いてしまうためには、出来るだけ早く赤軍を追い払わなければならない。No.30・31　ラムゼイ

翻訳　ドブロビンスキー（注73）

文書 No.151

暗号解読電報　入電No.八九一四・八九一五

赤軍参謀本部諜報総局局長へ

東京、一九四一年六月一日

独ソ戦は六月一五日頃に始まるという予想は、ショル中佐がベルリンから持ち帰った情報のみに基づいている。五月三日に、彼はベルリンからバンコクに向けて出立した。バンコクでは、彼は武官の職に就く予定である。

この件に関しては、ベルリンから直接情報を得ることは出来なかったが、でもショルの情報だけはあるとオットは言った。

ショルの言葉によれば、ソ連が犯した戦術上の大きな過ちが、ドイツ軍を赤軍攻撃に引き付けていることを、彼との話し合いの中で、私は突き止めた。

ドイツの見方によれば、基本的には大きな支線もなく、ソ連の防衛線がドイツ戦線に張られている事実が、最大の過ちなのである。このことは、最初の大規模戦闘で、赤軍を粉砕する助けとなろう。ドイツ軍の左翼が最も強烈な一撃を加えることになると、ショルは言い切った。

No.136・137　ラムゼイ

翻訳　ドブロビンスキー

文書 No.152

電信による報告

赤軍参謀本部諜報総局局長へ

東京、一九四一年六月一五日

日中間の調停に関する諸条件の具体化について、アメリカはまだ日本側に回答していない。

交渉を行う用意があるとの日本側の通告に対するアメリカの最初の回答が届いたという野村（訳注　吉三郎、当時海軍大将兼駐米大使）の連絡を待っていると、松岡はオットに伝えた。

独ソ戦が始まるという噂に、松岡はひどく不安になっている。ヨーロッパ戦線へのアメリカの不参戦と、ドイツ軍によるイギリス占領に、彼は唯一の望みをかけている。決

して対ソ戦ではないのである。
　この点について、リッベントロップに報告するように、松岡はオット大使に依頼している。

文書 No.153

暗号解読電報　入電No.九九一七
赤軍参謀本部諜報総局局長へ
　東京、一九四一年六月一五日
　対ソ戦は恐らく、六月末まで遅れることを確信していると、ドイツの伝書使〈……〉が武官に言った。戦争があるかどうかについては武官には分からない。
　次の情報の出所が、ドイツにあることを私は分かっていた。独ソ戦が始まった場合、ソ連の極東部に侵攻を開始するためには、日本は約六週間を必要とするだろう。ただドイツ軍の考えでは、陸上と海上の両方が戦場となるから、日本はもっと時間がかかるだろうとのことである（文言の最後は改変されている）。
No.138　ラムゼイ
　翻訳　ロゴフ大佐

文書 No.154

暗号解読電報　入電No.一〇二一六
赤軍参謀本部諜報総局局長へ
　東京、一九四一年六月二〇日
　駐日ドイツ大使オットは独ソ戦は避けられないと、私に言った。ソ連の戦略上の防衛陣地は、ここに至るまでにポーランド防衛線当時より、さらに戦闘能力がなくなっているので、軍事的に優位に立っているドイツは、ヨーロッパ最後の大軍を容易に壊滅できる。
　日本の参謀本部は、戦争の時に日本が取る立場についての問題をすでに検討していると、インベスト（尾崎秀実）が私に言った。
　みんなが独ソ関係問題の解決を待っているので、日米交渉に関する提案並びに松岡派と平沼派との間の内部抗争の問題は、遅々として進んでいない。
No.143　ラムゼイ

文書 No.155

暗号解読電報　入電No.一〇二一七
赤軍参謀本部諜報総局局長へ
　東京、一九四一年六月二〇日
　ドイツ武官の情報によると、ずっとイギリスと闘っていたドイツ空軍の一個連隊が、今クラクフ（訳注　ポーランド南部の都市）に移動したということである。

No.144　インソン

翻訳　ロゴフ大佐

文書　No. 156

電報No.六〇五八・六八九七

東京へ

一九四一年六月二三日

独ソ戦で、日本の取る立場についての情報を報告せよ。

局長

文書　No. 157

暗号解読電報　入電No.一一五七九

赤軍参謀本部諜報総局局長へ

東京、一九四一年六月二六日

日本に参戦を迫るようにとの指令を、ドイツ大使オットは受けていない。

情報源のオットーの話では、参戦については日本海軍は、静観するつもりでいる。

ドイツ向けの軍需物資を積んだドイツの船舶二隻が、一カ月以上日本に停泊している。これらの船舶の名前は「オーベンワルト」と「ラインラント」である。アメリカと何らかの相互理解に達する希望を松岡は持ってはいない。

No.150　インソン

文書　No. 158

暗号解読電報　入電No.一一五八〇

赤軍参謀本部諜報総局局長へ

東京、一九四一年六月二六日

この困難な時代にも御幸運がありますように。われわれ一同はねばり強く任務を遂行して行きます。

松岡は、しばらくすれば日本がソ連攻撃に踏み切ることは疑いないと、ドイツ大使オットに語った。

No.149　インソン

文書　No. 159

暗号解読電報　入電No.一一六三七・一一六三八・一一六三九・一一六四〇

赤軍参謀本部諜報総局局長へ

東京、一九四一年六月二八日

サイゴンへの軍事行動を行う決議が、急進派に押されて採択された。彼らは、アメリカとの衝突回避を条件に、軍事行動を求めていた。そして二つ目には、独ソ戦の間にときをかせぐために、この決議が採択された。赤軍が敗北するや否や、日本は北へ進撃するだろうと、情報源のインベストは主張している。ただし独ソ戦の間に政策の……（二字判読不能）の場合には、平和的手段でのサハリン購入を日本が望んでいることを指摘した。

サイゴン進攻については、ドイツ大使オットは確認を取っていたが、北進に関するオットの問いに対して、松岡はこの件について常々オットに保証していたように、日本はソ連に侵攻すると述べた。さらに続けて松岡は、サイゴン進攻に対しては、少し前に天皇がもう同意しており、現時点ではこの決定の変更は、有り得ないと述べた。そのため日本が今、北進しないことをオットは理解した。

日本の進攻が北かあるいは南かの決定に関しては、山下（訳注　奉文、当時陸軍中将兼軍事参議官）将軍の到着は大きな影響力を持っているが、進攻の決定をそれ自体は山下といえどももう覆すことはできないとインベストは語った。重光（訳注　葵、当時外務次官）の到着とワシントンでの交渉も最終的な決定に対して、幾らかの影響力を持つだろう。

国益の歩み寄りの点で、アメリカの回答は満足のゆくものである。ただ、まだ周知のこととはなっていないとはいえ、全般にわたって回答は中国に関するものであり、日本が南洋での権利を要求せず、三国同盟を破棄した場合には、日本は中国で大きな経済的特典を獲得することが、確信されている。インベストがもっと完全な情報をまもなく入手することになっている。

No.156・157・158・159　インソン

文書 No.160

電報No.六二二一・七一一四

東京の同志インソン（ラムゼイ）へ

独ソ戦に関して、我が国に対して日本政府がどのような決定を採択したのか報告せよ。軍隊が国境に移動した場合には、直ちにわれわれに報告せよ。

局長　第四部第一課長　ロゴフ

文書 No.161

暗号解読電報　入電No.一一五八三・一一五七五・一一五七八・一一五八一・一一五七四

赤軍参謀本部諜報総局局長へ

東京、一九四一年七月三日

左翼からの攻撃と、幾らかの戦術的過ちに関する問いに答えるには、今となってはもう手遅れである。

ショル中佐がそのとき言ったのは、最初の主力による攻撃が、ドイツ軍の左翼から赤軍に対して加えられるということだった。強烈な攻撃を加えることの完全に出来る戦線とは反対方向に、赤軍の主力が集結するものと、ドイツ軍は完全に確信していた。ドイツ軍がひどく警戒していたのは、主攻撃があるという通報を受けて、赤軍が敵の兵力を見極めた上で、敵の攻撃の重点から離れたところで、何らかのことを実行するために、少し後退することであった。ドイツ軍の主目的は、ポーランド軍のときと同じく、赤軍を包囲して壊滅させることである。日本の参謀本部は、大敵へのドイツ軍の攻撃と赤軍の敗北が不可避であることとを踏まえて、どう行動するかで頭が一杯であると、ドイツ武官は私に語った。

日本は遅くとも五週間後には参戦すると、彼は考えている。日本軍は、サハリン（訳注　樺太）側からソ連沿海地方の海岸に部隊を上陸させて、樺太・ハバロフスク・ウラジオストクを攻撃することから始めるだろう。国民の全体的機運は、ドイツの軍事行動と日本の参戦に反対である。

局長には、相手方を上回る一層目覚ましい活動を対外的にしてもらわねばならない。

日本は六週間後に参戦すると、情報源のインベストは言っている。日本政府は三国同盟を守ることを決定したけれども、ソ連との中立条約も堅持するだろうとも彼は伝えた。

インドシナのサイゴンに、三個師団を派遣することが決定された。この決定前には、ソ連を目標にすることを指示していた松岡でさえも賛成に回った。

情報源のイテリ（訳注　宮城与徳の日本人協力者）とイラコ（同上）は、華北からの部隊の一部によって東部国境の警備が強化され、北海道に部隊が増強されたことを耳にしていた。

京都に戻った一個師団は、北に向かう模様である。

ラムゼイ

翻訳者　ロゴフ大佐

決裁—局長　第四部長。（1）一、二頁で下線を引いた部分を抜き書きして、国防委員会と参謀本部のメンバーに送付すること。（2）対ソ戦に備えるための、中国と直接日本からの日本軍の移動に関して報告するように、ラムゼイに要求せよ。（3）左翼のことと電報そのものに、彼がどのくらい回答を寄越していないのか、報告せよ。

文書 No. 162

暗号解読電報　入電№一二三一二
赤軍参謀本部諜報総局局長へ
東京、一九四一年七月一〇日
ドイツ大使オットは、出来るだけ早く日本に参戦を促すようにとの指令をリッベントロップから受けた。リッベントロップのこのせっつかせ振りに、オットはひどく驚いている。日本がまだ用意が完了していなく、今、参戦したとしても、それは上辺だけのものにすぎないことをリッベントロップは知っているはずである。
情報源のインベストの話では、南への軍事行動のために、一個師団程度がすでに派遣されたということである。
軍隊を乗せた三七隻の輸送船が、台湾に向かっている。
一九個あまりの師団が北に向かっているという噂があります。
本格的に探りをいれるために、京都に人を送り込んだ。
№164　インソン
翻訳者　ロゴフ

文書　No. 163
暗号解読電報　入電№一二三一六・一二三一七・一二三一〇・一二三一八
赤軍参謀本部諜報総局局長へ
東京、一九四一年七月一〇日
情報源のインベストによれば、サイゴン（インドシナ）への軍事行動計画を変更しないことが、御前会議で決定された。ただし赤軍の敗北に備えて、対ソ軍事行動の準備をしておくことも、同時に決定された。ドイツ大使オットも同じようなこと（ドイツ軍がスベルドロフスクに到着したら日本は開戦する）を言っていた。
日本は参戦するが、それは早くとも七月末か八月始め頃であり、準備が完了次第、日本は直ちに行動を開始することを確信していると、ドイツ武官はベルリンに打電した。
オットとの会談の中で、日本国民は日本の心臓部への空襲を実感することになるだろうと、松岡は話した。
これに対して、オットはこう答えた。それは有り得ない。なぜならソ連が極東に配備している第一級の飛行機は一五〇〇機だけであり、その内三〇〇機ばかりが重爆撃機で、日本に飛来して戻ってくることは可能だが、この任務を遂行できる機種は、ソ連には二つきり（TB-7とDB-3）しかなく、それは極東にはまだ配備されていない。
ドイツ武官は次のように確信している。レニングラード、モスクワ、ハリコフの占領とともにソ連体制の終りが訪れるだろう。そうでない場合には、モスクワからシベリアを経由する鉄道沿いに、ドイツ軍は大規模な空爆作戦を開始する。

日本政府は独ソ戦に賛成していない人の追求を始めた。それでいて日本政府は、ドイツ側に立って参戦することを熱狂的に支持している国民とは、むしろ離れたところにいる。

対ソ戦を求めていた三人の有力者……（不鮮明）が逮捕された。

政府決定に対する影響を避けるために、山下将軍は満洲国に留まるようにとの指令を受けた。

インドシナの南方基地で、軍の指揮をとる新たな任務に、山下が任命されるという噂が流れている。

No.163・165・166・167　インソン

赤軍参謀本部諜報総局局長による注

情報源の非凡な能力と、彼の以前の報告のかなりの部分が、信頼に足ることから推して、この情報は信頼できるものである。　赤軍参謀本部諜報局長代理　戦車隊陸軍少将

文書　No.164

暗号解読電報　入電No.一五一三五

赤軍参謀本部諜報総局局長へ

東京、一九四一年八月一一日

八月の第一週から最終週の間頃に、何の布告もなしに日本軍が戦争を始めるようなので、十二分に警戒を怠らないで下さい。

No.71《ママ》　インソン（注74）

文書　No.165

暗号解読電報　入電No.一四七六二

赤軍参謀本部諜報総局局長へ

東京、一九四一年八月七日

ドイツ大使オットは近衛内閣について、リッベントロップに電報を打ち、内閣がもちろん対独関係を基礎に置いていることを指摘した。松岡が親独になっていたことが、以前と異なる点であった。

基本政策は変っていないが、参戦へのテンポがとても遅いとオットは言った。

同時にオットは、新内閣が必ず参戦を支持することを確信しているとも、言った。松岡のいた前内閣よりも、新内閣がドイツに関してはるかに無関心であることで、いずれにせよオットにとって今がいちだんと困難が増している。

インソン

翻訳　ロゴフ

文書　No. 166

暗号解読電報　入電№一四〇六七
赤軍参謀本部諜報総局局長へ
東京、一九四一年七月三〇日

情報源のインベストとインタリによれば、新たな動員により日本では二〇万人以上が召集されることになる。このようにして八月半ば頃には日本では約二百万人が戦闘体制に入るだろう。八月後半から日本は戦争を開始することができるが、ただしそれは赤軍がドイツ軍に敗北を喫っし、その結果極東の防衛力が弱体化した場合のみである。近衛グループの見方はこうであるが、日本の参謀本部がどのくらい待つのか今言うことは難しい。

情報源のインベストは、もし赤軍がモスクワの手前でドイツ軍を食い止めるなら、その場合には日本軍は行動を起こさないと確信している。

No.168　インソン

決裁—局長。第四本部長。情報提供者全員がどういう人物なのか報告せよ。

文書　No. 167

暗号解読電報　入電№一二三一四・一二三一五
赤軍参謀本部諜報総局局長へ
東京、一九四一年七月一二日

参戦するよう日本に提案したが、日本は当面中立を維持する意向である、とドイツ大使オットはインソンに言った。

日本には石本・中野・その他の、南進を強く働きかけているグループがいるが、関東軍の若手将校の一団は、対ソ戦を支持している。

戦争の準備は最大六週間かかり、日本は戦争の推移を見守っているとインソンは言っている。もし赤軍が敗北したら日本軍はもちろん参戦するが、敗北しない場合には静観の態度をとるだろう。

注　ウラジオストクから配送される際に生じたひどい汚れで、この電報の原文は抄訳された。問い合わせが行われた。

No.160・161　インソン

文書　No. 168

暗号解読電報　入電№一五一二四・一五一三八
赤軍参謀本部諜報総局局長へ
東京、一九四一年八月一一日

独ソ戦が始まってすぐの頃に、日本政府と参謀本部は戦争準備に入ることを決定し、そのため大掛かりな召集が行われた。しかし、開戦後六週間たってみると、ドイツ軍の攻撃が手間取っており、軍のかなりの部分が赤軍によって撃破されていることを、戦争準備をしている日本の指導者たちは感じている。アメリカは日増しに反日本の立場になってきている。日本に対する経済封鎖が強化されているが、それでも日本の参謀本部は、召集兵を帰すつもりはまったくない。冬がもう近づいて来ているだけに、近日中に最終決定が下されると参謀本部は確信しているのだ。ここ二、三週間で日本の決定が最終的に下されるだろう。おそらく参謀本部は、政府との事前協議なしの進撃を決定するだろう。

戦争回避を口実に、日本の外務省が日本の要求に最大限応ずるよう、ソ連政府に要求することを、ドイツ大使は知った。

インソン(注75)

文書 No.169

暗号解読電報　入電No.一五三七四

赤軍参謀本部諜報総局局長へ

東京、一九四一年八月一二日

ドイツ軍は日本が参戦するように日々圧力を加えている。日本の首脳たちに約束したようには、この前の日曜日までにモスクワを占領できなかったという事実が、日本軍の意気込みに水を差した。

インソン

文書 No.170

暗号解読電報　入電No.一五三七五

赤軍参謀本部諜報総局局長へ

東京、一九四一年八月一二日

参戦するように日本に働きかけるために、リッベントロップは毎日、電報を送っている。その結果、土肥原（訳注　賢二、当時陸軍大将）、岡村（訳注　寧次、当時陸軍大将兼北支方面軍司令官）両将軍と会談が持たれた。ドイツ大使オットの考えでは、赤軍が弱体化するまで日本軍は時期を待つことになる。というのは、この条件なしには参戦は危険を伴うからである。燃料資源が非常に乏しい日本軍だけに、なおさらである。

No.81　インソン

文書 No.171

暗号解読電報　入電No.一五三八四

赤軍参謀本部諜報総局局長へ

東京、一九四一年八月一二日

ドイツ大使館の武官が朝鮮と満州で視察を行った。そして彼が私に話してくれたことは、予想されるウラジオストク攻撃のために六個師団が朝鮮入りしたことであった。満州には四個師団が到着した。ドイツ武官は満州と朝鮮を合わせて、日本軍が三〇個師団になることをすぐに理解した。作戦に向けての準備は、八月二〇日から同月末の間頃に終了するが、日本軍の参戦決定が、まだ採択されていないことを、ドイツ武官は個人的にベルリンに打電した。もし日本軍が攻撃するなら、日本軍の主力が照準を定めているウラジオストクに、先制攻撃が加えられるだろう。ブラゴベシチェンスク（訳注　ロシア共和国アムール川の河港都市）に対しては、三個師団が向けられる。

No.80　インソン

文書　No.172

暗号解読電報　入電No.一五三八二
赤軍参謀本部諜報総局局長へ
東京、一九四一年八月一五日

ウクライナでドイツ軍が戦果を挙げたことで、当然のことながら、レニングラードとモスクワに新たに攻撃が加えられることを、ドイツ武官は確信している。日本を説き伏せるためにはこの両都市を占領することが、不可欠である。ドイツ軍によって創設された航空師団は、まだ利用されていないと、彼は言っていた。彼の考えでは、この師団はレニングラード、モスクワ、バクー油田地帯の占領に利用されることになる。南部でドイツ軍が戦果を挙げたことで、日本の参謀本部が影響を受け始めたと、彼は考えている。

No.82　インソン

文書　No.173

暗号解読電報　入電No.一六一六三
赤軍参謀本部諜報総局局長へ
東京、一九四一年八月二三日

日本にとってまだ参戦の時期ではないと土肥原と東条が考えていることを、インベストが知らせてきた。次のような日本の命令にドイツ軍は非常に不満である。近衛が、いかなる挑発的行為も避けるように梅津に指示したのである。同時に、タイさらにボルネオの占領問題が、政府筋で以前より本気で検討されている。

問題はまだ解決されていないが、アメリカの反日本の立場が明らかであることから、今年中に日本が参戦することはないだろうと、ガイムショー（外務省）の職員が話していた。

No.85　インソン

文書　No.174

暗号解読電報　入電No.一六一六四

赤軍参謀本部諜報総局局長へ

東京、一九四一年八月二三日

イテリが宇垣書記官から聞いた話では、一期と三期に召集された兵士のうち二〇万人（これはドイツ武官の話した数とほぼ同じ）が満州と北朝鮮に差し向けられるそうである。満州には、以前から駐屯していた一四個歩兵師団を含めると、今、二五～三〇個歩兵師団が駐留している。中国には三五万人の兵士が派遣されるそうである。四〇万人は日本に残る。兵士の多くは、わざわざ熱帯の国々用の半ズボンか、短い乗馬ズボンを着用しており、そこから相当な数の兵士が、南に派遣されることが推察できる。

No.33　インソン

文書　No.175

暗号解読電報　入電No.一八〇五四

赤軍参謀本部諜報総局局長へ

東京、一九四一年九月一四日

情報源のインベストが満州に出かけている。今年中にはソ連を攻撃しないことを、日本政府は決定したけれども、来春までにソ連が敗北した場合に予想される来春の攻撃に備えて、軍は満州に留まることになると、彼は言った。

九月一五日以後は、ソ連は完全に―（言葉が判読不能）解放されるだろうと、インベストが指摘した。

情報源のインタリ（宮城与徳）の報告によると、北に向かう予定の第一四歩兵師団の大隊の一つが、東京の近衛師団の兵舎に引きとめられているそうである。

ウォロシーロフ（訳注　ロシア共和国沿海地方南西部の都市。現在のウスリースクの旧名）地区の国境から届けられている将校や兵士の手紙から、彼らが牡丹江地方に引っ張り出されていることが分かる。

No.86　インソン

文書　No.176

暗号解読電報　入電No.一八〇五八

赤軍参謀本部諜報総局局長へ

東京、一九四一年九月一一日

日本を対ソ戦に引き込む望みを、ドイツ大使オットはすべて失った。白鳥（前イタリア日本大使でこの時は外務省に勤務）がオットに、こう言った。日本が戦争を始めるにしても、それは原料（石油・金属）を手に入れることのできる南に限られる。北では、彼ら（ドイツ軍のことか？）は十分に援助を得ることができないだろう。

日本のソ連攻撃は、もう問題になっていないと海軍の友人の一人がパウラ（ドイツ大使館武官）に言った。海軍は近衛とルーズベルト（訳注　フランクリン・デラノ、当時アメリカ大統領）との間の交渉がうまくゆくとは思っていなく、タイ、ボルネオへの侵攻を準備している。マニラは陥落するに違いないが、それはアメリカとの戦争を意味すると、彼は考えている。

No.87　インソン

文書　No.177

暗号解読電報　入電No.一八〇六三

赤軍参謀本部諜報総局局長へ

東京、一九四一年九月一四日

オット大使の意見によると、日本の対ソ攻撃は、今はすでに問題外となっている。攻撃があるとすれば、ソ連が極東から軍隊を大規模に移動させた場合のみであろう。

国家にかならず大きな経済的、政治的な困難をもたらす、巨大な関東軍の維持と大規模な召集の責任について、激しい議論があらゆるところで始まった。

No.90　インソン

文書　No.178

暗号解読電報　入電No.一八〇六三

赤軍参謀本部諜報総局局長へ

東京、一九四一年九月一四日

パウラ（ドイツ大使館海軍武官）が私にこう言った。今度のドイツ軍の大攻撃は、ドニエプル川（訳注　ヨーロッパ・ロシア西部を南に流れて黒海に注ぐ大河）を経由してコーカサス（訳注　ロシア共和国南西部、黒海～カスピ海に挟まれ、アジアとヨーロッパの境とされたコーカサス山脈を中心とする地域）にかけられると、確信している。

近いうちにドイツ軍が石油を獲得できなければ、この先ドイツ軍は戦争に負けるに違いないと、パウラは考えている。だから、レニングラードとモスクワを巡る戦いはある程度見せかけのものであって、真の狙いはコーカサスに違いない。

インソン

文書　No.179

暗号解読電報　入電No.一九六八一・一〇六八二

赤軍参謀本部諜報総局局長へ

東京、一九四一年一〇月四日

今年中に対ソ戦がないことから、少数の部隊が日本に帰還してきた。例えば、第一四師団の連隊の一つが宇都宮地区に駐留しており、一方、別の部隊が大連―奉天間の地方から帰還してきた。この部隊はそこでは新しい仮兵舎に駐屯していた。日本軍の主力は以前と同じく、ウラジオストク―ウォロシーロフ地区に集結している。

九月頃に、鉄道会社管理部は秘密裡にチチハル―ソヌ（ソ連の町ウシュムーンの向かい側にある）間に、鉄道を敷設せよとの指令を受けた。独ソ戦の展開によっては、日本の戦争開始時期は来年の三月と予想されるが、それに備えての攻撃作戦のために、日本軍はこの地方を強化しておくつもりである。

北支から満州には、日本軍が移動しないことも分かっている。

No.95・96　インソン

文書　No.180

暗号解読電報　入電No.二一一〇二

赤軍参謀本部諜報総局局長へ

東京、一九四一年一〇月三〇日

手元にある情報によると、五日前にインソンとジゴロが、だれのためかは分からないが、スパイ容疑で逮捕された。情報を確かめてみる。

一〇月二九日にイゾプ（訳注　アンナ・クラウゼンの暗号名）と会ったが、インソンとは最近会っていないし、どこにいるのかも知らないと、言った。逮捕については、私たちはイゾプには何も言わなかった。彼の逮捕がたとえ私たちの任務と無関係であったとしても、ジゴロがインソン・グループのことを洗いざらい白状してしまう危険性がある。情報の裏付けがとれたら、イゾプに話すことにする。[注76]

No.311〈略〉

決裁―局長。第一部長。

一、インソンとジゴロに関する参考資料を用意すること。

二、イカルにイゾプの〈略〉指示をすること。

文書　No.181

極秘

コミンテルン執行委員会

同志ディミトロフへ

一九四二年一月七日付のNo.一四三三の補足の中で、東京で逮捕されたドイツ人の中の一人ゾルゲ（ホルゲ）なる人物が、自分は一九一九年から共産党員であり、ハンブルクで入党したことを証言したとの報告があった。

一九二五年には、モスクワでのコミンテルン大会の代表委員であり、大会終了後はコミンテルン執行委員会情報局で働いた。一九三〇年には中国に派遣された。

中国からドイツに行き、自分の任務をカムフラージュするためにコミンテルンの助けを得て、国家社会主義ドイツ労働者党（ナチス党）に入党した。

国家社会主義党に入党後、アメリカ経由で日本へ行き、そこで「フランクフルター・ツアイトゥンク」紙の記者として働きながら、共産主義の活動を遂行した。

東京ではソ連の同僚、ザイツエフ（訳注　在日ソ連大使館三等書記官）やブトケビチ（訳注　同三等書記官）らと連絡を保っていた。この報告がどの程度信憑性《しんぴょうせい》があるものなのか報告していただきたい。

（フィーチン）　一九四二年一月一四日(注77)

文書 No. 182

一九四一年の春に、北林トモ（訳注　アメリカ共産党員。ゾルゲ・グループの一員）はアメリカから東京にやって来た。彼女がスパイ活動をしているという情報をわれわれは入手した。北林は和歌山に移動した。われわれは彼女に対するいかなる証拠も集めることが出来ないでいた。しかし、一九四一年一〇月になって、われわれは決定的な情報を得たので、北林を逮捕した。彼女はスパイであることは否定したが、アメリカからやって来た宮城与徳なる人物がいて、何らかのスパイ活動を行っていると話した。(注78)

文書 No. 183

「日本共産党再建委員会の一員である伊藤律（訳注　日本共産党幹部）という名の人物の取り調べの結果が、この事件の一斉逮捕の直接のきっかけとなった。しかし、一斉逮捕がもっぱらこの一人の人間の証言の結果によると考えるのは、必ずしも正しくあるまい。内偵、警察の監視、地方検事らの豊富な経験と熱意、洞察力ある解釈、これらすべてが一つとなって、コミンテルンのスパイグループの逮捕を導いたのである(注79)」

「山名正実（訳注　ゾルゲ・グループの一員）とともにスパイ活動を行った。田口右源太（訳注　ゾルゲ・グループの一員）は北海道から東京に引っ越して来た。一九三九年末に、彼らは四谷の坂町にある久津見（訳注　房子。ゾルゲ・グループの一員）の家に落ち着いた。翌一九四〇年二月に、宮城与徳の頼みで彼の情報集めを手伝うようになった(注80)」

文書　No.184

「田口（訳注　右源太）、山名（同 正実）、久津見の三名はゾルゲ諜報団の急所だった。警察のスパイが入り込めるくらいの最も弱小な部隊だった。彼ら全員が三月一五日[注81]の事件の際に逮捕された…彼らは「要注意人物」として、を警察は名前を割り出していた…宮城与徳逮捕までに、取調べはすでに終了していた[注82]」

文書　No.185

「（逮捕から）一週間後、ゾルゲはようやく自供した。彼は紙にドイツ語でこう記した。「…私は一九二五年から今日まで共産党員、国際主義者である」〈略〉

その後、彼は上着を脱ぎ、立ち上がってこう叫んだ「私は今度は負けた!」〈略〉

「私は自ら証人として、拘留尋問に立ち会ったが、拷問やその他の過酷な方法が適応されない人間を追求するために、尋問はかなり頻繁に行われた[注83]」

文書　No.186

「パール・ハーバーへの攻撃の後、日本は自国のために我が身を無傷のままにしているのだとゾルゲは思ったに違いない。実際、その通りだった。

日本はゾルゲをモスクワとの取引対象として検討していたために、ゾルゲをドイツに引き渡すことを拒否したのだった。リッベントロップがゾルゲをベルリン（そこではきっと銃殺隊が待ち構えていたに違いない）に引き渡すよう依頼したとき、日本は断った…[注84]」

（注1）ロシア語の正書法と句読法は、守られている。
（注2）ロシア現代史文書保管・研究センター（RCKIDNI）収蔵庫（F）495、目録（OP）19、ファイル（D）217a 文書（L）2.
（注3）RCKIDNI F.495, OP.19, D.217, L, 9.
（注4）RCKIDNI F.495, OP.19, D.217a, L, 19.
（注5）RCKIDNI F.495, OP.19, D.217a, L, 24.
（注6）RCKIDNI F.495, OP.19, D.217a, L, 30.
（注7）RCKIDNI F.495, OP.19, D.217a, L, 49.
（注8）RCKIDNI F.495, OP.19, D.217a, L, 84.
（注9）RCKIDNI F.495, OP.19, D.217a, L, 99.
（注10）RCKIDNI F.495, OP.19, D.217a, L, 100.
（注11）『隣人』という言葉によって、軍事諜報機関が

暗示され、その指導者は言うまでもなく、このような政治的イデオロギーのゲームに喜んで参加していたわけではないということは、考えられぬことではない。

（注12）RCKIDNI F.495, OP.19, D.217a, L, 101.
（注13）RCKIDNI F.495, OP.19, D.217a, L, 103.
（注14）RCKIDNI F.495, OP.19, D.217a, L, 105.
（注15）RCKIDNI F.495, OP.19, D.217a, L, 111.
（注16）RCKIDNI F.495, OP.19, D.217a, L, 112.
（注17）フランス語の原型は、Jules
（注18）RCKIDNI F.495, OP.19, D.217a, L, 129.
（注19）RCKIDNI F.495, OP.19, D.217a, L, 132.
（注20）RCKIDNI F.495, OP.19, D.217a, L, 145.
（注21）RCKIDNI F.495, OP.19, D.217a, L, 150.
（注22）RCKIDNI F.495, OP.19, D.217a, L, 160.
（注23）RCKIDNI F.495, OP.19, D.217a, L, 162.
（注24）RCKIDNI F.495, OP.19, D.217a, L, 164.
（注25）RCKIDNI F.495, OP.19, D.217a, L, 172.
（注26）RCKIDNI F.495, OP.19, D.217a, L, 178.
（注27）RCKIDNI F.495, OP.19, D.217a, L, 183.
（注28）RCKIDNI F.495, OP.19, D.217a, L, 202.
（注29）RCKIDNI F.495, OP.19, D.217a, L, 215.
（注30）RCKIDNI F.495, OP.19, D.217a, L, 232. ハルビンから上海へオットー・ブラウンとゲルマン・ジブラーが派遣され、それぞれが別々に動き、二万ドルずつ運んだ。目的は、ヌルレンソフ弁護士に今度は支払いをしなければならなかったゾルゲに金を渡すことであった（いくつかの情報によれば、全作戦に一〇万ドルが拠出されたとのこと）。金の引き渡し、その確認、照会と回答につき、明らかに大混乱が生じていた。
（注31）RCKIDNI F.495, OP.19, D.217a, L, 237.
（注32）RCKIDNI F.495, OP.19, D.573, L, 13.
（注33）「上海時代」宛の付属文書に「過失」という言葉があるので注意しよう。この言葉は本部宛のゾルゲの書簡（自己批判）やモスクワで作成された文書（非難）に、繰り返し出てくる。
（注34）編者の翻訳。
（注35）原文の翻訳。
（注36）同。
（注37）同。
（注38）ロシア国防省中央公文書保管所（CAMORF）収蔵庫（F）23、目録（OP）22383、ファイル（D）3、（L）26。原文の翻訳。

（注39） CAMORF F.23, OP.22383, D.3, L, 25. 原文の翻訳。
（注40） CAMORF F.23, OP.22383, D.3, L, 28. 原文の翻訳。
（注41） CAMORF F.23, OP.22383, D.3, L, 34, 36. 原文の翻訳。
（注42） CAMORF F.23, OP.22383, D.3, L, 38. 原文の翻訳。
（注43） CAMORF F.23, OP.22383, D.3, L, 35. 原文の翻訳。
（注44） CAMORF F.23, OP.22383, D.3, L, 37. 原文の翻訳。
（注45） 原文の翻訳。
（注46） CAMORF F.23, OP.22383, D.3, L, 163. 原文の翻訳。
（注47） CAMORF F.23, OP.22383, D.3, L, 175. 原文の翻訳。
（注48） CAMORF F.23, OP.22383, D.3, L, 185. 原文の翻訳。
（注49） CAMORF F.23, OP.22383, D.3, L, 186. 原文の翻訳。
（注50） 原文の翻訳。
（注51） 同
（注52） CAMORF F.23, OP.22383, D.3, L, 209―210. 原文の翻訳。
（注53） CAMORF F.23, OP.22383, D.3, L, 268―269.
（注54） CAMORF F.23, OP.22383, D.3, L, 277―278. 原文の翻訳。
（注55） CAMORF F.23, OP.22383, D.3, L, 281―282。
（注56） CAMORF F.23, OP.22383, D.3, L, 313. 原文の翻訳。
（注57） 原文の翻訳。
（注58） CAMORF F.23, OP.22407, D8, L, 19, 26.
（注59） CAMORF F.23, OP.22407, D.2, L, 1.
（注60） 一九三九年初めに、赤軍参謀本部諜報総局は赤軍参謀本部第五局に改名され、I・I・プロスクーロフ師団長が局長に任命された。
（注61） CAMORF F.23, OP.22407, D.2, L, 313―314.
（注62） CAMORF F.23, OP.22407, D.2, L, 417.
（注63） CAMORF F.23, OP.22407, D.2, L, 486―487.
（注64） CAMORF F.23, OP.22407, D.2, L, 536―537.
（注65） CAMORF F.23, OP.22425, D.3, L, 92―94.

（注66）CAMORF F.23, OP.22425, D.3, L. 144.
（注67）CAMORF F.23, OP.22425, D.3, L. 177―179.
（注68）CAMORF F.23, OP.22425, D.3, L. 542―543.
（注69）CAMORF F.23, OP.22425, D.3, L. 8―12.
（注70）CAMORF F.23, OP.5480, D.7, L. 44.
（注71）CAMORF F.23, OP.24127, D.2, L. 381.
（注72）CAMORF F.23, OP.24127, D.2, L. 377―378.
（注73）CAMORF F.23, OP.24127, D.2, L. 422.
（注74）CAMORF F.23, OP.24127, D.2, L. 616.
（注75）CAMORF F.23, OP.24127, D.2, L. 217―220.
（注76）ソ連軍参謀本部諜報総局局員の説明によると、この電報の後半は結果が不可解である。彼自身とではなく、イワノフ（訳注　在日ソ連大使館付陸軍武官、当時大佐）とクラウゼンの妻（イゾプ）が会った話でなければばならない。
（注77）RSKIDNI, F.495, OP.73, D.188, L. 7.（独立新聞に発表される。一九九二年一〇月一六日）ゾルゲ・グループの逮捕と事件の結末についての公式発表は、事件摘発六ヶ月後の翌四二年五月一七日に行われ、それまでは記事差し止めとなって、国民にはまったく知らされなかった。日本人はこれが原因で騒ぎが起きることを、まったく望んでいなかった。取り調べの終了後、日本の内務省特別報告に事件に関する短い情報が載せられ、それはソ連側を迷わすことになった。ゾルゲの身上書は次のような文句で終わっている。「内務人民委員部の資料によると、一九四二年に銃殺される」。ここに取り上げられている内務人民委員部外国部長フィーチンの問い合わせは、ソ連諜報機関の最高幹部職員にとってさえ、ゾルゲが見知らぬ人物であったことを証明していて、とても興味深い。この手紙の公表で、ソ連側からは、ゾルゲを救い出そうとするために、だれも打診することさえもしなかったことが、明白になりつつある。ただ日本人には、このことは分かっていない。ゾルゲに宣告された死刑執行をすでに延期していた。ソ連が自分たちの仲間の命を救うために措置を講ずるだろうと、考えていたのである。
（注78）非米活動調査委員会公聴会、一一三五ページ。非米活動調査委員会公聴会で、ゾルゲ事件に関わった元検事の吉河光貞はこう、語った。つまり、一九四一年一〇月に日本の防諜機関が入手した「ある種の情報」が、問題のすべてなのか。
（注79）『最近に於ける共産主義運動検挙秘録』は特高

第一課第二係長の宮下弘によって、一九四三年三月に自分の体験に基づいて、作成された。五ページ。渡部富哉の資料コレクション。

(注80) 同七ページ。

(注81) 一九二八年三月一五日に日本全土で行われた大量検挙では約一六〇〇人が逮捕され、日本共産党員名簿と党の文書が押収された。

(注82) 「最近における共産主義運動検挙秘録」へのコメント、七ページ。社会運動資料センター、渡部富哉。

(注83) 反米活動への関与前の聴取。一一三八、一一四四、一一五〇ページ。吉河検事の回想記より。

拷問の方法はゾルゲ、クラウゼンだけには適応されなかった。

(注84) R・ワイマント　前掲書、二九九ページ。

逮捕後間もなく、ゾルゲは大橋警部補にこう嘆願している。

「お願いです。ソ連大使館のセルゲイ(V・S・ザイツェフ)にラムゼイが東京拘置所に拘留されていると伝えて下さい」

この会話は証人のいないところで行われ、大橋はそのことを上層部に報告しないことを決意した。

第五章　回想記(注1)

文書 No.187

P・A・スドプラートフ　ゾルゲについて(注2)

一　情報源としてのゾルゲ

ゾルゲは優秀な諜報部員だ。私は上海で国家政治保安部(GPU)諜報部の諜報員だったエイチンゴンからゾルゲのことを聞いた。上海でゾルゲとともに働いていたブルガリアの軍事諜報部長ビナロフは、ゾルゲについて多く語ってくれた。

特別グループの長官のように、内務人民委員部第一長官のように、私は在日ドイツ大使館内の重要な情報源であるゾルゲについて知っていた。

ゾルゲについて語ってくれたのは、元諜報総局副局長ミリシュテインだ。

ゾルゲの悲劇はアルトゥーゾフ、ウリツキー、ベルジン、カリン、ボロビチ(彼の連絡将校)の承認を得て、彼が在日ドイツ諜報部に勤めていたことにある。

これは彼を信頼の欠けた立場に立たせた。私は在日ドイツ大使館が重要な情報を伝えていたにもかかわらず、その情報は全く信頼できないものだと書かれた文書のことを覚えている。ゾルゲに対して諜報総局指導部は、ゾルゲ逮捕の三年も前にこのような判断を下していた。

二　ゾルゲの活動

ゾルゲは極めて重要な情報を伝えていたが、その大体がすでに明らかになっている敵の計画の詳細だった。残念なことに、情報は無線通信による電文の形式で伝えられていた。われわれが極東からモスクワへ軍を移送し、モスクワ会戦に勝利したということは事実と合致しない。なぜならば、ゾルゲは一九四一年一〇月、来るべき日本の対米攻撃がないと伝えてきたからだ。われわれは関東軍の卑劣な攻撃の可能性について、つまり日本が中国と見通しのない長期戦に陥り、十分な燃料の備蓄もないという記録資料を持っていた。日本人は近代的な機甲兵団を持っていなかった。

三　ゾルゲは諜報戦争の英雄だが、偶然にもソ連では人気があった。フルシチョフは一九六四年にゾルゲに関する映画を見て、このような人間が本当にいたのかと尋ね、ゾルゲの警告に耳を傾けなかったスターリンの中傷を試み、彼の死後にゾルゲを表彰するよう命令した。これについては、ミリシュテインと一緒に、ゾルゲについての回想記を著した諜報総局退役者グループ関係者であったＬ・Ｐ・ワシレフスキーが話してくれた。

四　ゾルゲはいうまでもなくソ連の英雄で、表彰に値する勇敢な人物だった。彼が死んだのは、われわれが彼の引き渡しもしくは身柄交換に関する問題を扱わなかったためだ。そのような現実がそもそも存在した。一般にわれわれは身内、例えば一九三四年にポーランドでフェジチキンを、一九三八年にスウェーデンで後のドイツ民主主義共和国（訳注　東独）国家保安相、ボリベベル（アントン）を救った。国家政治保安部（ＧＰＵ）のフィーチン長官が一九四一年にゾルゲについて、コミンテルンに対し紹介状を書いたのを、私は記憶している。しかし、ゾルゲは規則に違反した。ソ連への自らの活動について話すために。

五　ドイツのソ連攻撃開始について、諜報総局の警告を無視したという素晴らしい伝説は、事実に合致していない。戦争が起こり、それが夏に始まるということはすべてのものが知っていたが、ソ連の指導者は現代の戦争の特徴、動員態勢、急速な展開、兵力がどのようなものであるかを認識しておらず、自国の軍隊の数ならばドイツ軍を撃退することが出来るとすっかり過信していた。さらに文書保管所の最近の文献を見たところ、スターリンとモロトフはヒトラーやリッベントロップと直接結びついていること、一九四一年春にトルコ分割に合意したことで、戦争を回避できると判断を過った。

六　われわれの諜報総局は、戦争について政府に警告するという任務を遂行した。同時にわれわれは軍事行動の舞台での実際の力関係についての情報を得ることができなかった。飛行機隊、戦車、ヨーロッパでの電撃戦の経験で、ドイツへの優越性を示すことが出来なかった。われわれの政府の認識は、実際のソ連軍の兵力に関しては過っていた。スターリンもモロトフもチモシェンコもジーュコフも間違っていたのだ。海軍艦隊の人民委員クズネツォフだけがより現実的に状況を見ていた。

七　ゾルゲはいわゆる特別スパイで、ソ連諜報総局の外国人諜報部員だった。彼は将校ではなく、コミンテルン出身の優秀な諜報員の一人だった。ロシア内務人民委員部では、元ポーランド・カトリック司祭のテオドール・マリやオーストラリアのゲオルグ・ミレル、ハルビン出身の中国人チュジャン・リーが、同様の立場にあった。

残念ながら、彼は摘発の際にどう対応するかという準備が出来ていなかった。

八　ゾルゲの活動は諜報機関の歴史において、悲劇的かつ英雄的な一ページだ。ベルジン、ウリツキー、アルトゥーゾフ、カリーン、ゴレフ、ボロビチら、ゾルゲの教官や上司は皆、犯罪的な一斉弾圧の時代に亡くなった。

九　摘発の原因は、油断と駐日ドイツ諜報部での指導的立場を獲得するための戦いだ。

文書 No. 188

M・I・シロトキン

「ラムゼイ」諜報団の組織と活動の経験(注3)

第三章　在日諜報部の組織計画

A　一九三三年の組織計画

一九三三年時点での東京における諜報部組織計画は、諜報部の創設目的と任務の概略を決め、組織の事前構想や予定実施項目が記述されているが、何らかの特別文書にそれが記録されることはなかった。

メモ、組織、書簡、決議などの幾つかの文書の比較によって、諜報部組織構想の事前計画やその後の展開状況を概ね再現させ、計画実現の可否や状況を追跡することが可能である。

たった一年前に、日本の隣国（訳注　中国）から暗号解読の脅威のもとに召還された「ラムゼイ」をその後、**本部が諜報部員として東京に派遣するという決定は、それでもやはりミスだったのだろうか。**（ゴシック体は原文。以下同じ）

この問いの答えと本部の決定理由の解明は、重大な意義を持っている。

本部機構に諜報機関が存在していた最後の五年間に、「ラムゼイ」諜報団に関する「調査報告書」が何度も作成された。どの情報にも、諜報部の存在価値の疑いにとって拠り所となる根拠として、必ず「ラムゼイ」の上海での「過ち」の項目が登場する。そして自らの意見を率直に述べなければ、「ラムゼイ」の上海での過ちと失敗の後、一九三三年に彼を「軽率にも」日本に派遣した本部指導部を弾劾せざるを得なくなることが明らかである。

一体どのような判断が「ラムゼイ」を候補に選んだ本部の決定の根拠になったのだろうか。

「ラムゼイ」効果は、次のようにいわれている。

予定される活動の要求と条件を満たすゾルゲの個人的資質は、行動力、決断力、「狡猾さ」、幅広い関係を手に入れる能力、良く知られる冒険主義的傾向（この言葉の肯定的意味合いは「冒険を好む」ということである）、ジャーナリストとして優れた専門知識、ドイツ語・英語の堪能さ、コミンテルン（共産主義インターナショナル）での五年にわたる海外活動経験、上海での三年の非合法諜報活動経験などだ。彼の個人的な政治報告や観察により、彼が極東問題をかなりよく研究し身につけていることや、軍事、政治情勢を正しく分析でき、根拠のある専門知識にかなった結論を導き出せるということが分かる。

「ラムゼイ」の諜報活動の手法、方向性における個人的な欠点・ミス・失策は、彼を今後、日本で活用するための、決定的な障害にはならなかった。彼らは「ラムゼイ」が今後活動する過程での、確実かつ的確な指令と指揮、本部からの体系的な監視と監督を要求した。

「ラムゼイ」の今後の活動で、特別な注意を要し、確実にリスクを生む疑いのある要因は、次の点だ。

一　**ベルリンからの脅威**　ベルリン警察当局は日本からの特派員通信や彼の署名入りの記事が新聞に現れ始めてから、ゾルゲ個人に関心を持つようになった可能性がある。警察の人名カード目録は、ヨーロッパのコミンテルンでの方針に基づき「ラムゼイ」が最初の活動を始めたことに関する情報を提供するかもしれない。

二　「ラムゼイ」は上海でのミスの結果、**日本の防諜機関の名簿に名前を登録されており**、すぐに監視下に置かれる可能性がある。

三　**上海からの脅威**　ドイツ租界の関係筋によると、上海での「ラムゼイ」の「非難すべき」ソ連共産主義活動に関する情報提供の可能性。

本部指導部は在日諜報機関の組織化を計画し、「ラムゼイ」を機関長に任命する際に、これら全ての疑わしい要因と、事業を成功させるためにつきまとうリスクを慎重に考慮した。

新聞に掲載される記事が、然るべき文体で政治色を持っていたことが、この目標を手助けし、ベルリン警察の注意を除去しておくべきだった。

たとえ、日本の防諜機関が「ラムゼイ」を上海でブラックリストにのせていたとしても、ドイツ人ファシスト・ジャーナリストの立場、すなわちドイツの屋根の下での活動は、それと同時にある程度日本の防諜機関の捜査を狂わせた。

日本では外国人の監視は、必至だった。「ラムゼイ」の合法的任務は、日本の特定の侵略集団の理想とする精神と同種の、ファシスト・ドイツの理想への忠誠を誇示しようとするあらゆる行為にのみ現れていた。

それでもやはり、ベルリン警察と日本の防諜機関からの問い合せの危惧は、**ある程度確率が高いというだけ**の観点から、判断すべきだった。

最も現実的で不可避の脅威は、上海と東京のドイツ租界の連絡ルートによって、「ラムゼイ」の上海での活動に関する情報が入手されるかもしれないということだった。東京と上海の近隣性と定期的な連絡を考えれば、この危険は最も現実的なものだった。

残念ながら、われわれの諜報機関の組織計画の解明に当たって、**甚だ重大な欠陥が残されている**。その欠陥とはつまり、本部の決定や組織計画全体の評価と同じように、その後の「ラムゼイ」の活動の評価や彼のドイツ大使館との関係の分析に際しても、重大な役割を果たしている。

この欠陥は、以下の点にある。

仮に在日ドイツ大使館の人間が上海から何らかの情報を得ているとする場合、活動計画の指令・審議の際に「ラムゼイ」がどのような指令や指示を受けていたのか。すなわち、**「上海の脅威」**をかわすという問題に関して、上海での「ラムゼイ」の過去の活動を説明するのに、**どのような架空の履歴が作り上げられたのかが、どこにもどの文書にも、記載されていない。**日本での「ラムゼイ」の活用に伴う主だったリスクを定義するこの問題を、「ラムゼイ」と本部指導部の視野の外に置いたままにしていたとは考えにくい。もしこの問題が軽視されて審議されなかったと仮定しても、何度も本部に「上海からの脅威」について注意を促していた「ラムゼイ」自身が、上海から東京に「何らかの泥のはねが飛んでくる」事態に備えて、架空の履歴と行動戦術を考えなかったとは、信じられない。

「ラムゼイ」はすでに七年の海外非合法的活動の経験を持ち、十分な冒険心、機知、機転を供えていた。

彼が何度か本部に「上海から彼に迫る重大な危険」について、注意を促していたのに、自らが避けられない攻撃を受け身で待っているような無関心な犠牲役になったとは、信じがたいのである。

彼は、大使館職員との今の関係状態を考慮に入れて、大使館にコネを持った後にはじめて、自らの行動計画と架空の履歴を最終的に具体化したということはありうる。

諜報部の中枢を構成する予定になっていた主要人物は、以下の通りだ。

①「ジゴロ」（ブランコ・ブケリチ）

〈略〉諜報機関のメンバーの増員に当たって、結束のための中心人物として初期に予定されていた。

セルビア国籍でフランスに帰化。一九〇四年、セルビア生まれ。ザグレブ大学芸術部卒。一九二四年ザグレブでマルクス主義の学生グループメンバーとして逮捕される。一九二五年クロアチア独立運動に参加。一九二六年フランスへ赴き、パリ大学法学部に入学。一九三二年フランス共産党に入党。一九三二年春、募集者「オリガ」によって政治思想活動に参加。

一九三三年二月、本部の指令を遂行し、フランスの画報「展望」（La Vue）や南スラブの新聞「ポリチカ」から通信員を委嘱されて、妻（「エデット」）と息子とともに来日。

「ラムゼイ」は一九三三年末に「ジゴロ」と知り合い、一九三四年一月七日付の本部宛書簡で「ジゴロ」の第一印象を、次のように述べている。

「ジゴロ」は残念ながら、大変大きな障害だ。彼はとても穏やかで弱々しく、インテリで、芯のない人物だ。彼の唯一の存在価値は、われわれが手に入れた彼の部屋を工房として利用しはじめたことだ。

彼は今後、予備の工房の主人としてのみ、役立つかもしれない。

②「オットー」（尾崎秀実）

日本人。優秀なジャーナリスト、文学者。中国問題では代表的な専門家。政治思想としては、マルクス主義思想の支持者。

一九三〇年から一九三二年まで、「ラムゼイ」が情報提供者として、上海で活用した。一九三二年に上海から日本へ戻り、一九三三年には大阪に住み、「大阪朝日新聞」編集部や大原社会問題研究所に勤務した。

③「ジョー」（宮城与徳）

日本人。画家。一九〇三年、日本生まれ。一九一九年、米国カリフォルニアに渡り、一九二五年サンディエゴ美術学校を卒業。

一九二六―一九三三年、ほかの日本人とロサンゼルスでレストランを経営。

一九二六年、日本人の友人とともに、社会問題研究グループ「黎明会《れいめいかい》」を結成。一九二九年、共産主義戦線組織であるプロレタリアート芸術協会に入会。一九三一年、アメリカ共産党に入党。

「ラムゼイ」は一九三三年五月一五日にモスクワを発ち、一ヶ月半にわたりヨーロッパの新聞社のドイツ人通信員・ジャーナリストとして、日本での彼の合法性を確保するのに必要なあらゆる事前工作を行った。

第四章　諜報機関の組織活動

諜報部を組織し確立するという、本部の最初の計画の実現には、かなりの時間（ほぼ二年）を要した。しかも、日本の実際の状況により、本部の当初の草案は数々の重大な修正と追加が行われた。

諜報部の組織は歴史上、二つの時期に区別されている。

第一期（一九三三―一九三六年）

この時期は、組織活動、在日諜報部の設立根拠、その後の活動展開に重要な関係をつくる準備の時期と特徴づけられる。〈略〉

第二期（一九三六―一九四一年）

諜報活動の展開期

一九三五年七―八月、個人報告と指令のためにモスクワに呼び出された後、今後の活動展開の具体的計画を指示された「ラムゼイ」は、日本に戻る。

諜報部へ召還された「ベルンハルト」の代わりに、以前「ラムゼイ」の上海諜報部で働いていた無線通信士「マックス」(「フリッツ」)が日本に派遣された。「フリッツ」はウラジウォストクと定期的な無線通信を行い、合法化に成功し、確固とした商業の館をつくりあげた。〈略〉

一九三六年半ばに、彼はすでに次の新聞・雑誌の通信員となり、優秀なジャーナリストの地位を手に入れている。

①「アムステルダム・アルゲマイネ・ハンデルスブラット」(オランダ)
②「ハムブルゲル・フレムデン・ブラット」(ドイツ)
③「フランクフルター・ツァイトゥンク」(ドイツ)
④「ゲオポリティーク」(ドイツ)
⑤「デル・ドイチェ・フォルクスビルト」(ドイツ)

ドイツ大使館との関係は、深まることとなる。〈略〉

ドイツ駐在武官オットは一九三六年夏に、ドイツへ休暇に出かけ、「わが国の産業経済研究関係でのオットの補佐役」として仕事をさせるために、「ラムゼイ」を正職員にすることを提案している。

「ラムゼイ」は自分が候補適格者としてベルリンで公式に承認されることを警戒して、通信員の仕事が忙しいことを引き合いに出し、この提案を最終的に辞退している。

上海での本部代表「アレクス」は、一九三六年に「ラムゼイ」の立場を次のように述べた。

「租界で『ラムゼイ』は今や優秀なドイツ人ジャーナリストとして、多くの権威を勝ち取っている。彼は勤務し始めたある小さな新聞社の代表者というだけでなく、御存じの通り、地元有力新聞や有力経済雑誌社の一つである会社の通信員でもあった。彼と大使館職員との関係も良好で、非友好的だった人間との関係も、今では改善された」

一九三七年五月一四日付書簡で「ラムゼイ」は自分は「有名なジャーナリストになり」「ある重要な指導部(在日ドイツ諜報局)の副部長だ」と伝えている。

一九三九(一九四〇?)年に「ラムゼイ」はドイツ大使館の通信員・報道官に任命されている。すなわち、彼は常勤職員となったのだ。

〈略〉

「ラムゼイ」の合法化に成功した理由と根拠はどのようなところにあるのか。どのような状況が彼にドイツ人の「友人」の特別な信頼を得て、職員として大使館に入るチャンスを保障したのだろうか。ドイツ大使館での「ラムゼイ」の関係と活動の分析に当たって、この質問の答えを以下の章で追求してみたい。
ここでは次の点にのみ、限定する。

一　「ラムゼイ」は大使館と彼の相互関係の性格について、本部の具体的かつ明確な指令（「ドイツ大使館職員の完全な信頼を得ること」、「大使館での職務上もしくは半職務上の協力で最も効果のある体制の確立を考えること」）に従って、大使館、とりわけ駐在武官の諜報員オットに効果的に力添えすることだけで、この信頼を得ることが出来た。このことは後で詳しく叙述する。**この力添えはオットに日本経済、内政状況、軍事政治的方策に関する様々な半公式、非公式情報を提供したことによる。このことは、「ラムゼイ」がドイツ大使館で「身内の人間」になることが出来た一番の要因だった。**

二　「ラムゼイ」が大使館の正職員、ドイツ諜報局副局長として任務に着くことは、**ドイツ人が「ラムゼイ」を信頼のおける人物とみなし、「ラムゼイ」の評判を落とすようないかなるデータも提供しなかったという結論を導き出すことができる。**

ソ連諜報機関のための「ラムゼイ」の過去の、もしくは現在の活動について、何らかの情報を大使館が持**っていたと仮定すると、駐在武官オットが日本の情報を得るために、彼を二重の情報提供者として利用していたということが考えられるが、ドイツ人が「ラムゼイ」をソ連諜報部員だと知りつつ、もしくは疑いつつ、彼を大使館正職員やドイツ諜報局副局長という責任あるポストに任命したとは思えない。**

「フリッツ」（マックス・クラウゼン）

「フリッツ」は召還された「ベルンハルト」の代わりに「ラムゼイ」のもとに派遣された無線通信士だったが、「ラムゼイ」とは古くからの知り合いだった。一九二九年から一九三一年に「フリッツ」は（「マックス」の名前で）「ラムゼイ」の上海諜報部で無線通信士として働き、一九三一年末から一九三三年七月まで奉天（訳注　現在の瀋陽）の独立諜報員だった。

一九三三年、彼は妻の「アンナ」とともにモスクワに呼び戻され、数カ月間本部の無線学校の教官を勤めた。その後は職を解かれ、「アンナ」とともに沿ボルガ地方のドイツ共和国へ移住した。

一九三五年まで「フリッツ」はそこで、クラスノクーツク市外電話局の技師として働いた。

「フリッツ」は一九四六年の自らの報告で、自らの解雇について言及し、奉天で活動していた時のある欠点もしくは手落ちが原因で、本部幹部職員の一人と敵対関係にあったことを解雇と関連づけている。

「だから、おそらく私の名前は奉天の件のせいで、評判が悪いのだろう。同志ダビドフは私の事をあまり好いていなかった…その結果、私と妻にとっては、家族の行き場が無くなり、沿ボルガ地方のドイツ共和国に送られたのだ」

実際には「フリッツ」を情報局メンバーから除名した原因は、若干違っていた。本部指導部は今後「フリッツ」を非合法活動に利用することは出来ないと判断したのだ。彼が上海にいたときに、白系亡命ロシア人のアンナ・ラウトマンと結婚したからである。

一九三五年、新しい諜報総局局長は「フリッツ」の除名を「諜報総局側から古参幹部への十分な配慮が欠如した」印として、彼の解雇問題を再検討した。

一九三五年春、「フリッツ」は「アンナ」とともにモスクワに召還され、再び活動に参加し、東京の「ラムゼイ」諜報機関へ派遣された。

〈略〉

「アンナ」（アンナ・ラウトマン・ワレンニウス・クラウゼン、「フリッツ」の妻）

「アンナ」も同様に、一九三三年から沿ボルガ地方のドイツ共和国に住んでいて、一九三五年には「フリッツ」とともにモスクワに呼び戻された。「フリッツ」の出発の後、「アンナ」はモスクワに残り、そこで「フリッツ」安着の知らせを待った。

〈略〉

「アンナ」は「フリッツ」と結婚するまでフィンランド人の最初の夫の苗字であるワレンニウスを名乗っていたため、婚姻手続上彼女はフィンランド人として登録され、その後はフィンランド系ドイツ国籍となった。

東京到着まで、「アンナ」は「フリッツ」によってモスクワのドイツ租界に入れられ、ドイツ人女性と交際を始め、ドイツ租界生活に参加するようになった。そこでは彼女は立派なドイツ人実業家の妻という立場を強いられた。

日本における自らの合法化とドイツ租界の状況を「アンナ」はこう、特徴づけている。

「見た目にはドイツ社会を嫌がらず、私たちはそのメンバーになりました。私はドイツ人女性たちと交際を始めました。彼女たちはドイツ人兵士のために様々な慈善行為を度々行っていました。私も参加させられましたが、このことは私達の合法化の確立にとって多くのものを与えてくれました。みんな私を生粋のドイツ人女性だと勘違いしていました。あるとき、ドイツ婦人協会の議長エゲル夫人が私になぜ子供がいないのかと尋ね、『我が国』には子供が必要だから、子供を作るようにと勧めました。彼女たちは幸せな未来を持つようになるでしょう。このことで、彼女たちが私を身内だと思っていたことが、再確認できました。私は日本でフィンランド国籍のドイツ人として、登録されました。女中も同じように登録しました」

「アンナ」のドイツ人実業家の妻、フィンランド系ドイツ国籍の合法化は成功し、信頼を得ることになった。

「フリッツ」と「アンナ」の婚姻手続きは「フリッツ」自身の立場の強化にも、プラスの役割を果たした。彼は自分と先祖はみな純粋なアーリア系出身だと証明する文書をドイツから取り寄せ、領事館に提示した。

「ラムゼイ」諜報機関を直接管理している本部機関職員は、翌年には早くも定置諜者から送られてきた電報に、次のように書いている。

「同志B、実際にフリッツは米国企業と商売している。ドイツと商売しながら、なぜ米国企業と？資金を提供する必要はないと判断する。一九四〇年一二月二九日。Ｐ」

この決議は本部管理部が諜報機関の資金調達という最も重要な案件を、全く無責任に扱ったということを十分示すものだ。資金調達工作を可能にする諜報部の合法化された関係は、調査されたり考慮されたりしなかったため、実際には本部に知られていなかった。つまり、資金送金の際には、受取人の私事での情報によって支障をきたすことがないように自分で記憶したり偽装工作して、受取人名を指示していたということは知られていなかったのだ。

一九四五年まで諜報部を定期的に直接管理していた、本部組織の支部によってつくられた諜報部に関するあらゆる情報の中に「フリッツ」の合法企業である「自転車、潤滑油等の販売修理工場」が出てくる。実際には一九三五—三六年の「フリッツ」の合法化活動の中では、一時的なものにすぎなかった企業がだ。

すでに一九三七年秋からは「フリッツ」は複写機を製造、販売する独立会社を設立した。彼は複写機の資材をドイツから取り寄せなければならなかった。

一九四一年二月一七日に「ラムゼイ」のところに、次の内容の書簡が送られている。

「親愛なるラムゼイ。一九四〇年分の貴殿の資料を注意深く調査した結果、この資料は与えられた任務に応《こた》えるものではないと判断する。〈略〉

貴殿の資料の大部分は機密情報ではなく、時期を得ていない。最も価値ある情報を貴殿は個人的に入手しているが、貴重な資料の貴殿の情報提供者が示されていない。〈略〉活動を活発にし、作戦情報を当方に十分提供する必要あり。〈略〉

貴事務所の支出を毎月二〇〇〇円まで減額することが必要と判断する。貴重な情報に対してのみ、出来高払いで情報提供者に支払うこととする。諜報活動の追加資金には、「フリッツ」の企業の収入を利用するように。〈略〉」

一九四一年三月二六日付本部宛書簡で、彼はこう伝えた。

「当方の支出を半分に削減せよという貴指令を受け取り、われわれはこれを一種の処罰と理解しました。〈略〉

二〇〇〇円まで予算削減を要求するならば、貴殿は当方にジョーとジゴロを解雇するよう命令すべきです。彼らは本部の指令で当方に派遣されたのです。また、当方とフリッツに俸給の半額でここで生活するよう命令すべきです。二〇〇〇円まで支出を削減することを通告するならば、貴殿は当方が創設した小さな機関を終わらせる準備をすべきです。貴殿がこの提案のいずれにも合意する可能性を見つけられないのなら、やむを得ず当方を家に召還するよう貴殿にお願いすることになります。私が召還をすでに何回も頼んでいるのは御存じでしょう。当地に七年滞在し、体も弱くなったので、当方はこれが今のこの困難から逃れる唯一の打開策と考えます」

古い資料に基づいて、諜報部の予算削減決定を招いた真の理由を文書で解明することは出来ないだろう。〈略〉

諜報部員・諜報機関指揮官としての「ラムゼイ」の個人活動

一　「ラムゼイ」の住居・情報源としてのドイツ大使館

諜報機関の歴史の中で、特に注目に値するのは「ラムゼイ」と駐日ドイツ大使館との協力問題だ。半公式的なものとして大使館における親密関係と確固とした地位の獲得は、後に〈略〉

「ラムゼイ」とオットの個人的、職務的関係の発展と深化について述べる前に、オットが中心的存在の重要人物で、彼との関係により「ラムゼイ」が大使館で確固たる立場を確保した以上、オットの個人的特徴の叙述に詳しく言及する必要がある。

二　ドイツ大使オイゲン・オット

オイゲン・オットはドイツ諜報局幹部代表だった。まだ第一次世界大戦の（一九一四―一九一八年）頃、彼は「当時ドイツのスパイ活動の全システムを統括していた有名なニコライ陸軍大佐」の直属の補佐役だった(注4)。

ヒトラー政権の到来直前の時期に、オットはニコライ大佐の指揮下で、ドイツ国防軍諜報部門の再建と展開に関連した、まだ内密の活動を遂行しながら、ニコライとのこの関係を維持した。

「ラムゼイ」は一九三四年一月七日付書簡で、日本軍に半年間臨時出向していたオット中佐と自らの関係を伝え、彼を「シュライヒャーの右腕」と呼んでいる。

オットにある程度の政治的特徴を与えるこの形容語は偶然のものではなく、「ラムゼイ」とオットの妻との交際から得た然るべき情報に基づいたものだったようだ。ヒトラーの前にドイツ宰相だったシュライヒャー将軍は、一九三四年六月三〇日にヒトラーの命により殺された。ドイツ国防軍将校団の反ヒトラー層に大きな勢力を持っていたため、危険人物として殺されたのだった。オットもヒトラーの熱烈な支持者や、信奉者との関係を持っておらず、むしろドイツ国防軍中堅将校団に特徴的な、ある程度の反対派層の反ヒトラーの考えを持っていたと考える根拠がある。

〈略〉

三　「ラムゼイ」のオットとの協力、「上海の脅威」

研修終了後、駐在武官に任命されたオイゲン・オットには、困難な任務があった。彼は仮想軍事同盟国として、日本をあらゆる角度から、例えば日本軍の状況、動員能力、日本の軍事経済の潜在力、軍事的、政治的な派閥、政治的要求の真の意図などを調査しなければならなかった。

これまで日本に特別な関心を持っていなかったドイツは、多少なりとも発展した諜報機関を日本に置いたことはなかった。日本の機関が公式の確実な情報を提供しようとする気前のよい用意を当てにしなかった。すでにオットは日本の好意溢れる微笑の下に、隠されている不信と警戒を確信せずにはいられなかったのだ。

オットは自らの任務遂行のための別のチャンスを新しく探し出し、作らなければならなかった。そういった状況の下で、妻の旧友でドイツのジャーナリストであるゾルゲは彼にとって打ってつけの人物となった。ゾルゲは極東の政治情勢全般に良く通じ、日本の経済問題、対外政策問題、内政問題に詳しかった。また当地の日本人や外国人ジャーナリストや実業家と何らかの繋《つな》がり(注5)を持ち、非公式情報や焦眉の情報を手に入れる能力があった。

オット夫人は旧友リヒアルト・ゾルゲ博士を引き立て、駐在武官であるオットが催した国際的なパーティーに彼を招いている。

オットは自ら進んで「ラムゼイ」と語り合い、関心のある問題に関する情報をたびたび入手している。

「ラムゼイ」は次第に、オット家の身内のようになっていく。「ラムゼイ」からの情報提供はますます信頼ある非公式協力に発展していく。というのは、「ラムゼイ」はすでに情報提供しているだけでなく、オットがベルリンに提出するための報告書や軍事的、政治的観察の作成を手伝っているのだ。ときにはオットのベルリン宛報告書の暗号化さえ手伝っている。〈略〉オットは「ラムゼイ」に自らが受理した指令や指示を、さらには中国などのドイツ代表部から大使館に入った様々な文書の内容を伝えている。

この半公式的協力が深まるにつれて、「ラムゼイ」とオットとの個人的関係も友情へと変わり、より一層絆の強いものになっていく。

諜報部員オットとの親密さやオットの支援は最高級のものので、他の大使館職員にとっては一種の指標である。駐在武官ベネケルはオットを手本に見習って、その後はオットの後任者である駐在武官ショルやクレチメルともまた同様に、非公式協力関係を確立している。

「ラムゼイ」を信頼しているのは「ラムゼイ」の貴重な情報と博識さについて、オットから聞くようになったらしいディルクセン大使自身もである。ディルクセンは報告書作成のために「ラムゼイ」を定期的に招き、ベルリン宛の報告書では彼の情報を活用している。

〈略〉

一つだけ問題がある。年寄りで頭の硬い諜報部員オットが、然るべきベルリンの組織を通じて「ラムゼイ」を何らかの手段で調べることもせず、どうしていとも簡単に彼を信頼したのか。妻から「ラムゼイ」が元共産党員だと聞いていながら、オットは彼がソ連スパイではないかと疑うことは出来なかったのだろうか。

まず第一に、オットが「ラムゼイ」に関してベルリンの組織に照会したのか、それともしなかったのか不明である。もしかしたら照会状は出され、その返答として受け取ったのが、一九四〇年にシェレンベルクがゾルゲファイルをゲシュタポに要請した後に受け取った、曖昧《あいまい》で漠然とした評価だったのかもしれない。（後述参照）

第二に、初めのうちオットは「ラムゼイ」を信頼できる人物とは見ておらず、彼にとって必要な日本に関する貴重な情報の、単なる提供者として見ていたと考えなければならない。

「ラムゼイ」のソ連諜報機関への活動について、オットに疑念が生じてさえいれば、これがきっかけで日本の情報を活用することを、オットは拒否するようになっただろうか。「ラムゼイ」はオットに貴重な情報を提供した。そして、結局「ラムゼイ」が情報をオットだけに提供してるのか、それとも他の誰かのためにも働いているのかということは、オットにとってはどちらでも同じではないのか。この場合でさえも、オットは「ラムゼイ」を活用しながら、このことがドイツ諜報局の規律に反する罪になるとは、おそらく考えもしなかっただろう。

オットと知り合って間もなくして、「ラムゼイ」はナチ党に入党し、日本のファシスト組織でプロパガンダ指導員となり、自らの地位を一層権威あるものにした。このことは紛《まぎ》れもなく、決定的に彼の立場を強化した。

ドイツ人記者、ナチ党員、そして日本のファシスト組織のプロパガンダ指導員だったゾルゲは、信頼できる人物という姿よりもはるかに確固たる姿を、手に入れたのだった。

オットが「ラムゼイ」を情報提供者として、内密に活用することが、オットの特殊な方法の領域とみなされ、ベルリン政府の承認を必要としないものだったのに対して、「ラムゼイ」の大使館報道担当への任命は、おそらくすでに上級機関の公式承認を要求するもので、ゲシュタポを通じての「ラムゼイ」の然るべき調査を招いただろう。

この調査は実際に行われた。しかし調査結果は「ラムゼイ」に関して、具体的に評判を落とすような資料ではなかった。

これについて、われわれは自らの回想記で「リヒアルト・ゾルゲの活動」に特別、章を割いているシェレンベルクから、幾つかの情報を得ている。

シェレンベルクはゾルゲの個性とその活動は、ベルリンのドイツ諜報局長リトゲンから寄せられた照会状によって、一九四〇年になって初めて、ドイツ諜報機関と防諜機関の本部指導部の注意をひいたと語っている。

その当時、在日ドイツ情報局副局長だったゾルゲは、ゾルゲの資料を極めて高く評価していたリトゲンに、自らの報告書と観察を提出した。

シェレンベルクによると、リトゲンは一九四〇年に「ゾルゲは政治的過去に関して、日本のナチ党組織から妨害を加えられているが、ゾルゲを貴重で必要な情報提供者として妨害から彼を守る機会を見つけるべきではないか判断するために、ゾルゲの活動をゲシュタポで調べて欲しい」とシェレンベルクに依頼した。（シェレンベルク(注6)、二五一ページ）

シェレンベルクはゾルゲの活動を公式に要求、検分した。そして彼が解明した全貌は、「ゾルゲに関しては非常に良いとは見受けられなかった」ようだ。つまりこういう内容だった。

「ゾルゲがドイツ共産党員だったという証拠が何もなければ、彼が少なくとも共産党に好意を持っているという疑いは無くなった。もちろん、ゾルゲはわれわれの諜報機関では、コミンテルンの諜報員として知られる多くの人間とつながりがあった。しかし、彼はその当時有力筋の人間と緊密な関係を持っていた。その有力筋の人間がいつもゾルゲを好ましくない噂から守っていた。一九二三―一九二八年の間、ゾルゲはドイツのナショナリストや極右グループと関係を持っており、その当時国家社会主義者と関係を持っていた。このため、私が調査した活動に関するゾルゲの過去は、かなり理解しがたいものだった」（シェレンベルク、二五一、二五二ページ）

シェレンベルクよると「ゾルゲに関しては非常に良いとは見受けられなかった」。このような評価には、具体的事実が全く含まれておらず、一般的見解や予測だけだった。そして、ゾルゲと同じように何千人ものドイツ国民にも同様の成果をもたらしたかもしれない。ドイツのナショナリスト、極右、国家社会主義者との関係の指摘は、「ラムゼイ」の真の伝記資料とは、大体において一致しなかった。ゾルゲさえ多少信用を落したスカンジナビア諸国や、英国でのコミンテルン指導員としての彼の活動は、概ねゲシュタポの考慮に入ったものではなかったようだ。それほど明確でなく、「理解しがたい」内容のゾルゲに対する参考資料は、シェレンベルクの照会状に対する答えとして、ヒトラー以前の警察の膨大な記録上で、まだ明らかにされていなかったかもしれない。本当の資料がないために、ゲシュタポ官僚が急いででっち上げたものだったという可能性もあり得ないことでない。

シェレンベルクが言及し、「疑わしい」と評している唯一の具体的事実は、ゾルゲと蒋介石の参事官スチンネスという一九三四年にドイツから逃亡した突撃部隊の元司令官との関係だ。

しかし、この事実への言及も当惑だけを招くだろう。なぜならわれわれが持っているあらゆる資料から判断すると、「ラムゼイ」はスチンネスとはいかなる関係も持っていなかったのだ。ゾルゲが中国に何度か赴いたうちのある時に、彼と偶然出会ったとしても、このことは「ラムゼイ」の諜報活動とは何の関係も持たなかった。

次のような結論に達する。**一九四〇年にゲシュタポはゾルゲの評判を落としたり、ソ連軍事諜報機関との関係や、コミンテルンでの以前の活動を暴き出すような具体的資料は、何も持っていなかった。**

シェレンベルクによる調査後の一九四〇年に、ベルリン指導部は在日ゲシュタポ代表部にゾルゲを非公開で監視することを任せ、結局ゾルゲを情報提供者として活用することを決定した。

シェレンベルクは、こう指摘している。「リトゲンはゾルゲにロシア諜報活動者との関係が存在すると仮定しても、結局これを決定した。われわれは予防措置を講じながら、ゾルゲの深い知識の活用の道を見つけるべきなのだ。

最終的に私がナチ党の攻撃からゾルゲを守っていくべきだということで、われわれは合意に達した。しかし、ゾルゲが報告書でソ連、中国、日本に関する機密情報を提供する限りにおいて、という条件付きでだ。私はこの案をハイドリヒに伝えた。彼は賛成したが、ゾルゲを厳しい監視下におき、彼の情報すべてを通常ルートを通じて漏らし、事前に特別監査にかける必要があると付け加えた。日本にいたドイツ諜報員はとても若く、その多くが全く経験不足だったので、ハイドリヒのいう監視に関する条件を実際に行うのは、かなり難しいことだった。

その当時（一九四〇年）、マイジンガーが在日警察代表部を率いるはずだったので、私は彼の出発前にリヒアルト・ゾルゲについて彼と話をしようと決めた。マイジンガーは綿密にゾルゲを監視し、定期的に電話で私に連絡すると約束した。このことすべてを彼は後に実行してくれたが、普段マイジンガーとミューラーはかなり強いバイエルン訛りで電話をするので、私は彼らの会話を何一つ理解することは出来なかった。

私の記憶している限りでは、ゾルゲに関するマイジンガーの評価は、基本的には好意的なものだった。ゾルゲは日本政府との緊密な接触を持っているので、ドイツ大使館に必要な人物だと、彼は言っていた」（シェレンベルク、二五二、二五三、二五五、二五六ページ）

シェレンベルクの一連の発言は、ドイツ指導部が「ラムゼイ」から入手する情報を高く評価していたことを物語っている。シェレンベルクはドイツ諜報機関が、一九四〇年夏の日本政府の真の企てを見破ろうとしていると述べ、ドイツ秘密諜報員の一人から受けた報告を評価して、こう指摘している。「在日ドイツ諜報局代表ゾルゲの報告同様、ヒトラー、ヒムラー、リッベントロップ、カイテル、ヨードルの参加する会議で、ハイドリヒはこの報告を審議しなければならなかった。ゾルゲがリトゲンに送った資料は大変有益なものであり、その内容について誤解を生じるものではなかった」（シェレンベルク、二五六、四〇四ページ）

シェレンベルクはゾルゲがソ連に、何らかの情報を送ったかもしれないということには、いっさい触れていない。「ラムゼイ」に突き付けられた「彼の報告に、ソ連に関する機密情報を含める」という要求は、実際には公式的なもので、かなり不可解なものに見えた。「ラムゼイ」は日本で活動していた七年間で、日本の政府筋との関係を持っており、ソ連に関する機密情報を期待するのは、いささか筋の通らないものだった。ラムゼイの政治的過去に関連して、日本の「ナチ党組織」が加えた妨害に関するシェレンベルクの意見に言及することとする。

「ラムゼイ」自身、一度も本部に日本のナチ党員とのいかなる軋轢《あつれき》やいさかいがあるとは、伝えていない。

「アレクス」は一九三六年一一月二九日付本部宛書簡で、こう伝えた。

「ラムゼイ」はあるときグスタフに「ゲシュタポのスパイのドイツ人を嫌っている。正確に言うと、このドイツ人の自分に対する態度が、気に食わないとほのめかした」

「ラムゼイ」に敵対的な感情を持つ大使館職員について、「フリッツ」は一九三六年の報告でこう述べている。

「大使館にはラムゼイを嫌い、彼のオットとの親密な友情を妬《ねた》んでいる人間がいました。それは盲目的ヒトラー信奉者です。デュルクハイム伯爵、シュミット、シュリツェらです」

〈略〉

「ラムゼイ」の上海における過去の活動や、左翼過激派とのつながりに関する幾つかの噂が、東京と上海のナチ党員間の関係筋を通して、東京に届いたということもあり得ないことではない。「ラムゼイ」自身、日本のナチ組織に入党したときに、自分の経歴を伝えて自分の過去の政治的所属を特徴づけるべきだったのだ。加えて、オット、ベネケル、ショルらとの親密な友情関係については、当然「ラムゼイ」の以前の生活や活動についての話がたまには出るべきだった。これについて、「ラムゼイ」は彼の上海時代の活動に関する情報は、きっと遅かれ早かれ大使館に入るに違いないと確信していただろう。上海のドイツ代表部員がたびたび日本を訪れ、大使館職員も中国へ出かけたり上海代表部を訪れていたからである。

ラムゼイが上海での過去の活動を隠し、左翼過激派との関係やアグネス・スメドレーとの親密さ、共産党系新聞「チャイナ・フォーラム」での協力を否定することは、生き証人の前では不信と疑いを招くだけの、浅はかなものだっただろう。つまり、こうあるべきだったのだ。上海での過去の活動を否定せず、今のナチズムの政治的見解やファシスト・ドイツの大使館での協力を、上海時代の活動の左翼民主主義色と一致させるような作り話で、過去の活動を隠すべきだったのだ。

すでに指摘したように、残念ながら、諜報機関の古文書にも、摘発後に入手された追加資料にも、実際に「ラムゼイ」がこのデリケートな問題をどのように解決したのかという記述はない。

われわれが出来ることは、その当時（一九三三―一九三四年）の実際の状況に基づいて、一番ありそうなゾルゲの解決方法を推測のかたちで検討することだけなのだ。

一九三三年に、在日ドイツ大使館は、基本的にヒトラー以前の古い外交官職員で構成されていた。大使館、すべてのドイツ租界は比較的小規模のものだった。それに応じて、地方のナチ党グループも、まだ構成員は少なく、組織的ではなかった。ゲシュタポはまだ結成されていなかった。つまり、大使館付属のゲシュタポ代表もなお存在しなかったのだ。

「ラムゼイ」はファシストが政権についたばかりのドイツから到着して、ドイツ租界に知人を得て、もちろん、地方のナチ党員のところにもくまなく歩き回った。そして、彼等との会話でドイツ情勢について語り、新体制への自らの賛成・賛同を示していた。これは任ぜられた目的―確固とした合法化の収穫―への最初の取り組みだった。

オットとの親交、オット、ベネケル、ディルクセンへの非公式の情報提供は、「ラムゼイ」に大使館側からの肯定的評価や、ラムゼイの有益で専門的な情報活動に関する評価を保証した。

一九三五年七月付本部宛報告の中で、「ラムゼイ」はこう、伝えている。

「私はファシスト組織の外に残ったまま、自らを保証することが出来ないと気づいたとき、大使館を通じて地方のナチ党組織に入ることに成功しました」

〈略〉

「大使館を通じて入る」という表現は、明らかに、入党に関する「ラムゼイ」の発言が、ディルクセンとオットの然るべき評価によって裏付けられたものだと、理解すべきだ。

「上海からの噂」に関して危惧をもちつつ、事はどのような状態にあったのだろうか。もっともありうることは、入党の際にも、「友人」との話合いの中でも、「ラムゼイ」は自らの上海での活動に関する**質問を避けなかった**ということだ。ラムゼイは自らのジャーナリスト活動や、上海での昔の関係について語ることはできた。しかし、**まず第一に**、関心をもった報道対象の利用を求める、ジャーナリスト独特の必要手段として、あらゆる自らの左翼過激派との関係を叙述すること、**第二に**、自らの過去の「間違った」政治的視点・見解の変化と、ファシズムの世界観の主張について、率直に述べることが出来た。この時期に、ファシズム・デマゴーグの波が広汎なドイツの大衆を巻き込み、中級・下級のブルジョワジーとインテリゲンチャと同様、極めて大勢のだまされた労働者グループさえも、ファシズム党に続々と入党したということを考えると、これも特に無理矢理に引きずり込まれたようには見えない。

「ラムゼイ」はナチ党に入党を受け入れられ、まもなく「プロパガンダ指導員」に任命されさえして、彼の政治的過去は考慮に入れられ、記憶にとめられた。

その後、ドイツと日本との関係発展につれて、ドイツ大使館機関はより強力になり、もちろん、フリッツが自らの報告の中で触れたその「盲目的ヒトラー信奉者」によって、強化された。

競争の情勢、相互の悪巧み、場所と勢力のための闘い、これらは一般にナチ党に極めて特徴的なものだが、明らかに増大した在日ナチ党組織の中にも、自分の場所を見つけた。

「ラムゼイ」とオット大使の接近、重要な大使館職員によって「ラムゼイ」に与えられた信頼、その職員へのある程度の影響力は、とりわけ熱心なナチ党員である大使館職員側からのねたみと、悪意を招かざるを得なかった。

日本のナチ党指導部から「ラムゼイ」の「政治的過去」に関する何らかの情報を知り、彼等はラムゼイに反対するため、この情報を利用しようとした。

おそらく、まさにこのことによって、一九四〇年の「ラムゼイ」のリトゲンに対する訴えと、シェレンベルクへの「ラムゼイ」に対する最後の請願書をも招いたのだろう。

これにより、実際のところ、一九三三年に東京へ出発した「ラムゼイ」がひどく警戒していた「上海の脅威」の攻撃をかわしたことに関する問題の調査は、全部解決されたのであった。

四　ドイツ人ジャーナリスト、ナチ党員「ラムゼイ」暮らしぶり、同僚、知人、友人との関係

「身体面では、ゾルゲは丈夫な人間で、背が高くがっしりして、栗色の髪の毛だった。彼の日本人の知人の一人が指摘する通り、彼の顔を一目見れば、彼が波乱万丈の人生を送ったことを物語っていた。彼は高慢で威圧的な人物で、交友を求めた人物をひどく好きになり、熱烈に魅了したが、それ以外の人には残酷で、露骨に彼らを嫌っていた。新聞社の多くの日本人同僚は、彼のことを典型的な向こう見ずで横柄なナチストとみなし、彼を避けていた。彼はかなりの酒好きで、恋人を頻繁に取り換える癖のある情熱的な人間だった。良く知られているのは、東京にいた一年間で例えば三〇人の女性と性的関係にあったということだ…しかし、女性に夢中になるにも関わらず、アルコール中毒と気難しい性格のせいで、彼は一度も自らの正体を明かすことはなかった」（メモランダム（注7））

〈略〉

これらはウイロビーがゾルゲを良く知る人物の意見や話をもとにしてまとめた、かなり真に迫る正確な「ラムゼイ」の特徴であり、「ラムゼイ」が横柄で向こう見ずなナチ党員という外見によって、うまくカムフラージュし、自らの「第二の私」の姿に完全になり切ることが出来たのだということの証拠として、われわれにとってもっとも興味あるものである。

これと同時に、重大かつ微妙な問題である、ファシストを装ったソ連諜報部員の活動について言及し、次のような問題を提起するのが適切である。「ラムゼイ」は、ナチの殺人に固有の道義的意義において好ましくない特徴を懸命に強調して、必要限度を超えていなかったか、ソ連諜報共産党員の許容活動範囲と規定を侵していなかったかということだ。

特に、アル中と秩序ない女性関係について話をしている。ウロウバの話以外に、「ラムゼイ」のアル中に関する具体的な情報は、ほかにはない。しかしながら、アルコール乱用の傾向は、紛れもなく「ラムゼイ」の欠点の一つであり、上海で活動してから最初の数ヶ月ですでに、彼は酔っ払ってバーやレストランで殴り合いやけんかに加わるとい

う事態が、起こっていた。
「ラムゼイ」の暮らしぶり、知人、同僚、友人との関わり方、自制力の欠如、高飛車な態度などが、彼を確実に、時代遅れのモラルや、品性の限度のない、放埒《ほうらつ》きわまる「最高級の地位」である代表クラスにのしあげさせた。このようにして、「ラムゼイ」はゲシュタポも日本の防諜機関をも誤解させる然るべく名声を確実に確保して、大きな成功を手に入れたのであった。

五　「ラムゼイ」の個人的諜報活動の主要対象としてのドイツ大使館

課報部員としての「ラムゼイ」の活動の特徴は、自らの諜報活動の任務をこなし、軌道に乗せたことだけでなく、獲得したドイツ大使館代理人という立場を利用しながら、個人的にもドイツに関する諜報活動を直接かつ活発に行ったことにもある。

すでに指摘したとおり、このことの拠り所となる根拠は、ドイツ陸軍武官で後に大使となったオットとの親交と、日本の情報収集分野で彼と非公式の協力を確立したことであった。大使館のほかの幹部、すなわち陸軍武官ショル、クレメチル、海軍武官ベネケル、リッツマンやその他の人たちもオットの例に従った。

〈略〉

実際、「ラムゼイ」は、次のような機会を得た。

一　大使館幹部との意見交換、独日間の機密問題やヨーロッパや極東におけるドイツの政策問題に関するベルリン宛報告書の内容を知ること。

二　領事館、政府代表部、公使館など周辺のドイツ機関から大使館に入る一連の文書及びベルリン政府機関の様々な命令、指示、管理を知ること。

三　自宅で目を通すために入手した文書の撮影、ときには直接大使館での文書撮影。

「ラムゼイ」が得たこれらの機会は、一九三五年、つまり日本到着後一年半――二年以内にはいち早く獲得したものであった。

一九三六年一〇月、上海駐在諜報部員「アレクス」は「ラムゼイ」との面会後、ドイツ大使館におけるラムゼイの諜報活動の条件と方法について、本部に次のように報告した。「ラムゼイは主に日本経済に関する情報をオットに提供し、オット宛にこのテーマで報告書を書いている。時には、軍事的、軍事政治的情報もオットに提供している。オットはベルリン宛報告に『ラムゼイ』の報告書を丸ごと利用している。ディルクセンも同じように『ラムゼイ』を信用して、報告書のために彼に心を開き、ベルリン宛報告書用に『ラムゼイ』の情報を何度も利用している。オットは自ら関心のある資料を入手したか、もしくは書こうとしたときに『ラムゼイ』を招き、彼にその資料を見せている。あまり重要でないものはざっと目を通してもらうために、自宅で『ラムゼイ』に渡し、重要文書や機密文書は彼の書斎で『ラムゼイ』に読ませている。オットが『ラムゼイ』に資料を渡し、用事かもしくは大使への定例報告のために書斎から出て行くこともよくある。『ラムゼイ』は、通常二〇―四〇分間かかる定例報告のスケジュールを知っていた。それを利用して、報告の約一五分前にオットのもとへ到着する。彼がいない間資料に手間取る時間を考慮してのことだ。この間に、彼は資料を撮影することができる」

「ラムゼイ」は特に一九三六年から一九三八年のドイツの文書を大量に撮影した。そのとき、ドイツ大使館の定員が少なく、大使館内で職員は満員でなく、書類保管や持出しに対してもまだ厳しい管理はなかった。この時期、「ラムゼイ」は頻繁に、定期郵便物と一緒にフィルムに撮った書類を数百コマずつ送った。これらの文書（その一部は高い評価を得た）の中には、ドイツ領事館、中国大使館の経済・政治概要や報告書、陸軍武官のベルリンへの報告書、ディルクセン大使の政治報告書が含まれていた。

しかし、一九三八年あたりからドイツ大使館の状況は変わり始め、「ラムゼイ」の活動はだんだん不利になっていった。条約締結後、日独関係が拡大するにつれて、ドイツ代表部の人員は増加し始めた。大使館には多くの新顔が現れ、大使館内は多くの新しい職員であふれ、保管特別機関が設置され、詳しい調査、文書の持ち出し、撮影のための状況は一層困難なものとなった。

大使館での諜報活動が一層困難になったことに触れ、「ラムゼイ」は一九三九年六月、本部に対して次のように書いた。

「大使館内が人で一杯になり、警備が強化された現在の状況では、大使館または陸軍武官の住居から、何かを持ち出すことはほとんど出来ない。現在の状況では一番の親友でさえ、大使館からただの紙切れさえも持ち出すことを許してくれないだろう。私がここで設置したあらゆる新技術（現場での資料の処理）が場所の著しい不足に伴い、危機的な状態にあることが心配される」

「ラムゼイ」は、代理人の地位を保ち続け、大使館幹部との仕事上の関係を保ち、自らもオット大使の申請により、報道担当として大使館正職員の一員となった。しかし、資料を自由に持ち出したり、自宅や直接大使館で撮影するといった以前の状況は、もう取り戻せない。書類を読んで情報を収集したり、大使館職員との個人的な交際を通じて情報を収集する「ラムゼイ」の可能性は、減っていないどころか、かなりの点で増えている。広報職員であるとともに（「ラムゼイ」はドイツ情報局副局長でもある）ただし、書類撮影の可能性はなくなった。

「ラムゼイ」が入手した情報は、情報報告書や秘密電報の形で本部に伝えられ、しばしば高い評価を得ている。

しかし、本部組織の職員は、大使館の状況変化についての「ラムゼイ」の報告を明かに軽視した。正当な形式でないとして、文書資料のコピー送付の完全中止を「ラムゼイ」のせいにし、それを諜報活動のレベル低下とみなした。一九四一年三月、「ラムゼイ」は大使館の状況について再び書き、今の条件で撮影する機会がないことを繰り返さねばならなかった。

「この三年間にわたって、ドイツ大使館の施設はかなり拡大し、文字通りちょっとの空きさえ見つけられないくらいの数の新顔が現れた。このような状況のもと、今のところまだ私が読むために渡される資料でさえ、撮影の可能性はほぼ完全にない。この数年、状況の変化にもかかわらず、私は信頼されていることを利用して自分の地位を守ることに成功した。現在、私は以前と同じくらい、もしかしたらそれ以上の資料を読むことができる。しかし、残念なことには、ほとんどの場合、以前行っていたような撮影はできない。私に読むことが許されている資料や書類は、このような状況下では、どんなことをしてもその機関から持ち出すことはできないということを理解乞う。ただごくまれに、成功するかもしれない。厳しい秘密、上記機関で支配している当地のスパイに対する警戒が、これを邪魔している」

諜報部員によって入手された資料と情報の詳細な分析、評価は後述する。ドイツ大使館における「ラムゼイ」の諜報活動全体を特徴づけると、その活動は非常に効果的できである。この数年の間、本部は、独日間の関係発展、独日政府間の水面下の摩擦や対立、そしてドイツ政府の対ソ戦の準備計画と具体的対策について、詳細でかつ信用できる情報を受け取った。

特に、ポーランドへの攻撃準備に関する正確なデータは、ドイツ大使館筋を通じて、「ラムゼイ」があらかじめ入手し、本部に伝えられた。また、第二次世界大戦の一ヵ月または一ヵ月半前にソ連への侵攻予定時期が特定され、主要な攻撃を与えるための突撃部隊の総数と配置を決定する情報が入手された。

六　「ラムゼイ」の仕事上の交際とその他の交友

ドイツ人記者として、ドイツやオランダの新聞社の特派員として、ドイツ大使館職員として、「ラムゼイ」は、ドイツ、海外、日本の記者たちと多く交流を持ち、当地のドイツ人やオランダ人の実業家と、かなり広い面識があった。

しかし、これらすべての交際、面識は、特にこの三、四年の間は、諜報にとって何の効果もなく、基本的には合法化の強化のためにだけ役立ったに過ぎなかった。

「ラムゼイ」によると、一九三八年まで彼は、経済全般の状況やドイツと日本の軍事、経済協力についての情報を入手するために、ドイツ人技術者やビジネスマンとの交際を一部利用していた。

このような一連の情報源の中で、彼は特に、ドイツ機械工業会社代表のドイツ人技術者ミュラー、ドイツ化学コンツェルン長カリバウン、ドイツ航空工業会社「ハインケル」代表で技術者ハーグとその他の人の名を挙げている。

「ラムゼイ」の地位がドイツ大使館で強化されていくにつれて、これらの人々との交際は意味を持たなくなり、一九三九年初めには、「ラムゼイ」は大使館で入手した資料を基にして、独自の諜報活動を始める機会を得たので、完全に交際の価値はなくなってしまった。(『上海の陰謀』[注8]二一五ページ)

一九三八年まで、「ラムゼイ」はオランダの新聞「アムステルダム・ハンデルスブラット」の特派員として、オランダの外交官や仕事の同僚との交流を維持し、そこから、蘭領東インド(訳注　現在のインドネシア)での日本政策の活発化、そして蘭印(訳注　現在のインドネシア)での日本の経済拡大阻止のためのオランダとイギリス、のちにオランダとアメリカの共同の努力に関するいくつかの情報を得た。

オランダ人との交流は、一九三八年、ヨーロッパでドイツ政府がオランダとドイツの関係を緊張状態へと導いたときに終わった。

「ラムゼイ」は当地のドイツ人記者の中で十分に確固たる地位を占め、彼らとの親密な仕事上のつきあいを維持した。彼らとの関係について、彼はこう特徴づけている。

「日本でのほかのドイツ人記者たちと私の仕事上の関係は、当然、大変親密なものだった。私は、ドイツ情報通信社のワイゼやコロフ、『ドイチェ・アルゲマイネ・ツァイトゥンク』のシュルツォム、ドイツ経済通信のマグヌソム、『トランソツェアン・プレス』のツェルメイエロムとよく会っていた。彼らのだれ一人として、私の本当の地位や活動について疑わなかった。もちろんわれわれは、新聞関係者としていろいろな出来事や政治事件について意見交換をし、様々な問題を議論した。記者の習性で、様々な政治を嘲笑した。私は、新しい情報を何もくれなかったほかの特派員の間では、よく事情に精通した人だと思われ、注目されていた。これは、彼らがある程度私から情報を入手したかったからかもしれない。しかし、日本人同僚から入手した情報や、ドイツ大使館で自分で入手した情報も、また自ら得た情報は、いずれも決してほかの記者には流さなかったということを、強調しておかねばならない。このことについては、私は大変厳しく、かつ完璧だった。ほかの記者たちは、私をただの著名なドイツ人記者としてだけでなく、もしものときに助けてくれる思いやりのある友人として、尊敬してくれた。例えば、ワイゼが休暇で出かけたときは、私は彼の代わりに、ドイツ情報通信社に赴いた。また、ほかの人が知り得ないような電報報告に値するような事態が起こったときには、それをワイゼに知らせた。われわれは職場で会うだけでなく、ともに昼食をとり、互いの家へも行き来した。逆に、私が例えば『同盟通信』や日本政府の情報局などに行きたくないことを知ると、彼らは私の代わりに行ってくれた。

私は少し怠惰で、暮らしに不自由のない取材記者だと思われていた。もちろん、私が、記者の仕事以外に、多くのことをしなければならないということを、彼らは知らなかった。ドイツ人記者との関係は、全般的に親密で好意的なものだった」（ラムゼイの証言『上海の陰謀』、二一三ページ）

反ドイツの新聞雑誌社の記者とナチの記者との親交についての話は行われなかった。「ラムゼイ」よると、「ヨーロッパやアメリカの新聞雑誌社の代表などといったほかの外国人特派員とラムゼイの関係は、『仕事上』のつきあいの以上にはならなかった」（『上海の陰謀』、二一〇ページ）「ジゴロ」が〈略〉外国人特派員の中での情報収集という任務をうまくやりこなしていたので、この疎遠な関係により、ラムゼイが特に不安になることはなく、諜報機関の活動にマイナスになることもなかった。

同時に、「ラムゼイ」が「日本人との関係を完全に断ち切る印象を与えないために」、日本人記者との交際は必要以上に行わないように、極めて制限された。「ラムゼイ」は、彼らと厳格で公式的な仕事上のつきあいだけを維持し、時々、「朝日」、「日日」、「同盟」の記者を朝食に招待した。厳格で公式的な交際範囲は、「ラムゼイ」がドイツ大使や大使館付武官を通じて知り合った日本陸軍省の広報担当官、将校や政治家との間に限られた。ドイツ大使館の正規の情報提供者として、「ラムゼイ」はしばしば、公式のレセプションや日本人活動家との会合に出席し、彼らをインタビューしたり、またプレス会議に出席したりした。(『上海の陰謀』、二二〇〜二二一ページ)

「ラムゼイ」の仕事上の関係や、大使館筋による外国人や当地仲間との関係は、大体において、著名なドイツ人記者として、またドイツ大使館の代理人として「ラムゼイ」の地位と権威の強化を促進し、合法化の役割しか果たさなかった。

「ラムゼイ」の個人的諜報活動における徹底した方向性と、明確な目的意識を、疑いなく認めるべきだ。

彼にとって、ドイツ大使館は個人的諜報活動の主要対象であるとともに、最も重要な情報源であった。自らの職場での地位を確保し、強化するためだけに、彼は他のすべての関係を利用したが、同僚や、友人をリスクのある諜報活動や月並みな情報源の獲得のために利用しなかった点では、彼は全く正しい。

「ラムゼイ」は党関係の利用について述べている。彼によると、「ラムゼイ」は当地のナチ機関の個々の職員とかなり緊密な連絡を取り合い、彼らからドイツの国内情勢について、またドイツ軍人やナチ幹部の内密の計画や反ソ連的な風潮について、しばしば率直な政治情報を得た。ナチ機関筋から得た情報は、時々、大使館で得た情報への重要な補足となった。

七　代表諜報部員、すなわち諜報機関指導者としての「ラムゼイ」

一一年にわたる、中国、日本での非合法の諜報活動により、「ラムゼイ」は極東諸国固有の状況下で、諜報機関の指導者という豊富な経験を得た。

摘発後の資料によると、供述の中で、彼は諜報団の方針に関する問いにかなり詳細に答えている。諜報活動の指導者としての役割と任務、日本における非合法的諜報活動を成功させていた彼個人の資質や知識について語り、彼個人の体験に基づくいくつもの具体例(『上海の陰謀』(一九一―二二八ページ)を挙げている。しかし、「ラムゼイ」が述べた見解や情勢をすべてそのまま無条件に受け入れ、実体験の事例や事実をすべて有益なサンプルとして見ることはできない。「ラムゼイ」の証言は、彼の活動に関する自己宣伝や誇張をかなり含んでいるであろうことを考慮に入れる必要がある。彼は諜報団が非の打ちどころなく整然と活動していたかのように供述し、諜報活動の指導者という役割の中における自身の失敗や失策、ミスや組織の欠陥については一言も話していない。この場合、「ラムゼイ」がどういう動機で指揮を行っていたかは重要ではない。

「ラムゼイ」が証言した状況や事実は、記録や実際の資料と対比して、諜報団の全体的活動、そして「ラムゼイ」個人の活動を特徴づけるものとしてのみ考える必要がある。

これらすべての書類を総括することで「ラムゼイ」をより正確に、そして多角的に特徴づけることが出来る。また、豊かな諜報経験ゆえに、彼が諜報員の指導者として必要な存在であり、危険な結果を招くような誤った方法をとることも、大きな欠点もなかったということを立証することが出来るだろう。

次のステップで、諜報団をまとめていた「ラムゼイ」の活動を調査し、評価する。ここでは、「ラムゼイ」個人の資質と任務の方法、そして日本で非合法的諜報機関の指導を行う際に最も適切な方法とはどのようなものか、彼の見解と結論の特徴を述べておく。

A　諜報活動指導者が個人的に行った準備。要求されることの中で最も重要なのは敵対国の詳細な知識。

彼の公認と効果的な諜報活動がかなりの規模で成功したことは、日本に滞在している間中、彼が根気よく、粘り強く研究成果をあげ、その末に獲得した日本に関する深く多角的な知識によってもたらされたという「ラムゼイ」の主張を認めないわけにはいかない。「ラムゼイ」は次のように述べている。

「自分の仕事は、他の者たちが収集した情報を受け取り、本部に送るだけであるとは全く思っていなかった。反対に、私個人が、日本の諸問題に関して、絶対的に完全な理解を得る必要があると考えていた。日本における私の研究成果は諜報活動に必要不可欠だった。この研究成果と文化全般に関する基礎知識がなければ、私が秘密任務を遂行することは不可能だったであろうし、大使館やドイツ人記者クラブで足場を固めることにも決して成功しなかっただろう。

それ以前に、日本に八年間、円滑かつ平穏に滞在することさえもできなかっただろう。**この意味で、最も重要だったのは、諜報員としての力量やモスクワの諜報部員養成所**

で受けた専門的な訓練ではなく、まさに徹底的な日本研究と知識であった」

「ラムゼイ」は、多年にわたる詳細な日本研究の成果を論文にまとめることに多くの時間を割いている。入国初日から、彼は海外で出版されている日本のオリジナル作品、日本について書かれた外国の良書、日本文学の優れた外国語訳本をすべて購入し、必要な文学作品の収集と研究にとりかかった。「ラムゼイ」個人の蔵書は一九四一年までに一〇〇〇冊を数えていた。

それ以外に、彼はドイツ大使館付属図書館と東京にあるドイツ東アジア協会の広大な図書館をよく利用し、この協会の研究会や講義、講演に訪れ、当時の日本の政治、経済に関する文献、政府機関の会報や様々な出版物等を入念に研究していた。

まず、日本の古代史や、政治経済及び社会関係の幾世紀にもわたる発展段階を研究し、現代日本の諸問題へと筋道を通して移行した。工業の発展に関する諸問題、農業問題、国内・対外政治、日本文化と芸術の歴史、現代の生活様式に特に注意を払っていた。

書斎での研究だけではなく、彼は何度となく（主として一九三八年まで）日本中を旅行し、それにより、住民や、日常生活、日本文化により近いリアルな知識を得ることが出来た。彼の表現によると、「歴史と経済の研究に役立つ、直感的な揺るぎ無い基礎を得た」のであった。非常に危険を伴うため、「ラムゼイ」が諜報団のメンバーと一緒に旅行することは決してなく、このような旅行はすべて一人で行った。

彼は日本文化と芸術の歴史にも、同様に興味を示した。特に、中世における様々な中国学派の影響と、近代日本芸術における現代主義の流れを研究していた。これが宮城との出会いと交際のごく自然な理由となった。宮城は職業画家として、これらの諸問題の研究を手伝っていた。

「私は宮城がいなければ、日本の芸術を理解することは決して出来なかっただろう。私たちはよく展覧会や美術館で会った。科学や政治をテーマとする私たちの討論が日本や中国の芸術に関するそれの後まわしになることはごく当たり前であった」と「ラムゼイ」は語っている。

「ラムゼイ」が日本の諸問題を理解するために、さらに多大な助力をした第二の協力者は、グループリーダーの「オットー」（尾崎）であった。非常に博識な尾崎は、討論の中で巧みに現代日本の実際的な問題と歴史の問題を結び付け、他国の社会現象の分析をしつつ、ヨーロッパ人が理解するには難しい日本独特の現実の出来事を、出来る限り明瞭に分かるように説明した。「日本と他国の歴史分野に関する尾崎の類《たぐい》まれな深い知識を考慮すると、彼との出会い及び討論は極めて重要であった。この二人の友人、協力者（尾崎と宮城）の力添えで、私は国家政治の掌握における日本軍の特別な役割を明確に理解することが出来た。同様に、天皇付相談役制度（元老）の本質―つまり、法的制限をうけないことをも理解した。彼らの助力で、私は個々の事実や歴史的分析のみならず、その問題の本質を一般的かつ明快に理解出来たのである」と「ラムゼイ」は話している。

B　諜報組織指導者の主な機能。熟練した協力者であるチームリーダーの役割（『上海の陰謀』一九一ページ）。

ラムゼイは諜報団の指導者として、次のような基本任務を特に担当していた。

諜報員の**任務配分**と設定

入手した資料の**選別**、**評価**、**総括**

本部への**報告書作成**

諜報データの収集における任務と課題の配分は、かなりの部分、「ラムゼイ」の諜報団メンバーたちによって自動的に確定した。

「フリッツ」（クラウゼン）は無線通信業務を遂行しており、活動的な偵察活動を完全に免除されていた。

グループリーダー「ジョー」（宮城）は軍事情報（組織、部隊配置、軍隊派遣など）と、ある種の経済資料の収集を一任されていた。このほか、日本語書類の翻訳チームの責任者であった。

「オットー」（尾崎）は主に日本政界や政府関連グループから、そして南満州鉄道の組織筋から政治経済、軍事経済情報を入手していた。

「ジゴロ」（ブケリチ）は技術的な業務（資料の写真加工）を遂行し、秘密アジトの家主で、外国人特派員の間や当地のフランス人居住区で部分的に情報収集していた。

「ラムゼイ」自身は偵察の対象として、主にドイツ大使館を抱えていた。日独関係や、ドイツと日本の戦争準備全般に関する諸問題の情報源として利用していた。

諜報団の各諜報員に対する任務の設定は、**個別的かつ細分化して**行われた。諜報団に与えられた集団的な任務は、原則的に、**特に関係している部分のみが**いずれかの実行者に連絡された。

しかし、諜報団指導者が諜報員と会う際には、重要な最新の問題をすべて論議していた。「ラムゼイ」曰く、そのような場合に、他の課報部員が個人的に入手した情報を知らせることは例外的であった。

「彼らに明確な方向性を示す場合、あるいは偽情報の収集を予防する目的で特に必要と判断した場合に、これを行った。自分が個人的に、あるいはグループメンバーの誰かが得た政治一般に関する情報をメンバー達に伝えることが重要だと考えたケースも、時にはあった」と「ラムゼイ」は書いている。

なんらかの重要かつ緊急な偵察任務の処理にあたって、必要があればグループ全体の力を素早く集中するため、任務の組み立て方や配分にある程度の柔軟性を保つよう心がけていた、と「ラムゼイ」は強調している。

このような場合、特定の任務を遂行するにあたって、普段行っている課報員たちの任務の専門化は部分的あるいは全体的に一時中止された。これに関して、彼は次のように語っている。「私は、それぞれのメンバーが受けた基本任務を遂行することに力を集中するという、通常定められている方式を必要に応じて見直す権限を確保した。

原則的に、私は同じような見直しを行うことがないよう、出来る限り努力していた。しかし、各自の機能に関わらず、ある特殊な任務の処理に協力者全員の力を集中させる特別なケースが、生じることもあった。

例えば、一九三六年の二・二六事件の際、総括的な判断をするために、様々な種類の情報に注意を集中するよう協力者全員に指示した。一九三七年、支那事変（訳注　日中戦争）勃発直後の数週間、日本軍の第一次動員の準備に関する情報収集に力を注ぐよう、全員に指示した。ノモンハン事件の際には、紛争発展の可能性を探るため、日本がモンゴル国境に差し向ける増援部隊に関する情報に集中する指示を全員に出した。

ドイツがソ連を攻撃した際、メンバーは全員、参戦に対する日本の姿勢を特徴づけるあらゆる種類の情報を収集した。これにより、当時、日本で開始された大規模な動員の規模と方向（北か南か）を詳細に調査することができた。

日本とソ連の間で戦争は生じないと確信した後、私はメンバー全員の注意を緊張状態で行われている日米交渉の動向に向けた」

国の事情に関する深く多角的な知識が要求される、課報機関指導者の特に重要で責任ある任務は、本部に連絡するために入手した資料の評価と、収集した最も確実な情報、重要なデータ情報すべての選別を行うことだ、と「ラムゼイ」は考えていた。

「分析を行わずに、我々が収集したデータすべてを送れば、誤った判断を招くことになる。情報をできるかぎり入念に篩《ふるい》にかけ、重大かつ完全に信頼できると見なしたものだけを送るように管理していた」。選別のプロセスでは、粘り強い作業に多くの時間を費やすことが度々あった。政治・軍事情況の分析にも同様の水準で取り組んでいた。資料を選別し、当該事件の全体評価或いは全体像を判断する能力は、真に価値ある諜報活動を行うために、第一に要求されるものであった。そして、真剣で根気強い科学的研究の結果としてのみ、得られるものであった。

極東の国々は、噂や推測が非常に多いことが特徴であり、その結果、諜報員指導者がヨーロッパに比べ、はるかに多くの業務を抱えることになる。まさにその条件下では、国家の動きや状況に関する多角的で、入念な研究が非常に重要である、と「ラムゼイ」は強調している。

〈略〉

一九四一年

一九四一年上半期、ヨーロッパ及び極東情勢の特徴は、ヒトラー政権下のドイツと日本の軍事的脅威が明らかに高まりをみせていたことにある。

ドイツ占領下にあったポーランドでは、ドイツ軍兵士たちがソ連国境の近くに続々と集結し始めていた。ソ連の軍事諜報の国境警備機関は、ドイツから絶え間なく流れ作業でやって来るドイツ兵士の大軍の集中的な移動を記録していた。何百という軍の輸送トラックが機動歩兵団や砲兵隊、戦車、技術物資（弾薬やその他の軍事貨物）を運び込んでいた。ポーランドでは軍事管理方策が急いで施行された。すなわち、ポーランドの行政機関をドイツ式に変え、軍事病院と軍事配給品の様々な備蓄基地基盤を拡大し、補足的な軍事管理組織などが作られた。これらはすべて、ヒトラー政権下のドイツがソ連侵攻の準備をしていることを納得させる光景であった。

〈略〉

日本政府は、ヨーロッパ情勢の進展とドイツが準備を進めているソ連進攻の結果に応じて、最も都合の良い攻撃のバリエーションを選択できるようにしていた。そして、ソ連に対するのと同様に、アメリカに対する戦争準備を水面下で行いつつ、機動的な外交的策動を行っていた。一九四〇年九月、日本はヒトラー政権下のドイツ、ファシズムのイタリアと軍事に関する三国同盟に署名した。この同盟は、ソ連との戦争時における日独間の相互援助に関する合意を非公開で補足し、一層完全なものになっていた。

それとともに、日本政府はソ連政府に中立条約を締結することを提案した。そして、この協定は、しかるべき協議の後、一九四一年四月にモスクワで署名された。

しかし、満州における首尾一貫した関東軍の増強と、日本の軍国主義者による満州の軍事拠点の集中的な整備、そして日独の緊密な軍事協力の事実そのものが、ソ連にとって中立条約は日本からの軍事的脅威に対する信頼できる保証でありえないことを示していた。

日本政府は同時に南進準備を怠らず、一九四一年三月、フランス政府との補足合意によって、インドシナとタイにおける日本の立場をより強化し、オランダの植民地インドネシアに対する圧力を強めた。オランダとは、商品や原料の輸出入における日本への特典授与、採鉱の利権企業の受領、移民問題などに関して長期にわたる交渉を行っていた。

一九四一年三月、日米両政府は、ワシントンで自国の大使を通して、日米間で係争中の問題解決に向けた交渉に入った。日本にとって、これは東南アジアにおける侵略計画の偽装と、アメリカに対する軍事的準備を成就させるための時間稼ぎであった。

日米間の相容れない著しい不調和を露《あらわ》にしたこれらの交渉の過程で、双方は中国、東南アジアの植民地支配に関するそれぞれの強い要求を主張し、さらにアメリカは中国とソ連との協調を犠牲にしてでも、日本と協定を結ぶ用意があることを表明した。

交渉は一九四一年一一月まで長引き、日本の艦隊と飛行隊によるアメリカ艦隊基地に対する奇襲攻撃―真珠湾攻撃をもって決裂した。

〈略〉

（A）摘発に関して

「ラムゼイ」（リヒアルト・ゾルゲ）は逮捕後五か月間、フリッツの供述をはねつけ、黙秘し、雄々しく毅然と振舞った。

しかし、日本の防諜機関は彼の粘り強さを打ち負かし、証言させるに十分の効果的な方法がおそらくあったのだろう。一九四二年初めに、彼もまた責任を認め、フリッツ、アンナ、ジョーの供述を認めた。

一九四三年九月、裁判所は「ラムゼイ」に死刑判決を下した。しかし、その後一年間、刑は執行されず、「ラムゼイ」は拘置所に拘禁されていた。

〈略〉

「フリッツ」、「アンナ」、「ジョー」の証言によって暴露された活動の事実を目前に示された**「オットー」（尾崎秀実）は**、ラムゼイの腹心として行った自身のスパイ活動を率直にすべて認めた。

しかし、予審過程の間中、彼は真の共産主義者としての顔を保った。全勤労者、すなわち輝かしい共産主義者の未来を求める進歩的な人類のための戦い、その土台としてソ連のために行った意識の高い活動をしっかりと筋道立てて根拠付け、非常に堂々と振る舞った（尾崎の取り調べ調書、一九四二年二月九日）。

ウィロビーの著書『上海の陰謀』で述べられている彼のコメントから判断すると、「ラムゼイ」は、**ブランコ・ブケリチ（ジゴロ）が**弱気で、軽率な放浪者の典型であると見ている傾向があった。しかし、彼は、どのような取り引きの時も、決して情に流されることはなく、敵対者に媚《こ》びようとはしなかった。そして、証言の中でも彼はきわめて抑制的であった。

「ブケリチは他の者と比べると、かなり圧力に強かったようだ。何故なら、保管資料や我々が完全に保存している研究者の報告の中でも、彼に関する記述は少ししかないからである」とウィロビーは語っている。

彼が、早い段階で刑務所内で死亡したのは、拷問のためであると推測されている。彼は、死亡時、まだ四一歳であったし、調書には逮捕前の彼の健康状態が普通より悪かったとは書かれていない。彼が頑強に供述を拒否し、それによってそれなりの拷問が行われたという話は、十分ありえる。

東京地方裁判所は一九四三年九月、最高裁は四四年四月五日に上告を棄却して、ゾルゲ事件の判決が確定した。

「ラムゼイ」（リヒァルト・ゾルゲ）及び「オットー」（尾崎秀実）に絞首刑を宣告、一九四四年一一月七日に刑が執行された。

「ジゴロ」（ブランコ・ブケリチ）—終身刑（獄死）

「ジョー」（宮城与徳）—裁判以前（訳注　正しくは未決勾留中）に死亡。

「フリッツ」（クラウゼン・マクス）—終身刑

「アンナ」（クラウゼン・アンナ）—禁固三年

〈略〉

（B）摘発の原因　日米の説明

諜報団摘発の原因は何だったのか？

組織的な欠陥、失策、「ラムゼイ」あるいは協力者か諜報員による機密漏洩か？恐らくは諜報員の裏切り行為？

日米の防諜機関は口を揃えて、同じ説明を行っている。

すなわち、一九三九年六月二七日に逮捕され、自身の共産党活動を悔いて、取り調べの中で北林トモ（「ジョー」のグループの諜報員）がスパイであると証言した、優れた日本共産党員伊藤律の裏切り行為の結果、ゾルゲの組織はたまたま摘発されたのである。これらの供述に基づいて逮捕された北林が、自分のスパイ活動及び諜報情報の入手に関する指示や任務を課していた宮城との関係を認めた。

「ラムゼイ」組織の摘発はこのように端を発したという。

彼女は、日本秘密警察の公式秘密書類の中でさえ、ほぼ同様に供述しているので、一見したところ、この説明に異論を唱えることは難しいように思われる。ゾルゲ諜報団の調査と解体に参加した警官たちに与えられた表彰状には、次のように記載されている。ゾルゲ事件の調査は、アメリカから来た女性、北林トモがアメリカ共産党のメンバーで外国のスパイであると述べた伊藤律の供述から、事実上始まった。（秘密警察の特別チームの上司による警視総監への報告№.《ママ》127—警官の表彰について—日本語からの翻訳—〈略〉）。

しかし、「事実上始まった」という表現は（特に日本語からの翻訳であることを考慮すると）「実質的な基礎となった」という風に、より広義に理解することができる。これはこの書類の他の部分で少し異なるように、すなわち「伊藤律の証言はこの件に関する**逮捕**のきっかけと見なす必要がある」と記載されているだけに、なおさらである。

伊藤律の証言自体が、日本の防諜機関の単純なトリックを露呈させる、詳細に関する思慮の足りない、この説明全体の最も弱い部分である。

伊藤律は「ラムゼイ」の諜報網と、何の関係も持っていなかった。五七歳の洋裁師である北林が「外国のスパイ」であると疑われるきっかけは、何だったのか？

彼女を追跡していた目的を考慮せず、摘発の現実的な根拠を実際に作り出させた状況と、その原因を分析することなしに、この日米の説明を信じることが出来ようか。以下を考慮する必要がある。

第一に、防諜機関は敵対者のスパイ活動に対する真の戦い方や手段を、最後まで決して公表せず、逆に活動の真の手法を隠すために偽の状況を作りだす傾向がある。

第二に、日本の警察は挑発行為を行うのがうまい。共産主義活動との戦いには、特に長《た》けている。

第三に、ゾルゲ事件は、幅広い反コミンテルンの支持者を増やし、日本共産党の名誉を失墜させるための土台となりうる、警察にとって極めて好都合なものであった。これは日本の支配層にとって緊急の課題であった。第二次世界大戦の最終期、戦争の停滞と日独連合の軍事的失敗の結果、日本では、日々、内政状況の緊張が高まり、軍国主義の支配者層に対する大衆の革命運動が生じる恐れがあった。

アメリカの防諜機関は、その後、日本の警察の目論見をすぐに理解し、伊藤律の裏切り行為説の作者が計画していたその任務を大々的に実現した。マッカーサー本部—その諜報機関指導者ウィロビーは、日本の防諜機関とともにそれを行ったという権利を勝ち取ることに、最大の力を注いでいた。

（C）最もありうる摘発の真の原因

なにか一つ、摘発の主な根拠に関する問題を誤って提起しているのではないか？この原因を誰かの裏切り行為や組織的失敗、あるいは諜報機関の誰かの不注意の中に探そうとすることが間違っているのではないか？もし、仮に、伊藤律に関する単純な日米の説を真相と見なした場合でも、一気に全ての組織を摘発し、一網打尽にするには、さらに補足的な条件があってしかるべきである。

〈略〉

上層部が「ラムゼイ」に不信を抱いた原因とその原因の形成

二年間、「ラムゼイ」は上海で諜報員として活動していた。その中で、主に秘密保持や行動規準に関する規定に連続的に違反し、その結果、暗号解読の憂き目に遭った。上海から召喚され、約一年後、東京へ諜報員として送り込まれた。しかし、ここで強調しておくが、**彼が上海で逮捕され、英国、中国、日本といった他国の防諜機関のリストに名を連ねたというような客観的事実は何もない。**

〈略〉

本部上層部は、「ラムゼイ」を日本に派遣するにあたって、上海での彼の落ち度や失敗の内容とその影響を十分に検討し、暗号が敵方に解読されたと見なす根拠がないという結論に達した。このように、「ラムゼイ」が日本に派遣される段階では、彼は本部上層部の信用を得ていた。彼が咎《とが》め立てされたのは、上海での個人的な行動だけであった。個人的な行動とは、すなわち、秘密保持規定の無視と度が過ぎた飲酒による行動—暴飲、バーやレストランで酒盛りをした際の大騒ぎや喧嘩である。

一九三五年夏、上海の諜報機関が摘発されたことにより、「ラムゼイ」は中央から呼び出しを受けた。日本での任務展開の報告と上海で摘発されたことによって「ラムゼイ」に影響が及ぶことがないか討議するため、彼はモスクワに向かった。「ラムゼイ」に危険が及ぶ兆候はこれといって見つからず、彼は再び東京に戻った。そして、その後六年間、すなわち、諜報活動が終了するまで留まった。

どこから、どのように「ラムゼイ」に対する不信感は生じたのか？

共産主義者として、彼の政治的見解はかなり不安定で間違っていた。党政治に関するこの特徴は、明らかに注意を引いていたという、一つの事実を述べておかなくてはならない。

一九三四年一〇月、伝書使の役割でラムゼイ諜報団に協力していた上海の諜報機関指導者アブラーモフが、本部に文書で次のように連絡した。「ラムゼイ」の元にやってきた伝書使とコミンテルンの政治について論議する際、彼は政治的に間違った主張をしていた。「ラムゼイ」の主張はこうであった。「一九二九年から始まった（すなわち、それ以来、右派の人間が指導者から消えた）コミンテルンの路線は、現状の維持という消極的な戦略の上に成り立っている。しかし、『現存のもの』とは、すなわち、主にソ連の存在であり、コミンテルンのすべての政治はソ連における社会主義建設に協力することを土台としている。また、それに応じて、西側における共産党の積極的な活動は制限されている。われわれの対外政策が積極性に欠けること、そして国際連盟への加入を『ラムゼイ』は批判していた(注9)」

この「ラムゼイ」の主張は次のことを示している。彼はコミンテルンの政治を評価する際に、党の路線から右派の方に逸《そ》れ、明らかに間違った立場を取っていた。そして、世界的な共産主義活動の基盤としてのソ連の役割と重要性を過小評価し、同時に、西側における共産主義活動の活発化を求める極左主義的な考えを提起していた。

特徴的なのは、「ラムゼイ」の政治的見解の不安定が、彼の評価にほとんど影響していなかったことである。彼の評価については、多くの「諜報機関に関する参考資料」に残されている。

「ラムゼイ」が一九三五年にモスクワを訪れた際、彼は本部の担当者で、ある部署の上役である、ポクラドクと会談や打ち合わせを数回行った。これらの会談の結果と「ラムゼイ」に関する個人的印象について〈略〉

一九三七年下半期、「ラムゼイ」の召喚と諜報団全体の解体が決定した。しかし、この決定は数ヶ月後に取り消される。本部の上層部は、「ラムゼイ」が多くの貴重な情報

を提供していることを認めずにはいられなかった。〈略〉

課報団は残されるが、「政治的に欠点がある」、「敵対者に摘発され、その管理の下で活動している」という疑いのレッテルが、すでに貼られていた。

諜報団に対する本部の態度の中に存在した二面的な要素は、非常に特徴的である。「ラムゼイ」から送られてくる情報資料は、大抵高い評価を受けている。しかし、指導的役割については、諜報団のメンバーや活動に関する情報資料が作成されていた。この資料の作成者は、諜報団に対する「政治的に不信」というレッテルを取り除こうとはしなかった。冷静な判断を怠り、諜報団の活動における実際の成果を検討せずに、このレッテルに基づいた判断及び結論を出している。これについては、その論拠に説得力のある証拠が欠落しているため、上海の摘発に関する判断及び結論や、「明らかな偽情報」に関する（一九三七年の）ポクラドクの主張、その他の以前の推測が毎回、全く同じように引用されている。

〈略〉

第五章　総括的結論

一　「ラムゼイ」諜報団の活動記録を研究することによって、「ラムゼイ」は明らかに熱心で、誠実なソ連の諜報員であったことが、まず結論づけられる。

「ラムゼイ」の摘発と断罪に関する情況や結果すべてを研究するだけではなく、実際に行われた諜報活動全体、つまり諜報団が存在していた時期に、収集した資料や情報を分析し、評価することによって、そう結論づけることができる。

「ラムゼイ」に対する不信感、彼が二重スパイであったという主張に確固とした根拠はない。上海で犯した「ラムゼイ」の失敗が、防諜機関員によって暗号解読されたかもしれないという危惧を生じさせたことは、全く当然であった。しかし、補足的に慎重な検証を行わず、それだけで「ラムゼイ」を二重スパイだと断定することは出来ない。

〈略〉

二　仕事の質で「ラムゼイ」を評価するならば、彼は複雑な状況の中で正しい方向性を決定し、重要かつ決定的なことを見出し、明確な意図を持って粘り強く計画目標を達成する能力を持ち合わせた、**精力的で才能ある諜報員**であったと見なす必要がある。

「ラムゼイ」の功績は、**日本における諜報活動の状況が**

あまり知られていない中、難しい条件下で、諜報機関の組織を作り上げる道を見つけ、八年という長期にわたって、階級的に異質なドイツ・ファシストの仮面をかぶりつつ、効果的な諜報活動を行ったことにある。

〈略〉

「ラムゼイ」は諜報員、そして諜報組織のリーダーとして、弱点と重大な欠点を持っていた。それにより、個人的な素行の面でも、彼の諜報団活動の組織面でも、たびたび大きな失敗を引き起こすことになった。

〈略〉

三　東京のラムゼイ諜報団が行ったスパイ活動の実績は、**全体的に高い評価を得ている。**

〈略〉

最後の四年間に形成された「二重スパイ・ラムゼイ」に対する偏見に満ちた扱いの影響で、本部からの指導の質は、必然的に著しく低下した。

諜報員が二重スパイであるなら、諜報機関は敵対者の管理下で活動しており、遅かれ早かれ摘発される運命にある。諜報機関が存在している間は、可能な限り利用する必要があるが、その強化と発展のために力を尽くす価値はない。

諜報団が存在していた最後の数年間、まさにこのような考えで、諜報団に対する本部の指揮方法と内容を決定していた。

〈略〉

文書 No.189

大将マムスーロフ殿

一九三九年、フルンゼ記念軍事アカデミー修了後、私は労農赤軍第五局第二部第一課の次長職に任命された。

部署の業務を学ぶ中で、ラムゼイ諜報団が鮮烈に目に飛び込んできた。ラムゼイ諜報団関係の書類の中には「非常に重要」、「極めて重要」という評価を受けた多くの興味深い情報資料があった。

第二に、私の興味を引いたのは、本部からの要請に対する素早く正確で機転のきいた回答であった。要請は常に的確であったわけではなかったけれども、その点についてはこれ以上語るまい。

配属部署の業務をマスターした後、私は同志ポポフ部長、同志キスレンコ課長にラムゼイ諜報団に関する印象を話した。最後に私は次のように述べた。私は諜報員として経験が浅く、ラムゼイ個人をまだよく知らない。彼が偽の情報を流しているのか、二重スパイなのか、結論を出すには時期尚早で、謎である。「ラムゼイ」についてこのような二種類の考えを抱きながら、一九四〇年、私は日本へと出発した。私の任務の一つは、ラムゼイ諜報団の通信の受信であった。「ラムゼイ」とともに働く中で、「ラムゼイ」が本部に伝えた資料はすべて実際に確認されたものであり、偽情報を流しているわけではないと言うことを私は確認した。例えば、私が彼と共に働いていた間に、彼が伝えた情報に間違いがあったことは一度もなく、すべての情報は真実であったと記憶している。

軍の部隊配置や日本政府の対外・国内政策、経済問題、ファシスト・ドイツのソ連侵攻準備の問題、極東でのソ連侵攻開始にあたってドイツから出された要求に対する日本政府の反応といった根本的な諸問題を例にとってみても、これらすべての資料がタイミングよく本部に送られており、それらは非常に重要な事実通りの情報であったことを、後に現実が示していた。「ラムゼイ」の情報を信用していたならば、ソ連は何千人という兵士や士官の命を救うことが出来ていただろう。彼の情報によって、軍の最高統帥総司令部は極東から数十の師団を引き抜いて、西側に移動させた。

これだけでもすでに、「ラムゼイ」が共産党と祖国ソ連に対して、献身的で誠実、創意に富んだ諜報員であったことがわかる。

「ラムゼイ」のような働き者が窮地に陥った時に、ソ連軍参謀本部諜報総局の上層部が投げ捨てるような非人道的な扱いをしたことは、もちろん残念である。

「ラムゼイ」は天才や予言者になる必要はなかった。ただ日本の状況を分析すれば十分であったと思われる。当時、状況は非常にデリケートで、日本が挑発行為を行うことは恐らくなかったことが明らかになったであろう。もし、日本側がソ連を挑発するつもりなら、当然、ラムゼイ諜報団の摘発について騒ぎ立てただろうが、彼らは騒ぎ立てなかったどころか、刑の執行は判決後数年を経て行われた。それから二つ目に、日本側は、私が諜報機関の通信を手伝っていた事実を掴んでいたにもかかわらず、私を逮捕しなかったということが挙げられる。

従って、日本人の側から見れば、挑発行為を行うことは、いずれにせよ愚行だったのだ。ソ連軍参謀本部諜報総局の上層部は「ラムゼイ」に対して先入観を持っていたため、彼に危険が迫っても、助けるためにしかるべき手段を講じなかった。そしてあのような人物が殉死したのである。

「ラムゼイ」は一〇年に一人の諜報員であり、誠実で、真実を伝える、勇敢で、創意に富んだ人物であったことを、私はもう一度述べたい。誇張ではなく、諜報史上「ラムゼイ」ほどの諜報員はいないと私は言える。

そのような人物の殉死には、必ず誰かが応《こた》えなくてはならない。「ラムゼイ」の業績は、下記に値すると私は思う。

—死後、ソ連の英雄の称号を授与。

—記念碑の設立、そして彼についての記憶を永遠のものにするため、モスクワの通りか広場の一つに彼の名前をつけること。

「ゾルゲ博士、あなたは何者か?」という映画作品について、少し述べようと思う。出演者の容貌はうまく揃えている。しかし、「ラムゼイ」自身は映画のようにヒステリーで大声を出すような人物ではなかった。彼は非常に忍耐強く、如才がなかった。映画では、彼は道徳的に非常に堕落していたが、生活の中では妻と息子を愛する地味で、善良な家庭人であった。モスクワではソフィースキー河岸通りに住んでいた。

無線通信士「マックス」は鈍重で、不細工なぐずとして描かれているが、実際には全く正反対の人物であった。彼の妻アンナは反ソ的な考えを持ち、夫の仕事を邪魔する人物であるとはっきり表現されている。しかし、実際には、彼女はよく夫や諜報団の手伝いをしていた。映画の中で描かれた無線通信士夫妻の逃走準備と、諜報団の混乱は監督による無意味なフィクションである。現実にはそのようなことは何もなかった。

一九六四年一〇月七日

退役陸軍大佐ザイツェフ、ビクトル・セルゲーエビチ

文書 No.190

遠い昔に

退役陸軍中佐ブトケビチの回想

私が精力的に諜報業務に携わったのは、三〇代後半から四〇代の初めまでであった。もちろん、一九六四年に自分の当てにならない記憶以外に資料を持たずにペンを執り、遠い昔の様子や、自分がソ連の諜報機関で働いていた頃に見聞きし、経験した昔の出来事を歴史的に正しく完全に再現するのは難しい。いくつかの事実や詳細は記憶から消えてしまったし、当時、運命に導かれて、諜報員であった私と出会った人々の名前も忘れてしまった。要するに、年齢のせいである。

もう一つ大事な状況を説明しておかなければならない。諜報機関の活動の中で、私は平の諜報員であった。私は自

分に「知らされた」ことだけしか知らなかったし、全体像が私に明らかにされるはずもなかった。例えて言えば、私は歩兵であり、戦いの中、自分の眼前で生じることのみが自分の仕事であると考えていた。そして、私は上司から受けた具体的な任務を首尾よく遂行することだけに、自分のイニシアチブとエネルギーを費やしていた。つまり、平の諜報員であった私が回想の中で述べている評価や見解は主観的で、恐らく、底が浅く不完全だと思われる。

〈略〉

当時、局長はウリツキー兵団長であったが、裏では、ベルジン氏の名をよく聞いた。彼の名を士官たちは大きな尊敬を持って話していた。〈略〉彼はわれわれが部署に配属された最初の頃、上司であったかもしれない。もちろん、仕事の性格上、党か何かの全局員集会を除いては、局長と会う機会などなかった。そういった集会で、ウリツキー氏が党に対する情熱を持って発言していたことが思い出される。彼は自分の力や能力のすべてを任務に捧げるよう、すべての局員に要求していた。

ウリツキー氏は非常に厳しく、仕事の上では些細な誤りや欠点にも妥協しないということを、われわれは局の士官からたびたび聞いた。

私は日本にいながら、リヒアルト・ゾルゲと「ラムゼイ」が、同一人物であることを知らなかった。私はソ連大使館のパーティで、—特に独ソ不可侵条約を締結後、多くのドイツ大使館員が紹介されたとき、リヒアルト・ゾルゲと会ったかもしれない。しかし、ゾルゲの名に私は覚えがなく、私は彼がわれわれの職員であると認識していなかった。「ラムゼイ」という名前だけなら、一度出会ったことがあった。〈略〉

局長の指示で、私は「ラムゼイ」のためにある対策を実施することになった。それがどういう任務であったか、私はもう覚えていない。そのような類《たぐい》の散発的な対策を本部の指示で行うことは何度かあったからである。しかし、私は「ラムゼイ」の名を覚えた。何故なら、任務を受ける際に、この名前には最大の注意を払うよう、特別に注意されたからである。「ラムゼイ」はわれわれの最も重要な情報源であるとも言っていた。ただ、すでにソ連へ帰国した後になって、「ラムゼイ」とゾルゲが同一人物であると局内の誰かから聞いたのである。

ゾルゲ諜報団の活動に関する資料が、ソ連でも公開されるようになった現在、全く気づかずにその活動に自分が参加していたかもしれないという考えに、思い当たる節《ふし》が浮

かんできた。〈略〉
私は比較検討の結果、ゾルゲ・グループの活動の真実を、明らかにする可能性があると思われることを書いている。これに関連して、次のことにも触れたいと思う。私は今も日本研究を仕事にし続けており、日本の歴史文学に注目している。日本では一九六二年に「現代史資料」の刊行が始まったことを、私は日本の歴史雑誌「歴史研究」で知った。日本の出版物から得た情報では、この刊行物は最初の三巻[訳注]をほとんど費やして、ゾルゲ事件を詳細に掲載している。その中には、調査資料、裁判の審理、ゾルゲと尾崎が獄中で書いた回想記、その他の資料が選択されて掲載されている。それらの三冊をこちらの科学図書館で探したが、見つけることは出来なかった。恐らく、こちらには届いていないのである。

（訳注　みすず書房が「現代史資料」シリーズとして刊行した『ゾルゲ事件』は、最終的に全四巻となった）

ゾルゲとその諜報団の活動は入念な研究調査に値する、と考えられている。列挙した刊行物を入手できれば、今後の研究者たちの手に大量の重要な資料がもたらされことになるだろう。〈略〉
あれ以来、すでに長い年月が過ぎ去った。しかし、退役後、名誉の休暇をとっている今でも、当時、そのような猜疑心と不信感の漂う重い空気がなかったならば、祖国のために、もっと多くのことを成し遂げる事が出来たかもしれないのに、と苦々しい思いを噛みしめている。ほかのソ連の愛国主義者や共産主義者と同様に、私はこれに自分の人生の意義を感じていたし、今もそう感じ続けている。

文書 No.191　リヒアルト・ゾルゲに関するブローニンの回想

〈略〉「ラムゼイ」の外見について、少し述べよう。平均より背が高く、すらりとスタイルが良い。彼は非常に堂々とした人物だった。顔立ち、明るい色の目、仕種《しぐさ》、表情全てが自信と自分の考えに対する確信、意志強固な決断力、観察力の鋭い頭脳を表現していた。革命をめざす情熱を抱きながら、彼が政治状況やファシズムの脅威の増大について話していたことが思い出される。彼の分析的な物の考え方に、常に顕著に表れていたわけではないが、革命運動、革命闘争への憧憬《あこがれ》は、ゾルゲが持つ性格の特徴であった。私の中に残っているゾルゲの主な印象は、非合法活動の豊富な経験の中で鍛えられた彼の諜報員、共産主義者としての目的意識である。

私たちは東京—上海間の非合法活動における通信形態に関して合意した。一九三三年末から一九三五年五月に私が逮捕されるまで、私たちは定期的で緊密なやり取りを維持していた。この間、私は五、六回、郵便物を届けるために部下をラムゼイの許《もと》に送っている。東京—ビスバーデン（ウラジオストク）の通信がうまく行かない際には、こちらの二つの無線局を使って、東京の諜報機関の電報数件をビスバーデンに送った。私は「ラムゼイ」と非合法活動の中で往復書簡を交わしていた。（本部は我々のために特別な暗号を与えた）。彼は緊急連絡のために秘密の連絡先を上海に持っていた。概して、私はこの一年半、近距離から東京の諜報機関の活動を見守ることが出来た。後に、「ラムゼイ」が一九三四年に本部へ送った手紙の中で「上海の仲間が特にわれわれを援助している」と強調していたことを知り、私は満足していた。

〈略〉

二　ヒトラー政権を通じてのラムゼイの公認計画

この計画は、非常に大胆なものである。ラムゼイは一九一九年から一九二五年まで、ドイツ共産党で積極的に活動していた。このうち、二年間は非合法活動を行う立場にあった。そして今、彼は本名でファシスト・ドイツにやってきた。さらに、ナチス新聞（訳注　実際は一般商業紙のフランクフルター・ツァイトゥンク紙）から特派員として派遣されるという形で、東京への派遣証明書を手に入れなければならなかった。

危険は明らかであった。警察の文書保管所には、積極的な共産主義者として、「ラムゼイ」に関する書類が作られていたかもしれなかった。また、党活動時代、彼と対立していた人々が、彼の身元を確認する可能性もあった。六月九日、「こちらの状況は余りよくない。出来れば、ここから離れたい」と、彼がベルリンから本部に書き送ったのもよく理解できる。

〈略〉

しかし、この計画は、彼の大胆さをもってすれば、正《まさ》しく、合理的であった。もちろん、危険もあったが、成功の見込みが相当あったため、その危険は理に適っており、相応の理由があった。この計画はベルジンという諜報総局の老練な指導者と、ゾルゲという才能のある諜報員の共同作戦によって実現された。

一九三四年一二月、同志ベルジンが私にあてた手紙の中で、こう書いていた。「われわれの仕事では、勇気と大胆さ、危険、最大の図々しさが最大の用心深さと調和しなければならない。弁証法！」

同志ベルジンは相当のレベルで、この諜報機関的弁証法を巧みに操っていた。ゾルゲの公認計画は次の二つの要素を基礎においていた。第一に、ナチ主義者はまだ政権についたばかりの新米である。ナチスの組織、特にゲシュタポは設立されたばかりであった。第二に、ゾルゲ個人の素質、忍耐力と経験に期待することが出来た。

彼は思想に関する必要な情報を得るために、ドイツに渡った。入手できるナチズム文学のすべてを実際に読破し、特に頻繁に使われるナチ党員の成句を習得し、ナチズムの雰囲気を持つ世の中へ溶け込むように努力した。ヒトラーの『わが闘争』を実際に暗記してしまった。

ラムゼイの存在を警察は察知していたのか？彼の一件書類は作成されていたのか？そう、彼は警察に目をつけられていた。一九四九年二月に米国の国防省が公表した「記録」（正式名称は印刷物の記録。極東司令部の報告「ゾルゲのスパイ組織」が引用されている。この報告は極東における国際スパイ活動の概要である。国家機密を保持する目的で、最初の報告からは短い章がいくつか削除されている）には、次のように書かれている。ゾルゲ逮捕後、ゲシュタポは、彼とソ連との関係を示す内容の、彼にとって不都合な書類を捜し出した。その書類は彼のドイツでの第一日目から始まっている。〈略〉しかし、当時、一九三三年夏、この書類は文書保管所である暗い地下室で、埃に埋もれたままだった。もし、「ラムゼイ」に対して疑いが生じれば、それらの書類はそこから取り出されたであろうが、彼は巧みな振る舞いと思想的に一貫した発言によって、政治的にはなはだ望ましい人間であるという、ナチ主義者側からの信用を確かなものすることが出来た。

状況を考慮して、ドイツで「ラムゼイ」は非常に慎重に行動した。これは、ナチ党に入党すべしという本部からの要請を彼が実行した際に、特によく現れている。彼はナチ党に入党しようとしていたと海外の出版物には書かれているが、彼はドイツではこれを実行しなかった。もちろん、ポケットにナチ党員証を持って東京を訪れるというのは、魅力的であった。しかし、それはあまりにリスクが大きいというように、彼は結論を出したのである。ドイツでナチ党に入党する場合、彼は過去を探られる可能性があった。より簡単で確実に東京に行ける、とゾルゲは正確に判断した。実際には、彼は明確な政治的信用を得て、東京にやってきている。すなわち、重要なナチス新聞（訳注　同上）

の特派員として派遣されるという事実自体が、ナチ党へ入党するための政治的推薦になった。東京では彼の入党は簡単で、何の支障もないものとなった。

ベルリンからの最後の手紙で、「ラムゼイ」が自分のドイツでの成果をどのように評価しているか、引用するべきであろう。ここでは活動に対する彼の抑えがたい欲求と、特有の謙遜が述べられている。

「残念ながら、私は設定していた目的を一〇〇パーセント達成したとは言えない。しかし、その多くはただ遂行不可能であった。ここに長く残ったのは、さらにほかの新聞社の代表派遣を実現させるためであった。無意味だったかもしれない…。とにかくやってみなくてはならない。仕事に着手しなくてはならない。暇人《ひまじん》であり続けることに嫌気がさしてしまった。多くのことは運と状況次第である。今の段階で言えることは、今後の任務を行うための前提条件がある程度整ったということだけだ」

三　日本におけるゾルゲの諜報活動のいくつかの側面

米国の「記録」では、次のように述べられている。「ゾルゲは初めての国で無事に活動を開始し、日本の歴史上、最も幅広い内容のスパイ活動を展開させることに最も成功した。これほど成功を収めた勇敢なスパイ組織は、恐らく史上初である」

ソ連の諜報のためにラムゼイが行ったことを完全に客観的に評価するためには、日本の状況の特異性を考慮しなければならない。

〈略〉

日本では、例外なく全ての外国人に、何者にも行動の邪魔をされない、図々しいともいえる公然の監視が行われた。これは任意の人物に対して、派遣されたスパイによって行われていた。同時に、秘密の監視もまた行われていた。

外国人に雇われている日本人は皆、内部を通報することを要求されていた。すなわち、彼らは雇われている外国人の住居の隅々を日常的に注意深く覗き込み、品物を引っ掻き回して探し、誰が客として訪れているかを注意して見る義務があった。当時、ドイツと日本は非常に友好的な関係であったにもかかわらず、監視はドイツ人や東京のドイツ大使館に対しても行われた。

もちろん、ラムゼイは外国人に対するそのような素晴らしく注意深い防諜を実際に体験していたが、これまでの経験と知恵で状況に十分適応することが出来た。

〈略〉

そのような状況下でラムゼイは丸八年間、素晴らしい成果を出していた。彼がドイツ人居留民団の中で、そして東京のドイツ大使館で自分の立場を確立できたという特別な状況は、もちろん、日本政府の下での彼の立場を強化した。防諜機関にとって彼は古株で、固い信念を持った有力なナチ党員、侵略計画における日本の同盟国ファシズム・ドイツのかなり重要な代表者となった。一九三九年春から「ラムゼイ」はドイツ大使館の正式な職員（報道担当官）になった。「ラムゼイ」の車には大使館の旗が付けられた。この旗は警官にその車を停止させる権利がないことを示していた。それでもつまずいたり、足を踏み違えることがないよう、常に特別に用心している必要があった。一九三三年九月六日から一九四一年一〇月一三日まで、「ラムゼイ」の任務はずっとそのような緊張状態にあり、体力を消耗させた。

ゾルゲは固い信念をもつナチ党員という偽装を深く考え抜き、変更することなく、驚くべき目的意識を持って実行していた。

そのうちに、東京におけるナチズム組織の中で、彼は思想家のリーダー的存在になった。これは彼が行った偽装の重要な特徴である。

彼は「学校長」（シュルングスレーター）であった。すなわち、ナチズム組織員の政治教育や扇動、政治宣伝を指揮しており、ナチ党の中央機関紙「フェルキッシャー・ベオバハター」の特派員や、公的なドイツ電信通信社「ドイチェ・ナハリヒテン・ビルス」の東京支店長ベイスと親しい間柄であった。ベイスが休暇や出張の時には、ゾルゲが彼の代理をしていた。また、ゾルゲは大使館でドイツ居留民団のための新聞を発行していた。彼が自分の積極的な思想活動をこのように売り込んだことが、後に、大使館の報道担当官という役職に彼が指名される重要な前提条件の一つとなった。

様々な外交パーティで、「ラムゼイ」を観察していた一人のソ連人が、こう話している。彼は外見上、「生っ粋のプロシア人ナチ党員」として振る舞っていた。外交官や他国の人々に対して、ゾルゲがとった態度は「自国」ドイツ政府の政策と完全に一致していた。すなわち、同盟者であるイタリア人には友好的に、フランス人やイギリス人に対しては冷淡に接し、ソ連の人々との接触を避けていた。

休暇から戻ったドイツ大使オット氏との会談に出席した同志は、こう話している。「自信に満ちた態度で一際目立っていたゾルゲは、ドイツ居留民団の代表たちの一列目に立っていた。彼はファシストたちの花火に真っ先に手を上げ、『ハイル、ヒトラー』と大声で言っていた」

米国の「記録」には、こう記載されている。「日本人の仕事仲間の多くは、一様にゾルゲを横柄なナチ党員の典型だと見なし、彼を避けていた」

思想的な傾向というものが、「ラムゼイ」の偽装工作の中で重要だったとすれば、彼が行っていた日常生活の偽装は、全体の偽装工作を副次的に補強していた。彼は交際好きな人間で、バーを素通りしたり、パーティを欠席することはなかった。また、彼はドイツ居留民団の有力者たちにとって「家族ぐるみの友人」であった。彼はすべての付き合いの中で、自分を「品行のよいドイツ人」に見せようとしており、彼の同郷人が催す行事すべてに積極的に参加していた。無線通信士クラウゼンは、東京のドイツ人会で催された「ベルリン市民の夕べ」で初めてゾルゲを見たときのことを、こう語っている。出席者たちの注意はゾルゲに集中しており、明るく大きな嬌声が沸き上がっていた。彼はシルクハットに燕尾服でソーセージを売っていた。（これは慈善目的で催されていた）生っ粋のナチ党員、卓越したジャーナリスト、賢くて明るく興味深い話し相手、ゾルゲは東京のドイツ人居留民団の中で「引っ張りだこ」であった。「ラムゼイ」は女性にもてるという噂が非常に広まっており、それもこの日常生活の偽装を手伝っていた。つまり、これに関しては多少の事実も含まれていたが、噂は非常に誇張されていた。しかし、「ラムゼイ」にとっては好都合だった。ある意味で、それらは偽装工作の一要素となり、様々な容疑をそらす働きをも果たしていた。

恐らく、この偽装工作に信頼性をもたせた最も大きな要素は、大使館のゲシュタポ代表マイジンガーとゾルゲの「友好的な関係」であった。

このマイジンガーは、ワルシャワで前代未聞の残忍行為や略奪、暴力によって大きな「殊勲を立てた」。そのため、ゲシュタポの間でさえも彼はやりすぎだったと考えられていた。有名なゲシュタポの一員シェレンベルクによると、一時、マイジンガーは裁判にかけられることになっていた。しかし、彼の友人たちがその決定を中止させ、東京へのマイジンガーの派遣を実現させたのである。ゾルゲはこの獣《けもの》の中の獣でさえもペテンにかけ、ソ連の諜報のために彼から情報を引き出していた。

海外のゾルゲに関する文献に、マイジンガーがラムゼイに疑いを抱き、尾行していたかのような記述がある。しかし、これは全く事実とは異なる。これらの情報はゲシュタポによるでっち上げである。映画「ゾルゲ博士、あなたは何者か?」の中でもこの問題は誤って描かれている。

実際には、「ラムゼイ」は完全に信頼されていた。アメリカの「記録」に示されているように、マイジンガーは「ゾルゲを友人だと見なし、彼に非常に多くの貴重な情報を伝えていた」。そして、ゾルゲを「最後まで信じる事が出来る」人物だと考えていた。彼がゾルゲの逮捕を耳にしたとき、「ゾルゲがソ連の諜報員であることを全く信じず、日本の警察は重大な間違いを犯したと考えていた」

この「横柄なナチ党員」リヒァルト・ゾルゲが、革命運動家、共産党員であり、党の学生組合員活動を中断して、自分に巡ってきた役割を果たさなければならない非常に異常な状況にあろうとは、彼を見守っていた者は誰も考えなかったであろう。

四 ゾルゲは如何にして大物ドイツ諜報員オット将軍を「手なずける」ことが出来たのか

ゾルゲには、ドイツ大使館の従業員やドイツの軍事財閥の東京代表など、情報の偵察という観点で利点がある広い社会層の人々と、友好的な関係を作る能力があった。ゾルゲとの懇談の中で、彼らは非常に率直に話をしており、ソ連の偵察の情報源となっていた。「ラムゼイ」に好意を抱いていたディルクセン大使(元駐モスクワ・ドイツ大使)自身も同様であった。しかし、ゾルゲの諜報活動の中で、大使館付陸軍武官、後に(一九三八年半ばから)東京の駐日ドイツ大使となったオイゲン・オット将軍との関係は、特に重要な、決定的とも言える意味合いを持っていた。

オット自身がドイツ人諜報員の大物であったことは、ゾルゲがこの人物を「手なずける」ことが出来たという事実の重要性を正確に評価するために、考慮する必要がある。

第一次世界大戦時、オットは当時のドイツ軍事諜報機関の指導者、有名な陸軍大佐ニコライと協力して活動していた。二〇年代、ニコライは諜報の任務から離れていたが、ヒトラーが政権を握るとともに、新ドイツ歴史大学学長職を隠れ蓑《みの》にしながら、以前の専門職に戻った。一九三三年秋、ニコライはオットを日本に派遣させるよう、主張した。主な任務は日独間の諜報活動の協力体制を整えることであった。

当時、陸軍大佐であったオットは、軍事観察者として日本へやってきた。彼は有名な日本人諜報員土肥原賢二と連絡をとった。土肥原は特務機関長、すなわち、アジア大陸における諜報活動の指導者であった。オットは、排他的民族主義、ファシスト支持の考えをもつ若い士官グループと緊密なつながりを構築した。後に、一九三六年二月、彼らは犬養毅首相の暗殺を行った。〔訳注〕オットが特に近づいたのはこのグループの代表の一人、陸軍大佐大島浩であった。大島は当時、土肥原の直属であり、土肥原の指示で大島は「日本の軍事諜報活動のシステムと技術」をオットに紹介した。後にオットが確信したように、大島は彼にすべてを話したわけでは全くなく、最も重要なデータはオットから隠していた。日本は基本的にドイツとの諜報協力に賛成していたが、ドイツ側の積極的な要請にも拘わらず、概して非常に慎重にこれを行った。（訳注「二・二六事件」と「五・一五事件」の混同による事実誤認。犬養首相は「五・一五事件」で殺された。「二・二六事件」で殺されたのは、高橋是清蔵相らで、岡田啓介首相は危うく難を免れた）

一九三四年春、オットは日本との諜報協力関係の確立と、日本の政治状況に関する報告書を携えてベルリンに向かい、数ヶ月後、大使館付陸軍武官として東京に戻った。大島もオットと同じ様に昇進した。一九三四年、彼は大使館付陸軍武官としてベルリンに行き、一九三八年にはドイツ駐在日本大使となった。この間に、オット同様、大島は将軍の肩書を得た。オットと大島は一九三六年一一月の日独防共協定締結に非常に積極的に参加した。ご承知のように、この条約は、軍事及び諜報活動の協力に関する秘密条項をいくつも含んでいる。

老練なドイツの諜報員オイゲン・オットの特徴は、以上である。

一九三四年一月七日付の本部への手紙の中で、ゾルゲは初めて彼について触れている。彼はオットから引き出した情報を報告している。〈略〉つまり、彼らは一九三三年に知り合った。すでにその時、軍事監督者であるオットが提出しなければならなかった日本出張の総括報告の作成を、ゾルゲは手伝っていたと考えるに十分な根拠がある。その後も、ラムゼイとオットの「友好関係」は変わることなく確立されてゆき、オットは政治面でラムゼイを全面的に信頼していた。結果として、ソ連の軍事諜報活動の指導者に、在東京ドイツ大使館の機密を文字通りすべて打ち明けていた。

どのようにしてこんなことが出来たのか？

ゾルゲがオットにとって代え難い政治問題の相談者だったことは、彼らの「友好関係」の決定的な基盤であった。

オットは軍の人間であり、彼の政治的見識は限られていた。しかし、彼が大使館付陸軍武官になったとき、ベルリンは軍事面だけはなく、軍事面・政治面の報告及び評価を彼に要求してきた。大使になり、その後、その地位を維持するためには、極東の複雑な政治情勢の中での彼の手腕を、ベルリンがどう評価するかが重要であった。そして、オットに欠けている政治的見識を「ラムゼイ」が「埋めていた」のである。

「ラムゼイ」は膨大な日本研究を行った。現代日本の諸問題だけではなく、歴史や慣習に関する数百冊の本を吸収した。東京のドイツ人居留民団で、またドイツ大使館で、皆が認める通り、ゾルゲは一番の日本通であった。「ラムゼイ」は中国にも詳しいと認められていたが、オットもまた、職務の関係で、この国に興味を持っていた。ゾルゲは極東の政治状況に詳しいだけではなく、ナチズムの思想にも精通していることをオットはよく理解していた。政治的事件に関して、「ラムゼイ」がヒトラー政権の風潮や方針に、完全に合致した解釈をしているとオットは信じていた。

アメリカの「記録」には、こう書かれている。「オットは新しい友人リヒアルトが日本の慣習、政治、その傾向に関するまれにみる情報源であり、賢明な助言者であることを知り、非常に喜んだ」

ドイツ国防軍の多くの古株の士官たちと同様、オットが生っ粋のナチ党員ではなかったこともまた、考慮しておく必要がある。米国の記録の中に、次のようなオットの政治的特徴がもっともらしく書かれている。「オットはナチ党員の計画に好感を持っていなかったが、政府の指令は遂行していた。準備が進んでいたナチの粛清を目前にして、彼の危険を気遣った上級士官が彼を転勤させ、一九三三年、日本にやってきた」。これは「ラムゼイ」の評価と基本的に合致する。一九三四年一月七日付の手紙の中で、「ラムゼイ」はオットについてこう書いている。彼は「シュライヒャーの右腕」である。シュライヒャーは有名なドイツ国防軍の将軍で、一九三四年六月、反ナチス体制の容疑でヒトラー主義者たちによってアパートで殺された。オットのようなタイプの人間は、生っ粋のナチ党員やナチズムの成り上がりを、あまり良く思っていなかった。オットから見ると、ゾルゲはヒトラー以前のインテリ・ドイツ人の典型であると同時に、思想的に確立されたナチ党員であった。オットはゾルゲを政治面での主な相談者として頼りにし、必要としながら、それが適切な政治方針をとるための一定の保証となると信じており、そういう方法でナチズムの思想的要求に、足並みを揃えていこうとしていた。

さらに次のような側面に、私は注目する。ゾルゲは最後の妻を介して、オットと知り合ったとアメリカの「記録」に記されている。最後の妻は「彼女自身が第一次大戦後、共産主義者であったので、『ラムゼイ』が共産党員であることを知っていた」と、無線通信士クラウゼンは書いている。しかし、クラウゼンのこの記述には、具体的な証拠による裏付けがない。しかしながら、オットの妻が「ラムゼイ」に好意を持っており、ある程度、彼の仕事に協力していたというのは正しい。一九三五年八月、「ラムゼイ」は、任務報告でこう書いている。「オット陸軍大佐の妻は私を贔屓《ひいき》にしており、大使館付陸軍武官の下に国際色豊かなメンバーが集まる際には、私をよく招待している」。しかし、資料によると、「ラムゼイ」に対するオットの妻の好意には、政治的あるいはロマンチックな下心はなかった。

一九三六年七月二五日、本部は「ラムゼイ」にこう指示している。「コット（オットの呼び名）やほかの者たちに担当地域の状況に関する様々な論文や予測を渡してもよい。より誠実に綿密に協力すればするほど、彼らとの関係を深めることが出来るだろう」

そして、「ラムゼイ」はそれを実行した。これは大変な仕事であった。オットの手伝いには非常に多くの時間を要し、集中的に専念しなければならなかった。

クラウゼンが証言しているように、「ラムゼイ」は「夜にドイツ大使館で働かなくてはならないことも頻繁にあった」。一九三六年秋、ソ連参謀本部諜報総局の上海代表アレクス（同胞ボロビチ）は本部にこう伝えている。「ラムゼイはコットとの仕事に非常に神経を使っており、ひどく消耗していることもある」

次のような形が取られることもあった。朝、ゾルゲがオットの元へ行き、届いた外交的な郵便物に一緒に目を通し、お互いの間で相談し、どういうふうに回答するかを決めていた。ゾルゲはオットが政治に関する報告書を作成するのを手伝っていた。すなわち、政治的な報告書は主に「ラムゼイ」が書いていた。

一九三六年一〇月六日、アレクスは本部にこう伝えている。「オットが興味深い資料を手に入れたときや、執筆準備をしているときには、ラムゼイを招き、資料を見せている。オットは『ラムゼイ』の要請に応じて、あまり重要でない資料を調査のために自宅に持って帰らせている。より重要な秘密の資料の場合、『ラムゼイ』はそれをオットの書斎で読んでいる」

一九五五年にロンドンで出版された本の中で、(注10)在東京ドイツ大使館の元第三秘書マイスナーは、「オットは、大使館の第一秘書にさえも見る権利がなかったような機密書類をリヒアルト・ゾルゲに見せていた」と述べている。

もう一つ興味深い話がある。オットがまだ大使館付陸軍武官であった頃、これまで述べたような経緯で「ラムゼイ」はドイツの暗号の秘密を知り、オットの電信の暗号化を時々手伝っていた。

オットと「ラムゼイ」の「友好関係」は、ほかの大使館勤務者にも影響を与えていた。つまり、彼らはたやすくゾルゲと信頼関係を築くことが出来た。これは新しい陸軍武官ショルや海軍武官ベネケルなどにもあてはまる。彼らは皆、業務状況に関する興味深い情報を自ら進んでゾルゲに与え、日本と外国の政策的な諸問題について彼の意見を聞いていた。彼らは皆、何も疑わず、情況も理解せずに、可能な限りソ連の偵察活動に協力していた。すでにお分かりのように、ゲシュタポの代表マイジンガーも「ラムゼイ」に重要な情報を与えていた。

ドイツ大使館でゾルゲがどのような位置にいたのか、上記の本の中でマイジンガーが語っている次のエピソードによって推察できる。

「日本による中国侵攻の後すぐに、大使は事件に関するゾルゲの報告を聞かせるために、私を含む大使館員を自分の下に呼んだ。事件に関する彼の解釈は、情報として、そして指揮をとるために役立つものだった」。つまり、「ラムゼイ」は日中戦争のような重要事件に関する大使館員のための「教育的な報告書」の作成を任されていた。

五　書類情報収集での「ラムゼイ」の素晴らしい業績

「ラムゼイ」は、ドイツ大使館で地位を築いたことによって、重要な諜報情報を入手するための大きな可能性を得た。書類情報は特別な重要性を有していた。しかし、それらをどうやって本部に渡していたのか？

外交的、軍事政策的なテーマで「ラムゼイ」が大使館職員と、なによりもオットと行なった興味深い討議の内容を報告することに、特別な苦労はなかった。しかし、大使館の壁の中で「ラムゼイ」が通読のために与えられた書類を、どのようにして本部に渡していたのか？内容を記憶したのか？もちろん、そういう形でもそれらの情報は本部にとって重要であっただろう。しかし、人間の記憶というのはいつも当てになるものではない。しかるべき方法で記憶トレーニングしていれば、内容を記憶するのが比較的難しくない書類はある（その手のトレーニングを諜報員は義務的に行っている）。しかし、短い時間で量の多い書類、特に多くの数字データや具体的な事柄が引用されているものを、どのようにして覚えるのか？数字やデータの一部はきっと混同され、諜報員の情報は本人の意思に反して虚報になってしまうだろう。

「ラムゼイ」は次のような結論に達した。これらの書類は写真に撮ればよい。しかし、どのようにしてそれを行うのか？大使館から資料を持ち出すことは、まず不可能である。オットが非常に重要な機密情報を「ラムゼイ」に検討させるために原則的に手渡すのは大使館内でだけだった。それ以外にも、東京での諜報活動の状況を具体的に考慮しなければならなかった。すなわち、大使館の外では日本の防諜機関によって、内ではゲシュタポ代表者によって、ドイツ大使館の監視が行われていたため、資料を持ち出すことは危険であった。

そして、「ラムゼイ」は、大使館の建物の中で書類の写真を撮るという非常に勇気ある決断をしているのだ！

彼がこれを始めたのは一九三六年であった。その際には、持っていた写真機「ライカ」（西ドイツのエルンスト・ライツ社製35ミリカメラ）を使った。しかし、写真は常に満足のいく出来だったというわけではなかった。そして、「ラムゼイ」は、この様な条件下での撮影にもっと適したカメラを送るように本部に依頼した。本部は、大使館内での写真撮影はリスクが大きいことを考慮して、この依頼にすぐには賛成しなかった。「どんな場合でも、ナチ党員が全ての居留民を徹底的にチェックしていることを、軽視してはならない。従って、特別製カメラの送付依頼は、非常に危険であるといわねばならない。そんな写真機を持っていることが他人に見つかるだけで、危険に陥るかもしれない。オットからうまく書類を受け取ることが出来ても、その様な特別な危険を冒す必要はない」

「ラムゼイ」は二度目の依頼で特別製カメラを送ってもらうことが出来た。そして、五年間、「ラムゼイ」は大使館の中で機密書類の写真を撮っていた。

保存資料から、「ラムゼイ」がどのようにこれを行っていたかが、明らかになっている。

ラムゼイと北京で会った後、一九三六年一〇月六日、アレクスは本部にこう書き送っている。「ラムゼイは、オットの書斎で、より重要な資料に目を通している。ラムゼイ曰く、オットは、資料をラムゼイに渡し、彼がそれに目を通している間に、用事で書斎から出て行くことが頻繁にあった。時間割り通りに行われていた定例報告のため、ディク（当時のディルクセン大使の呼び名）の下にオットが出向く時間さえも、うまく突きとめた。その事実を利用して、ラムゼイは、設定された報告の開始時間より一〇分から一五分前にオットを訪問するように時間計算していた。ラムゼイの言葉によると、この時間は通読のために渡された、すべての資料を撮影できる絶好の機会だった」

一九三八年一月付の本部宛の手紙に、「ラムゼイ」はこの写真撮影の条件を、こう表現している。

「これが技術的にたやすいものではなく、実行するのに最大の緊張が必要とされる周囲の状況をお分かり頂けるだろうか。このような仕事のリスクを多少なりとも軽減するにはスピードしかない。それでもリスクは非常に高い。そういう状況の中で、平静を保ちながら写真撮影できるのは、ビスク（ラムゼイの呼び名の一つ）のように無鉄砲な罪人だけだ」

一九四一年三月二六日付の手紙の中で「ラムゼイ」はこう綴っている。「ビスクから送られた資料の大部分は届いている。ビスク自身が作業現場でそれらを撮影した。ビスクはポケットに小さいカメラを忍ばせ、縄張りである三部屋の中の一部屋にあっさりと忍び込んでいた。（「縄張り」とは、大使、陸軍武官、海軍武官を指している。）そして、片目でドアを見、用心して全ての物音に耳を澄ませながら、撮影に着手していた。この仕事が非常に大変で骨のおれるということが想像できるだろうか」

しかし、時には、大使館内部での書類撮影の条件は、さらに難しいものとなった。もっとも、それにも拘わらず、ラムゼイはこの仕事を逮捕の直前まで続けていた。

私は非合法活動の経験が実際にあり、ソ連諜報活動の歴史では実例に関して豊富な知識がある。また、海外の諜報活動の参考文献も多数読んでいる。しかし、このような類《たぐい》の実例は耳にしたことがない。まったく、「ラムゼイ」は大使館で写真撮影をしている間中、文字通り、間一髪で命を落とす危機にあったのである。すなわち、もしこれが発覚すれば、彼は建物の外に出ることを許されず、すぐさま息の根を止められ、それから、「ゾルゲは急逝《きゅうせい》した」と発表されただろう。これが、文字通り祖国と社会主義の利益のために、ソ連の諜報員が捧げる献身的な活動であった。現在、ラムゼイの八年間にわたるすべての活動は大きな功績であると私たちには紹介されている。そして、大使館内での写真撮影は偉業の中の偉業であった。

〈略〉

個人崇拝の時代の弾圧によって、ソ連軍参謀本部諜報総局の指導者がほとんど全員、一掃され、本部によるラムゼイ諜報団の指揮に悪影響を与えた。かつて「ラムゼイ」をコミンテルンの活動に誘った数人の同胞（年老いた革命家、ボリシェビキのピャトニツキー）も、彼を非合法活動に引き込んだソ連軍参謀本部諜報総局の指導者たち（ベルジンやウリツキー）も「人民の敵」と宣告された。それに応じて、不信の影が、ラムゼイにも及んできた。

〈略〉

日本での諜報活動の条件や長期滞在は、「ラムゼイ」の神経系統の健康にも、大きく影響していた。彼はソ連や社会主義的な社会環境を思い焦《こ》がれ、最終的に故郷モスクワでの仕事につけることをずっと希望し、憧れていた。

一九三三年から、「ラムゼイ」は日本を離れることを一度も打診したことはなかった。しかし、仮に希望したとしても、ほかの者との交代は不可能という、もっともな回答が当然返ってくるはずであった。実際、「ラムゼイ」が占めていたポジションをほかの者に引き継ぐことは不可能であった。東京の大使館職員との間の、なによりも主にオットとの間の緊密な信頼関係は「ラムゼイ」が去るとともに消滅してしまったであろう。このつながりはまさに諜報機関の大きな財産であった。国際情勢の悪化に伴い、その重要度はさらに高まった。「ラムゼイ」はこれを理解しており、「苦い必要性」に甘んじていた。

一九三五年以後、「ラムゼイ」が親しい人物に気持ちを打ち明けることが出来た唯一で最後の機会は、一九三六年八月に北京でソ連軍参謀本部諜報総局代表のアレクスと会ったときだった。アレクスは彼のモスクワ時代からの知人であった。意志強固な人間である「ラムゼイ」が、私と別れる際にあやうく涙ぐむことろであった、とアレクスは後に手紙の中で述べていた。

この特別に困難な状態の中で、本部の側からの心遣いと思いやりのある対応は、「ラムゼイ」にとって特別に大きな意味を持っていたに違いない。家からの暖かい励ましの言葉が如何に心を温めるか、どんなに快適に活動していたかを、われわれソ連の非合法活動諜報員で思い出さないものはない。一方、ラムゼイは、任務を遂行するための特定の状況下で、特に強烈にこれを感じており、それに耐えなければならなかった。

〈略〉

「ゾルゲの回想記」について、特に言及する必要がある。

「ラムゼイ」が監獄の中で書いたこの書類はすでに触れた『上海の陰謀』（一三三―一三〇ページ）という本の中に掲載されている。書類が本物であるか疑われることは恐らくあるまい。「ラムゼイ」による手書きの訂正が入った、タイプされたドイツ語オリジナルのページの複製が載っていなくても、書類の内容自体、「ラムゼイ」が著者であることを証明している。もちろん、いくらかは警察の「作り話」であるかもしれないが、どうみても、この書類は主として「ラムゼイ」によって書かれている。

この「回想記」の中で、ゾルゲが言及しているのは、取り調べですでに明らかになっている人々についてのみであることを前もって述べておかねばならない。彼は調査の新事実や逮捕された人々の状況が悪くなるような事実を何も述べていない。そればかりでなく、**十分に明確な証拠がないと思われる部分では、形跡を混乱させ、警察の注意をそらそうとしていた。**

三つの例を挙げよう。

「ラムゼイ」は東京のソ連大使館員の写真を見せられ、知り合いを識別するように指示された。この問題に関し、調査員たちが情報を得ることが出来るのはクラウゼンからだけであり、「ラムゼイ」の証言は日本の防諜機関にとって、重要らしいということを彼は知っていた。「回想記」で、彼は話に上っている人物を識別できないと証言し、問題を混乱させている。

上海で「ラムゼイ」が引き入れた「実業家」の人物について話が出たときにも、彼は同様の行動をとっている。東京の諜報機関で「実業家」について知っていたのは、クラウゼンだけであり、それも多少であった。そして、「実業家」はただの友人であり、賢い人物なので気に入っていたが、組織に所属していたことは一度もないと、「ラムゼイ」は出来る限り説得力があるように証言した。

第三の事例では、上海―東京間の伝書使問題について、ラムゼイは諜報機関を偽情報で惑《まど》わそうとしていた。私が彼の下に上海から人を送った際のことに話が及んだ。しかし、彼の下に来た人物に関し、どんなに小さな手がかりも得られないように彼は証言した。すなわち、女性がやってきたときには、それを男性だと話すという風である。

「回想記」には、思想的な離反と思われるものは何もなく、逆に、ラムゼイは力を込めて自分の社会主義者的な信念を強調している。

六　現代の諸問題に関するいくつかの意見

直接あるいは間接的にゾルゲと関係している、いくつかの問題を提起するこの好機を利用する。

一　課報活動や個人崇拝の時代に殉死した者について、公然と話す時期がきたと私は思う。彼らは皆、名誉回復されたが、彼らが働いていたのが課報という分野であったために、われわれは彼らについて新聞で何も話さない。他部門の労働者と同様に、ベルジンやウリツキー、ダビドフ、ニコノーフ、スティッガなどの人物について、公衆の前で話さなければならない、と私は思う。

二　ゾルゲは現在、まるでソ連課報員の勇気のシンボルのようになっている。多くの人々、特に若者が彼に関する資料を熱望している。われわれの出版物はときに不快なでたらめを多く含む海外の本の再版ばかりである。『上海の陰謀』さえも出版することが決まっている、と私の所に伝わってきている。これはまったくの間違いである。すなわち、この本は甚だしく反ソ的、反共産主義的なのだ。それ以外にも、われわれはラムゼイの「回想記」を公表することに全く興味がない。

わがソ連でゾルゲに関する書物を書く、直接的な必要性が出てきていると私は思う。

三　ゾルゲの功績が大きく取り上げられ、われわれは初めてソ連の課報活動について大きな声で話すようになった。ソ連の課報活動とはなにか、その任務に対してどのように敬意を払うかということを、若者に分かるように説明するような宣伝をよく検討して行うことを、今、考える必要があるのではないか？

すべての資本主義国は、自国の課報員を称《たた》えることによって、それを行っている（特にイギリスはこれがうまい）。資本主義的な暴力に協力するのではなく、社会主義のために戦っている自国の課報員について、我々は何も話してこなかった。今、ゾルゲ事件によって状況は変化している。

ソ連の課報活動の政治宣伝を入念に検討し、展開させる時期が来ているのではないか？帝国主義の力に対抗し、社会主義を求める戦いの中で、われわれの課報活動はさらに大仕事を控えている。これには非常に多くの課報員が必要とされる。

一九六四年一〇月一九日

（注1）　P・A・スドブラートフのインタビューを除き、全ての文書は「回想記」の章で引用している。一九六四年作成の年の事件への関係者全員の報告を集めた

「コシツィナ委員会」の資料から抜粋した。

(注2) 一九九三年一一月一四日のA・G・フェシュンへのインタビューより。

(注3) ゾルゲ・グループの活動に関する資料のみ記載している。コーナーにある〈略〉は赤軍参謀本部諜報総局(GRU)文書課により削除された。テキストの選別は、すべてシロトキンによる。テキストでは現在の基準に従い、正書法と句読点の修正を行っている。

(注4) 参照 リス・K『全体スパイ活動』一九四五年、NNO出版、二七、二八、一七一—一七六ページ

(注5) 原文通り記載。

(注6) 参考文献『迷宮—ウォルター・シェレンベルクの回想記』ハーパー・アンド・ブラザーズ出版、一九五六年、ニューヨーク。『シェレンベルク 迷宮:ヒトラー諜報部の回想記』(ロシア語版)ドーム・ビルニ出版、一九九一年。

(注7) 文書№一九一を参照。(本書四〇二ページ)

(注8) 参考文献『ウイロビー 上海の陰謀』E・P・ダリン著、一九五二年、ニューヨーク。

(注9) 多数の「諜報機関に関する照会資料」の中に残されている「ラムゼイ」の評価に、彼の政治的見解の不安定さが影響を与えていなかったのは奇妙である。アイノ・クーシネンが証言しているように、すでに一九三五年、ゾルゲに対する態度は複雑になっていたにも関わらずである。初めての日本滞在後、一九三五年一二月、彼女はモスクワに戻り、シロトキン少佐と会った。「…少佐はゾルゲについて語り始めた。少佐の言葉によると、ゾルゲの報告は不明瞭であり、明確さに欠けていた」。さらに、彼はこういった。「我々の間でだけだ。今はこんな大混乱だ。上層部でさえもなにが望まれているのか分かっていない」(アイノ・クーシネン 手記 一六〇ページ)

(注10) 下記の本を指している。マスナー・ハンス・オット『三つの顔を持った男』ニューヨーク、ラインハルト、一九五五年。

刊行、序文及び解説 A・G・フェシュン

編集責任者 A・Y・ズブコフ

あとがき

「ゾルゲ事件」は、一般に必ずしも特殊な国際スパイ事件とは思われていない。今、手元にある『広辞苑』『大辞泉』『大辞林』をひもとくと、格別な注釈はなく、ごく普通の国際スパイ事件としての記述が行われている。しかし、ゾルゲ事件は単なる国際スパイ事件とは違って、激動する二〇世紀の歴史の「申し子」とも言うべき国際スパイ事件である。だからこそ、日本を取り巻く当時の国際関係を十分に踏まえてじっくり研究しないと、その本質を見誤ることを指摘しておかねばならない。

ゾルゲがソ連赤軍参謀本部諜報総局（ＧＲＵ）派遣の秘密諜報工作員として、日本に赴任してから数年後、欧州はドイツのポーランド侵攻を契機に始まった第二次大戦の渦中に巻き込まれ、ドイツと英仏両国の間で激戦が展開された。しかも、世界制覇の野望に燃えるヒトラーは、「バルバロッサ作戦」を策定、いつ独ソ不可侵条約を破棄して対ソ侵攻するか、虎視眈々《こしたんたん》とその機会をうかがっていた。一方、中国大陸に侵攻した日本は、日中戦争の泥沼化によって、身動きがとれなくなっただけではない。蒋介石政権を軍事援助によって支える米英両国と、利害が真っ正面から衝突。早晩、日米開戦は不可避の情勢となっていた。

二〇世紀の日、米、英、独、ソ、中の命運を大きく変えるこうした大国のパワーゲームの中で、いかにして日本の対ソ武力攻撃を断念させるか。また、ソ連、中国、日本の三国が中心となって、東アジアに築く新しい協同体の理想をどうやって実現するか。コミュニストであるゾルゲや尾崎秀実が、みずからに課した課題は途轍《とてつ》もなく大きく、彼らが「反戦・平和」実現のために必死の諜報工作に身を挺したことが、ゾルゲ事件が単なる国際スパイ事件とは様相や性格を異とする大きな要素となっている。

ゾルゲ事件を激動する二〇世紀の国際関係に絡めて研究しようとする動きは、必ずしもこれまで皆無であったわけではない。だが、それが本格化したのは、当初、日ロ二国間で始まったゾルゲ事件の共同研究であった。ゾルゲ事件国際シンポジウムは、日ロ協力によって第一回が東京（一九九八年一一月七日）で、続いて第二回がモスクワ（二〇〇〇年九月二五日）で開かれて、大きな成果をあげることができた。第三回はこの実績を踏まえて、二〇〇二年一一月二九、三〇両日、ドイツのフランクフルト西南約一五〇キロのオッツェンハウゼンで開かれた。

私が代表を務める日露歴史研究センターと欧州連合（EU）加盟一五か国が共同で設立した欧州アカデミー（チンメルマン代表）の共催だ。日独両国をはじめロシア、ポーランド、オランダ、ルクセンブルグなどから数十人の研究者、専門家が出席、日本から総勢二十七人の大型代表団が参加した。当初、日ロ二国間で始まったゾルゲ事件の共同研究は、過去二回のシンポジウムをへて、三回目は一〇か国前後の研究者が多数、参加する国際会議へと発展を遂げることになった。

今回のシンポジウムの統一テーマは日独間で詰めた結果、激動する二〇世紀の必然的な歴史現象として、ゾルゲ事件を把える関係で、「ゾルゲ事件――戦争、革命、平和、愛」とすることが合意された。一般のスパイ事件と違って、広汎な広がりを持ち、かつ奥行きの深いゾルゲ事件の研究にとって、当然の成り行きと言えよう。

このたびオッツェンハウゼン・シンポジウムに参加した日本の研究者五人は、この統一テーマに基づき、次のような報告を行った。

「ゾルゲ事件摘発の端緒について」（渡部富哉）「リヒアルト・ゾルゲの日本資本主義経済分析」（来栖宗孝）「ある婦人情報員の生活と思想―理想への献身」（平井友義）「尾崎秀実の対ゾルゲ協力と『革命中国』への期待」（高木康行）「天皇制国家・日本のゾルゲ事件裁判」（白井久也）

これに対して、地元ドイツの研究者は、「歴史の中のスパイの意義と重要性」（ウォルフガング・クリーゲル）「ゾルゲと枢軸同盟」（ベルンド・マルチン）「友人、情報源、潜在影響力としてのオイゲン・オット」（ユルゲン・シュミット）「日本のソ連侵攻計画」（ペーテル・ヘンデ）などの報告を行った。また、モスクワから参加したロシアの研究者は、「リヒアルト・ゾルゲの日本帝国主義論」（ユーリー・ゲオルギエフ）「現代ロシア史の鏡に映ったリヒアルト・ゾルゲ」（エレーナ・カタソノワ）「ゾルゲ——英雄と殉教者」（セルゲイ・コンドラショフ）について、報告した。

日本の研究者の報告は総じて、ゾルゲ自身やゾルゲ事件そのものに関わるものが多かった。日本はゾルゲが諜報活動を行った国で、ゾルゲ事件の摘発から刑事裁判をへて、ゾルゲと尾崎の処刑に至るまで、厖大な文献や資料が残されているため、当然であった。一方、外国の研究はゾルゲの諜報活動やゾルゲ事件を第二次大戦ならびに当時の国際関係などに絡めて、多面的に分析する試みが目立った。とりわけドイツの研究者の場合、ゾルゲやゾルゲ事件関係の資料入手に限界があって、日本の研究者のようにきめ細かい研究ができなこともあった。しかし、二〇世紀の世界史の流れの中で、ゾルゲやゾルゲ事件を見直そうとするアプローチには、学ぶべき点が多々あったのも事実である。客観的な歴史文献や資料の研究と発表による相互の知的啓発——そこに国際シンポジウムの持つ最大の意義がある。

ドイツで一一月に開かれたこの国際シンポジウムとともに、二〇世紀特有の歴史現象として、ゾルゲ事件を見直すためにぜひ、お薦めしたいのは、目下、篠田正浩監督が製作中の映画『スパイ・ゾルゲ』の観賞である。篠田監督が一〇年の歳月をかけて構想を練った、渾身《こんしん》の企画だ。国際スパイ「ゾルゲの目」を通して、激動の「昭和」という時代の総括を試みる意欲作との呼び声が高い。篠田監督は、語る。

「私が生まれて中学三年までの一五年間、日本は中国、米国、ソ連相手の戦いに明け暮れた。農村は疲弊し、青年将校らの決起事件などで首相らの暗殺が繰り返される。この異常な『昭和』の一時期を最も冷静かつ正確にとらえ、記録に残してくれたのはスパイとして処刑、あるいは疑われた新聞記者たちではなかったか。ゾルゲも尾崎も結局は、記者の使命に殉じたのだ」

歴史を知るために、歴史を学ぶ姿勢――。それを「次代を担うべき若者たちに継承していきたい」というのが、篠田監督が新作映画『スパイ・ゾルゲ』に託したメッセージである。内外でのロケはすでに終って、目下、コンピューター・グラフィック（CG）による最先端のデジタル合成技術を駆使して、八百カットに及ぶ編集作業が行われている。二〇〇三年春には完成して、同年六月から東宝系の劇場で一斉公開の運びだ。

ゾルゲ事件の研究は近年、国際化によって著しく進んだ。だが、その真相のすべてが完全に解明されたわけではない。世界的に見て、ゾルゲ事件関連の未公開資料の山と言われるロシア国防省付属公文書館は、今なお外部の研究者に固く門戸を閉ざして、寄せつけないからだ。ロシアは民主化が進んだとは言え、今だに官僚主義がのさばっていて、完全な情報公開は引き続き、ゾルゲ事件研究者の見果てぬ夢に終っている。

そうした中で、ロシアの熱心な研究者は独自のパイプを使って未公開資料を入手して、事件の真相に迫ろうとしている。われわれは今後も、ロシアをはじめ外国の研究者とゾルゲ事件の共同研究を行い、埋もれた未公開資料を発掘して、事件の徹底的な真相解明を行うつもりである。日本人研究者をはじめ、読者の皆さんの絶大なるご支援をお願いしたい。

二〇〇二年一二月

白井久也

人名索引

外国人名（中国人を除く）の表記は，原則として一部を除き，名前，姓の順とした。ただし，モスクワ・シンポジウムのロシア人報告者については，姓・名前・父称の順となっている。リヒアルト・ゾルゲは，全篇にわたるため，人名索引から除いた。

【あ行】

【か行】

【さ行】

【た行】

【な行】

【は行】

【ま行】

【や行】

【ら行】

【わ行】

編者略歴
白井久也（しらい・ひさや）
1933年，東京に生まれる。1958年，早稲田大学第一商学部卒業後，朝日新聞社に入社。経済部・外報部記者を経て，モスクワ支局長，編集委員（共産圏担当）などを歴任。1993年定年退社。1994年から1999年まで，東海大学平和戦略国際研究所教授。現在，杉野服飾大学客員教授兼日露歴史研究センター代表。
著書に『危機の中の財界』『新しいシベリア』（以上，サイマル出版会），『モスクワ食べ物風土記』『未完のゾルゲ事件』（以上，恒文社）『現代ソビエト考』（朝日イブニングニュース社），『ドキュメント・シベリア抑留—斎藤六郎の軌跡』（岩波書店），『明治国家と日清戦争』（社会評論社）など。
共著に『シベリア開発と北洋漁業』（北海道新聞社），『松前重義—わが昭和史』（朝日新聞社），『体制転換のロシア』（新評論），『日本の大難題』（平凡社）など。

国際スパイ・ゾルゲの世界戦争と革命

2003年2月15日　初版第1刷発行

編著者——白井久也
装　幀——荒川　渉
発行人——松田健二
発行所——株式会社社会評論社
東京都文京区本郷2-3-10
☎03(3814)3861　FAX03(3818)2808
http://www.netlaputa. ne.jp/~shahyo
印　刷——ミツワ
製　本——東和製本

ISBN4-7845-0555-5

ゾルゲはなぜ死刑にされたのか

「国際スパイ事件」の深層

白井久也
小林峻一 編

解題・石堂清倫

Рихард Зорге

◆リヒアルト・ゾルゲ　東京　1930年代

ゾルゲはなぜ人を魅きつけるのか

20世紀の激動する歴史のダイナミズムを
一身に体現したリヒアルト・ゾルゲ。
その苛酷な運命と秘密のベールがはがされ、
現代史の深層が鮮烈に照らされる。

A5判2段組／320頁／定価3800円＋税